全球气候-陆面-水文过程及极端水文事件风险丛书

全球陆面-水文过程模拟及多尺度相互作用机理

占车生　范泽孟　莫兴国　桑燕芳 等　著

本书出版受国家重点研发计划项目课题（2017YFA0603702）资助

科学出版社
北　京

内 容 简 介

本书围绕全球陆面-水文过程相互作用机理这一科学问题，以公共集成地球系统模式 CIESM 的陆面模式 CLM4.0 为基础，基于土地利用/覆盖变化曲面建模方法构建了自然要素和社会经济要素耦合驱动的全球土地利用/覆盖变化（GLUCC）模拟模型，实现了 CLM4.0 的植被类型动态变化模拟；利用流域分布式水文模型 DTVGM 完善了 CLM4.0 的产汇流机制，并集成了下垫面人类取用水过程的参数化方案，改进了 CLM4.0 的自然-社会经济水循环过程；利用生态水文动力学模型（VIP）的三源（植被受光叶、遮阴叶和土壤）能量平衡参数化方案改进了 CLM4.0 的植被生长过程。通过对 CLM4.0 多过程的综合集成优化以及不确定性分析，发展了一种新型大尺度分布式陆地水循环模拟系统 GLM，系统剖析了自然强迫和人类活动对全球陆面-水文过程的影响及其气候效应。

本书读者对象为从事水文、气候、地理、生态等相关领域的科研工作者、研究生和本科生。

审图号：GS 京(2024)2372 号

图书在版编目(CIP)数据

全球陆面-水文过程模拟及多尺度相互作用机理 / 占车生等著 . -- 北京 : 科学出版社, 2024. 11. --（全球气候-陆面-水文过程及极端水文事件风险丛书）. -- ISBN 978-7-03-080274-3

Ⅰ. P334

中国国家版本馆 CIP 数据核字第 20243RV425 号

责任编辑：周　杰 / 责任校对：樊雅琼

责任印制：吴兆东 / 封面设计：无极书装

科 学 出 版 社 出版

北京东黄城根北街 16 号

邮政编码：100717

http://www.sciencep.com

北京中科印刷有限公司印刷

科学出版社发行　各地新华书店经销

*

2024 年 11 月第　一　版　开本：787×1092　1/16

2025 年 3 月第二次印刷　印张：14 1/2

字数：340 000

定价：200.00 元

（如有印装质量问题，我社负责调换）

《全球陆面-水文过程模拟及多尺度相互作用机理》撰写委员会

主　笔　占车生

副主笔　范泽孟　莫兴国　桑燕芳　洪　思　胡　实

成　员（以姓名拼音为序）

陈　华　郭　海　李赛博　李鑫鑫

蒙慧敏　宁理科　岳书旭　张皓月

前　言

陆面-水文过程是全球（区域）气候模式必不可少又十分薄弱的环节。现有多数气候模式中的陆面模式普遍缺乏二维水文过程的精细描述，且主要采取的是“大气环流变化区域降水变化陆地/流域水文变化”单一方向的联系途径，缺少圈层之间水文与气候相互作用机理研究，导致对气候变化条件下的陆地水循环响应机理认识不足。全球陆面-水文过程的相互作用，成为一个核心的难点与关键科学问题，急需发展一种新型大尺度分布式陆地水循环模拟系统，来研究自然和人为强迫引起的陆地水循环与水热通量过程变化机制，进而为深入认识全球陆地水循环及水资源变化的空间分异性、区域-流域尺度特征和水循环变化的关系提供科学依据，为评估自然和下垫面人类活动对水循环影响的量级与机制提供科学评估工具。

围绕这个关键科学问题，在国家重点研发计划项目课题“全球陆面-水文过程模拟及多尺度相互作用机理”的资助下，本书以全球和 8 个典型流域的陆地水循环问题为切入点，从下垫面人类活动识别与土地利用/覆盖变化（LUCC）模拟、大尺度水循环模型构建、模型验证与评估、影响与响应四个层面开展工作。利用自主产权的流域分布式水文模型 DTVGM，集成地表水、地下水、农业灌溉用水、跨流域调水和城镇水平衡等过程参数化方案，改进陆面模式 CLM4.0 对水文过程的描述，并利用自主产权的生态水文动力学模型（VIP）的三源（植被受光叶、遮阴叶和土壤）能量平衡参数化方案，完善 CLM4.0 对地表能量平衡的描述。综合考虑降水、蒸散发等自然水循环要素和人口、GDP 等社会经济要素，研制全球尺度土地利用/覆盖变化模拟模型（GLUCC）；针对典型流域，阐明不同类型人类活动与 LUCC 的相互作用机理。结合嵌入改进型 CLM4.0 的动态土地利用预测模型，发展了一种新型大尺度分布式陆地水循环模拟系统 GLM。研究了自然强迫和人类活动（含人为强迫和下垫面人类活动）对全球与流域尺度陆面-水文过程的影响及其气候效应，揭示了多尺度陆面-水文过程相互作用机理。

本书主要从四方面阐述“全球陆面-水文过程模拟及多尺度相互作用机理”这一科学问题：

1）构建全球土地利用/覆盖变化模拟模型，实现了不同情景下的全球土地利用/覆盖变化情景模拟。在综合考虑平均生物温度、降水、潜在蒸散比率等自然气候要素和人口密度、人均 GDP 等人文要素，以及全球自然保护区保护规则的基础上，构建自然要素与人文要素耦合驱动的全球尺度土地利用/覆盖变化模拟模型，并在运用高精度曲面建模（HASM）方法实现全球气候变化第六次评估报告（CMIP6）的 SSP1_2.6、SSP2_4.5 和 SSP5_8.5 三种情景气候数据进行空间降尺度模拟（0.1°×0.1°）的基础上，实现了 SSP1_2.6、SSP2_4.5 和 SSP5_8.5 情景下的 2010～2050 年 10 年间隔的全球土地利用/覆盖变化模拟。综合集成 GLUCC 和 GLM，揭示工业用水、生活用水及农业灌溉用水等下垫面人类活动与 LUCC 的相互作用机理提供了模型和数据支撑。

2）研发新型大尺度分布式陆地水循环模式，实现 LUCC 全球数据集嵌入的 CIESM-GLM 耦合模拟。利用自主产权的基于流域地形地貌的分布式水文模型 GBHM 和流域分布式水文模型 DTVGM 的产汇流机制，精细化改进陆面模式 CLM4.5 对水文过程的参数化描述，并在进一步考虑人类活动驱动机制和集成 GLUCC 的基础上，构建新型大尺度分布式陆地水循环模拟系统 GLM；实现自然强迫和工业用水、生活用水及农业灌溉用水等人类活动对全球与流域尺度陆面-水文过程的影响及其气候效应，揭示多尺度陆面-水文过程相互作用机理；实现 GLM 与 CIESM_v1.1.0 耦合模拟，研发 LUCC 全球数据集嵌入的 CIESM-GLM，从全球尺度和典型流域尺度揭示 LUCC 对陆面-水文过程，以及人类取用水对全球水文气候要素的影响机理，实现综合考虑人类取用水和土地利用/覆盖变化对全球地表温度影响的时空模拟分析。

3）建立陆地水循环模式 GLM 评估及参数优化方法，实现全球八大典型流域水循环要素演化趋势模拟。利用典型流域能量-水文-气象观测信息、全球长序列高分辨率土壤湿度数据、湖库等大型水体蓄水量变化的基础信息，结合 GRACE 重力卫星数据解析陆地水组分结构，并基于全球通量观测网络（FLUXNET）和中国通量观测研究网络（ChinaFLUX）的水热通量观测数据，应用多数据源和多方法实现对 GLM 的模拟效率评估和参数优化。建立八大典型流域的地理遥感信息数据库以及典型流域分布式生态水文模拟模型，实现全球八大典型流域生态水文要素的时空变化格局模拟分析，生成一套全球典型流域 5km 分辨率的蒸散数据集，定量评估气象要素变化和下垫面人类活动对全球八大典型流域蒸散的影响。在对大尺度分布式陆地水循环模拟系统 GLM 全球尺度气候以及水循环过程模拟适用性进行评估的基础上，完成对八大典型流域降水时空变化特征分析，实现不同气候情景未来水循环要素演化趋势、典型流域 VIC 模型模拟结果、基于 CMIP5 模式的长江流域降水频率分析。

4）构建水文过程非平稳性识别与显著性定量评估方法，揭示全球能量-水循环过程对未来气候变化的响应。基于 IPCC CMIP6 SSP1_2.6、SSP2_4.5、SSP5_8.5 不同组合情景的模拟数据，结合动态 GLUCC 数据，利用 GLM，在实现全球陆地及典型流域的降水、蒸发和径流等水文要素时空分布格局模拟的基础上，对不同情景下的全球及典型流域陆地水循环中的降水量、蒸发量和径流量进行预估分析，揭示未来能量-水循环要素的演化趋势，并预测未来 20～30 年人类活动对全球能量-水循环过程的影响，为应对全球能量-水循环演变的对策研究提供情景依据；建立丰枯周期识别、趋势类型诊断与显著性评估、突变点识别等气象水文过程非平稳性识别与显著性定量评估的系列新方法，分析典型流域及全国尺度上的关键气象水文要素的复杂演变与变异规律，揭示水循环变异对全球变化的响应。

本书是对国家重点研发计划项目课题“全球陆面-水文过程模拟及多尺度相互作用机理”近 5 年研究获得的研究方法、技术及应用等研究成果，进行全面总结分析和凝练的基础上形成的。本书的出版有助于从事全球陆面-水文过程的科研工作者、行业管理部门及相关专业的研究生了解如何揭示自然强迫和人类活动（含人为强迫和下垫面人类活动）对全球和流域尺度陆面-水文过程的影响及其气候效应，多尺度陆面-水文过程相互作用机理，以及如何回答自然强迫、人为强迫、土地利用变化等下垫面人类活动对陆面-水文过程的影响与反馈机制等科学问题。本书共分 7 章，占车生和范泽孟负责全书统稿。占车生、范泽孟负责第 1 章的撰写；范泽孟、李赛博负责第 2 章的撰写；占车生、宁理科、张皓月、郭海负责第 3 章的撰写；莫兴国、胡实负责第 4 章的撰写；桑燕芳、李鑫鑫负责第 5 章的撰写；洪思、陈华负责第 6 章的撰写；最后第 7 章由范泽孟和占车生撰写。

本书得到了夏军院士和罗勇教授的指导。在这里对所有参与课题的研究生，以及各位专家老师一并表示感谢。

感谢中国科学院大气物理研究所地球系统数值模拟与应用重点实验室的大力支持，非常感谢国家重点研发计划项目“全球气候-陆面-水文过程及极端水文事件风险与中国适应研究”（2017YFA0603700）和课题“全球陆面-水文过程模拟及多尺度相互作用机理”（2017YFA0603702）对本书的资助。感谢各位合作者在本书编写过程中的艰辛付出，包括提供参考材料、提出宝贵意见和对部分文字进行润色加工等，也感谢科学出版社在本书校稿和排版过程中的严谨态度及辛苦工作。本书涉及多学科知识和技术，限于作者知识水平，书中不足之处在所难免，敬请相关领域的专家和广大读者批评指正。

作　者

2023 年 12 月

目　录

第1章 全球陆面-水文过程相互作用机理的科学意义及关键问题

陆地水循环是地球系统的重要组成部分，自然-社会经济复合过程引起的全球（区域）气候变化对陆地水循环的影响日益明显，导致洪水、干旱频率和历时发生变化的水文事件日益增多，使农业用水、工业用水、生活用水、生态用水和水电能源可用水资源量预估的不确定性进一步增大（张建云和王国庆，2007；Bates et al.，2008；IPCC，2014）。下垫面人类活动、全球（区域）气候和水文过程的相互影响与反馈已成为国际水科学研究的前沿问题（Wang et al.，2006；Chen et al.，2006；刘树华等，2013）。

大尺度陆地水循环模型的研发已成为当前气候变化研究的重点方向之一，是实现全球陆地水文-气候耦合模拟的基础。为了适应全球气候变化研究，更精确估算大区域和全球水资源量，水文模型从大尺度和高精度模拟方向进行新的突破（Arnell，1999），大尺度乃至全球尺度的陆面水循环模型的研发逐渐成为当前气候变化研究的重点方向之一（徐崇育和夏军，2011）。近年来，国内外学者开展了一系列的大尺度水文模型的研究试验，在分布式水文模型基础上，提升网格空间尺度，探索了水循环模型机制从中小尺度扩展到大尺度的合理模式（刘昌明等，2003；Benedikt et al.，2007）。

水文模型与气候模式联系的桥梁和共同界面是陆面过程模式，可将陆面过程模式视为大尺度水文模型研发的基础。陆面过程模式从简单的Bucket模型到复杂的LAP94、AVIM、LSM、BATS、SiB、CLM及VIC模型，这些参数化方案的主要目标是通过近地表的大气强迫，给出陆面水分及能量平衡的现实描述，弥补传统水文模型对能量过程描述不足的缺陷，但是其也存在一些不足：对产汇流过程二维精细描述不足、对土地利用/覆盖变化（land use and land cover change，LUCC）动态过程缺乏考虑，以及缺乏对城市化和水资源人为调节等人类活动影响的描述（Dai et al.，2003；Oleson et al.，2008，2013）。

目前，国内外陆面过程模式研究工作大多通过添加参数化方案的方式探讨人类活动的气候响应，然而大多仅关注农业灌溉用水的气候效应，对其他供水用水过程、LUCC、城市化、水利工程建设等人类活动涉及较少（李建云和王汉杰，2009；Chen and Xie，2010；毛慧琴等，2011；Wen and Jin，2012；Zhao et al.，2012；Kueppers and Snyder，2012；Qian et al.，2013；Lu et al.，2015）。同时，下垫面人类活动对全球陆地水循环影响的模拟工作仍处于发展阶段，绝大多数研究仅限于敏感性模拟与试验阶段，尚未形成能够反映人类活动对水循环干扰过程的成熟方案与模型。在各研究机构正式发布的全球尺度陆面过程模式[如Noah LSM（Noah land-surface model）、JULES等]中，多数模式未考虑人类活动对陆地水循环过程的干扰作用。当前，美国国家大气研究中心（National Center for Atmospheric Research，NCAR）研发的通用陆面过程模式（community land model，CLM）最具代表性，已在国际上广泛应用，其也是地球系统模式（community earth system model，CESM）的一部分（Oleson et al.，2013）。最新版本 CLM4.5 虽然集成了以土壤湿度为指标的灌溉方案（Ozdogan et al.，2010），但仍难以完整描述各种下垫面人类活动的干扰影响。完善人类活动的参数化描述，建立考虑人类对水资源分配利用过程的全球陆面水循环模型，是全球气候模式研究在未来的重要发展方向之一。

与国外陆面模式相比，国内拥有自主知识产权的大尺度陆面模式相对较少。以 CoLM（common land model）为代表的国内陆面模式多数也未考虑人类活动对陆地水分、能量循环过程的影响（Dai et al.，2003）。基于此，本书拟利用自主产权的全球 LUCC 模拟模型和全球高分辨率分布式水文模型，集成陆面模式 CLM4.0（community land model version 4.0）与气候模式耦合性强等优点，借鉴水文模型产汇流机制改进 CLM4.0 的 TOPMODEL 产流机制，并嵌入 LUCC 动态模拟模型和各种下垫面人类活动引起陆地水循环及水热通量过程变化的参数化模块，建立一种新型大尺度分布式陆地水循环模拟系统。

1.1 陆面模式发展历程

近年来，人类活动（包括人为热排放、农业活动、土地利用形式转变、城市化等）引起的陆表及气候变化成为国内外研究的热点（孙云等，2015；华文剑等，2021；韩云环等，2021）。陆面模式是陆地水文与气候模式耦合的关键纽带（Ning et al.，2019；汤秋鸿等，2019），如何更真实地反映陆气过程是陆地水文与气候耦合的重点（刘维成等，2021）。从简单的 Bucket 模型开始，陆面模式不断更新、修正自身陆面水文过程的描述。20 世纪 90 年代发起的“陆面过程比较计划”（PILPS）结果表明，引入卫星遥感资料并考虑碳循环过程的第三代陆面模式在水文过程模拟方面正逐步完善，基本能够用于长期气候与陆地水资源变化模拟，代表模型有 Noah LSM（Livneh et al.，2010）、CoLM（Dai et al.，2003）等。其中，CLM 作为 CESM 的陆面部分，因其对土壤湿度、水热通量等方面模拟效果较好，成为应用最广泛的陆面模型之一（Decker and Zeng，2009；Oleson et al.，2008）。然而，以 CLM 为代表的陆面模式并未充分考虑地下水开采和土地利用/覆盖变化等，模拟尚存在不足。

近些年，部分陆面过程模式中加入了地下水开采、调水灌溉和土地利用/覆盖变化过程模块（Chen and Xie，2011；Zou et al.，2015），以便反映人类活动对陆地水循环中水分和能量交换过程的影响。地下水是陆地水循环的重要组成因素，也是人类社会必不可少的重要水资源（Wada et al.，2014），对地表能量和水分平衡具有深远影响（Maxwell and Kollet，2008）。随着社会经济的发展，人类大量抽取地下水，导致部分区域地下水位大幅度下降，从而产生气候效应（Zou et al.，2015；Zeng et al.，2018）。例如，在华北农业灌溉区，地下水开采存在显著的降温效应（Wang et al.，2022），还增强了陆地与大气之间的相互作用（Harding and Snyder，2012）。

1.2 土地覆盖模拟模型研究进展

全球变化是 21 世纪人类面临的最大且最复杂的生态环境问题（Turner et al.，1995）。

自国际地圈-生物圈计划（International Geosphere-Biosphere Programme，IGBP）和全球环境变化的人文因素计划（International Human Dimension Programme on Global Environmental Change，IHDP）1995 年联合提出“土地利用/覆盖变化”（LUCC）核心研究计划以来，LUCC 作为全球变化的重要组成部分和全球变化的主要原因，一直是全球变化领域的研究核心和焦点内容之一（Vitousek et al.，1997；Yue et al.，2007）。土地利用/覆盖变化作为全球环境变化的主要承载形式（范泽孟等，2005），直接影响着生物地球化学循环（Solomon，1986）和生物多样性（Whittaker，1972），并引起生态系统服务功能结构的改变（Fan et al.，2015），从而影响生态系统满足人类需求的承载能力，进而影响生态系统与人类社会的可持续发展（Belotelov et al.，1996；Hochstrasser et al.，2002；Fan et al.，2013）。因此，如何构建一种科学有效的土地利用/覆盖变化的空间预测模拟方法，对于全球气候变化生态效应的模拟和预测，以及如何改进全球变化适应性战略和减缓气候变化对土地覆盖的影响等均具有重要的科学和现实意义。

自 20 世纪 90 年代以来，国内外学者从不同视角，结合不同研究目的相继构建了一系列土地利用/覆盖变化情景预测模型。具有代表性的模型主要包括分析区域土地利用/覆盖变化经济效用的投入-产出（input-output，I-O）模型（Ichinose and Otsubo，2003）、模拟农业生态过程的 IMAGE（integrated model to assess the greenhouse effect）综合模型（Alcamo et al.，1994）、模拟土地利用转换及影响的 CLUE（conversion of land use and its effects）模型（Verburg et al.，1999，2002）、模拟城市用地变化的元胞自动机（cellular automate，CA）模型（Clarke et al.，1997）、系统动力学（system dynamics，SD）模型（He et al.，2005）、集成 CA 与 SD 模型的 FLUS（future land use simulation model）模型（Liu X et al.，2017），以及基于自然气候变化驱动的 SMLC（surface modeling of land cover）模型（范泽孟等，2005；Yue et al.，2007；Fan et al.，2015，2020）。以上这些模型可概括为统计模型、随机模型、动态模型和综合模型四种类型。然而，由于这些模型存在一定的局限性，仅适用于某些研究区域及研究对象。譬如，IMAGE 综合模型主要考虑农业用地需求，未考虑气候变化和社会经济发展对土地利用/覆盖变化的驱动影响；CA 模型主要用于模拟城市用地变化，侧重于城市发展过程中，各种城市用地之间的相互转换，缺乏气候变化对森林、草地等土地覆被类型驱动的有效模拟；SD 模型考虑的系统要素过于复杂，常用于中小时间尺度的土地利用/覆盖变化模拟，因此无法满足在长时间尺度上进行自然和人文要素耦合驱动下的土地覆被未来情景模拟需求；集成 CA 与 SD 模型的 FLUS 模型虽然很好地解决了区域尺度的城市用地模拟，但未考虑全球气候变化对土地覆被的驱动影响，因此对森林、草地、荒地等土地覆被类型的模拟具有较大的局限性。现有的 SMLC 模型能够在长时间尺度上有效模拟气候变化驱动下的林地、草地、荒地等人类活动干扰强度相对较低的土地利用/覆盖变化情景（范泽孟等，2005；Yue et al.，2007；Fan et al.，2015，2020），因此，选择 SMLC 模型可以实现分布于京津冀地区的主要土地覆被类型的情景模拟。但是，现有的 SMLC 模型在实现经济、人口、政策等人文因子对土地利用/覆盖变化的驱动效应方面，尤其是在模拟受人类活动干扰强度较大的建设用地及耕地等土地覆被类型方面存在一定的局限性（Fan et al.，2020）。

鉴于上述分析，如何基于全球自然气候要素、地形分布和土地覆盖现状数据，结合目前可以获取的全球的人口密度、人均GDP和自然保护区等全球性数据，对现有的SMLC模型进行改进，进而构建全球土地覆盖情景模拟模型，实现不同气候情景全球土地覆盖情景模拟，这一过程考虑了自然和人为因素的强迫作用、土地利用变化等地表活动对陆地水循环及水热通量过程的影响，旨在开发新型大尺度分布式陆地水循环模拟系统GLM，并建立“全球气候-陆面-水文”全耦合模型，以提供底层模型支持。这对于评估自然与人为强迫、地表人类活动对水循环影响的规模和机制，提供科学的评估工具至关重要。

1.3 陆面-水文过程主要相互作用研究进展

土地利用/覆盖变化主要通过改变地表反照率影响地表辐射收支与能量平衡，进而对区域和全球水文过程以及气候产生影响（Betts，2001；Georgescu et al.，2009；Molina-Navarro et al.，2014）。例如，不同土地覆被条件下蒸散发差异明显（Casagrande et al.，2018；Bai et al.，2019），其通过影响叶面积指数（leaf area index，LAI）和作物水分胁迫对水循环产生影响（Cai et al.，2019；da Silva et al.，2019）。植被覆盖损失会严重影响陆地表面的入渗、截留和蓄水（van Luijk et al.，2013）；农田扩张和森林覆盖范围扩大对地表径流的影响显著（Teklay et al.，2021）。土地覆盖也同样影响着降水和地表温度的变化（Sorribas et al.，2016；Pechlivanidis et al.，2017；Sunde et al.，2017）。可见，土地利用/覆盖变化对水循环的时空格局及气候效应产生了深远的影响。

作为全球水循环和能量循环的链接，实际蒸散发（ET_a）对理解全球水文循环机制和水资源管理至关重要（Sherwood and Fu，2014）。全球大约有60%的降水通过地表蒸散过程返回大气（Oki and Kanae，2006），ET_a因此成为水量收支和水资源收支管理的重要组分。受全球增温和人类活动的影响，ET_a呈现增长趋势（Jung et al.，2010；Douville et al.，2012；Mueller et al.，2013；Zeng et al.，2012，2014），同时，地表显热的降低也影响了区域气候环境，使得增温更加剧烈（Wang and Dickinson，2012）；受地表大气相互作用的影响，ET_a变化的长期趋势因此变得十分复杂，探究这种长期变化趋势的规律及机制对评估人类活动和气候变化对水循环的影响十分重要（Douville et al.，2012）。

自20世纪80年代以来，全球蒸散经历了普遍的增加过程（Zeng et al.，2012，2016，2018；Zhang et al.，2015，2016）。受辐射和温度增加的影响，80～90年代全球ET_a大约以1.2%/10a的速度增加（Douville et al.，2012；Jung et al.，2010；Wang et al.，2010）。然而，在南半球，这种增加趋势在1998～2008年被抑制甚至反转（Jung et al.，2010），ET_a持续增长趋势在干旱区也受到了抑制，而在湿润区得到了强化（Zeng et al.，2016）。受地表植被和气候相互作用的影响，ET_a的时空变化及其影响因素呈现巨大的空间分异性。普遍的观点认为，降水是干旱区ET_a变化的主导因素（Zeng and Cai，2016；Zhang Y et al.，2016），温度是北半球高纬度地区植被生长的主要影响因素（Xiao and Moody，2005；Piao et al.，2014），而辐射只在热带雨林地区是ET_a的主要影响因素（Nemani et al.，2003；Schuur，2003）。由于ET_a对气候变化和流域下垫面特征的变化十分敏感（Zeng and Cai，2016），它的主导因素可能因气候区、植被类型及品种而产生差异。Zhou等（2015）认为，在湿润区流域下垫面特征（如植被类型、土壤特征等）对ET_a的影响要大于干旱区，而 Gudmundsson 等（2016，2017）、Berghuijs 等（2017）的观点却与 Zhou 等（2015）的刚好相反。不论怎样，在流域尺度上，厘清 ET_a 的时空变化规律及其驱动机制还需要更多的努力。

大量的统计模型和物理机制模型被开发出来用于 ET_a 的计算。与统计模型相比，机理模型如 SWAT（soil and water assessment tool）（Tian et al.，2017）和 Noah-MP（Ma et al.，2017）具有更加明确的物理机制，对气候要素 ET_a 的影响也有更加详尽的描述，因此机理模型在 ET_a 变化归因研究中被广泛使用（Liu M et al.，2018；Zheng et al.，2019）。然而，复杂的模型结构和大量需要率定的参数使得机理模型在 ET_a 归因分析的研究中存在较大的不确定性。例如，在全球尺度上，Zeng 等（2018）发现超过一半的 ET_a 增加是由植被变绿引起的，而 Shi 等（2013）、Mao 等（2015）却认为 ET_a 的时空变异主要是由气候变化引起的。考虑到遥感信息能够提供高时空分辨率的地表特征参数（Zhang Y et al.，2016），将遥感信息融入机理模型，将有利于探究 ET_a 变化的长期趋势及其影响机制。

为了定量区分气候变化及人类活动对 ET_a 的相对贡献，本书选取全球八大典型流域，即亚马孙河、密西西比河、长江、湄公河、勒拿河、墨累-达令河、尼罗河及莱茵河，基于流域特性，构建生态水文模拟系统及其驱动数据库，对八大典型流域的蒸散发进行模拟，并采用敏感系数法和情景分析法对其驱动要素进行定量分析。

第2章　全球土地利用/覆盖变化情景模拟

2.1　全球土地利用/覆盖变化情景模拟的理论方法

2.1.1　大尺度土地利用/覆盖变化情景模拟建模机理

土地利用/覆盖变化是自然要素和人文要素在复杂的地球表层共同作用和相互耦合的结果。如何深入分析和认识气候、地形、土壤、植被分布等自然要素与人口密度、经济水平等人文要素之间的相互作用机理和驱动机制，是构建土地利用/覆盖变化空间预测模型的重要研究内容。在土地利用/覆盖模型的研究进程中，特别是自进入21世纪以来，国内外学者从不同的角度出发，结合不同的研究目的，相继发展了一系列土地利用/覆盖模型，但这些模型概括起来存在以下两个缺陷：第一，有关土地利用/覆盖的大多数统计分析模型主要利用历史数据和现状数据，对从过去到现状的时空变化过程进行统计和分析，无法对未来变化进行模拟和与预测；第二，目前构建的大多数土地利用/覆盖预测模型主要针对小区域尺度的建设用地和农业用地如何变化而构建，虽然能够比较全面地考虑人口、经济等人文要素对小区域尺度土地及其空间变化的影响，进而设计未来情景模型，但由于模型参数及其参数因子之间的驱动过于复杂，而无法运用于大尺度土地利用/覆盖未来变化的空间预测模拟。

2.1.2　全球土地利用/覆盖变化情景模拟的关键技术

在深入分析和定量揭示自然植被生态系统类型与土地利用/覆盖类型分布的空间相似性和一致性特征，并结合土地利用/覆盖现状及其各类型的空间分布比率量化因子的基础上，综合考虑人口密度、人均GDP等人文要素，构建了大尺度土地利用/覆盖变化的空间预测模拟方法，实现对自然要素和人文要素共同驱动下的全球土地利用/覆盖变化的空间预测和模拟分析。全球土地利用/覆盖情景模拟的方法原理包括以下几方面。

首先，实现全球HLZ（holdridge life zone）植被生态系统的情景模拟。HLZ植被生态系统类型及其分布主要由年平均生物温度、年平均降水量和潜在蒸散比率三个气候因子决定，将这三个气候因子作为植被生态系统分类的指标，建立坐标系统与分类体系。其空间计算公式可表达为

$$M(x,y)=\log_2 \mathrm{MAB}(x,y) \tag{2-1}$$

$$T(x,y)=\log_2 \mathrm{TAP}(x,y) \tag{2-2}$$

$$P(x,y)=\log_2 \mathrm{PER}(x,y) \tag{2-3}$$

$$\mathrm{if}((M(x,y)\in\{\mathrm{MAB}_{0i}\})\&(T(x,y)\in\{\mathrm{TAP}_{0i}\})\&(P(x,y)\in\{\mathrm{PER}_{0i}\}))$$

$$\mathrm{HLZ}(x,y)=i(1,2,3,\cdots,40) \tag{2-4}$$

式中，$M(x, y)$、$T(x, y)$ 和 $P(x, y)$ 分别表示全国每一个栅格 (x, y) 的年平均生物温度、年平均降水量和潜在蒸散比率的以 2 为底的对数值；MAB (x, y)、TAP (x, y) 和 PER (x, y) 分别表示每一个栅格 (x, y) 的年平均生物温度、年平均降水量和潜在蒸散比率；HLZ (x, y) 表示实现分类后的每种生态系统的类型值；MAB_{0i}、TAP_{0i} 和 PER_{0i} 分别表示第 i 种生态系统类型的判别标准的对数值。

其次，对土地利用/覆盖类型与 HLZ 植被生态系统类型的空间转换概率进行求算。基于 HLZ 植被生态系统类型与土地利用/覆盖类型之间的关系构建的原土地利用/覆盖转换模型的总体思路为：构造 HLZ 植被生态系统类型与土地利用/覆盖类型之间对应的转换概率矩阵，将两者之间的关系量化，转换矩阵表格中的数字表示某种 HLZ 类型的空间分布范围内每一种土地利用/覆盖类型所占的面积比例，表征 HLZ 类型内的土地利用/覆盖分布结构；找到矩阵中每种 HLZ 类型对应的最大概率的土地利用/覆盖类型，作为判定未来土地利用/覆盖类型的依据；比较前后两个时段的 HLZ 栅格数据，若 HLZ 类型发生变化，则认为该栅格的土地利用/覆盖类型发生变化，将后一时期 HLZ 类型对应的最大概率的土地利用/覆盖类型值赋值给该栅格单元。

具体思路包括三个步骤：①运用全球 HLZ 植被生态系统现状数据和全球土地利用/覆盖现状数据，求解栅格单元尺度上两者之间的对应转换概率。转换概率矩阵是对每种 HLZ 类型分布范围内土地利用/覆盖类型分布结构的定量描述，原土地利用/覆盖转换模型中，新时期的土地利用/覆盖分布结构将倾向于新时期 HLZ 类型对应的土地利用/覆盖分布结构，也就是说，如果 t+1 时期某种土地利用/覆盖类型对应的 HLZ 类型的概率大于 t 时期 HLZ 类型的概率，则该土地利用/覆盖类型出现在 t+1 时期的概率应该变大。原土地利用/覆盖转换模型只关注 t+1 时期的转换概率情况，将 t+1 时期 HLZ 类型对应的最大概率的土地利用/覆盖类型作为 t+1 时期的土地利用/覆盖结果，对于面积占优势地位的土地利用/覆盖类型进行了过高的估计。但是对于部分土地利用/覆盖类型，由于其面积比较小，所以对应 HLZ 类型的转换概率值也比较小，从而在判断转换类型时不会成为选项，这与实际的土地利用/覆盖转换并不相符。因此，在计算的过程中，同时考虑前后两个时期的 HLZ 类型对应的转换概率，避免因面积优势对模拟结果造成偏差。②由于模型模拟的空间分辨率是 0.125°×0.125°，每一个模拟栅格单元的实际覆盖地表范围比较大。因此，为了克服实际地表范围内存在多种土地利用/覆盖类型，仅用面积占比最大的土地利用/覆盖类型代表该栅格单元的土地利用/覆盖类型，会忽略土地利用/覆盖转换成其他类型的可能性，将每一个栅格单元上各种土地利用/覆盖类型的比率求解后，一起参与模型的计算。③选取共享社会经济路径下的人口密度和人均 GDP 数据作为人文因子数据，参与土地利用/覆盖转换概率的求算。求算过程中，根据专家经验设置人口密度和人均 GDP 对各土地利用/覆盖类型影响的权重。在运用的过程中，运用归一化方法，对人口密度和人均 GDP 的空间分布数据进行无量纲化处理，克服了由于人口密度和人均 GDP 的高低巨大差异，可能在模拟过程中出现异常值的问题，归一化后统一用 0 ~ 1 进行表示，其中 1 代表最高值。

最后，根据全球自然保护区边界数据及管理条例、生态环境可持续发展的土地资源利用条件（坡度大于或等于 25°不宜开发为耕地）、人工地表转换其他用地的极难恢复性（建设用地难以转换为其他用地）等土地利用的规划及政策措施，对土地利用/覆盖情景的转换可能性进行了限定。土地利用/覆盖情景模型构建的关键方法，可表征为如下的理论公式：

$$\mathrm{LP}(x,y)_{k,t+1}=\mathrm{LP}(x,y)_{k,t}\times\frac{1}{2}\left(1+\frac{\mathrm{HLZP}(x,y)_{k,t+1}-\mathrm{HLZP}(x,y)_{k,t}}{\mathrm{HLZP}(x,y)_{k,t+1}+\mathrm{HLZP}(x,y)_{k,t}}\right) \tag{2-5}$$

$$\mathrm{PI}(x,y)_{k,t}=\frac{\mathrm{PD}(x,y)_{k,t}-\mathrm{Min}\{\mathrm{PD}(x,y)_{t}\}}{\mathrm{Max}\{\mathrm{PD}(x,y)_{t}\}-\mathrm{Min}\{\mathrm{PD}(x,y)_{t}\}} \tag{2-6}$$

$$\mathrm{GI}(x,y)_{k,t}=\frac{\mathrm{GDP}(x,y)_{k,t}-\mathrm{Min}\{\mathrm{GDP}(x,y)_{t}\}}{\mathrm{Max}\{\mathrm{GDP}(x,y)_{t}\}-\mathrm{Min}\{\mathrm{GDP}(x,y)_{t}\}} \tag{2-7}$$

$$\mathrm{LC\_P}(x,y)_{k,t+1}=\alpha\times\mathrm{PI}(x,y)_{k,t}+\beta\times\mathrm{GI}(x,y)_{k,t}+\gamma\times\mathrm{LP}(x,y)_{k,t+1} \tag{2-8}$$

$$\mathrm{LC\_T}(x,y)_{t+1}=\mathrm{Value}(k)_{\mathrm{Max}\{\mathrm{LC\_P}_{(x,y)_{k,t+1}}|k=1,2,3,\cdots,13\}} \tag{2-9}$$

$$\text{if}\begin{Bmatrix}\mathrm{LC\_T}(x,y)_{t}\in\mathrm{NR},\mathrm{LC\_T}(x,y)_{t+1}\neq(\mathrm{Lcrop}\cup\mathrm{Lbuilt})\\ \mathrm{SLOPE}(x,y)\geqslant25,\mathrm{LC\_T}(x,y)_{t+1}\neq(\mathrm{Lcrop}\cup\mathrm{Lbuilt})\\ \mathrm{LC\_T}(x,y)_{t}\in\mathrm{Lbuilt},\mathrm{LC\_T}(x,y)_{t+1}=\mathrm{LC\_T}(x,y)_{t}\end{Bmatrix} \tag{2-10}$$

$$k=1,2,3,\cdots,13;t=2010,2020,2030,2040,2050 \tag{2-11}$$

式中，(x, y) 表示位置坐标；k 表示土地利用/覆盖类型；t 表示时段；$\mathrm{HLZP}(x, y)_{k,t}$ 和 $\mathrm{HLZP}(x, y)_{k,t+1}$ 分别表示 t 和 $t+1$ 时段 (x, y) 位置的 HLZ 类型对应的第 k 种土地利用/覆盖类型的概率；$\mathrm{LP}(x, y)_{k,t}$ 表示 t 时段 (x, y) 位置的第 k 种土地利用/覆盖类型的概率，$\mathrm{LP}(x, y)_{k,t}$ 满足 $\sum_{k=1}^{13}\mathrm{LP}(x, y)_{k,t}=1$；$\mathrm{PI}(x, y)_{k,t}$ 和 $\mathrm{GI}(x, y)_{k,t}$ 分别表示 t 时段栅格 (x, y) 处第 k 种土地利用/覆盖类型所对应的人口空间分布密度系数和人均 GDP 空间分布密度系数；$\mathrm{PD}(x, y)_{k,t}$ 和 $\mathrm{GDP}(x, y)_{k,t}$ 分别表示 t 时段栅格 (x, y) 处第 k 种土地利用/覆盖类型所对应的人口密度和人均 GDP；$\mathrm{Min}\{\mathrm{PD}(x, y)_t\}$ 和 $\mathrm{Min}\{\mathrm{GDP}(x, y)_t\}$ 分别表示 t 时段研究区域所有栅格 (x, y) 内分布的人口密度和人均 GDP 最小值；$\mathrm{Max}\{\mathrm{PD}(x, y)_t\}$ 和 $\mathrm{Max}\{\mathrm{GDP}(x, y)_t\}$ 分别表示 t 时段研究区域所有栅格 (x, y) 内分布的人口密度和人均 GDP 最大值；$\mathrm{LC\_T}(x, y)_t$ 和 $\mathrm{LC\_T}(x, y)_{t+1}$ 分别表示在 t 和 $t+1$ 时段栅格 (x, y) 处的土地利用/覆盖类型；α、β、γ 分别表示人口密度、人均 GDP 和 HLZ 生态系统的权重系数；NR 表示国家级自然保护区；$\mathrm{SLOPE}(x, y)$ 表示栅格 (x, y) 处的坡度；Lcrop 表示土地利用/覆盖类型为耕地；Lbuilt 表示土地利用/覆盖类型为建设用地。其中，自然坡度大于或等于 25°以及自然保护区内土地利用/覆盖类型不可以转换为耕地和建设用地，而建设用地不可以转换为其他土地利用/覆盖类型。

基于上述理论和方法，运用全球气候变化第六次评估报告（CMIP6）SSP1_2.6、SSP2_ 4.5 和 SSP5_8.5 三种情景气候数据，分别实现了 SSP1_2.6、SSP2_4.5 和 SSP5_8.5 三种气候情景下的全球土地利用/覆盖情景模拟分析。

2.1.3 GLUCC 模型精度的验证

(1) 模型精度验证方法

通过总体精度和 Kappa 系数验证模型的精度。Kappa 系数通常用于评估遥感图像分类的质量，本质是评估两个对象的一致性，用于评估模拟的土地覆盖分布结果与实际土地覆盖分布结果的一致性（表 2-1）。总体精度和 Kappa 系数公式如下：

$$P = \sum_{i=1}^{k} p_{ii}/N \tag{2-12}$$

$$K = \frac{N\sum_{i=1}^{k} p_{ii} - \sum_{i=1}^{k} (p_{i+}p_{+i})}{N^2 - \sum_{i=1}^{k} (p_{i+}p_{+i})} \tag{2-13}$$

$$k=1,2,3,\cdots,13 \tag{2-14}$$

式中，N 表示栅格总数；k 表示土地利用/覆盖类型；p_{ii} 表示第 i 种土地利用/覆盖类型模拟结果与实际结果相同的栅格数；p_{i+} 表示实际数据第 i 种土地利用/覆盖类型栅格数；p_{+i} 表示模拟数据第 i 种土地利用/覆盖类型栅格数。

表 2-1 模拟精度评价

Kappa 系数值	模拟精度评价
<0	很差
0 ~ 0. 20	差
0. 20 ~ 0. 40	一般
0. 40 ~ 0. 60	好
0. 60 ~ 0. 80	很好
0. 80 ~ 1. 00	极好

(2) 模型验证数据

采用美国地质调查局（United States Geological Survey，USGS）发布的全球 2017 年土地覆盖空间分布数据验证模型精度，土地覆盖初始阶段数据采用 USGS 发布的全球 2010 年土地覆盖空间分布数据，原数据是分辨率为 0. 05°×0. 05°的栅格数据，通过升尺度，将数据处理为 0. 125°×0. 125°分辨率的栅格数据。土地覆盖分布现状百分比数据采用 USGS 发布的全球 2010 年土地覆盖空间分布数据计算获得的各土地覆盖类型的百分比栅格数据集合。

用于模拟 2017 年全球土地覆盖的气候数据包括基于欧洲中期天气预报中心（European Center for Medium-range Weather Forecasts，ECMWF）发布的全球气候数据的再分析数据 ERA- Interim，以及利用高精度曲面建模（high accuracy surface modelling，HASM）方法模拟获得的 2010 ~ 2017 年 0. 1°×0. 1°分辨率的年平均生物气温、年平均降水量和潜在蒸散比率等数据。以上数据为输入参数，运行 HLZ 生态系统模型模拟获得的

2017 年 HLZ 气候植被分布的栅格数据。用于模拟 2017 年全球土地覆盖的社会经济数据包括 2010 年的人口密度和人均 GDP 数据，原数据是分辨率为 0.5°×0.5°的统计数据，通过降尺度，将数据处理为 0.1°×0.1°分辨率的栅格数据。

（3）模型验证结果

以 2010 年的全球土地覆盖数据为基准，分别运行改进前的土地覆盖转换模型和改进后的土地覆盖转换模型，模拟 2017 年的全球土地覆盖分布，将两种模型输出的结果分别与 2017 年的实际土地覆盖数据进行对比，验证模型总体精度和 Kappa 系数，并对每种土地覆盖类型的模拟精度进行计算和比较。

分析比较以上模型验证结果发现：①原转换模型与改进后的转换模型的总体精度分别为 91.86%、93.46%，Kappa 系数分别为 89.26%、91.48%。②每种土地覆盖类型的模拟精度也均有所提高，尤其是建设用地的模拟精度提高了 21.48%，落叶阔叶林、常绿针叶林的模拟精度也都提高了 10% 左右，改进后的转换模型能够比较准确地预测未来的土地覆盖分布情况。③从空间分布情况来看，与原土地覆盖转换模型相比，改进后的转换模型模拟结果与实际土地覆盖空间分布具有更好的一致性。原土地覆盖转换模型未考虑人口密度、人均 GDP 等人文因子，对建设用地模拟误差较大，土地覆盖变化与实际情况有不相符的情况；原土地覆盖转换模型的模拟结果主要是成片式的变化，改进后的转换模型因考虑了土地覆盖分布现状对土地覆盖变化的影响，模拟结果主要是原始土地覆盖斑块的扩张和收缩，更符合实际的土地覆盖变化过程。综上所述，改进后的转换模型具有更高的模拟精度，不论是数量上还是空间分布上都更符合实际的土地覆盖变化过程。

2.2 全球土地利用/覆盖变化情景模拟

2.2.1 SSP1_2.6 情景的全球土地利用/覆盖变化（GLUCC）模拟

基于 SSP1_2.6 情景下的全球 LUCC 情景的模拟结果表明（图 2-1）：①2010～2050 年，各种土地覆盖类型面积及其所占总面积的比例大小在各时段略有区别，但占比最多的几类土地覆盖类型基本一致，依次为草地>裸露或稀少植被覆盖>灌丛>常绿阔叶林>耕地>混交林。②2011～2020 年，草地面积增加最多（增加 21 033hm^2），建设用地增加速度最快（增加 10.18%），耕地面积减少最多（减少 6830hm^2），落叶针叶林减少速度最快（减少 16.66%）；2021～2030 年，草地面积增加最多（增加 5560hm^2），建设用地增加速度最快（增加 3.71%），常绿针叶林面积减少最多（减少 1171hm^2）、落叶针叶林减少速度最快（减少 15.74%）；2031～2040 年，草地面积增加最多（增加 1668hm^2），建设用地增加速度最快（增加 2.93%），耕地面积减少最多（减少 606hm^2），落叶针叶林减少速度最快（减少 7.44%）；2041～2050 年，草地面积增加最多（增加 2241hm^2），建设用地增加速度最快（增加 1.01%），灌丛面积减少最多（减少 688hm^2），湿地减少速度最快（减少 4.11%）。草地面积在各时段都是增加最多的，建设用地在各时段都是增加速度最快的。

③2011～2050 年，整体将呈持续增加趋势的土地覆盖类型有草地和建设用地，持续减少的土地覆盖类型有落叶阔叶林、常绿针叶林、落叶针叶林、湿地、耕地、水体；常绿阔叶林、混交林、冰雪和裸露或稀少植被覆盖等土地覆盖类型在未来 40 年内的变化速度呈波动性变化。④2011～2050 年，整体来看草地面积增加最多，共增加了 30 502hm^2，耕地面积减少最多，共减少了 9099hm^2，建设用地增加速度最快（增加 18.8%），落叶针叶林减少速度最快（减少 37.14%）。

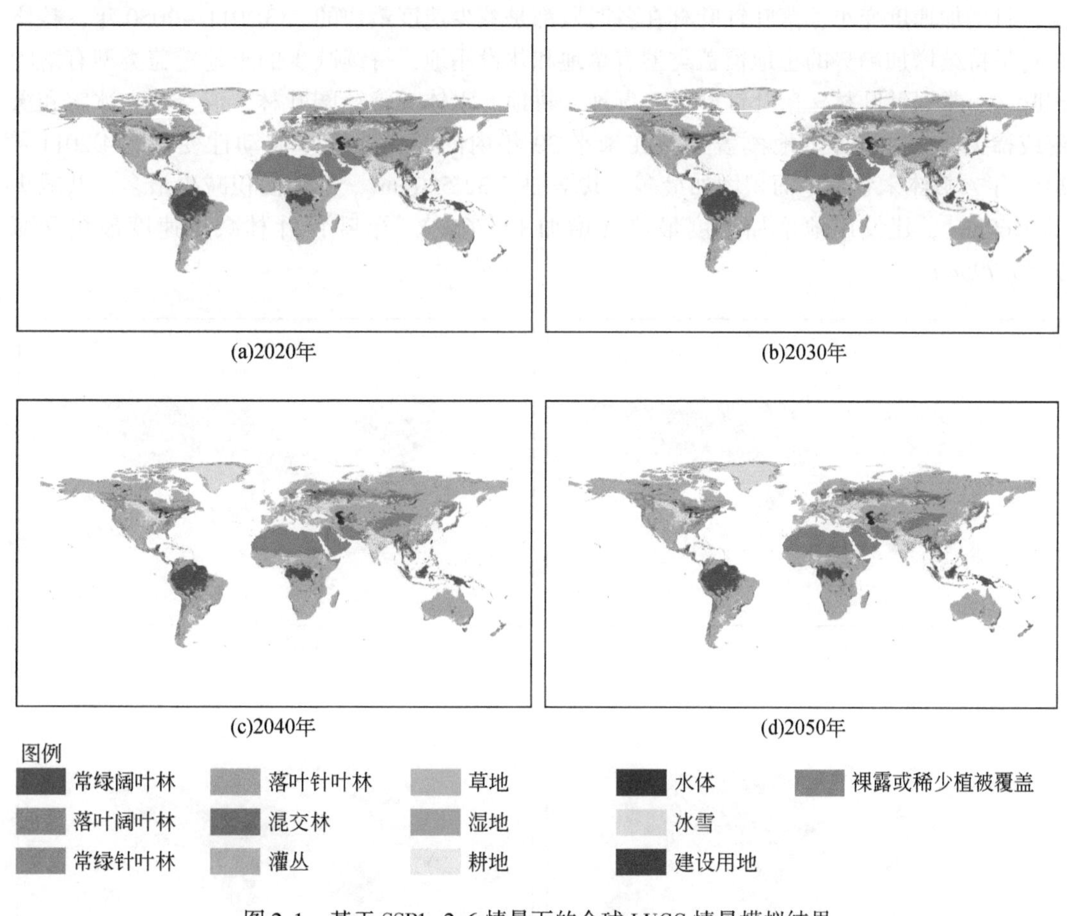

图 2-1　基于 SSP1_2.6 情景下的全球 LUCC 情景模拟结果

2.2.2　SSP2_4.5 情景的全球土地利用/覆盖变化（GLUCC）模拟

基于 SSP2_4.5 情景下的全球 LUCC 情景的模拟结果表明（图 2-2）：①2010～2050 年，各种土地覆盖类型面积及其所占总面积的比例大小在各时段有略微的区别，但占比最多的几类土地覆盖类型基本一致，依次为草地>裸露或稀少植被覆盖>灌丛>常绿阔叶林>耕地>混交林。②2011～2020 年，草地面积增加最多（增加 22 785hm^2），建设用地增加速度最快（增加 11.15%），耕地面积减少最多（减少 7749hm^2），落叶针叶林减少速度最快（减少 16.42%）；2021～2030 年，草地面积增加最多（增加 2255hm^2），建设用地增加速度最快（增加 2.31%），水体面积减少最多（减少 735hm²），落叶针叶林减少速度最快（减少 7.29%）；2031～2040 年，草地面积增加最多（增加 3402hm²），建设用地增加速度最快（增加 1.63%），耕地面积减少最多（减少 961hm²），落叶针叶林减少速度最快（减少 11.76%）；2041～2050 年，草地面积增加最多（增加 4058hm²），建设用地增加速度最快（增加 1.9%），常绿针叶林面积减少最多（减少 832hm²），落叶针叶林减少速度最快（减少 20.71%）。草地面积在各时段都是增加最多的，建设用地在各时段都是增加速度最快的，且增加速度变小，落叶针叶林在各时段都是减少速度最快的。③2011～2050 年，整体上将呈持续增加趋势的土地覆盖类型有草地和建设用地，持续减少的土地覆盖类型有落叶阔叶林、常绿针叶林、落叶针叶林、湿地、耕地、水体；常绿阔叶林、混交林、冰雪和裸露或稀少植被覆盖等土地覆盖类型在未来 30 年内的变化速度呈波动性变化。④2011～2050 年，整体来看草地面积增加最多，共增加了 32 500hm²，耕地面积减少最多，共减少了 9568hm²，建设用地增加速度最快（增加 17.76%），落叶针叶林减少速度最快（减少 45.79%）。

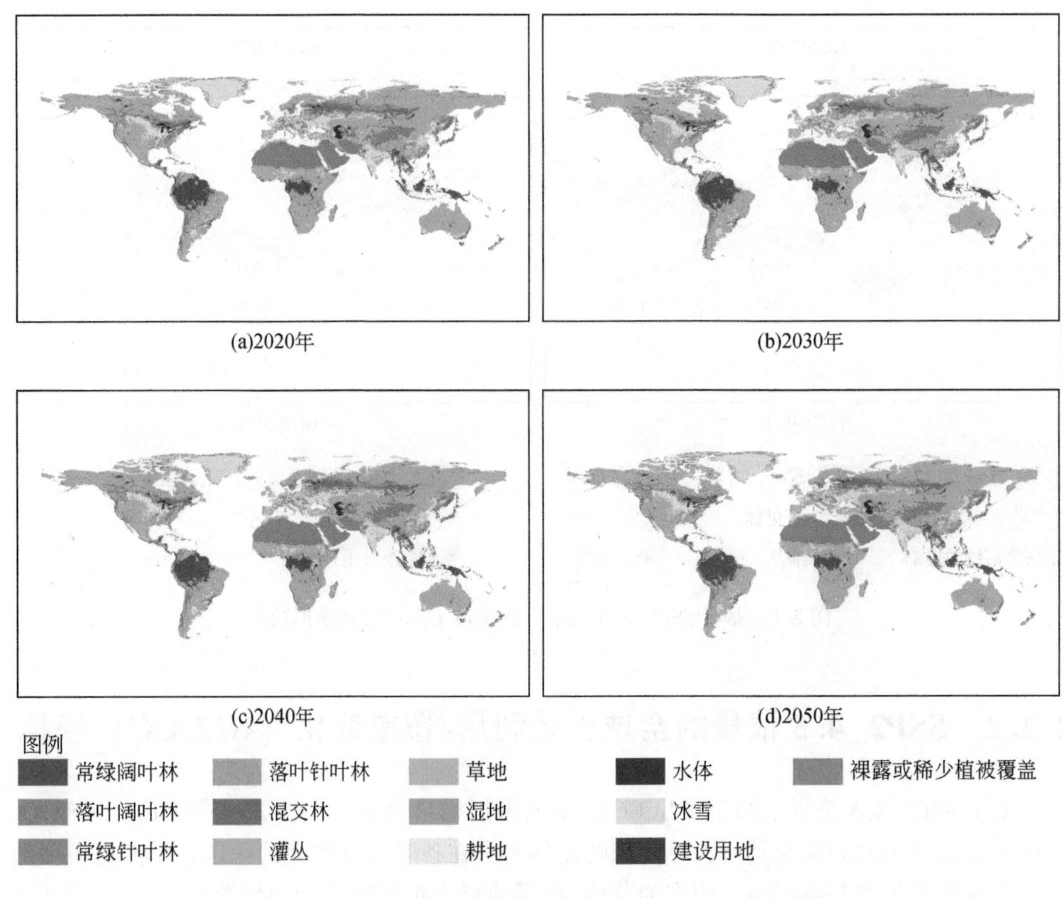

图 2-2　基于 SSP2_4.5 情景下的全球 LUCC 情景模拟结果

2.2.3 SSP5_8.5 情景的全球土地利用/覆盖变化（GLUCC）模拟

基于 SSP5_8.5 情景下的全球 LUCC 情景的模拟结果表明（图 2-3）：①2010～2050 年，各种土地覆盖类型面积及其所占总面积的比例大小在各时段均不一样，但占比最多的几类土地覆盖类型基本一致，依次为草地>裸露或稀少植被覆盖>灌丛>常绿阔叶林>耕地>混交林。②2011～2020 年，草地面积增加最多（增加 20 556hm^2），建设用地增加速度最快（增加 10.74%），耕地面积减少最多（减少 6719hm^2），落叶针叶林减少速度最快（减少 17.76%）；2021～2030 年，草地面积增加最多（增加 3959hm^2），建设用地增加速度最快（增加 2.18%），耕地面积减少最多（减少 1080hm^2），落叶针叶林减少速度最快（减少 9.81%）；2031～2040 年，草地面积增加最多（增加 4096hm^2），建设用地增加速度最快（增加 2.92%），耕地面积减少最多（减少 959hm^2），落叶针叶林减少速度最快（减少 11.82%）；2041～2050 年，草地面积增加最多（增加 5118hm^2），建设用地增加速度最快（增加 1.5%），落叶阔叶林面积减少最多（减少 987hm^2），落叶针叶林减少速度最快（减

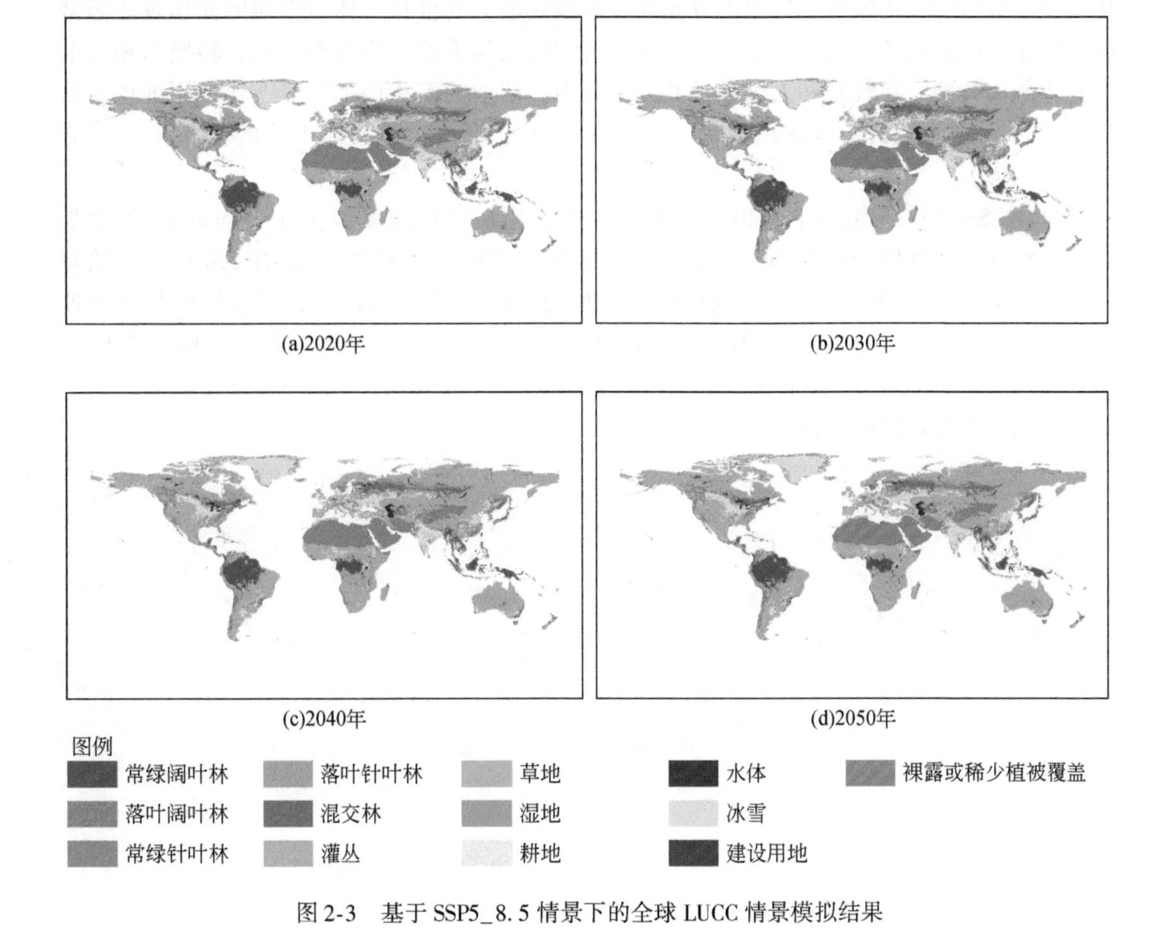

图 2-3　基于 SSP5_8.5 情景下的全球 LUCC 情景模拟结果

少 19.79%)。草地面积在各时段都是增加最多的，建设用地在各时段都是增加速度最快的，落叶针叶林在各时段都有减少，而且波动减少。③2011 ~ 2050 年，整体上将呈持续增加趋势的土地覆盖类型有草地和建设用地，持续减少的土地覆盖类型有落叶阔叶林、常绿针叶林、落叶针叶林、湿地、耕地、水体、冰雪；常绿阔叶林、混交林和裸露或稀少植被覆盖等土地覆盖类型在未来 40 年内的变化速度呈波动性变化。④2011 ~ 2050 年，整体来看草地面积增加最多，共增加了 33 729hm^2，耕地面积减少最多，共减少了 9731hm^2，建设用地增加速度最快（增加 18.21%），落叶针叶林减少速度最快（减少 47.53%）。

2.2.4 不同气候情景的全球 LUCC 未来情景对比分析

基于 SSP1_2.6、SSP2_4.5 和 SSP5_8.5 三种气候情景下的全球土地覆盖变化模拟结果表明，2011 ~ 2050 年，全球土地覆盖的分布格局将呈现如下时空变化趋势。

1）由于气温的不断升高，生物温度线逐渐向高纬度地带推移，低纬度地区的常绿阔叶林面积也逐渐向中纬度地区扩大。其他林地类型如常绿针叶林、落叶针叶林、落叶阔叶林和混交林的面积均减少。气温的升高导致雪线逐渐向北推移，冰雪覆盖的面积也逐渐减小。全球的裸露或稀少植被覆盖的空间分布范围在人为干预下将逐渐收缩，转换为相应的草地和灌丛类型。在气候和人类活动共同驱动下，草地的面积增加明显。建设用地也是持续增加，表现为在原有建设用地周边范围的扩展。耕地、湿地和水体的面积均呈下降趋势。

2）在 SSP5_8.5 情景下，2011 ~ 2050 年建设用地增加速度最快（平均每 10 年增加 4.56%），落叶针叶林减少速度最快（平均每 10 年减少 10.87%）。而在 SSP1_2.6 情景下，2011 ~ 2050 年草地的增加速度最快（平均每 10 年增加 1.41%），落叶针叶林减少速度最快（平均每 10 年减少 9.27%）。不同情景的模拟结果对比发现，在高能耗的 SSP5_8.5 情景下的未来土地覆盖变化强度高于其他的情景组合模式，而在 SSP1_2.6 情景下的未来土地覆盖变化强度最慢。

第3章 陆地水循环模式及下垫面人类活动影响机理研究

3.1 CIESM-GLM 陆地水循环模式及其改进

3.1.1 CIESM 地球系统模式的概述

地球系统模式（earth system model，ESM）是理解复杂地球系统并预估由温室气体排放增加所引起未来升温程度的重要工具。2009 年清华大学联合国内多家高校和科研院所，以当时世界领先的美国 NCAR 研发的通用地球系统模式（CESM）1.2.1 版本（Hurrell et al.，2013）为基础，致力于通过在多个分量模式中引入一系列新的物理参数化方案，改善当时 CESM 中存在的诸多系统偏差问题，共同发展了联合地球系统模式（community integrated earth system model，CIESM）。

研发团队对 CIESM 陆面模式的改进主要包括土壤参数集、地表能量分配方案、陆面生态过程等方面。土壤数据采用北京师范大学开发的全球土壤数据（Global Soil Dataset for ESMs，GSDE）（Shangguan et al.，2014），地表能力分配方案中热力学粗糙度参数化采用 Yang 等（2008）的方法，陆面生态过程引入了高效的陆地碳氮循环模块（Luo et al.，2017）。

3.1.2 人类活动对水循环的影响参数化表达

受气候系统复杂性和计算能力的限制，气候模式难以计算出每 1 立方米气候系统的所有变化过程。因此，在解决现今地球气候变化过程以及未来气候会如何变化等问题时，地球系统模式将地球分解成了一系列的“网格单元”，在大气和海洋的高度和深度上划分成几十层，从而可在三维空间上计算每个单元中气候系统的状态，如温度、气压、湿度和风速等。将这些变量的生物物理过程在计算机中用代码表示，称之为“参数化”。在气候过程没有被很好理解的情况下，参数化也可以用作一种简化，但它是气候模型中不确定性的主要来源。

3.1.3 全球陆地水循环模式 CIESM-GLM 构建

CIESM 的陆面模式以 CLM4.0 为基础。CLM4.0 是 NCAR 发布的新一代陆面过程模式，是在 CLM3.5 的基础上对陆面参数和水文过程加以改进发展起来的，其物理过程在文献中已有较为详尽的描述（Oleson et al., 2010）。但 CLM4.0 中缺乏考虑人类活动对陆面水文过程的影响。因此，为了探明人类活动对陆地水循环的影响，在 CLM4.0 的基础上，引入一个地下水开采方案，并在未来气候情景中使用 GLUCC 数据进行对比分析。

3.1.3.1 地下水开采方案设计

基于陆面模式 CLM4.0 的架构，设计水资源开采利用方案框架。方案框架基于用水供需平衡关系设计，分为需水计算、供需分析与用水过程三部分（图 3-1）。整体方案依赖需水总量驱动运行。基于格点的用水需求和水资源总量，进行供需平衡分析。当可供水量能满足用水需求时，启动水资源开采过程。由于 CLM4.0 结构限制，可供水量设计由网格内的河道径流与地下水储量提供，且河道水的供给优先级大于地下水。当可供水量低于用水需求时，开采过程将强制停止直至该限制解除。

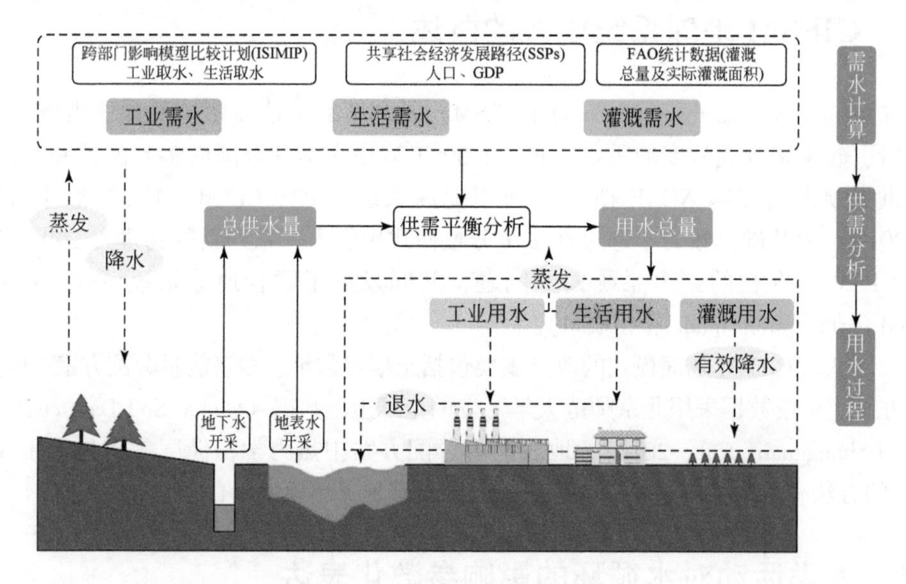

图 3-1 水资源开采利用示意

FAO，联合国粮食及农业组织（Food and Agriculture Organization of the United Nations）

开采的供水总量将用于各行业的用水消费。用水过程拟分为工业用水、生活用水、灌溉用水三部分，各部分的用水配额依赖于网格内各自的需水比例。农业灌溉由作物物候时间控制，灌溉用水设计为有效降水降落至土壤表面，并随后参与产流、下渗等过程。对于过程复杂的生活用水、工业用水部分，忽略其他形式的耗散，将工业用水和生活用水过程设计为增加蒸发与部分废水排放，排放至河道的废水将增加河道径流并参与下游网格内的开采过程。

利用收集的流域内经济社会数据及用水信息，对水资源开采利用方案内需水、开采、用水过程的参数进行初步估计，进而对该方案进行算法实现，完成水资源开采利用参数化方案的程序文件，并发展为 CLM4.0 水文过程内的子模块。本研究拟在 CLM4.0 水文模块内增加水资源开采利用方案的调用。方案启动初始化后，读入强迫数据并根据日期进行灌溉、工业、生活需水计算。根据该时间段的需水量，进行供需分析、开采与用水分配计算。方案运行完成后，模型继续进行该时间段的其他水文过程计算。

将考虑地下水开采方案的 CLM4.0 进一步与地球系统模式 CIESM 进行耦合，以探讨地下水开采过程对全球气候变化的影响。地下水开采过程会直接导致陆地水储量、土壤水分、蒸发和径流等陆地变量发生变化。陆地水量与能量平衡的变化也会进一步通过物质和能量交换影响大气，而大气的变化通过气温、降水和压力等变量进一步影响陆面和海洋等其他过程，此过程称为大气的反馈作用。

3.1.3.2 未来情景 2020 ~ 2050 年全球植被功能型数据集的制作

在地下水开采方案与 CIESM 耦合的基础上，进一步将 GLUCC 与 GLM 进行耦合，构建 CIESM-GLM 模型，强化 CIESM 的“自然-人文”综合模拟能力，弥补人类活动表征方面的不足。利用未来情景将 GLUCC 数据嵌入 CIESM-GLM，进一步完善大尺度分布式陆地水循环模拟系统 GLM，预估全球及典型流域主要水文要素的演化趋势，预测未来人类活动对全球水循环过程的影响。

陆面过程模式 CLM 将地表表示为亚网格类型的层次结构：冰川、湖泊、湿地、城市和植被的土地。土地覆盖分类方案被植物功能型（plant functional type，PFT）所取代，且进一步划分为 17 种 PFT，17 种不同的 PFT 可能同时存在于一个柱上。

为了将 GLUCC 数据嵌入 CIESM 中，需要将 GLUCC 数据集转换为 CIESM 所需格式的 PFT 覆盖分数，以替换 GLM 中原 PFT 覆盖分数。利用气候数据计算三种未来情景（SSP1_2.6、SSP2_4.5 和 SSP5_8.5）下的年平均温度、最热月平均温度、最冷月平均温度、5℃以上生长积温、年降水量、月降水量、冬半年降水量、最干月降水量等气候指标。根据 Bonan 等（2002）提出的气候规则对 GLUCC 数据进行重分类，并计算 PFT 覆盖分数，将 2010 年、2020 年、2030 年、2040 年和 2050 年五期 PFT 覆盖分数线性插值生成 2010 ~ 2050 年连续且满足 CIESM 格式需要的 PFT 覆盖分数产品（图 3-2）。

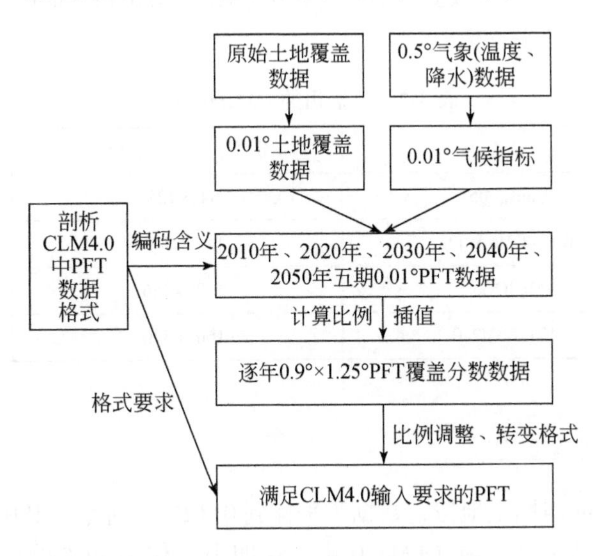

图 3-2 PFT 覆盖分数数据集开发流程

GLUCC 数据分为三种 SSP 社会经济共享路径耦合的未来情景（RCP2.6 + SSP1、

RCP4.5+SSP2 和 RCP8.5+SSP5），每种情景分别对应四期：2020 年、2030 年、2040 年和 2050 年的 1km×1km 的全球土地利用/覆盖数据，采用 13 种分类（表 3-1）。

表 3-1　土地利用/覆盖数据分类系统

分类	编码
常绿针叶林	1
常绿阔叶林	2
落叶针叶林	3
落叶阔叶林	4
混交林	5
灌丛	6
草地	7
湿地	8
耕地	9
水体	10
冰川	11
城市用地	12
裸露或稀少植被覆盖	13

气象数据使用的参与 CMIP6 的 CanESM5、IPSL-CM6A-LR、MIROC6 和 MRI-ESM2-0 四个模式（表 3-2）。计算四个模式在 SSP1_2.6、SSP2_4.5 和 SSP5_8.5 三种情景下日平均气温和日降水量的集合平均值。

表 3-2　所选用的 CMIP6 模式

序号	模式	分辨率（经度×纬度）	机构
1	CanESM5	64°×128°	CCCma
2	IPSL-CM6A-LR	143°×144°	IPSL
3	MIROC6	128°×256°	MIROC
4	MRI-ESM2-0	160°×320°	MRI

3.1.3.3　土地覆盖重分类

将三个未来情景的四期土地覆盖数据重采样到 0.125°分辨率。其中，水体、湿地、城市和冰川需要单独分为一类，在 CLM4.0 中，这四类不作为 PFT 的内容。根据 Bonan 等（2002）提出的气候规则（表 3-3），将土地覆盖映射为 0.125°PFT。

表 3-3 土地覆盖一级产品映射为 PFT 覆盖的气候规则

PFT	LUCC 分类	气候规则
温带常绿针叶林	常绿针叶林	T_c>-19℃且 GDD>1200℃·d
北方常绿针叶林	常绿针叶林	T_c≤-19℃或 GDD≤1200℃·d
北方落叶针叶林	落叶针叶林	无
热带常绿阔叶林	常绿阔叶林	T_c>15.5℃
温带常绿阔叶林	常绿阔叶林	T_c≤15.5℃
热带落叶阔叶林	落叶阔叶林	T_c>15.5℃
温带落叶阔叶林	落叶阔叶林	-15℃<T_c≤15.5℃且 GDD>1200℃·d
北方落叶阔叶林	落叶阔叶林	T_c≤-15℃或 GDD≤1200℃·d
温带常绿阔叶灌木	灌丛	T_c>-19℃且 GDD>1200℃·d 且 P_{ann}>520mm 且 P_{win}>2/3P_{ann}
温带落叶阔叶灌木	灌丛	T_c>-19℃且 GDD>1200℃·d 且（P_{ann}≤520mm 或 P_{win}≤2/3P_{ann}）
北方落叶阔叶灌木	灌丛	T_c≤-19℃或 GDD≤1200℃·d
C3 极地草地	草地	GDD<1000℃·d
C3 非极地草地	草地	GDD>1000℃·d 且（T_w≤22℃或 T>22℃且 P_{mon}≤25mm）
C4 草地	草地	GDD>1000℃·d 且 T_c>22℃且最干月 P_{mon}>25mm
作物	作物	无
裸地	裸地	无

注：T_c 指最冷月平均温度；T_w 指最热月平均温度；GDD 指 5℃以上生长积温；P_{ann} 指年降水量；P_{win} 指冬半年降水量（北半球，11 月至次年 4 月；南半球，5～10 月）；P_{mon} 指月平均降水量。若 GDD>1000℃·d 且既不满足 C3 也不满足 C4 的标准时，则假设在一个 1km 网格中两者各占 50%。

3.2 CIESM-GLM 全球气候–陆面–水文全耦合模式的历史模拟评估

3.2.1 CIESM-GLM 的水文要素模拟与验证

基于观测或再分析数据，对 CIESM-GLM 模拟出的各个水文要素进行评估，包括降水量、蒸散发量、径流深和全球陆地水储量。

3.2.1.1 全球降水量模拟评估

以 1980～2014 年全球降水气候中心（Global Precipitation Climatology Centre，GPCC）再分析资料（来源：全球降水气候中心，分辨率为 720×360）的降水量为参考数据，利用时序分解 STL（Seasonal-Trend decomposition procedure based on Loess）算法识别变量的季节性周期和趋势信号（图 3-3），评估控制试验和开采试验情景下 CIESM 模拟降水量的周期振幅与趋势精度。根据 Mann-Kendall（MK）检验的结果，控制试验、开采试验和 GPCC

数据的趋势斜率分别为0.0084、0.0035和0.0044，开采试验的趋势斜率相对接近参考值，但CIESM两组试验结果的周期性与参考值相比均有所偏差。

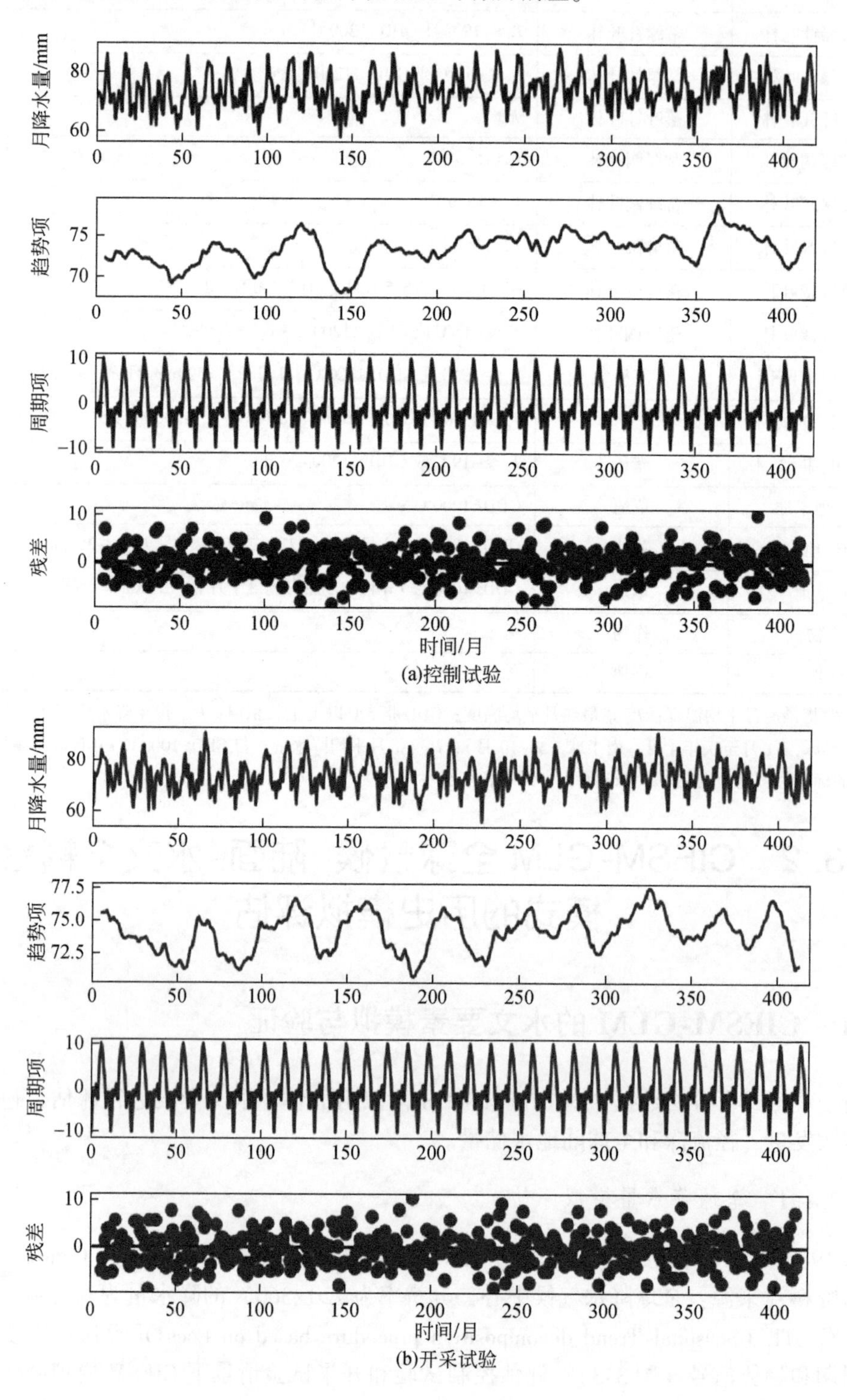

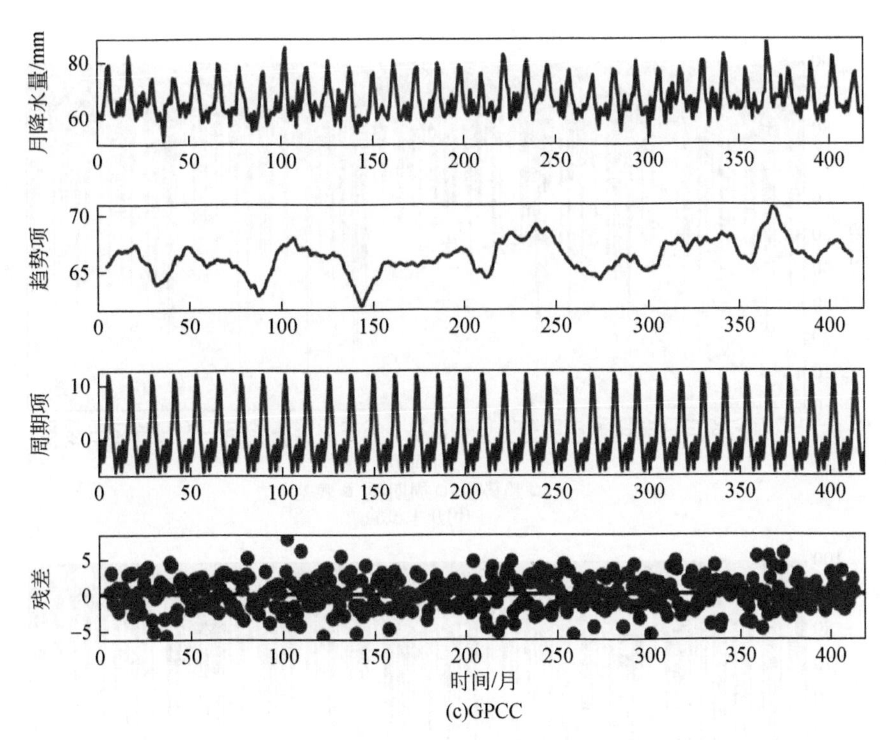

(c)GPCC

图 3-3　基于 STL 算法的 1980～2014 年降水量时间序列分解

CIESM 开采试验与控制试验均能较好地反映降水量时间序列的不同信号。由图 3-4（c）可见 GPCC 降水量趋势信号主导时间分量，占比大于85%，该值基本稳定。无论是开采试验还是控制试验，均表现趋势信号占绝对主导的结果。由于全球气候类型多样，南北半球季节相反，全球陆地平均后的降水量时间序列受季节变化影响较小，这是合理的。但由于图中周期性信号占比过小，不易看出其变化规律，需结合图 3-5 进行分析。

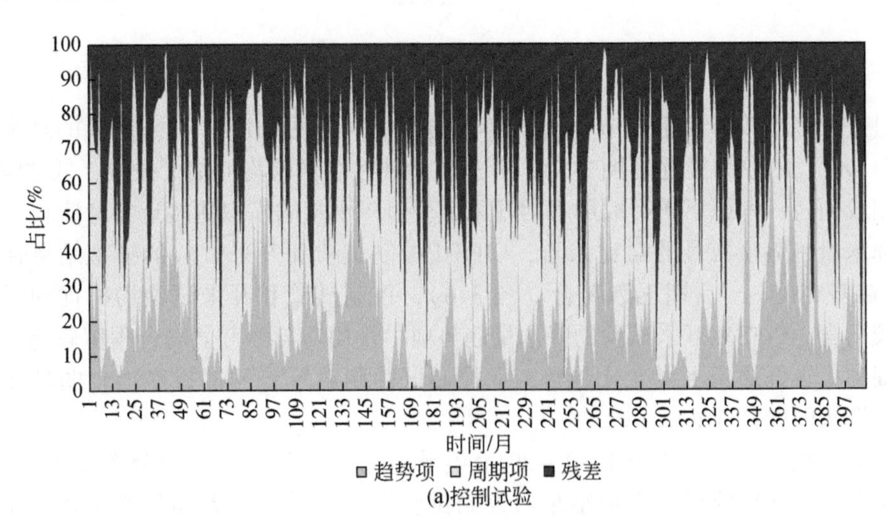

(a)控制试验

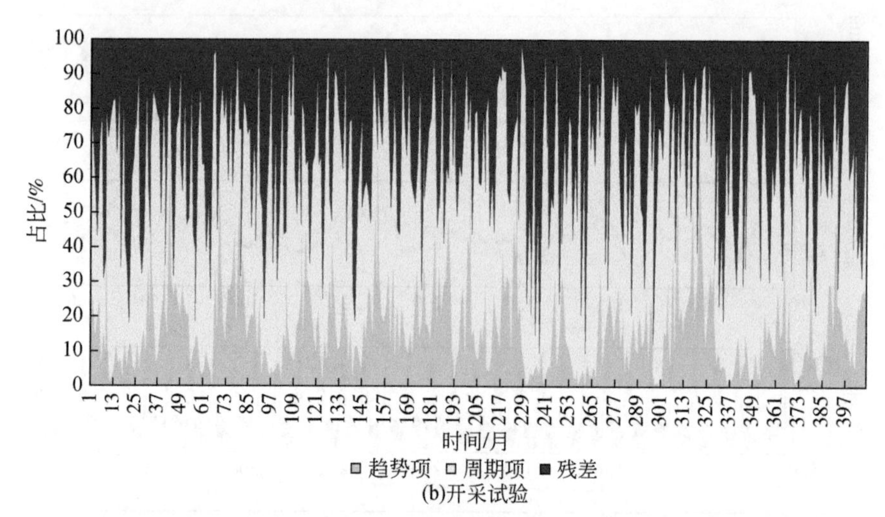

(b)开采试验

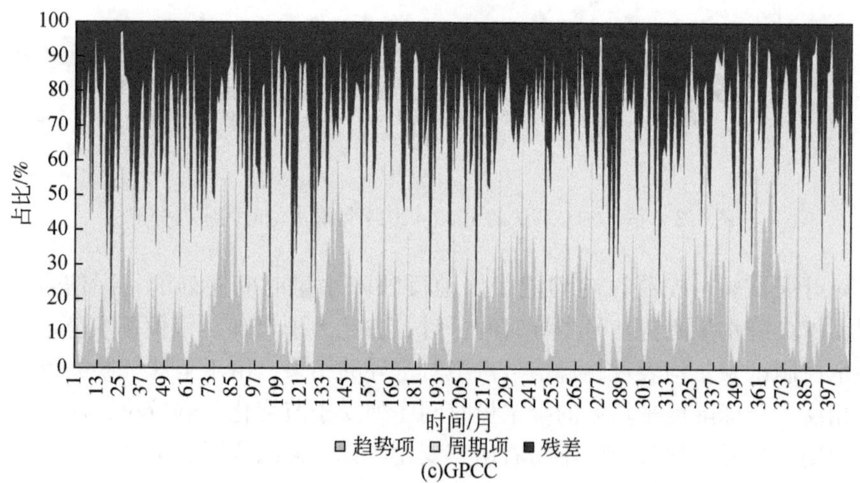

(c)GPCC

图 3-4　基于 STL 算法的降水量时间序列不同信号占比对比

通过进一步比较降水量季节性周期信号的振幅，可见 CIESM 开采试验的降水量振幅模拟值与 GPCC 的较为接近（图 3-5）。开采试验和控制试验均低估了振幅，低估幅度约为 15%。相较而言，考虑了人类取用水的开采试验对降水量的模拟更接近参考值。

从降水量趋势项信号的对比来看，CIESM 控制试验和开采试验的模拟结果在初期与 GPCC 的趋势相反，但后期逐渐吻合（图 3-6），控制试验和开采试验均捕捉到了上升趋势。相较而言，CIESM 开采试验的降水量趋势项尽管初期与参考值吻合程度较差，但总体而言捕捉到了较好的降水量变化趋势，而控制试验则对趋势的捕捉能力较弱且波动更剧烈，稳定性较弱（图 3-6）。

CIESM 两组试验与参考值 1980 ~ 2014 年平均降水量差异的空间分布如图 3-7 所示，开采试验在全球陆地的降水模拟结果与控制试验结果相近，在大部分地区高于控制试验 10% ~ 20%。在全球三大灌区中，印度北部和华北平原均显示开采试验的模拟结果高于控制试验，而美国中部大平原地区则相反。

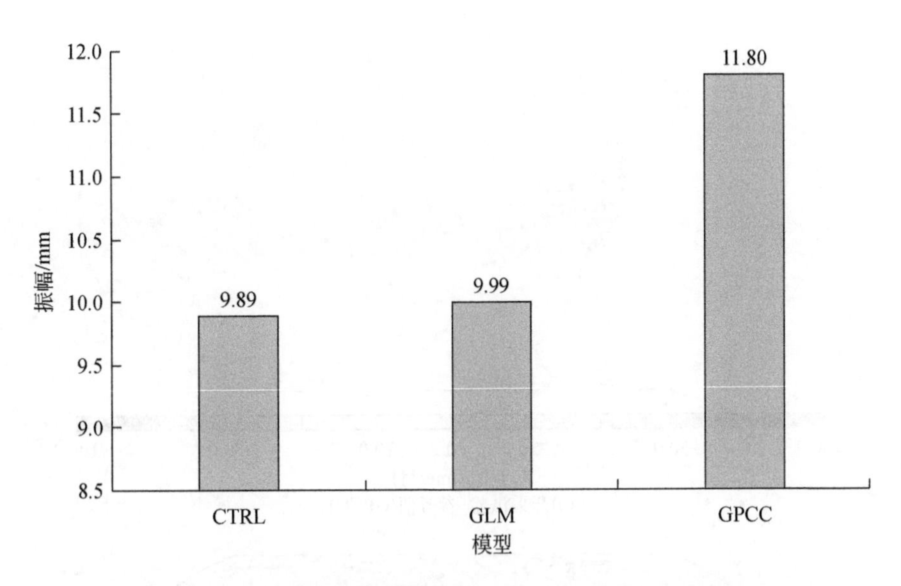

图 3-5　不同模型降水量时间序列中季节性周期信号的振幅对比

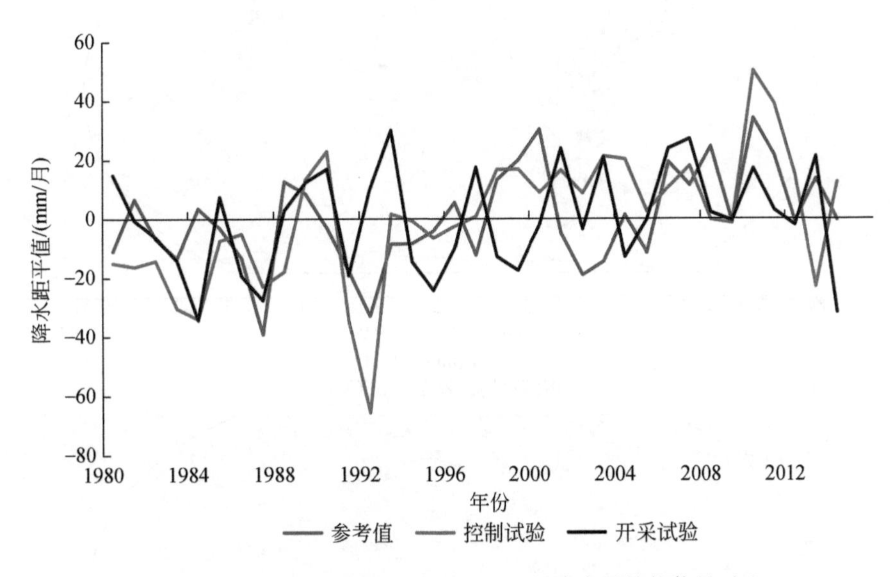

图 3-6　开采试验、控制试验与 GPCC 的降水量趋势信号对比

3.2.1.2　全球蒸散发量模拟评估

选取 1980～2014 年 GLEAM 再分析资料（来源：欧洲航天局，分辨率为 1440×720，通过最邻近法重采样为 720×360 以统一分辨率）的蒸散发量为参考数据，利用 STL 算法识别变量的季节性周期和趋势信号（图 3-8），评估控制试验和开采试验情景下 CIESM 模拟蒸散发量的周期振幅与趋势精度。可见开采试验的趋势斜率相对接近参考值，而两组试验的周期性信号均与参考值接近，表明 CIESM 模型能较好地捕捉到蒸散发信号的变化。

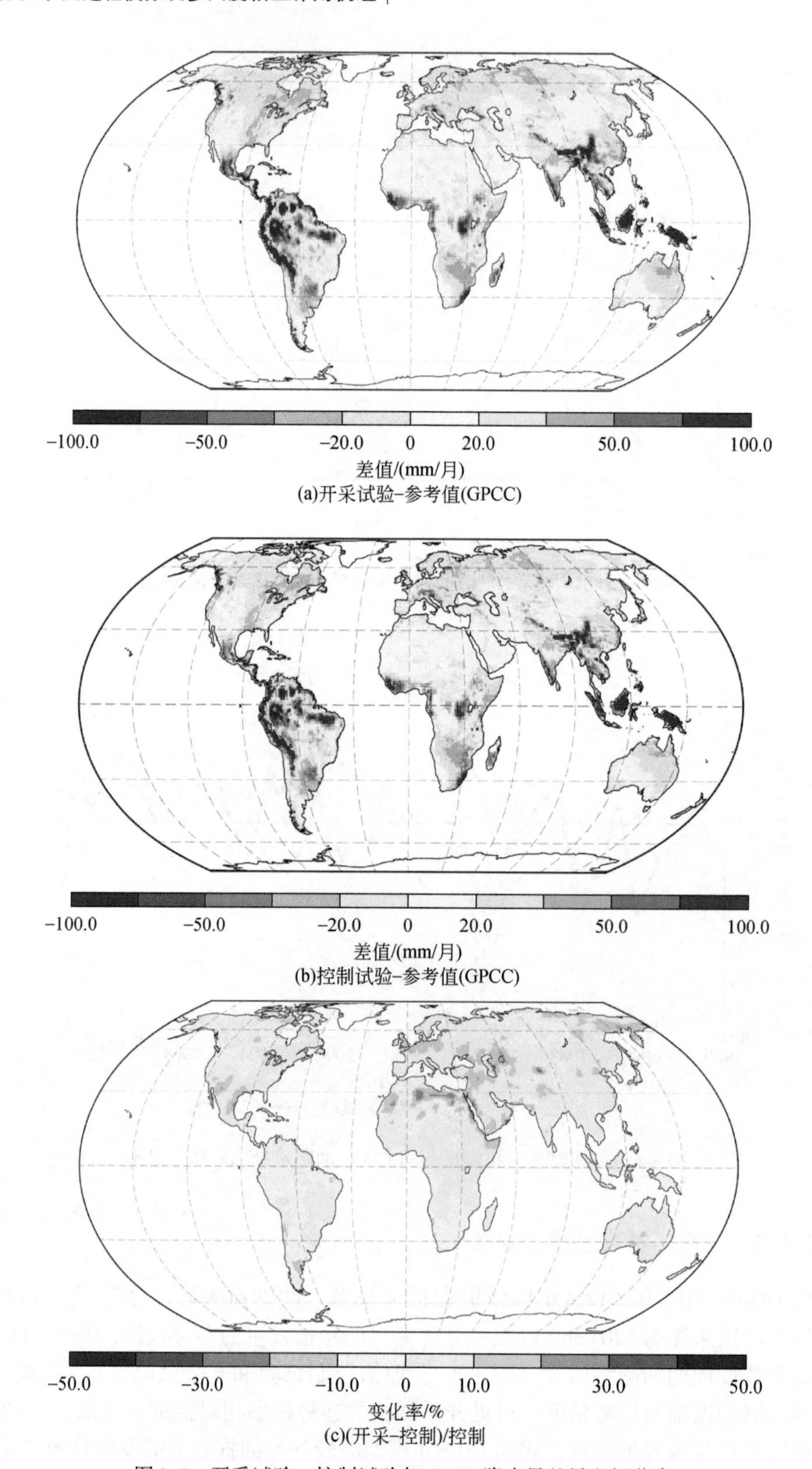

(a)开采试验-参考值(GPCC)

(b)控制试验-参考值(GPCC)

(c)(开采-控制)/控制

图 3-7　开采试验、控制试验与 GPCC 降水量差异空间分布

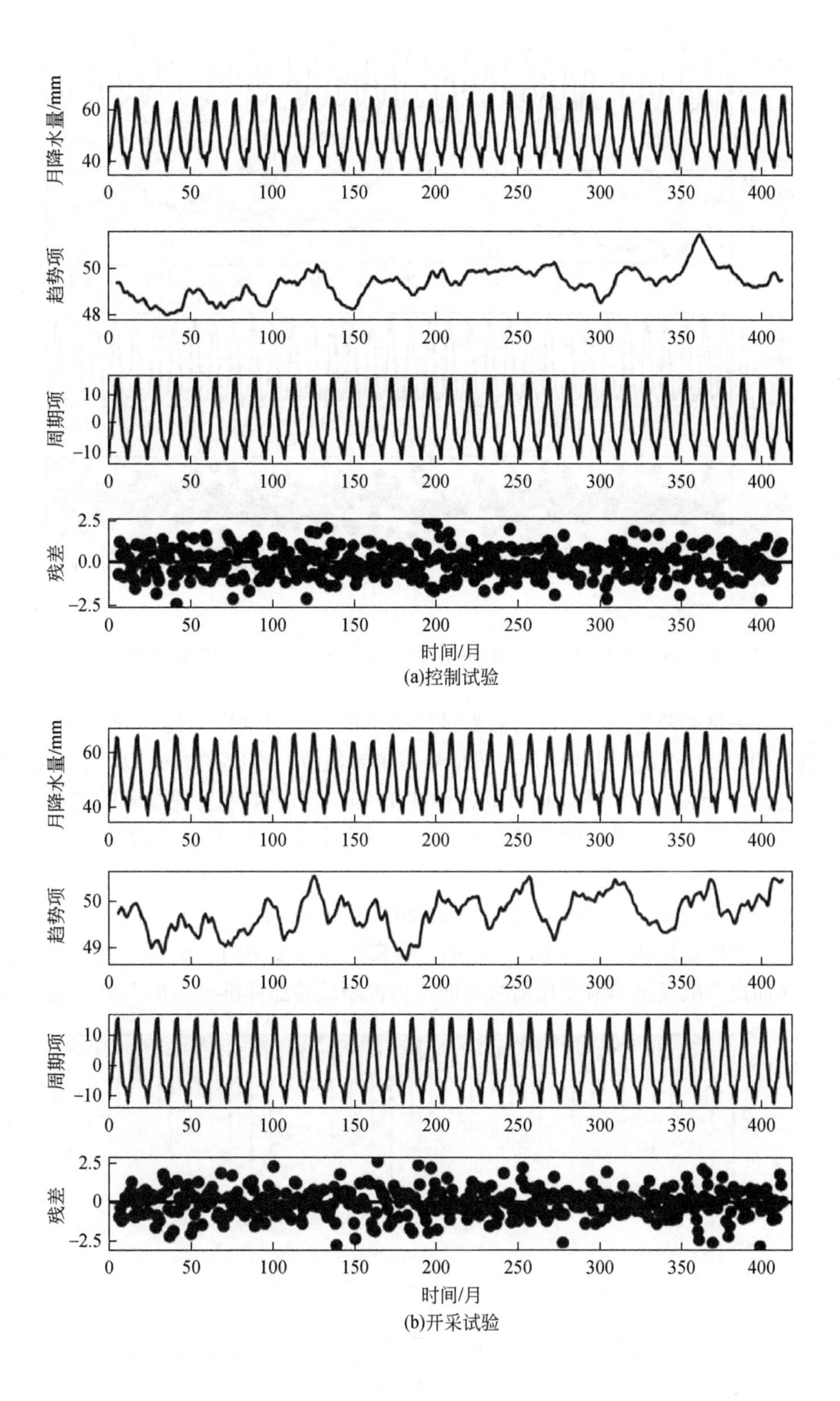

(a)控制试验

(b)开采试验

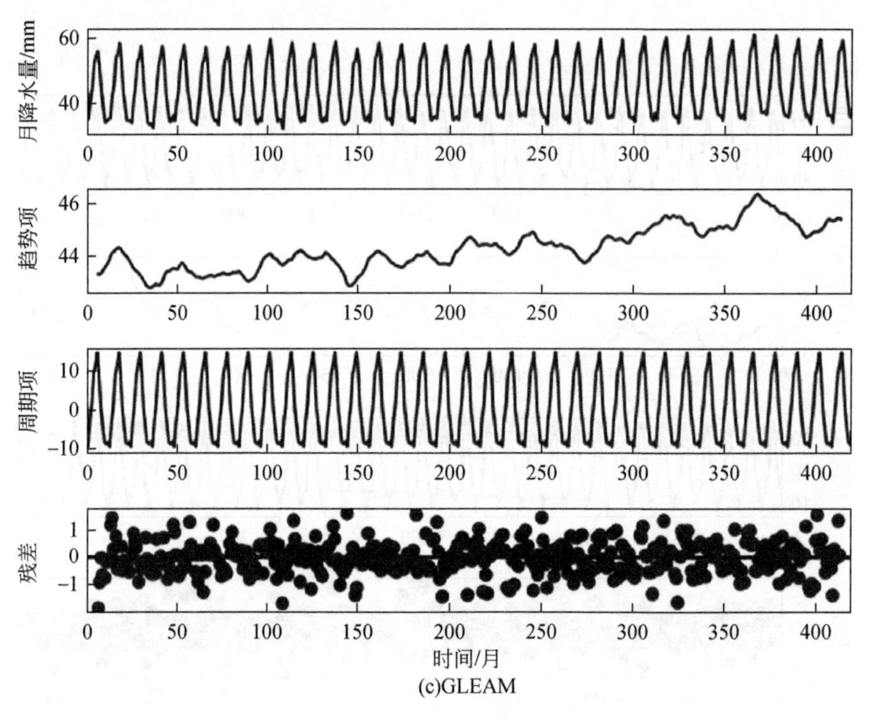

(c)GLEAM

图 3-8　基于 STL 算法的 1980～2014 年蒸散发量的时间序列分解

CIESM 开采试验与控制试验亦可较好地模拟蒸散发量时间序列的不同信号。由图 3-9（c）可见，GLEAM 蒸散发量同样是趋势信号占主导地位，占比在 75% 以上，其次是季节性信号，占比为 15% 左右。不同信号的占比在 1980～2014 年未呈现显著的趋势。总体而言，控制试验与开采试验模拟的蒸散发量时间序列均接近 GLEAM 的模拟结果。

通过进一步对蒸散发量季节性周期信号的振幅比较，可见 CIESM 控制试验及开采试验的蒸散发量振幅均高于参考值 GLEAM，但幅度不足 10%，可以认为 CIESM 对蒸散发季节性周期信号的捕捉较好（图 3-10）。然而，在模拟蒸散发量时，考虑了人类用水活动的开采试验在捕捉蒸散发量季节变化信号方面不如控制试验那样准确，后者更接近参考值。

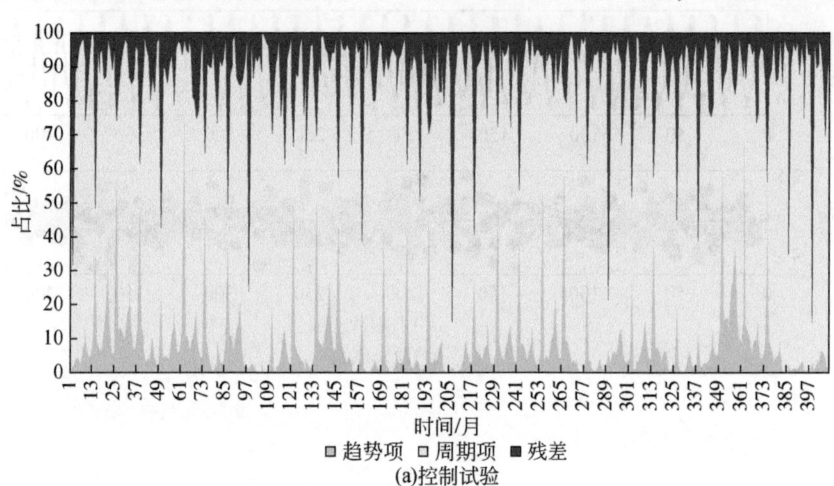

(a)控制试验

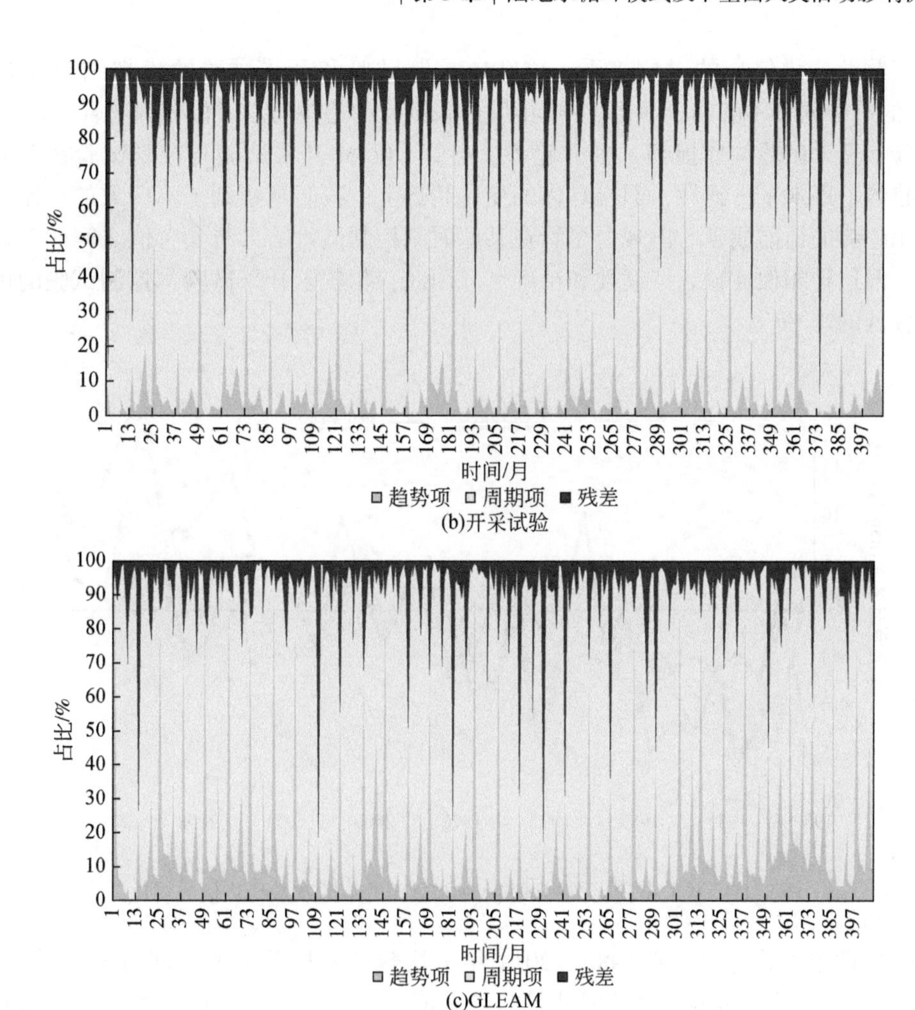

图 3-9 基于 STL 算法的蒸散发量时间序列不同信号占比对比

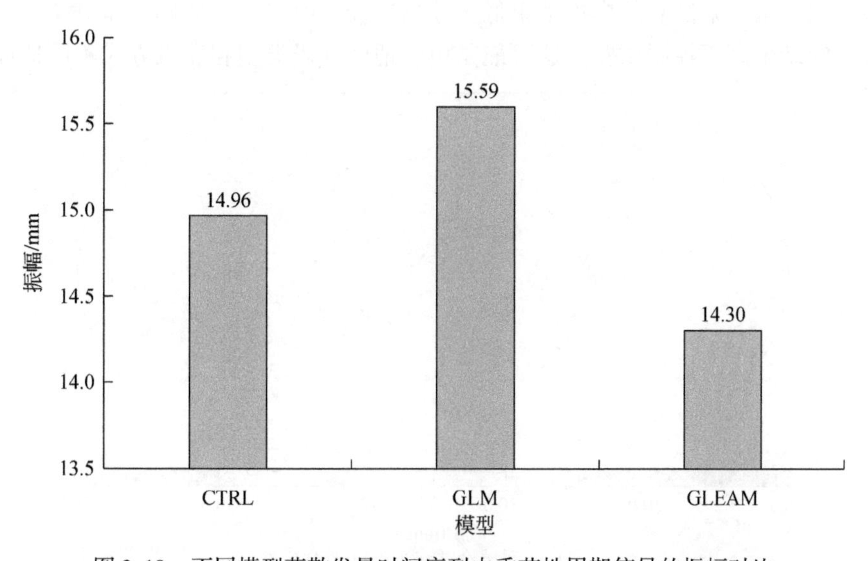

图 3-10 不同模型蒸散发量时间序列中季节性周期信号的振幅对比

从蒸散发趋势信号的对比来看，CIESM 控制试验和开采试验的模拟结果在初期与 GLEAM 的趋势同样不够吻合，但 1990 年后开采试验的趋势与参考值较为吻合（图 3-11），控制试验和开采试验均捕捉到了上升趋势。尽管 CIESM 开采试验与控制试验在蒸散发变化的总趋势上展现了一致性，但在具体的变化趋势上，我们观察到了不一致的现象，其中包括变化趋势的提前或延后出现。尽管在某些时刻控制试验结果与参考值之间能够显示出相似性，但这种相似性缺乏持续性和精确度。因此，相较于开采试验，控制试验的可靠性显示出较低的水平。

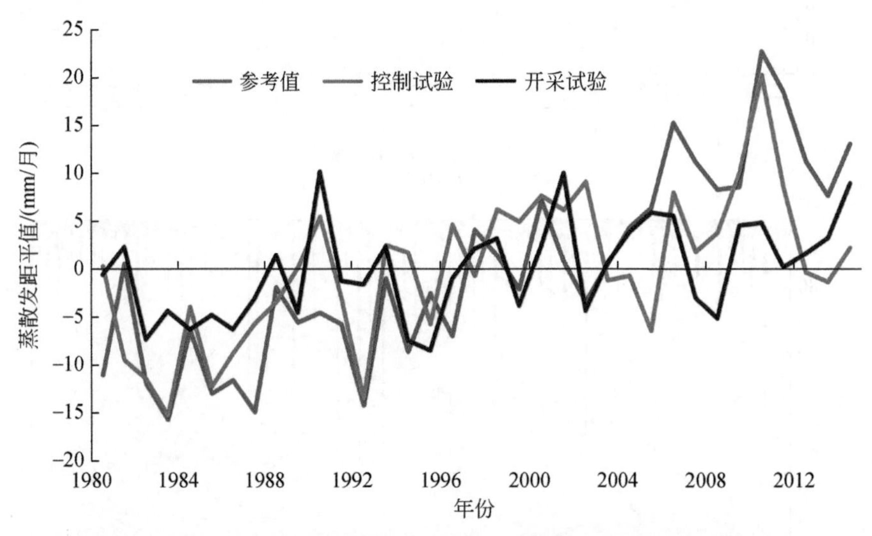

图 3-11　开采试验、控制试验与 GLEAM 的蒸散发量趋势信号对比

CIESM 两组试验与参考值 1980 ~ 2014 年平均蒸散发量差异的空间分布如图 3-12 所示。由图 3-12 可见，两组试验模拟结果与参考值比较的差异绝对值较为近似，而开采试验在全球绝大部分地区高于控制试验 10% 左右。在全球三大灌区中，印度北部和美国中部大平原地区均显示开采试验的模拟结果低于控制试验，而华北平原则与全球大部分地区相同，开采试验结果高于控制试验。这可能是由三地区气候类型和灌溉方式不同造成的。

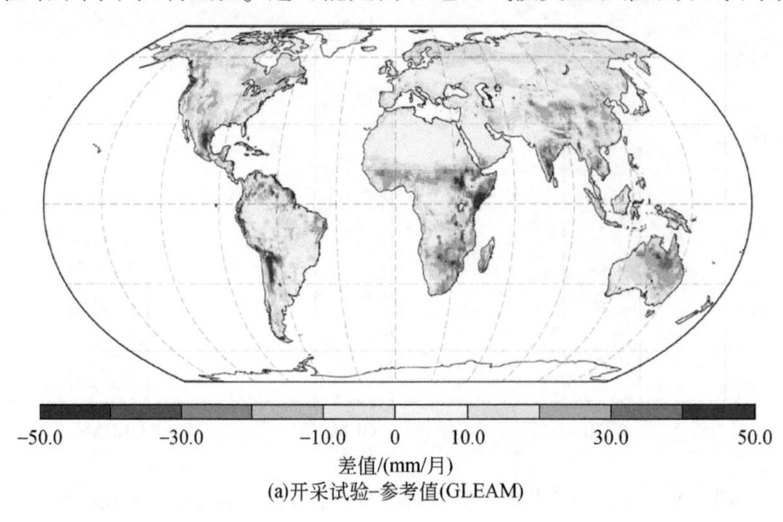

(a)开采试验-参考值(GLEAM)

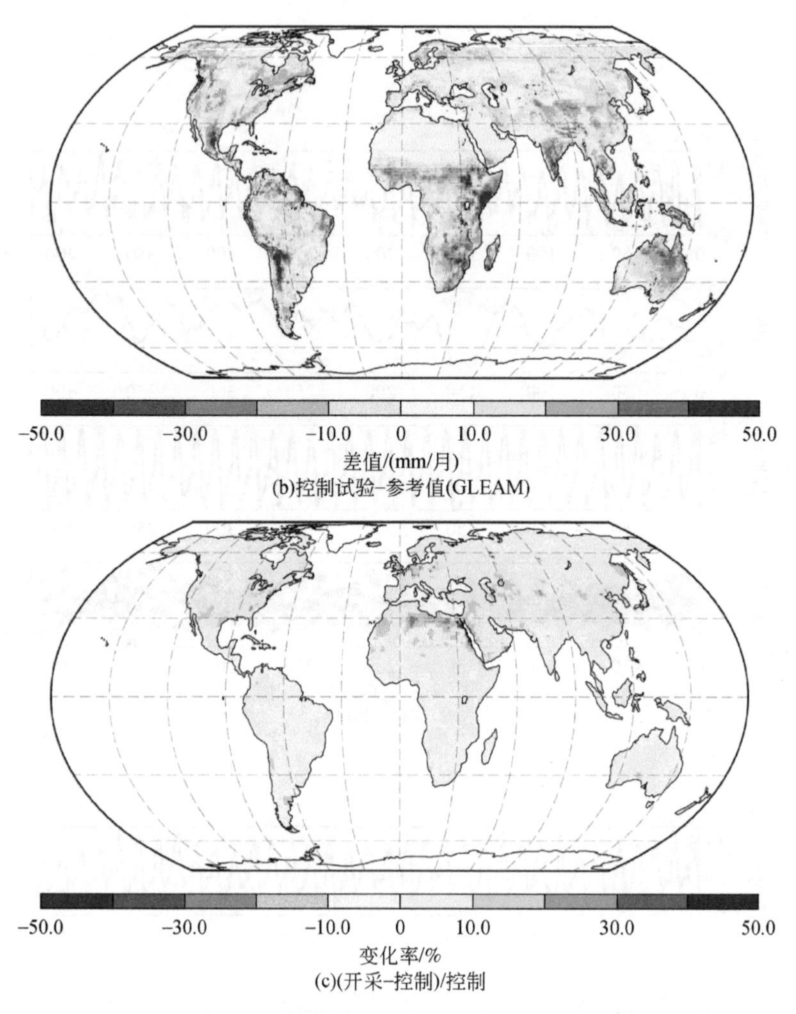

(b)控制试验-参考值(GLEAM)

(c)(开采-控制)/控制

图 3-12　开采试验、控制试验与 GLEAM 蒸散发量差异空间分布

3.2.1.3　全球径流深模拟评估

以 1980 ~ 2014 年 GRUN 再分析资料（分辨率为 720×360）的径流深为参考数据，利用 STL 算法识别变量的季节性周期和趋势信号（图 3-13），评估控制试验和开采试验情景下 CIESM 模拟径流深的周期振幅与趋势精度。根据 MK 检验结果，开采试验结果的趋势斜率较接近参考值，均为下降趋势，而控制试验结果则呈现上升趋势。从周期性信号来看，两组试验结果的周期性特征一致，而两者波形与参考值均有差异。

CIESM 开采试验与控制试验对全球径流深时间序列不同信号模拟的结果占比情况如图 3-14 所示。在径流深模拟中，趋势信号同样主导时间序列的变化，占比在 75% 以上，而季节性信号占比在 10% 左右。GRUN 的信号占比呈现较为规律的周期性变化，而 CIESM 控制试验和开采试验的结果均未良好捕捉到这种变化，而是表现出一定的随机性。

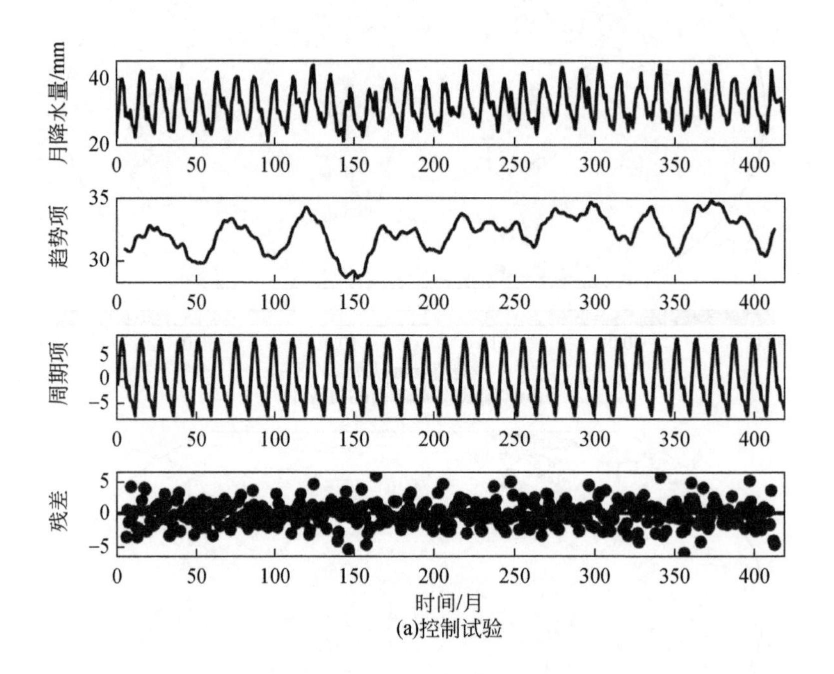

(a)控制试验

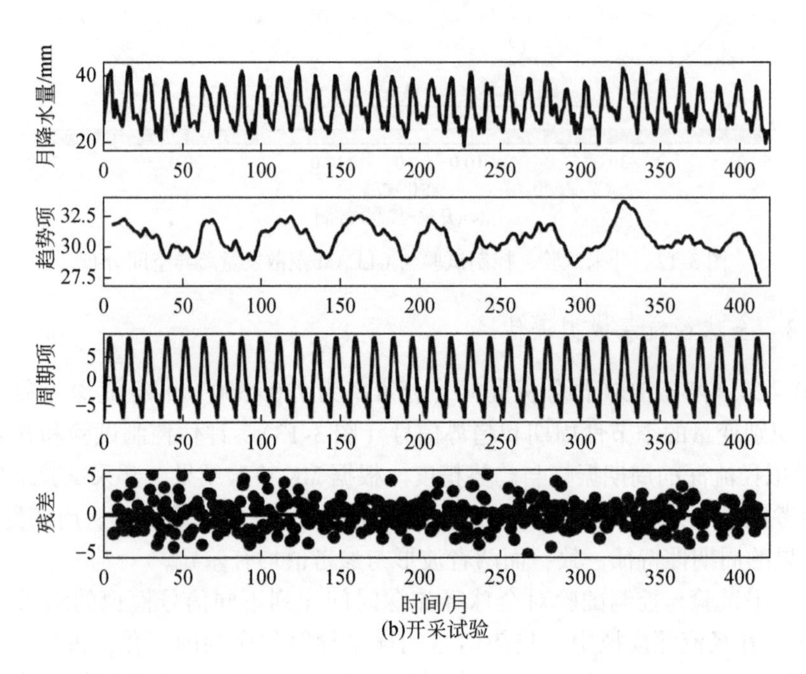

(b)开采试验

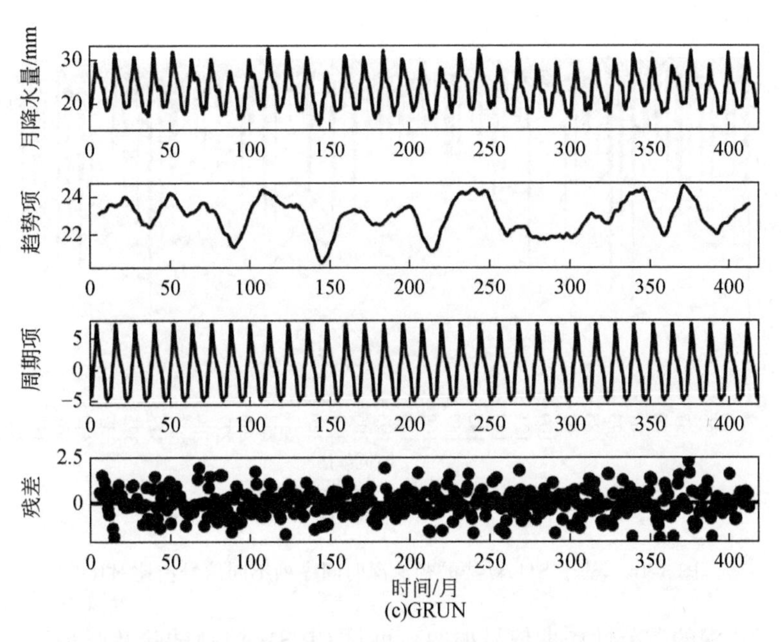

(c)GRUN

图 3-13 基于 STL 算法的 1980 ~ 2014 年径流深的时间序列分解

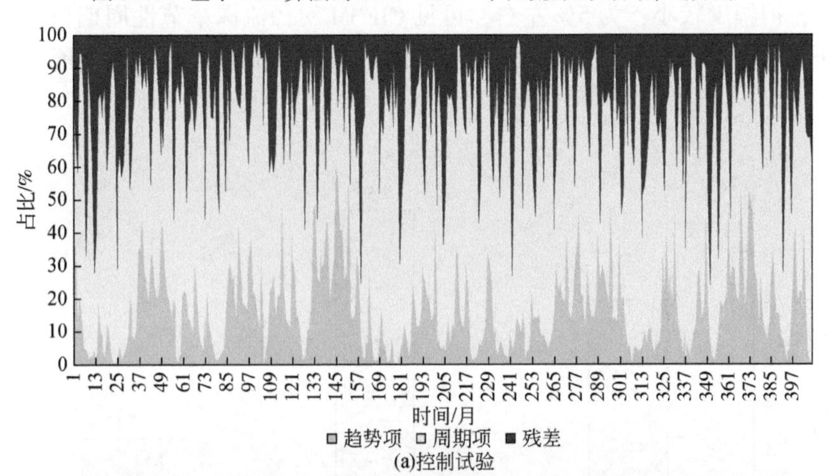

(a)控制试验

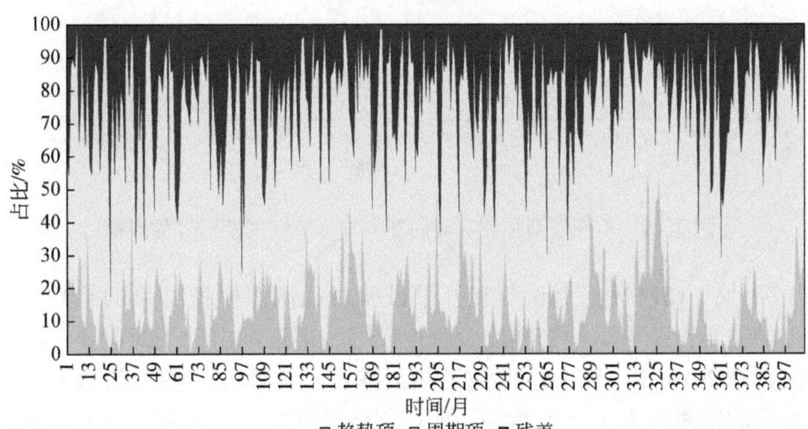

(b)开采试验

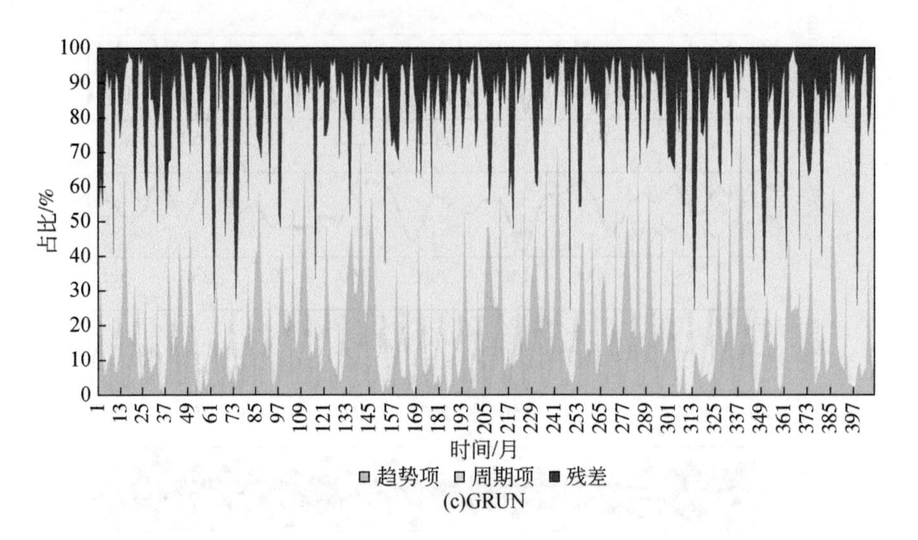

图 3-14 基于 STL 算法的径流深时间序列不同信号占比对比

图 3-15 为径流深的季节性周期信号振幅，可见 CIESM 控制试验及开采试验的径流深均高估了振幅，但幅度较小，为5%左右，可见 CIESM 对径流深季节性周期信号的捕捉较为准确。然而，与全球陆面蒸散发相似，开采试验径流深季节性信号的捕捉能力要弱于控制试验。

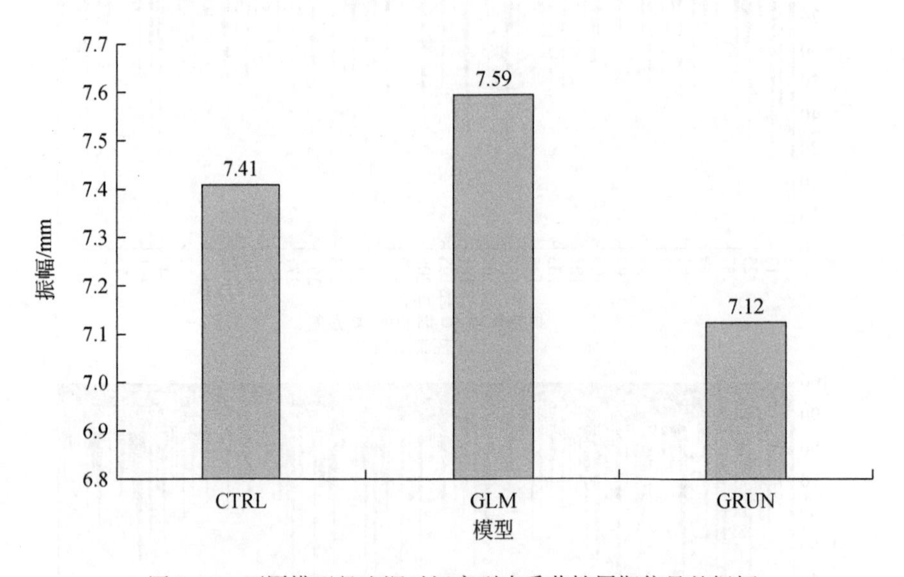

图 3-15 不同模型径流深时间序列中季节性周期信号的振幅

由图 3-16 可见，CIESM 控制试验和开采试验对径流深模拟结果的趋势均与参考值有较大的时间上的差异，开采试验初期吻合程度较好，但逐渐出现了时间不同步且变化率较大的情况，尤其是 2014 年，极大地低估了径流深。整体而言，参考值表现出微弱的下降趋势，开采试验的结果放大了这种趋势，而控制试验则呈上升趋势，从这个角度来看开采试验对径流深趋势项的模拟相对合理。

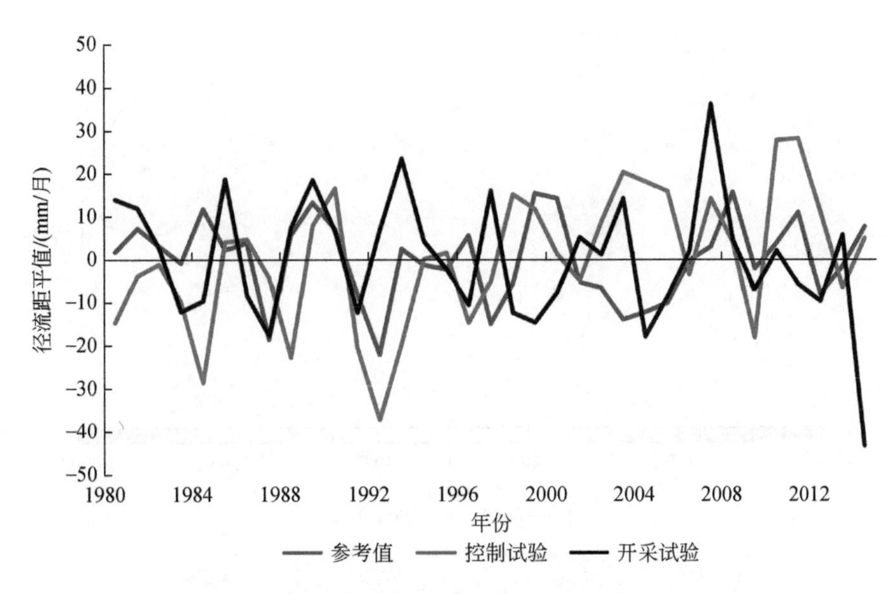

图 3-16 开采试验、控制试验与 GRUN 的径流深趋势信号对比

两组试验与参考值 1980 ~ 2014 年平均径流深差异的空间分布如图 3-17 所示。由图 3-16 可见，两组试验模拟结果与参考值比较的差异绝对值较为近似，而开采试验的结果相较于控制试验而言出现了较大的变异性，尤其是华北平原、印度北部、美国中部地区及撒哈拉地区均出现了大幅度的变化率，主要呈径流深降低的趋势。这可能是由人类取用水导致的，相较于降水量和蒸散发量，径流深对开采活动的响应要明显敏感，这与实际情况相符。

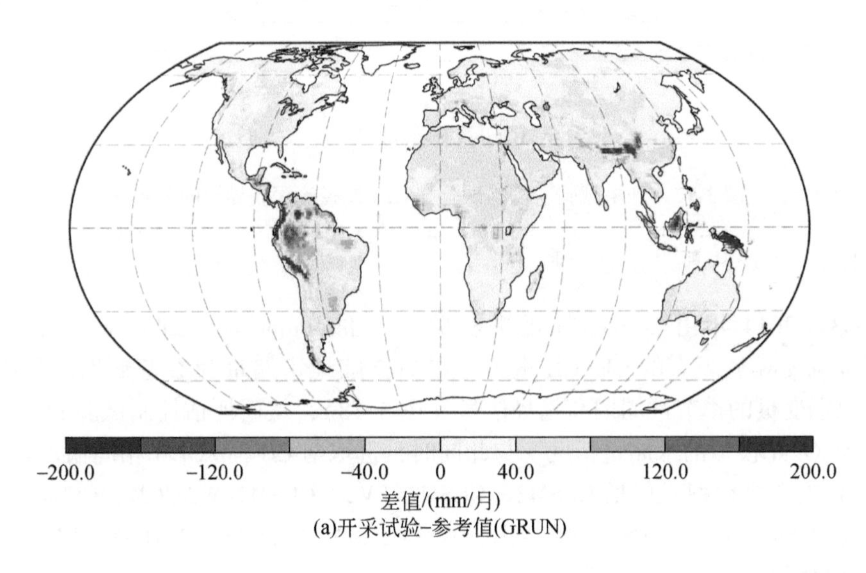

(a)开采试验-参考值(GRUN)

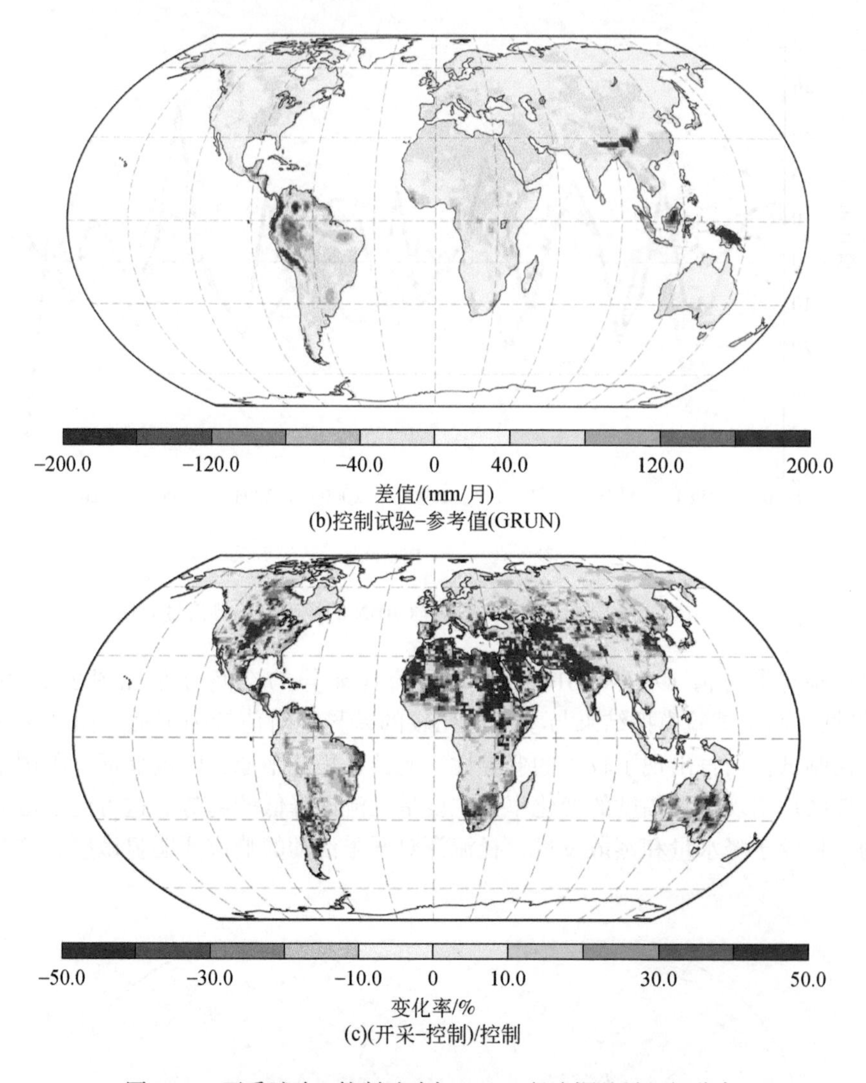

图 3-17　开采试验、控制试验与 GRUN 径流深差异空间分布

3.2.1.4　全球陆地水储量模拟评估

以 2003 ~ 2014 年由美国喷气推进实验室（Jet Propulsion Labratory，JPL；http://grace.jpl.nasa.gov/）发布的 GEACE 重力卫星数据陆地水储量为参考数据，利用 STL 算法，主要识别变量的季节性周期和趋势信号（图 3-18），从而评估控制试验和开采试验情景下 CIESM-GLM 模拟的水储量精度。与此同时，选取与 CIESM-GLM 相同输入场（CMIP6 的 rli1p1f1）的 9 个模型，包括 CESM2、CESM2-FV2、CESM2-WACCM、CESM2-WACCM-FV2、IPSL-CM5A2-INCA、IPSL-CM6A-LR、IPSL-CM6A-LR-INCA、NorESM2-LM、NorESM2-MM，对比模型间水储量的相对模拟效果。

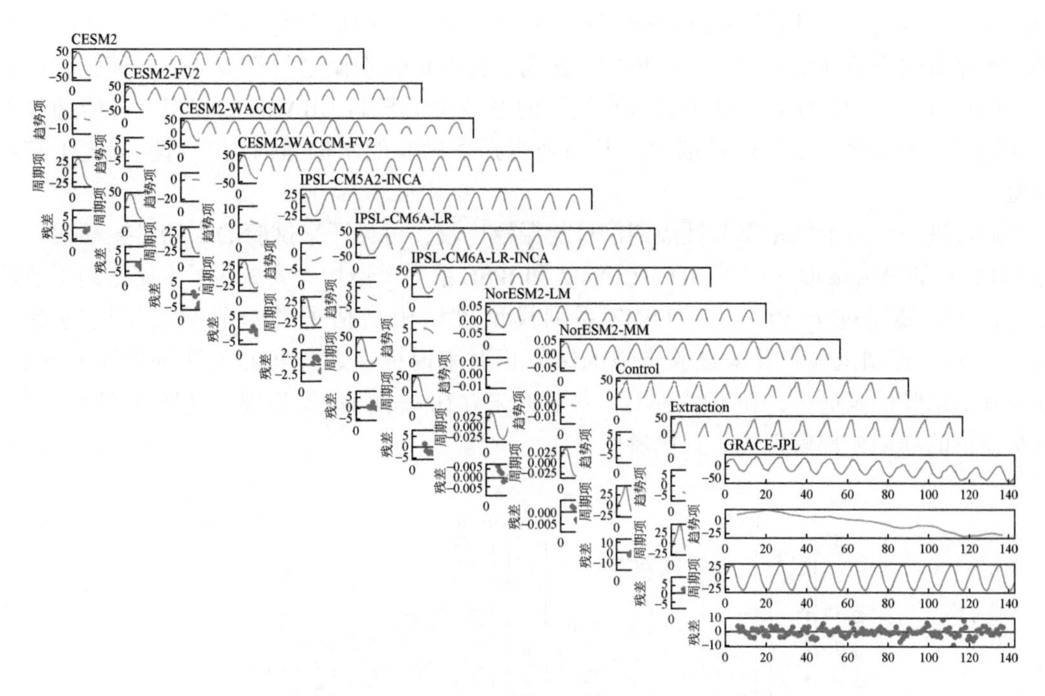

图 3-18　基于 STL 算法的 2003～2014 年不同模型水储量的时间序列分解

开采试验相比控制试验能较好地反映水储量时间序列的不同信号。由图 3-19 可见

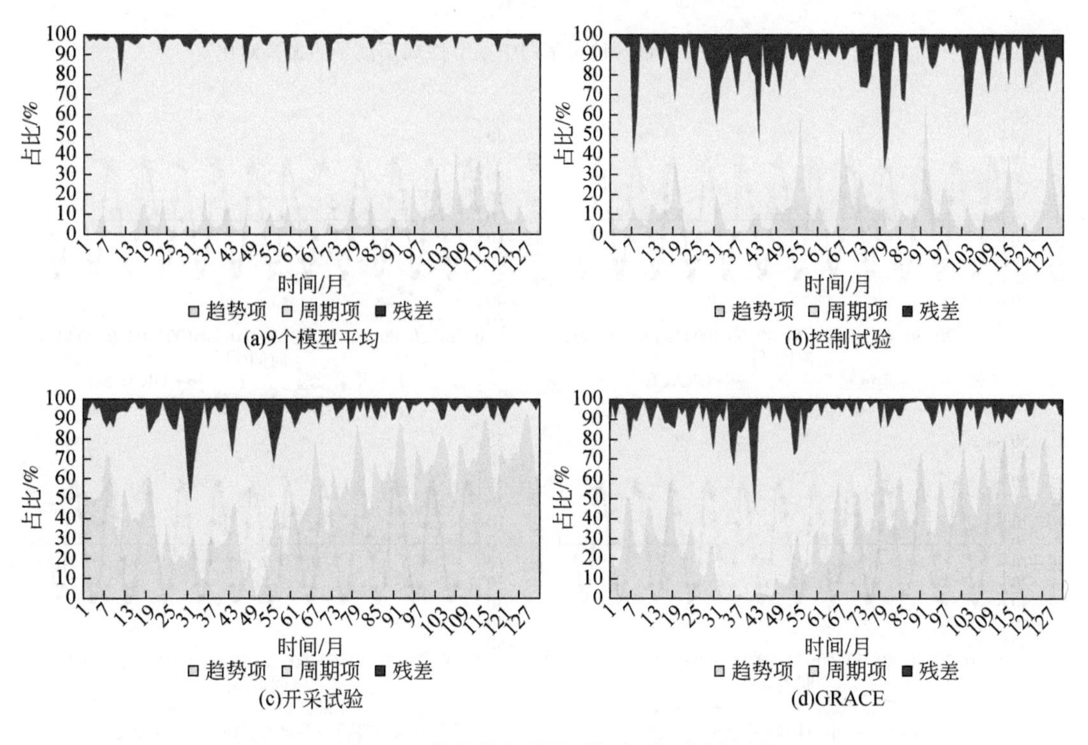

图 3-19　基于 STL 算法的水储量时间序列不同信号占比对比

GRACE 水储量季节性信号主导时间分量占比大于 50%，而后趋势项占比增大。9 个模型平均水储量的季节性信号偏强，趋势信号偏弱，控制试验水储量的季节性信号偏强，趋势信号稍稍偏弱。相比而言，开采试验水储量的季节性信号与 GRACE 的相当，且能捕捉到后期趋势项的变化，尽管增量偏大，但仍表明开采试验的水储量时间序列模拟优于其他模型。

通过进一步对水储量季节性周期信号的振幅比较，可见开采试验的水储量振幅模拟值与 GRACE 的最为接近（图 3-20）。CESM2 和 IPSL 系列模型均大大高估了水储量的季节性变化，几乎都超过了 30%；NorESM2 系列模型也稍稍高估了其季节振荡幅度约 20%（图 3-20）。控制试验和开采试验模拟的结果相对来说更接近真实的水储量周期振幅值，其中开采试验误差最小，在 10% 左右，尽管开采存在一个月的滞后现象（图 3-21），但其对水储量的周期振幅模拟优于其他模型。

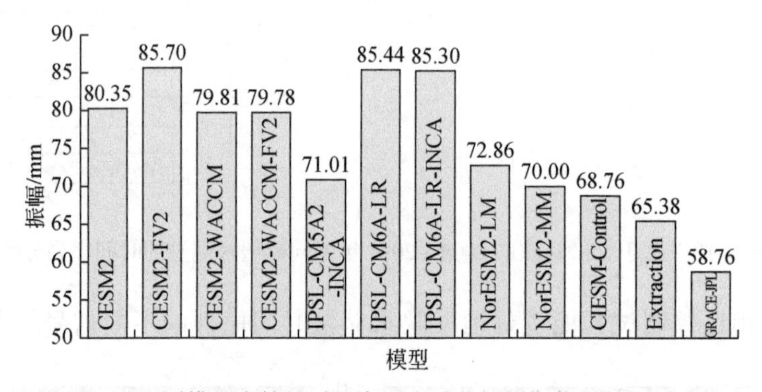

图 3-20　不同模型水储量时间序列中季节性周期信号的振幅对比

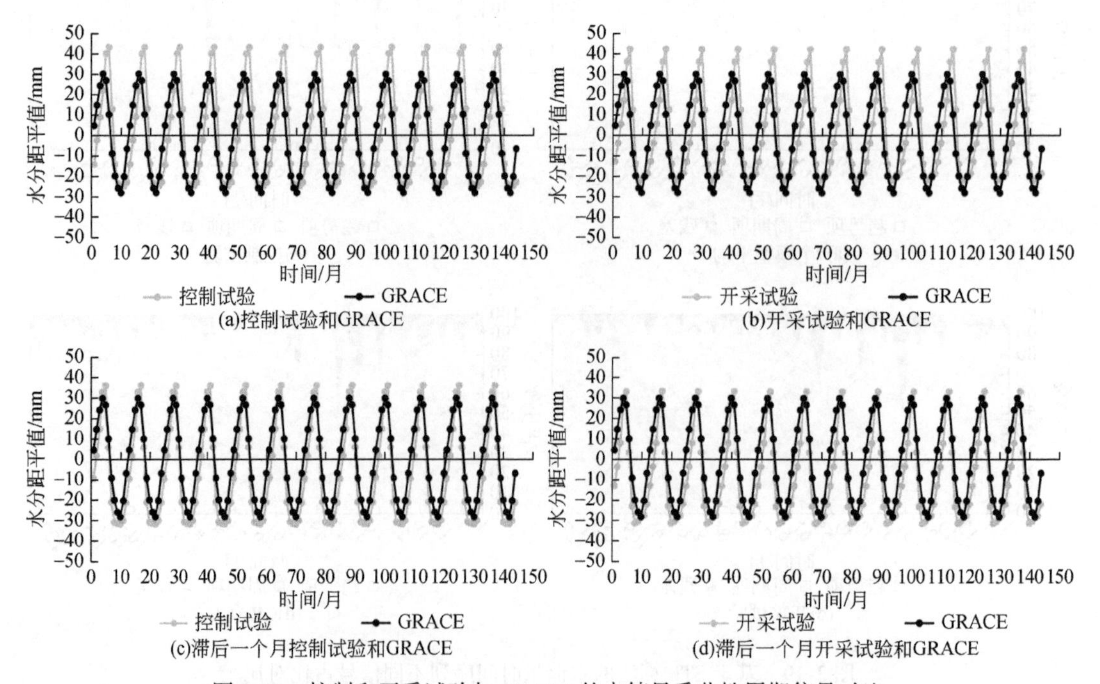

图 3-21　控制和开采试验与 GRACE 的水储量季节性周期信号对比

水储量趋势信号的模型间对比再一次说明，开采试验的模拟效果优于其他模型（图 3-22）。在趋势项上，9 个模型及其平均值普遍模拟效果较差，未捕捉到水储量下降的趋势，而是处于相对平衡的波动状态。可能是模型中地下部分深度模拟不足导致的，即未考虑到地下水的损耗。开采试验的水储量趋势项尽管存在 2 倍的高估，但能较好地捕捉到水储量下降的趋势（图 3-23），且与 GRACE 趋势值的散点图拟合精度最高（图 3-24）。

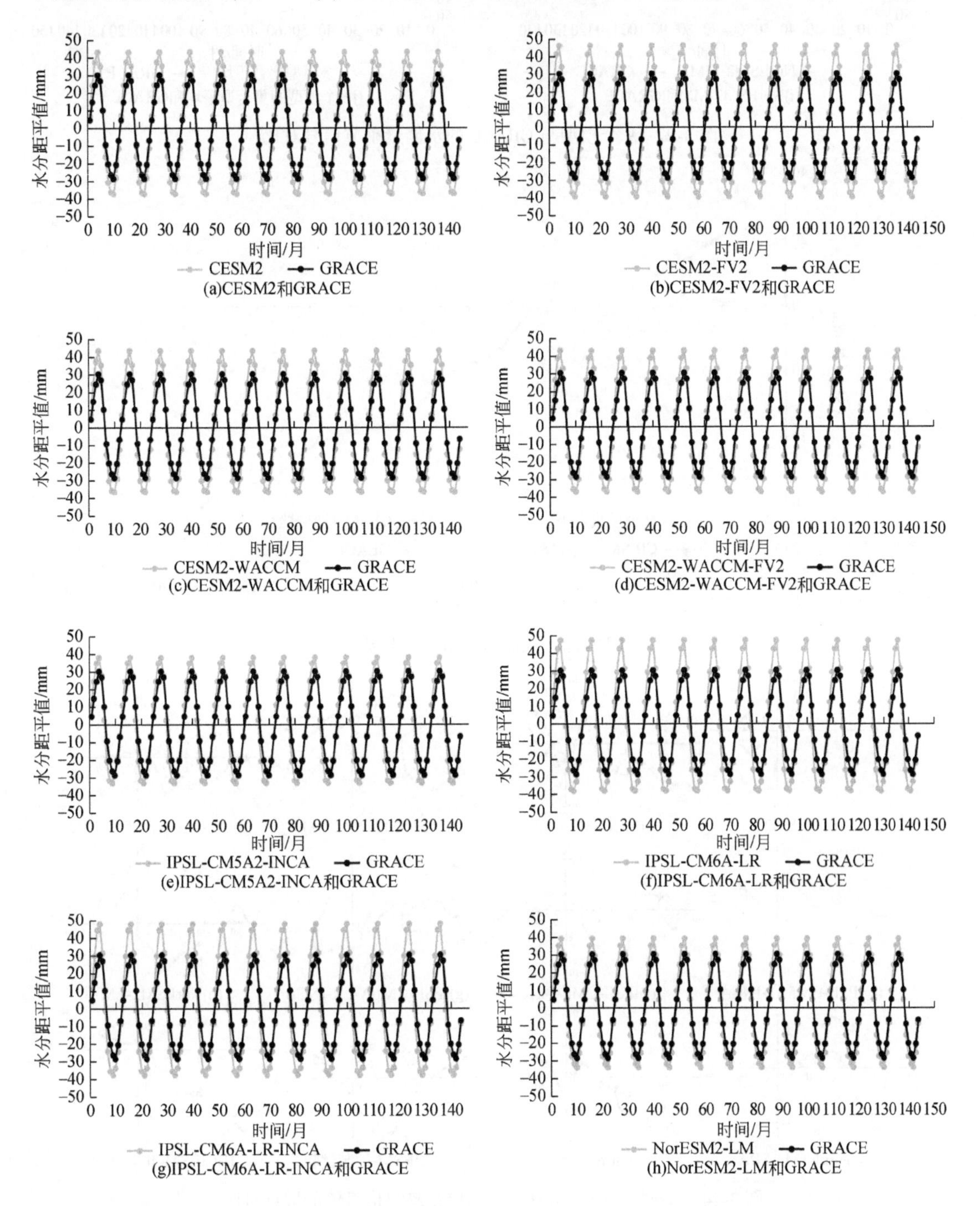

(a)CESM2和GRACE
(b)CESM2-FV2和GRACE
(c)CESM2-WACCM和GRACE
(d)CESM2-WACCM-FV2和GRACE
(e)IPSL-CM5A2-INCA和GRACE
(f)IPSL-CM6A-LR和GRACE
(g)IPSL-CM6A-LR-INCA和GRACE
(h)NorESM2-LM和GRACE

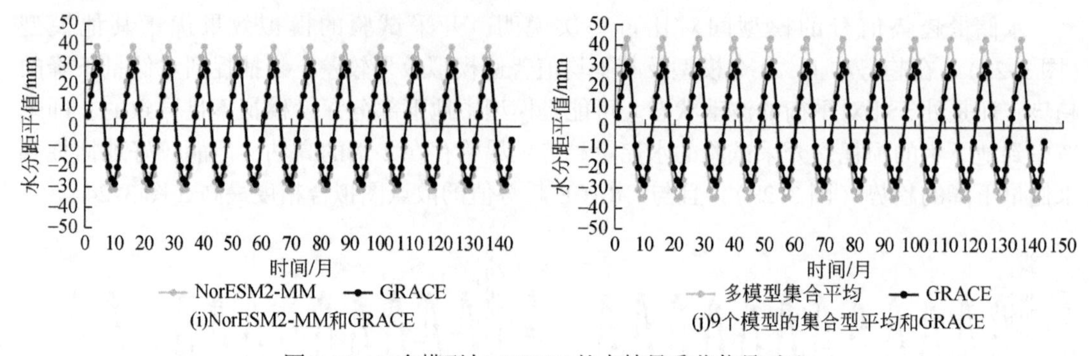

图 3-22　9 个模型与 GRACE 的水储量季节信号对比

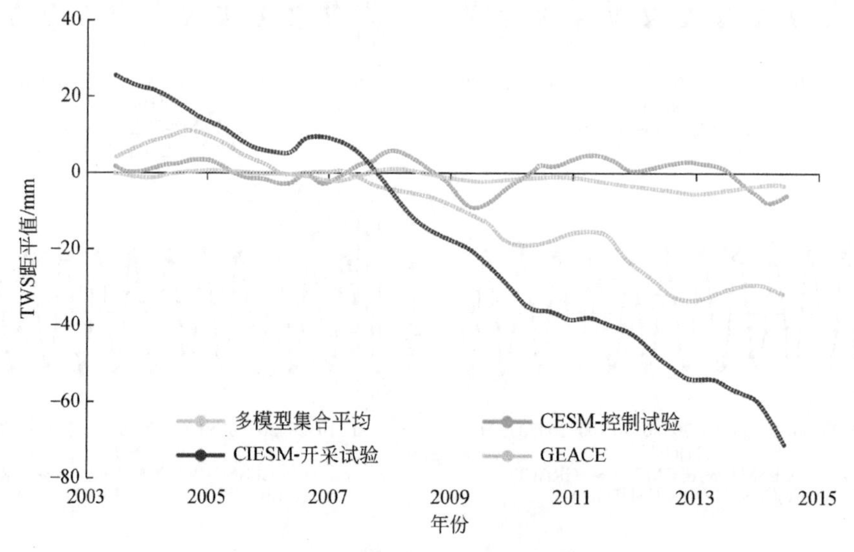

图 3-23　水储量季节信号趋势

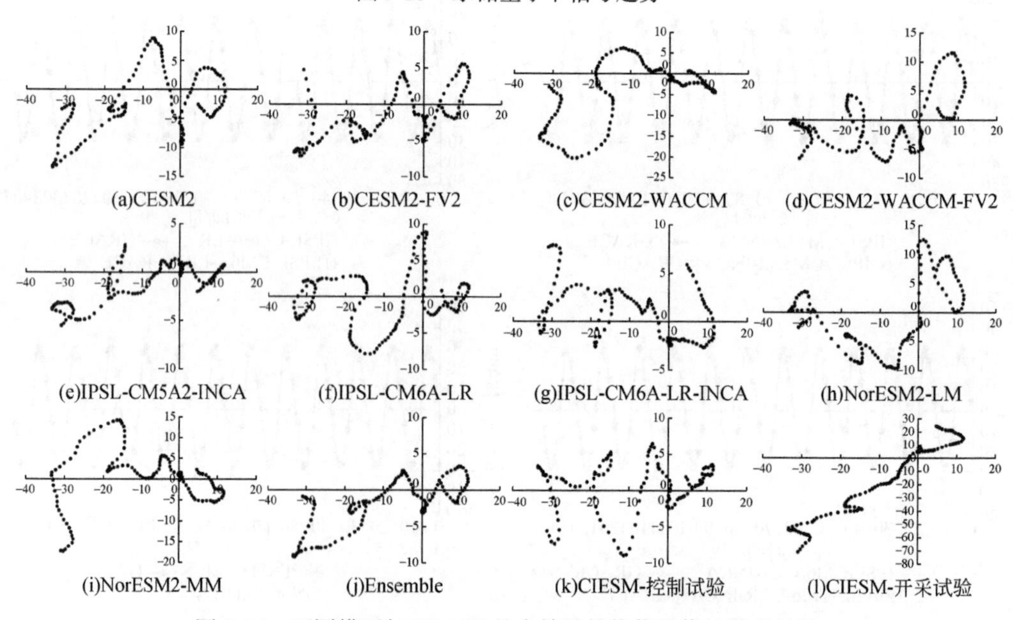

图 3-24　不同模型与 GRACE 的水储量趋势信号值的散点对比

开采试验在灌区中的水储量模拟效果也较其他模型更好。2003～2014 年平均水储量的空间分布如图 3-25 所示，在全球三大灌区中，包括印度北部、华北平原和美国中部大平原地区，开采试验的模拟结果能较好地捕捉到因开采地下水进行灌溉活动而导致水储量大幅下降的信号。

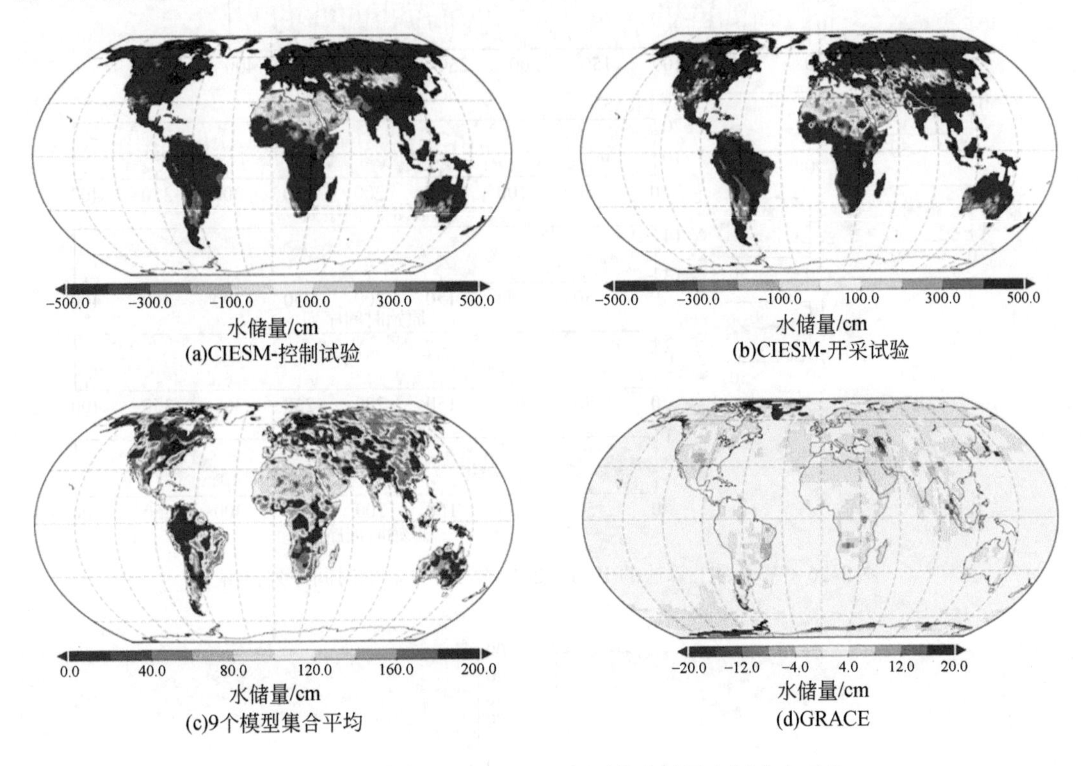

图 3-25　不同模型 2003～2014 年平均水储量空间分布对比

3.2.2　CIESM-GLM 的气温要素模拟与验证

基于再分析资料数据，对 CIESM-GLM 模拟出的 2m 气温进行评估。选取 1981～2014 年 ERA5 再分析资料（来源 https://cds.climate.copernicus.eu；分辨率 0.1°×0.1°）的地表 2m 气温为参考数据，利用 STL 时序分解算法识别变量的季节性周期和趋势信号（图 3-26），评估控制试验和开采试验情景下 CIESM 模拟 2m 气温要素的周期振幅与趋势精度。

开采试验和控制试验均能反映 2m 气温时间序列的不同信号。由图 3-27 可见，ERA5 地表 2m 气温趋势信号主导时间分量，占比大于 50%。控制试验和开采试验 2m 气温的趋势信号偏强，季节性信号偏弱，季节性信号和趋势信号与 ERA5 的相当。

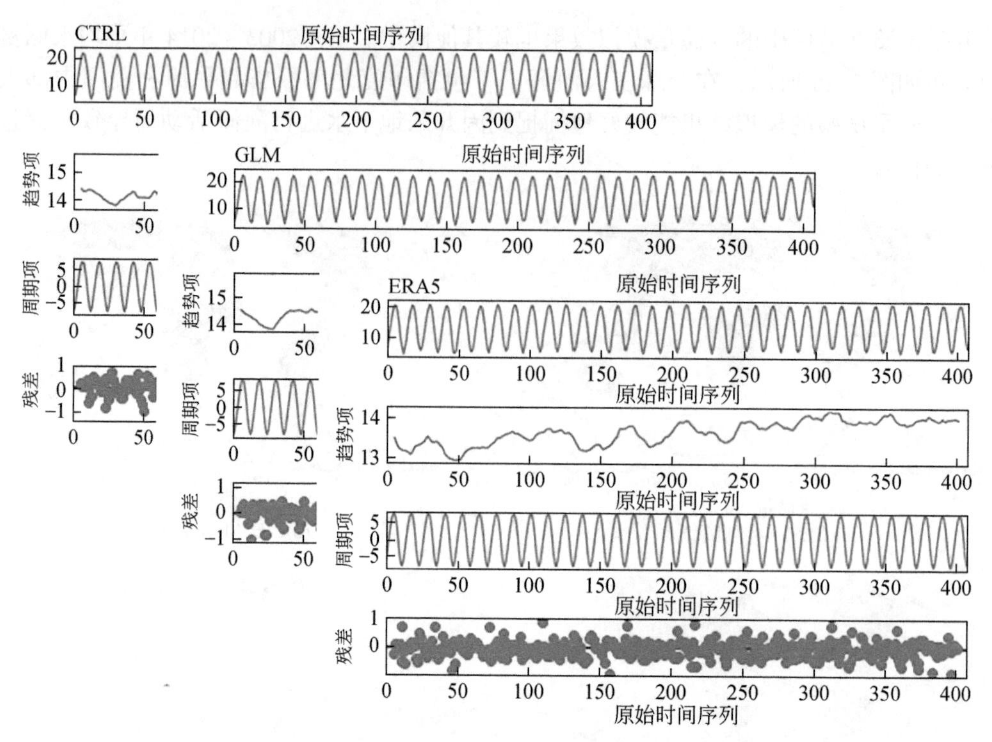

图 3-26　基于 STL 算法的 1981 ~ 2014 年 2m 气温的时间序列分解

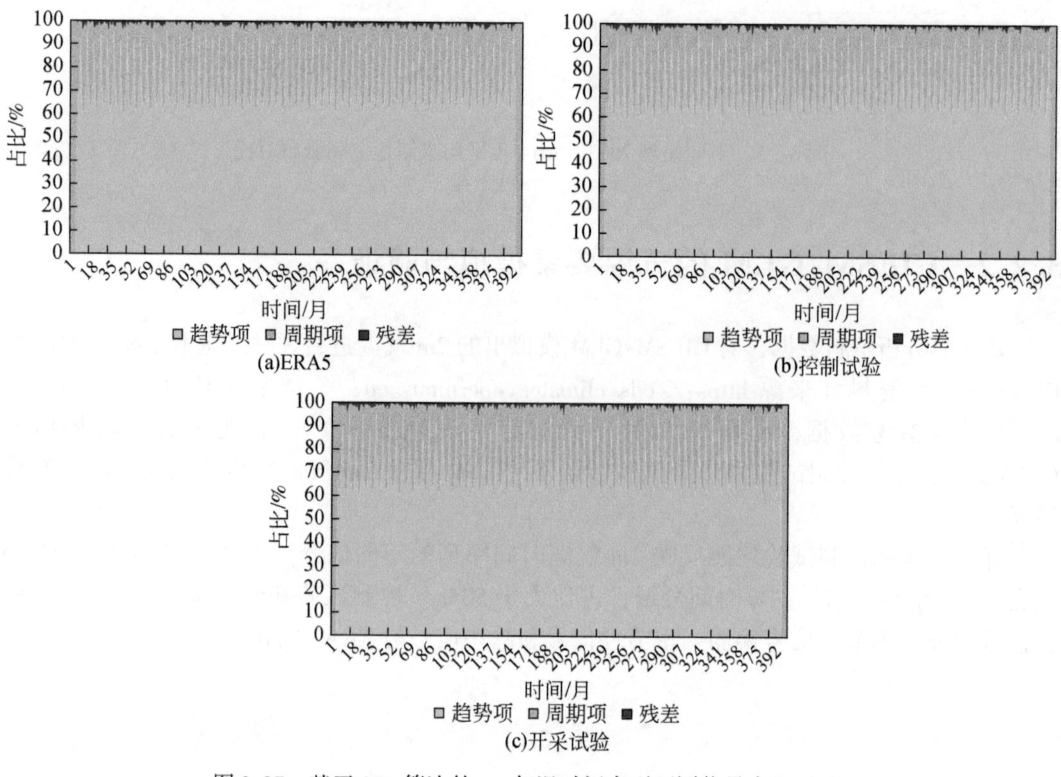

图 3-27　基于 STL 算法的 2m 气温时间序列不同信号占比对比

通过进一步对 2m 气温周期信号的振幅比较，可见开采试验的 2m 气温振幅模拟值与 ERA5 的更接近（图 3-28）。开采试验和控制试验均高估了 2m 气温的季节性变化，误差在 10% 以内，其中开采试验误差最小，在 7% 左右。

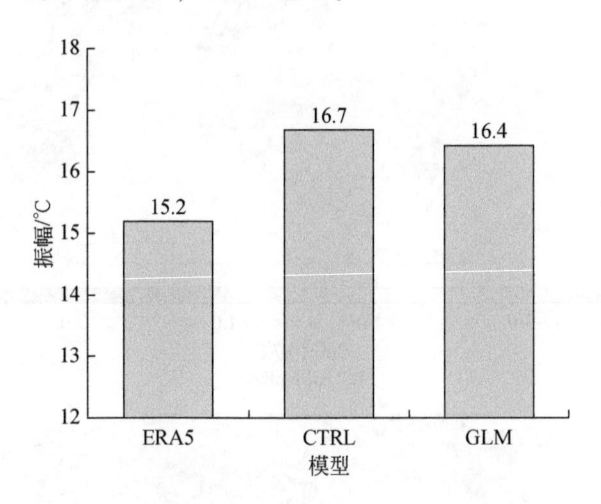

图 3-28 2m 气温时间序列中季节性周期信号的振幅对比

通过对比 2m 气温趋势信号可以看出，开采试验和控制试验均能捕捉气温上升的趋势（图 3-29）。在趋势项上，开采试验和控制试验的趋势项分别比 ERA5 的趋势项高估了 9% 和 8%。

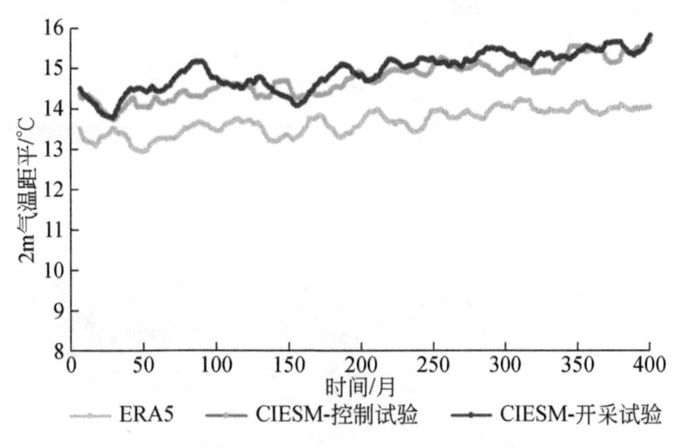

图 3-29 不同情景与 ERA5 的 2m 气温趋势信号对比

1981 ~ 2014 年平均 2m 气温的空间分布如图 3-30 所示。与 ERA5 相比，开采试验和控制试验总体高估了 2m 气温，但在青藏高原和非洲中部地区模拟的 2m 气温偏低。控制试验和开采试验的模拟结果差异较小，开采试验在北半球中高纬度地区模拟的 2m 气温相较控制试验偏高，说明开采活动对北半球中高纬度地区具有升温效应（Chen et al., 2019）。对于典型地下水超采区，开采试验显示出美国中部地区由于开采地下水进行灌溉活动而导致了大气降温效应（谢正辉等，2019）。

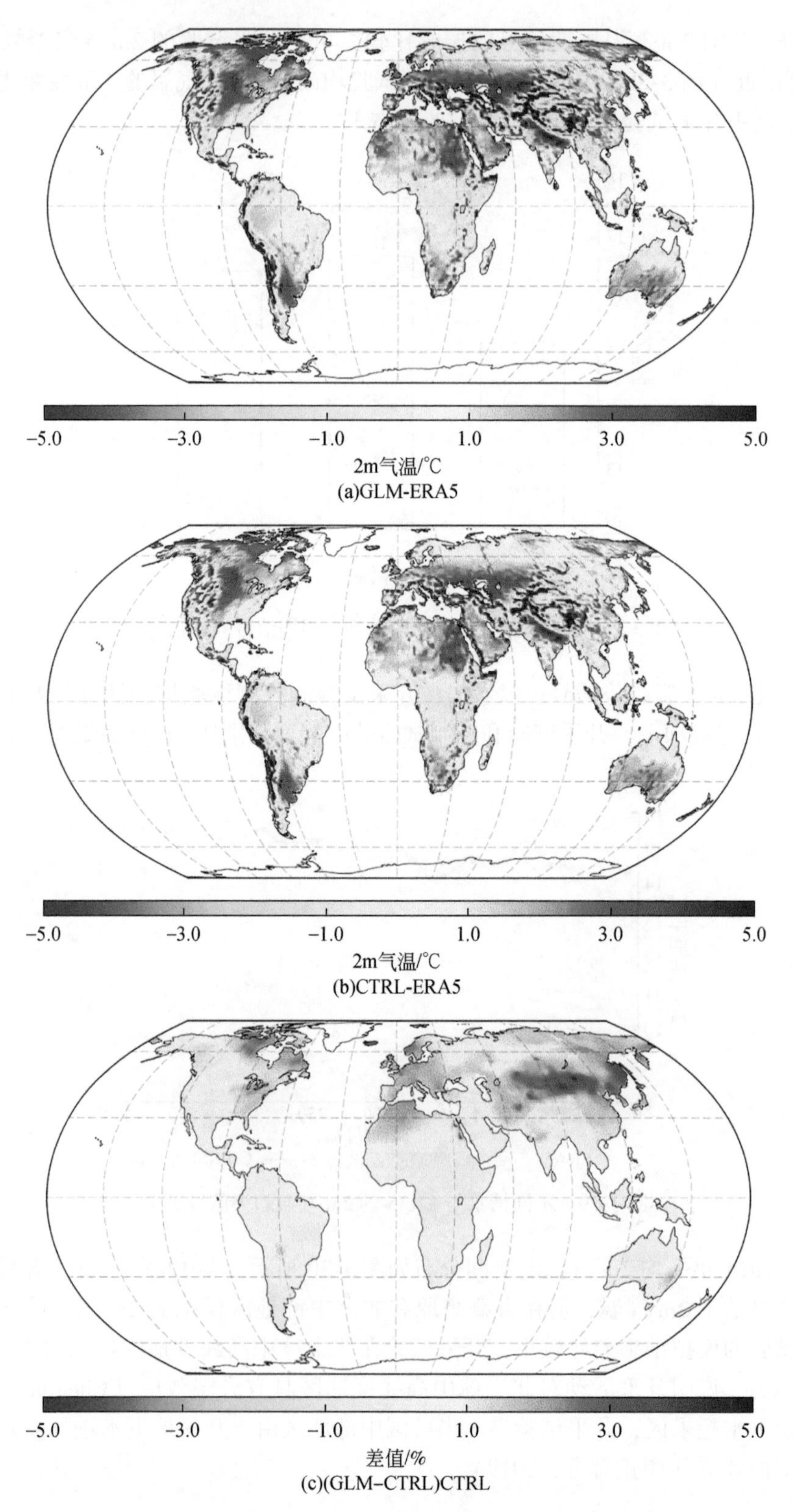

图 3-30　不同情景下 1981～2014 年平均 2m 气温空间分布对比

3.2.3 全球土地利用动态变化的耦合模拟评估

选择5种主要的土地利用/覆盖类型和4个典型年，分别进行全球土地利用面积和分布变化及相应水循环要素变化特征的历史模拟评估。其中，土地覆被包括裸地、林地、灌木、草地和作物，4个典型年分别为1980年、1990年、2000年和2010年。

全球主要土地利用/覆盖类型的面积在2000年之前几乎保持相对平稳的占比，而在2010年发生了显著变化，尤其是作物和草地（图3-31）。与2000年前相比，2010年作物和林地均呈扩张趋势，分别增大了10%和5%；草地和灌木则呈退化趋势，分别减小了9%和5%；裸地占比变化最小，减少了1%。

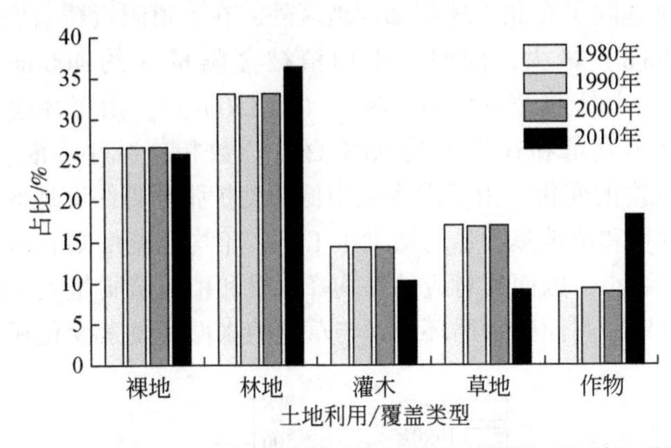

图3-31 1980～2010年全球主要土地利用/覆盖的面积占比变化

5种土地利用覆盖类型的空间动态分布特征如图3-32所示。东亚中纬度地区对全球裸

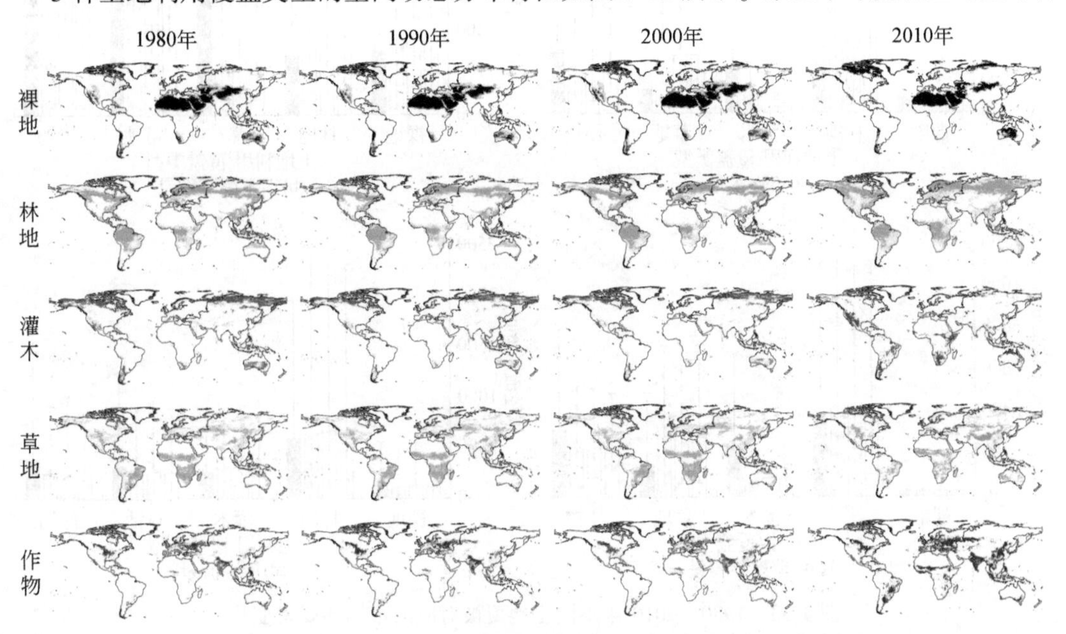

图3-32 1980～2010年全球主要土地利用/覆盖的空间分布变化

地面积减小的贡献最大，主要转变为草地，与中国2000年以后实施的三北防护林工程建设密切相关；而在澳大利亚中西部地区裸地面积却明显增大。北半球高纬度地区对全球林地面积的扩张和对全球灌木面积的减小贡献最大，主要表现为由原来的灌木转变成林地，与高纬度带上较大的增温率有关。全球减少的草地几乎被作物代替，主要分布在非洲中部和南部以及南美洲东南部。除了这些地区外，作物面积在中国华北平原、整个印度、欧洲南部以及美国中部大平原地区都呈显著扩张趋势。综上，在全球气候变暖和人类活动的加剧影响下，高纬度地区逐渐被林地覆盖，中低纬度地区部分草地被作物取代。

水循环要素特征在不同土地利用/覆盖类型中存在差异，且在2010年土地利用/覆盖显著变化时也发生了不同程度的变化（图3-33）。裸地的水循环要素动态变化最小，年均降水量在250mm左右，大部分被土壤蒸发（年均近200mm）损耗，小部分被径流（年均约100mm）损耗。林地除了在北半球高纬度地区外，在赤道附近覆盖面积最广，对应的年均降水量（近1200mm）最大，同时，年均植被蒸腾量（约400mm）和径流量（约650mm）也都最大，年均土壤蒸发量相对较小（约150mm）。由于林地在高纬度地区大大扩张，降水量、土壤蒸发量和径流量的95%百分位数相应减小。灌木的水循环变量在2010年发生了较大程度的变化。由于灌木在中低纬度扩张和高纬度地区缩减，其对应的年均降水量、土壤蒸发量和植被蒸腾量均增大了1倍，年均径流量则有所减少。草地在降水较多的中低纬度面积缩小，因而其对应的年均降水量和植被蒸腾量大大降低。在中低纬度地区，作物取代了草地，因而其水循环要素与草地的水循环要素变化相反，表现为年均降

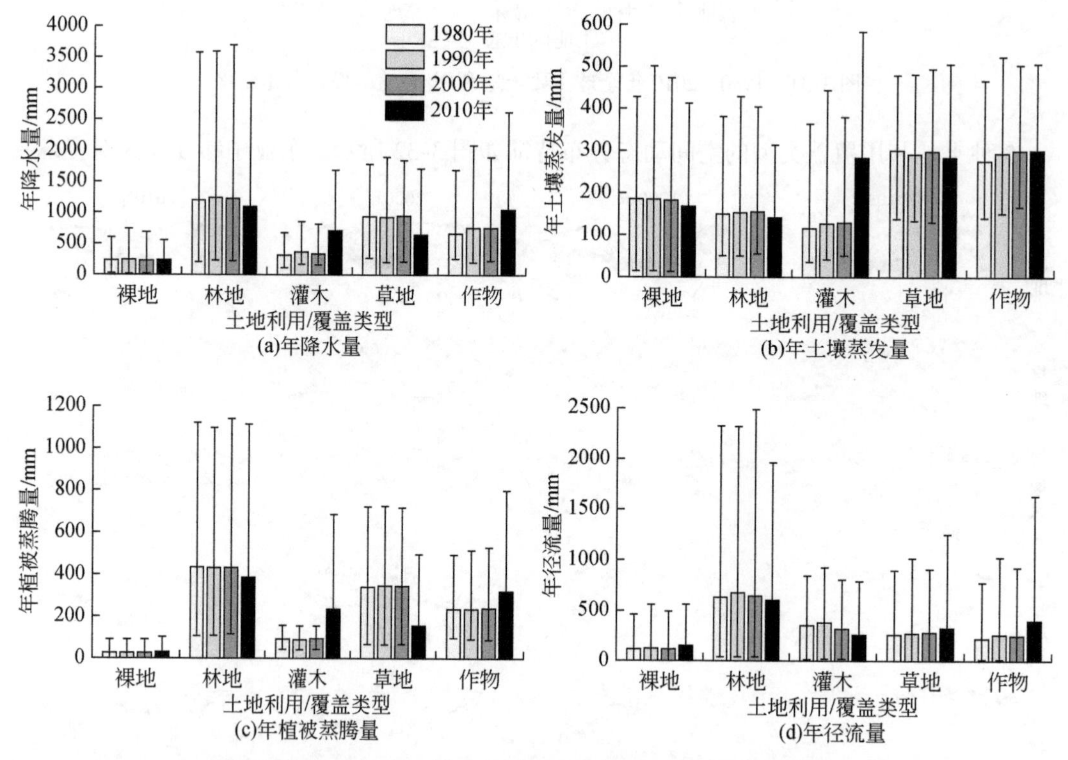

图3-33 1980～2010年不同土地覆被对应的水循环要素变化

红色误差下线代表5%百分位数值，上线代表95%百分位数值

水量、植被蒸腾量和径流量的增大，而土壤蒸发量与草地的相似（约 300mm）。综上，在人类活动加剧下，中低纬度作物取代草地，以蒸腾的形式消耗了更多的全球水资源量；增温条件下，北美洲西海岸和南美洲东部巴西高原的灌木取代裸地，以土壤蒸发和植被蒸腾的方式消耗了更多的全球水资源量。

3.2.4 地下水开采利用的耦合模拟评估

通过绘制 2003～2014 年开采试验与控制试验模拟的水循环要素和气温要素的年均与季节差值，在全球尺度和三大灌区的区域尺度上，对地下水开采利用下水文气候的变化特征进行年际性与季节性模拟的历史评估。其中全球三大灌区包括华北平原、印度北部和美国中部大平原。

由图 3-34 可见，人类开采活动对全球年均水循环和气温的影响具有较强的空间异质性，且在区域尺度上具有不同的正负效应。在各个水循环要素中，降水所受的影响最为剧烈，尽管其在全球尺度上几乎无变化。在华北平原和美国中部大平原都表现为降水增加效应，表明灌溉使得陆气相互作用更加频繁；而在印度北部却表现为降水的减少，很可能是由印度季风及其水汽输送减弱导致的（Zeng et al.，2017）。相应地，土壤蒸发、植被蒸腾在三大灌区表现为与降水变化相同的趋势，即在华北平原和美国中部大平原均表现为增加效应，在印度北部表现为减少效应。径流深在全球和三个灌区均有不同程度的减少。灌溉活动仅在美国中部大平原表现为降温效应，而在同样水汽交互增强的华北平原，却呈现年际增温效应。

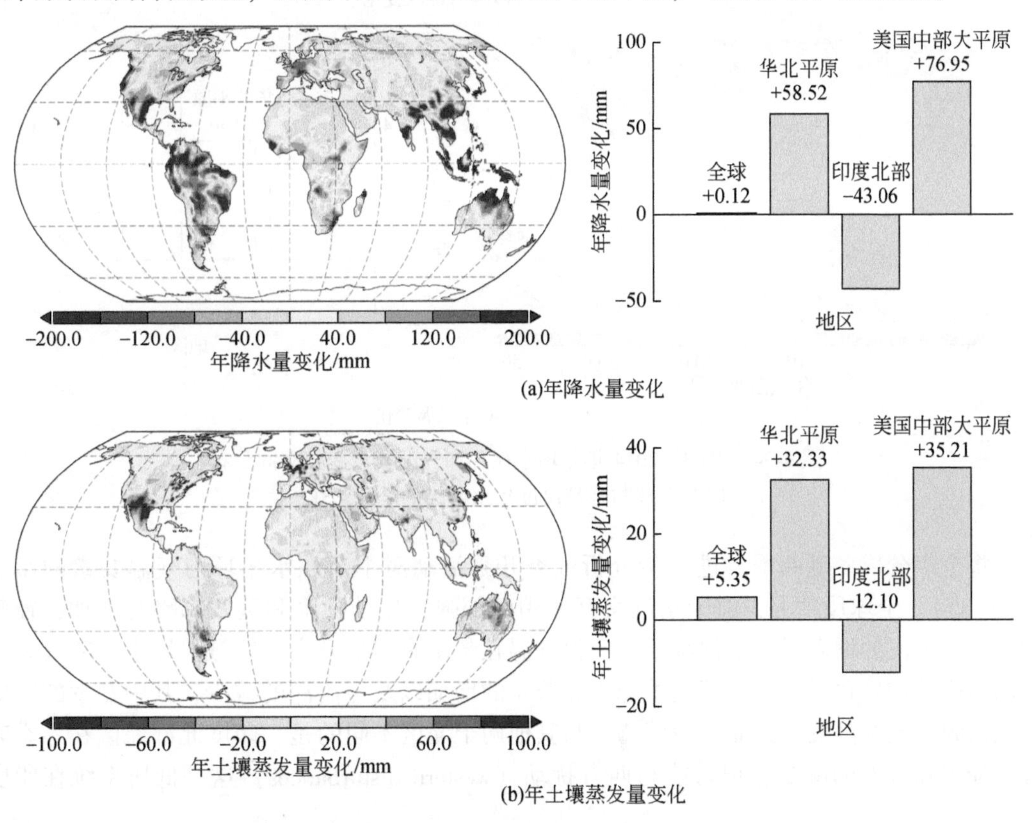

(a)年降水量变化

(b)年土壤蒸发量变化

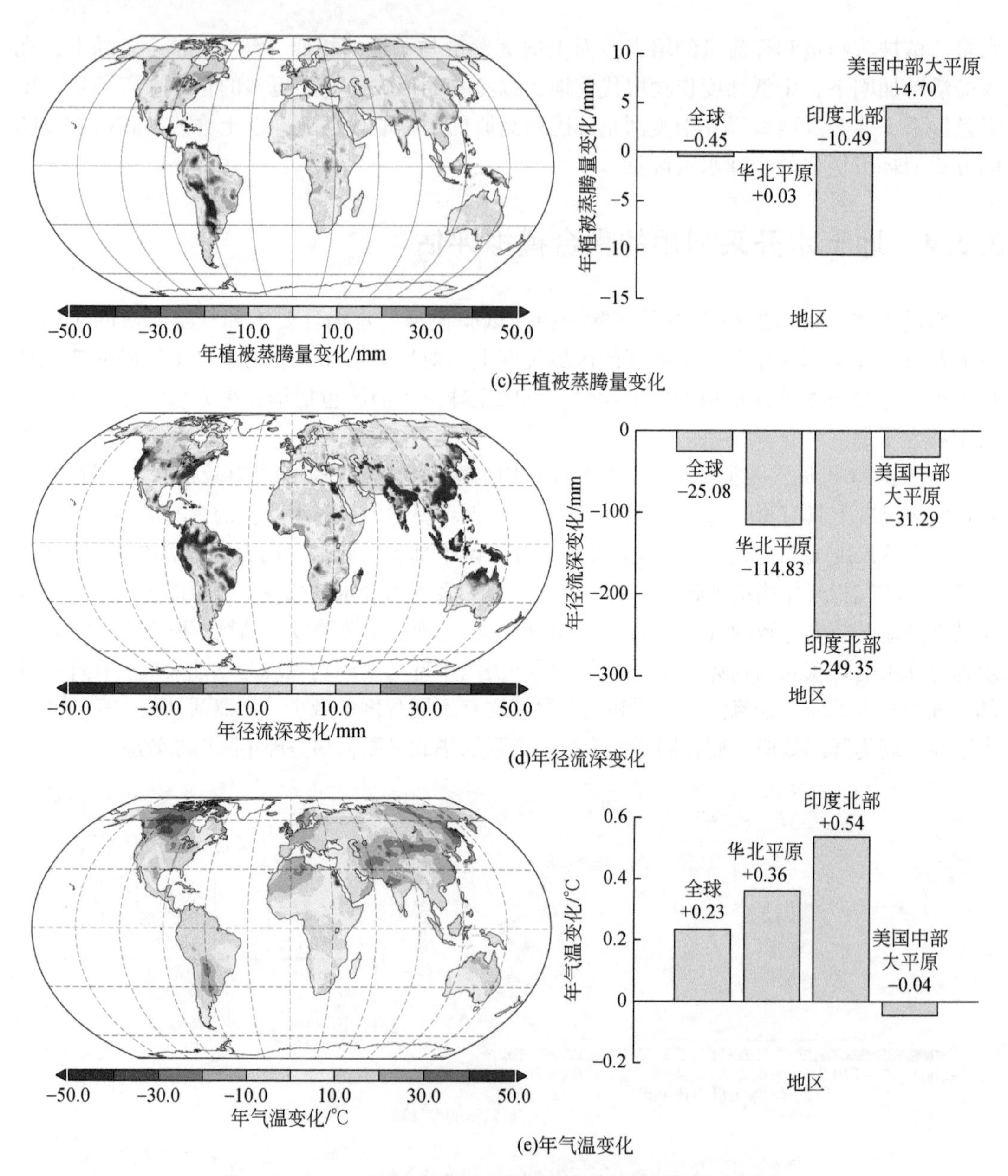

图 3-34　2003～2014 年年均水循环和气温要素变幅空间分布以及全球与区域尺度年水循环的变化对比

将全年分成冬夏两季，进一步分析人类开采活动对季节性水循环与气温要素的影响（图 3-35）。全球尺度上，由于水汽交互作用的加强，夏季降水和蒸发都略有增加，径流深减少；水汽的增多形成了保温层，使得气温在冬季有明显升高。区域尺度上，陆气相互作用的增强均导致了三大灌区夏季降水和蒸发的增加以及径流深的减少，其中蒸发的主要贡献来源于土壤蒸发，并非植被蒸腾。与其他两个灌区不同的是，印度北部灌区在冬季表现为降水和蒸发的减少，很可能与西方扰动（western disturbances）这一低压系统在印度北部冬季的活动减弱有关，进而使得冬季地表温度增加。在华北平原和美国中部大平原，灌溉活动均在夏季表现为显著的陆气相互作用增强和降温效应（Harding and Snyder，2012；Wang et al.，2022）。从开采地下水的程度可以看出，印度北部水储量的下降趋势最为显著，其次是华北平原和美国中部大平原。根据水储量的下降程度与气温及水循环要素的变化特征，可发现开采强度越大，冬季增温效应越强以及夏季降温效应越弱，同时，水汽相互作用也越弱。因此认为，灌溉活动仅在一定程度上具有降温效应。

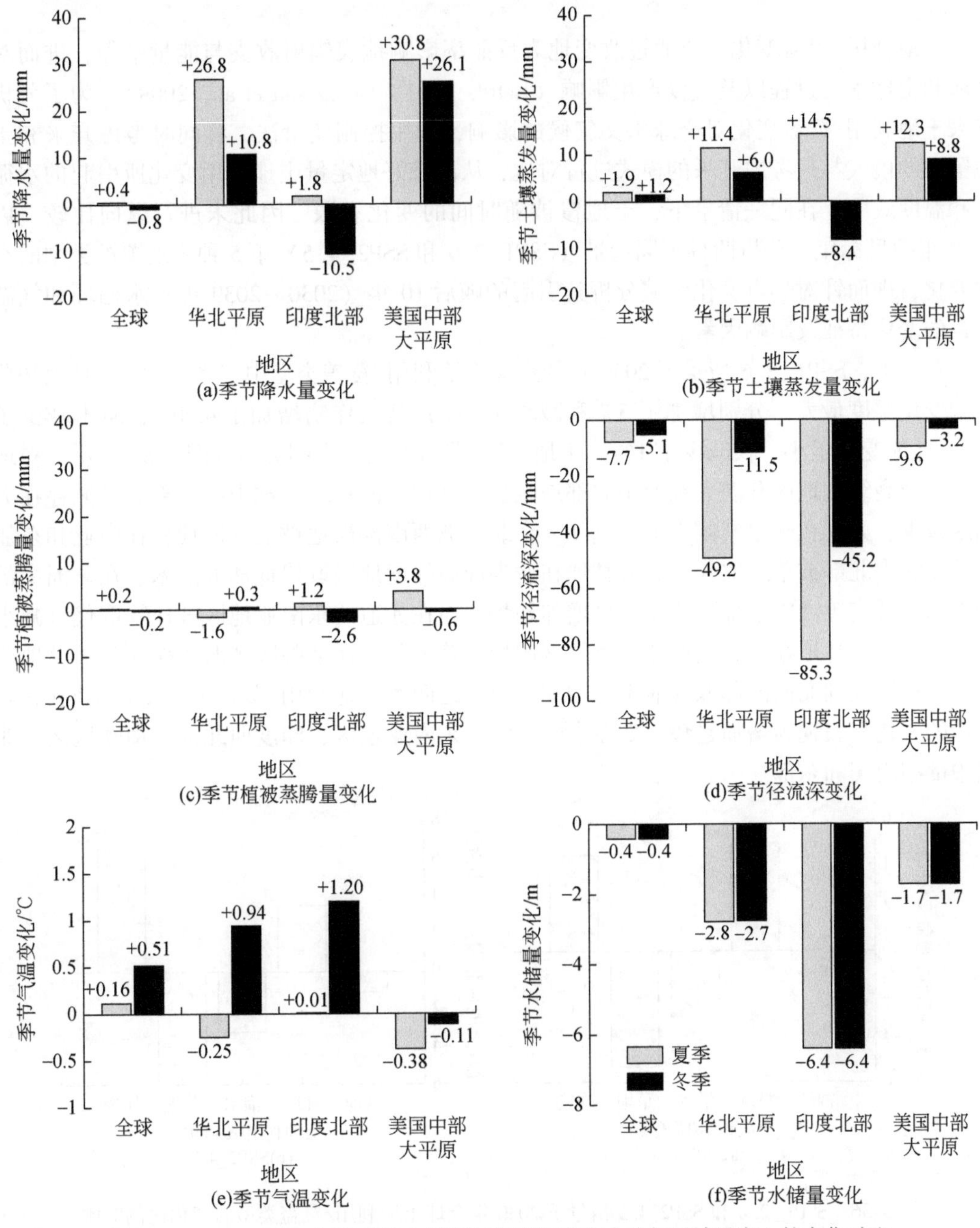

图 3-35　2003～2014 年季节性水循环与气温要素在全球与区域尺度上的变化对比

3.3 基于 CIESM-GLM 未来不同情景下的全球水文气候响应

3.3.1 土地利用/覆盖变化对全球水文气候变化的影响

土地利用/覆盖变化主要通过改变地表反照率影响地表辐射收支与能量平衡，进而对区域和全球水文过程以及气候产生影响（Betts，2001；Georgescu et al.，2009）。为了分析未来土地利用/覆盖变化对全球水文气候的影响，利用控制变量法，将同时考虑开采和土地覆被的模式与只考虑开采的模式进行对比，从而较好地定量土地利用变化所引起的水循环和温度效应。在同一情景下，土地覆被随时间的变化有限，因此未进行纵向比较。以2030年为目标年，分析两种不同情景（SSP1_2.6 和 SSP2_4.5）下5种土地覆被类型的空间变化，进而针对热点变化区域分析其引起的随后10年（2030~2039年）水循环和气温要素的变化特征及影响因素。

总体上，SSP1_2.6 情景下2030年的全球土地利用/覆盖类型中（图3-36），林地和草地的变化幅度最大，分别增加了5%和减小了5%；其次作物增加了4.4%，灌木减少了3%；裸地变化最小，仅减少了1%。土地利用/覆盖变化的空间分布如图3-37所示。裸地在北半球高纬度地区和澳大利亚中北部地区显著增加，而在北半球中纬度部分区域存在大幅度减少，尤其在干旱气候带上。例如，在北美洲西南部裸地被灌木取代，在中亚和东亚以及非洲中北部被草地取代。高大林地在北半球高纬度地区取代低矮的灌木、在非洲中部和南部以及南美洲中东部取代草地呈增加趋势，而在赤道的东南亚地区被作物取代呈减小趋势。另外，林地在澳大利亚北部也显著增加。草地除了在某些区域取代裸地和被林地取代外，在澳大利亚西南部取代灌木而增加。与上述四类土地利用/覆盖类型变化不同的是，作物的变化只表现为增加趋势，如在中国沿海、东南亚地区、印度西北部、南欧地区、非洲中部和南美洲东部。

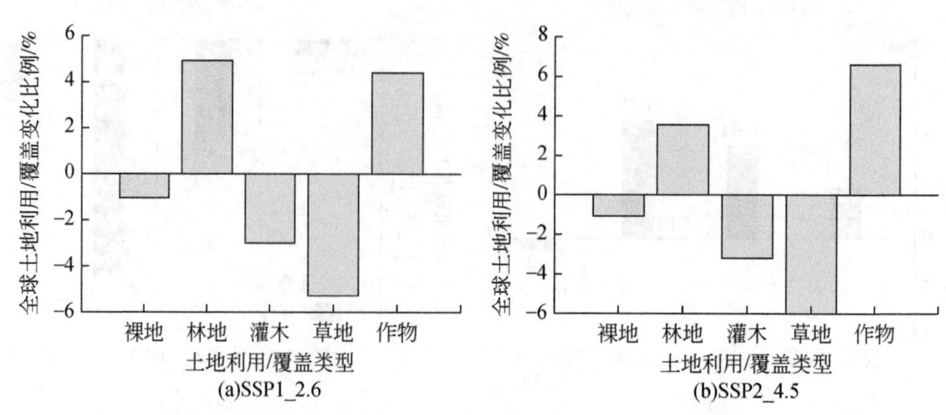

图3-36 SSP1_2.6 和 SSP2_4.5 情景下2030年全球土地利用/覆盖类型的变化比例对比

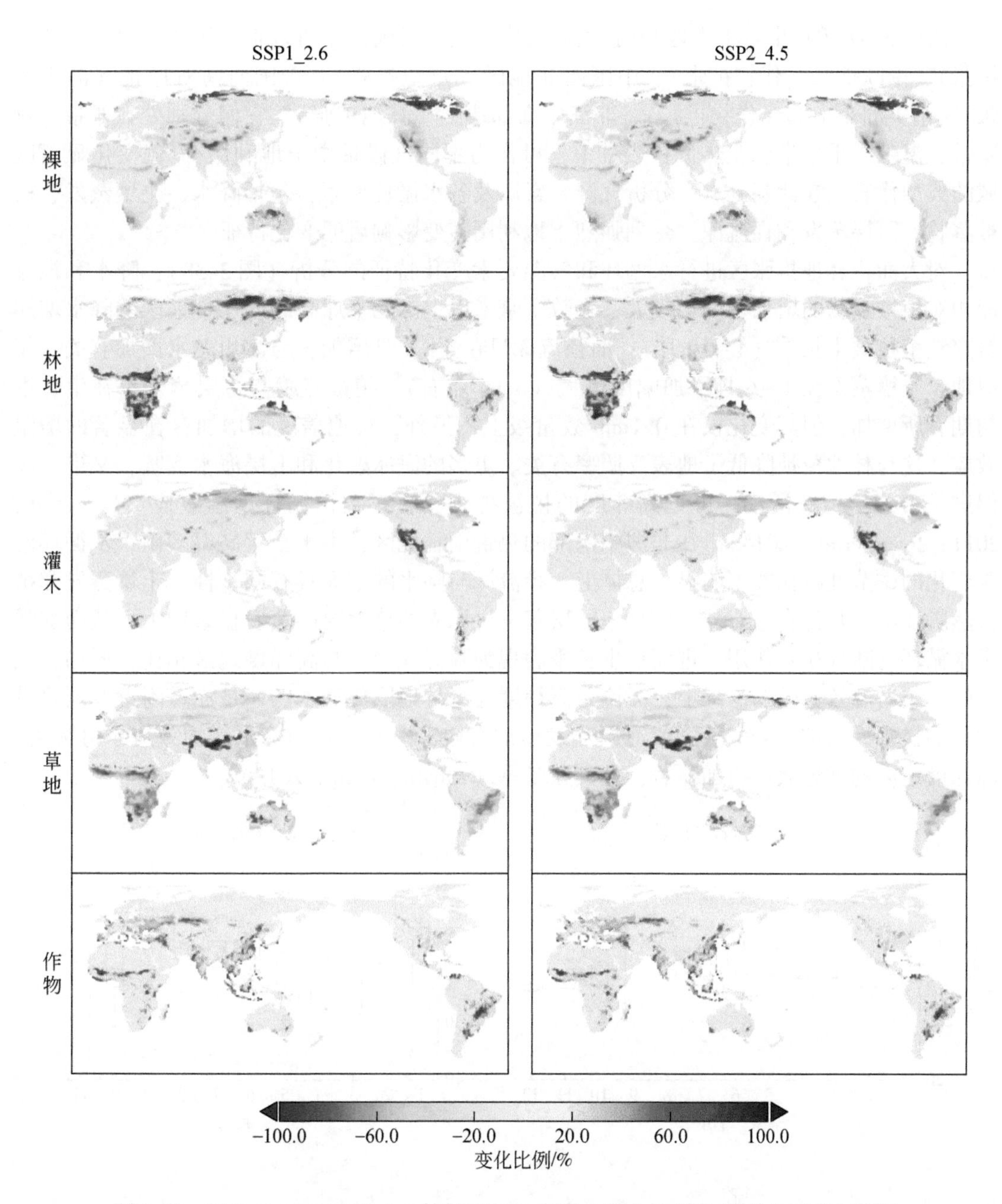

图3-37　SSP1_2.6和SSP2_4.5情景下2030年的5种土地利用/覆盖空间变化特征

与SSP1_2.6情景相比，SSP2_4.5情景下5种土地利用/覆盖类型的面积变化趋势相同，但变化比例不同。其中作物面积的增大幅度（+6.5%）更加突出，草地面积继续减小(−6%)，林地由原本的增加5%变为增加不到4%，裸地和灌木面积则仍保持相似的下降比例。从土地利用/覆盖变化的空间分布图中可明显看出，作物在南欧和美国中部扩张的更加剧烈。而林地面积增加幅度减小和草地面积减小幅度增大的原因均在于其在南欧地区被作物取代。

由图 3-37 挑选出若干土地利用/覆盖变化的热点区域，分别为北半球高纬度带（林地扩张）、南欧地区（作物扩张）、中国西北地区（草地扩张）、美国西南海岸带（灌木扩张）、南美洲东南部（作物扩张）、非洲中南部地区（林地扩张）。它们分别处在寒带、亚寒带、温带、干旱带、亚热带和热带中，可作为不同气候带中土地利用/覆盖变化显著区域的典型代表。在此基础上，分析气温要素以及各水循环要素，包括降水、土壤蒸发、植被蒸腾、冠层蒸发和径流深，受到强烈土地利用转变影响后的变化特征。

对大面积林地扩张区进行水循环和气温要素变化特征的分析（图 3-38）：降水和径流深相对植被蒸腾的增加幅度均较大，在数十毫米以上。北半球高纬度寒带地区的降水增加贯穿整个植被生长季（4 ~ 10 月）；而径流深只在 4 ~ 5 月增加，与冰川融水增加有关，相应地，土壤蒸发在 4 ~ 6 月增加幅度最大（4mm 左右）。植被蒸腾与冠层蒸发都在生长季初期有所增加，但其变化仅在 0.1mm 数量级上。另外，林地盖度的增加存在显著的增温效应，这与林地覆被降低了地表反照率有关。更多的海冰融化和上层海水变暖，又进一步促进了第二年植被活动。可见高纬度的植被扩张具有正反馈循环增温效应（Lee et al., 2011；Jeong et al., 2014）。在非洲中南部的热带雨林地区，由于全年高温多雨，水循环要素变化的季节性特征并不明显。总体上，径流深与降水的增大具有同步性，土壤蒸发和植被蒸腾在不同月份有增有减，而林地冠层蒸发比原先的草地冠层蒸发显著增大，从而加强了水循环的陆气相互作用，进而在生长季表现为降温效应。与高纬度地区相比，低纬度地区的冬季增温效应较弱。综上，无论是高纬度地区林地取代灌木，还是赤道附近非洲热带雨林的扩张，植被本身的蒸腾或冠层蒸发增加有限，但其导致的降水增加效应十分显著；高纬度地区的增温效应更加显著，尤其在冬季（Kreyling et al., 2019）。

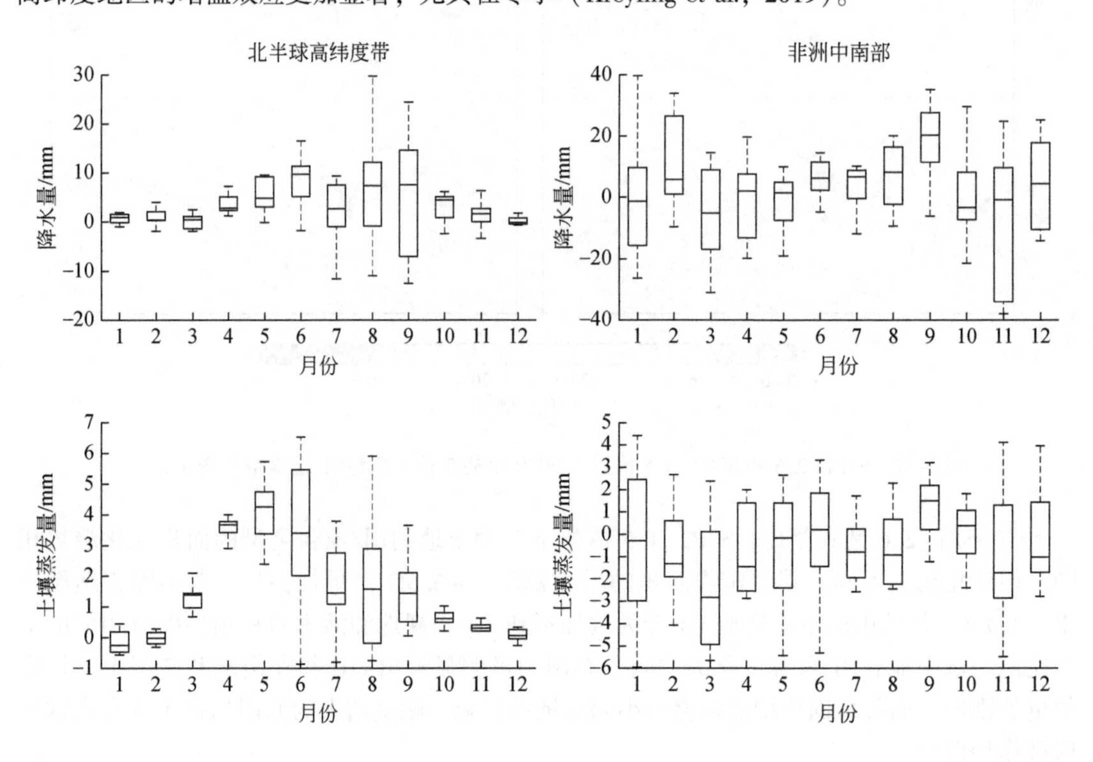

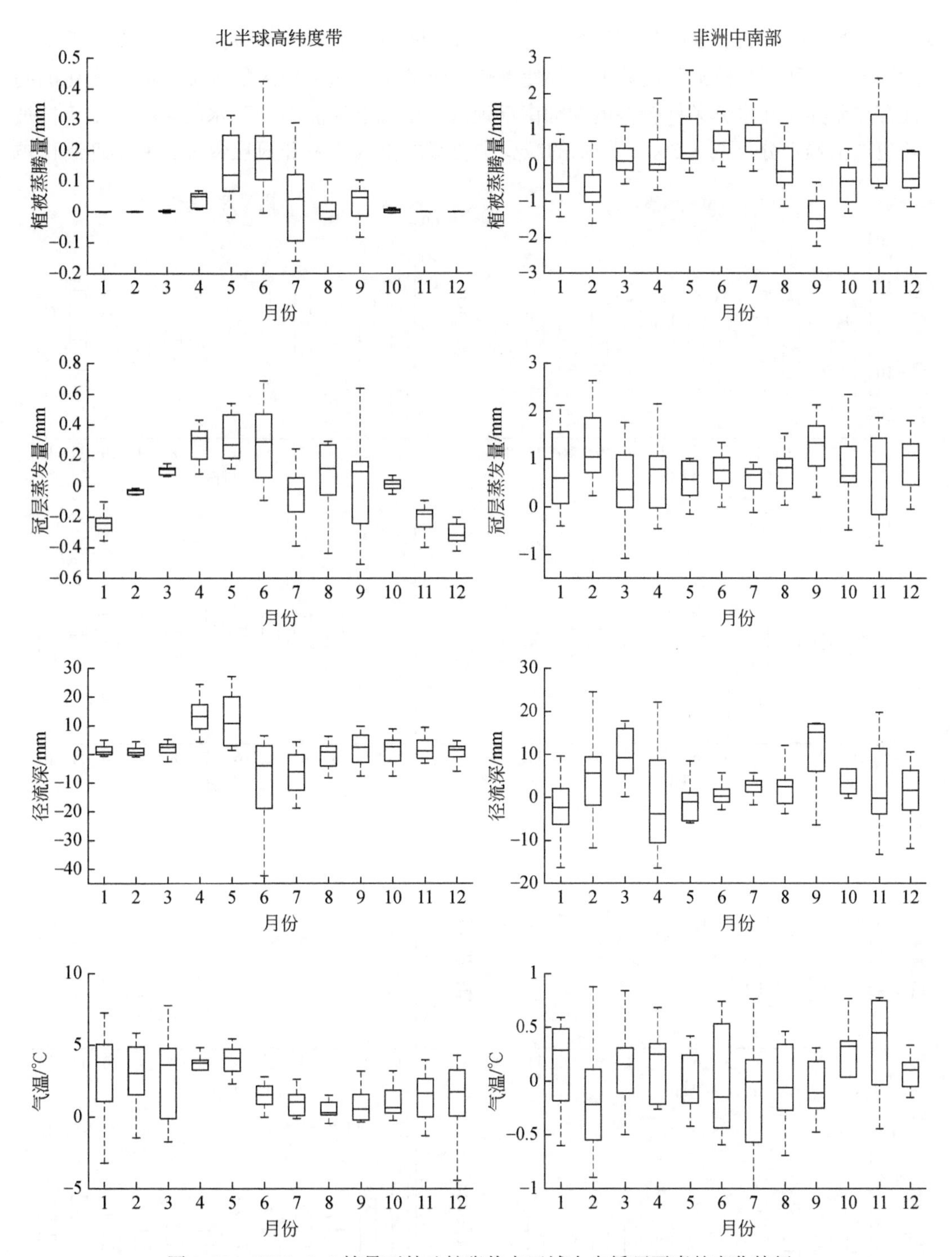

图 3-38 SSP1_2.6 情景下林地扩张热点区域中水循环要素的变化特征

对作物扩张热点区域进行水循环和气温要素变化特征的分析（图 3-39）：亚寒带南欧地区和亚热带南美洲东南部地区均表现为夏季降水和总蒸发的减少，表明陆气交互作用减弱，因而都产生了增温效应。前者是由于生长季受水分条件制约（地中海气候），作物蒸发受限（Katerji et al.，2008）；后者是由于作物密度小于之前的草地，表现为生长季土壤蒸发增大（1 月）和植被蒸发减少，都使潜热通量减小。两个地区的径流与降水变化的同步性存在差异。在水分条件较差的欧洲南部地区，生长季径流不受降水的影响。由于植被生长更加依赖水分（图 3-39），降水的减少主要减弱土壤蒸发和冠层蒸发，并不抑制植被

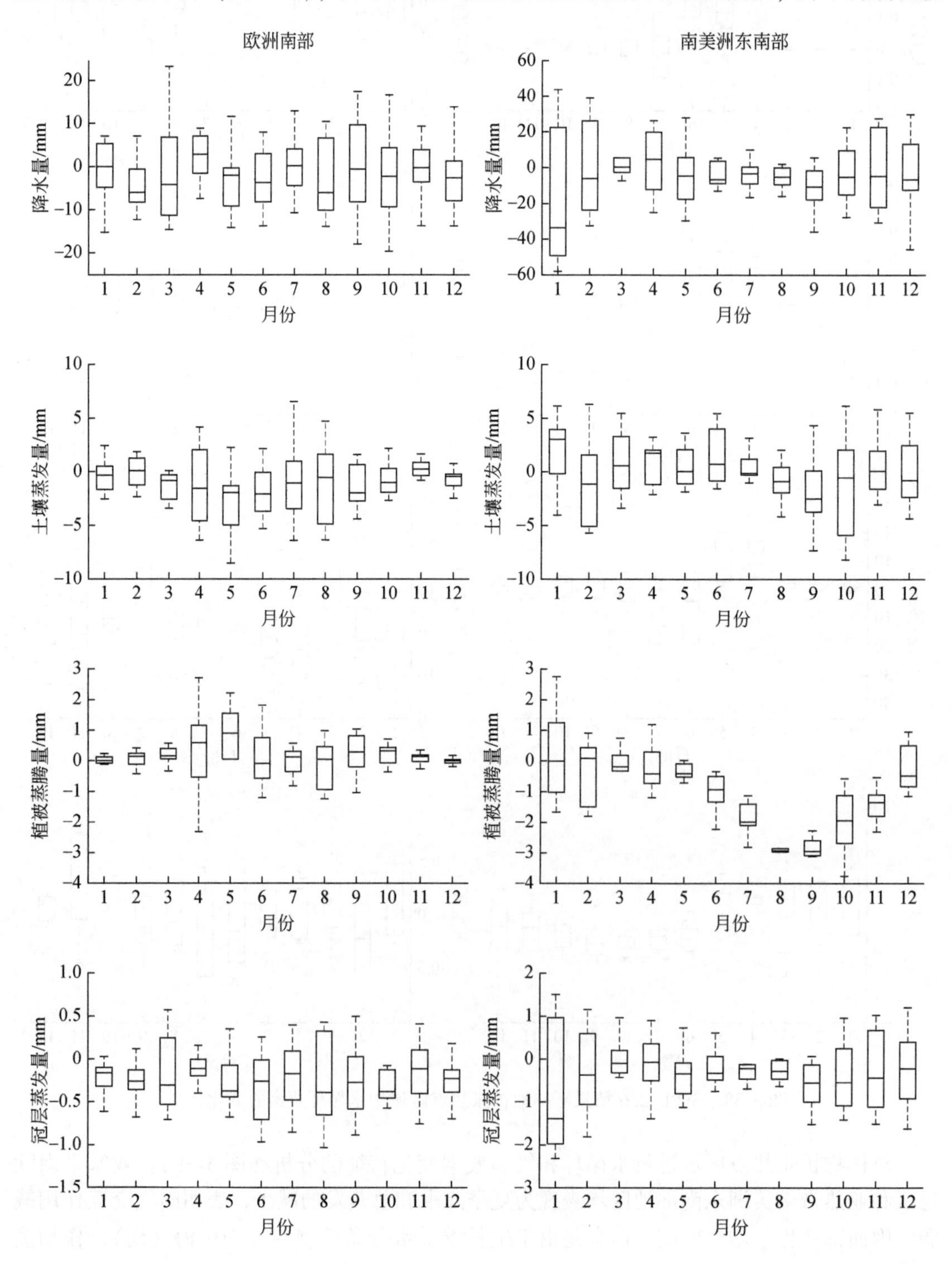

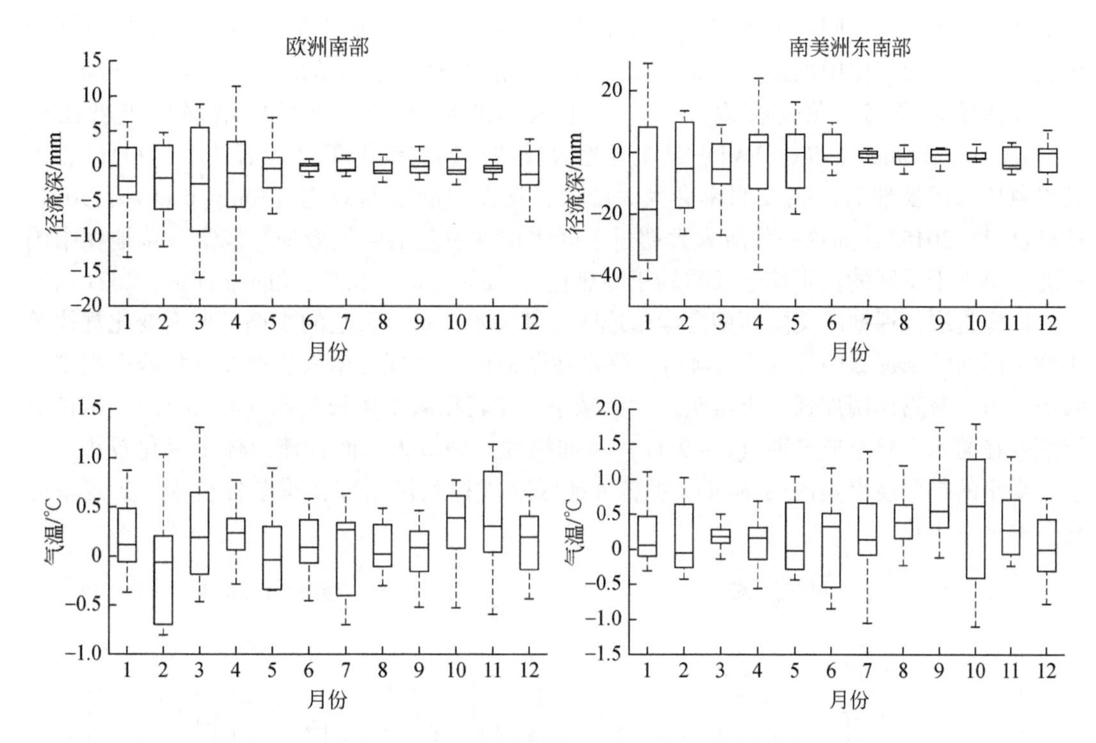

图 3-39 SSP1_2.6 情景下作物扩张热点区域中水循环要素的变化特征

的蒸腾作用，因而在夏季植被会充分利用水分，使得径流很小，且在土地类型转变下径流几乎不变。在降水充沛的南美洲东南部地区，作物扩张引起夏季 1 月降水大大减少的同时，也大大减小了径流，使径流与降水在月变化上保持一致。综上，种植区的扩张会使两个地区夏季变得干热化。

由中国西北部草地取代裸地后的水循环和气温要素变化特征（图 3-40）可见，各水循环要素具有显著的变化规律。降水、植被耗水（蒸腾与冠层蒸发）和径流深均在夏季的

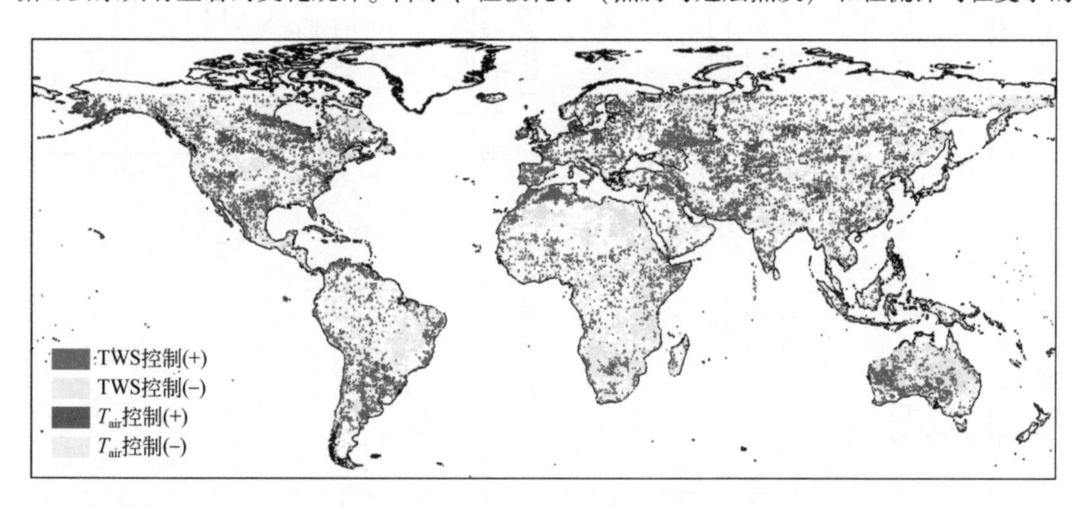

图 3-40 水分（TWS）与温度（T_{air}）对全球植被的控制分布

增加幅度达到最大，同时土壤蒸发的减小幅度也达到最大，尤其在 7 ~ 8 月，表明草地的扩张导致陆气相互作用加强。然而，陆气相互作用的增强和降水的增加并没有出现降温效应，反而导致增温，尤其在夏季。由于中国西北部干旱半干旱区增强型植被指数（enhanced vegetation index，EVI）是主导地表反照率的关键因子（陆云波等，2022），生长季草地取代裸地后地表反照率会大大降低，从而引起增温效应（Karnieli et al.，2014；Zhai et al.，2015），而这一效应大大超过了降水增加引起的降温效应。综上，草地在中国西北干旱半干旱区的扩张使生长季趋于湿热化（Yang et al.，2021；Zhang et al.，2021）。

同样是取代裸地的美国西南海岸带地区，其灌木扩张所引起的水循环要素变化规律并不像中国西北部那么明显（图 3-41）。降水在冬夏两季表现为增大，而在春秋两季表现为减小。由于蒸腾作用加强，土壤蒸发大大减小，尤其在灌木生长初期（4 ~ 5 月）。植被冠层蒸发在灌木生长季成熟期（8 ~ 9 月）增加幅度达到最大，而径流总体上变化较小。综上，灌木的扩张使得美国西南海岸亚热带地区陆气相互作用存在季节性行为，冬夏季湿化、春秋季干化。

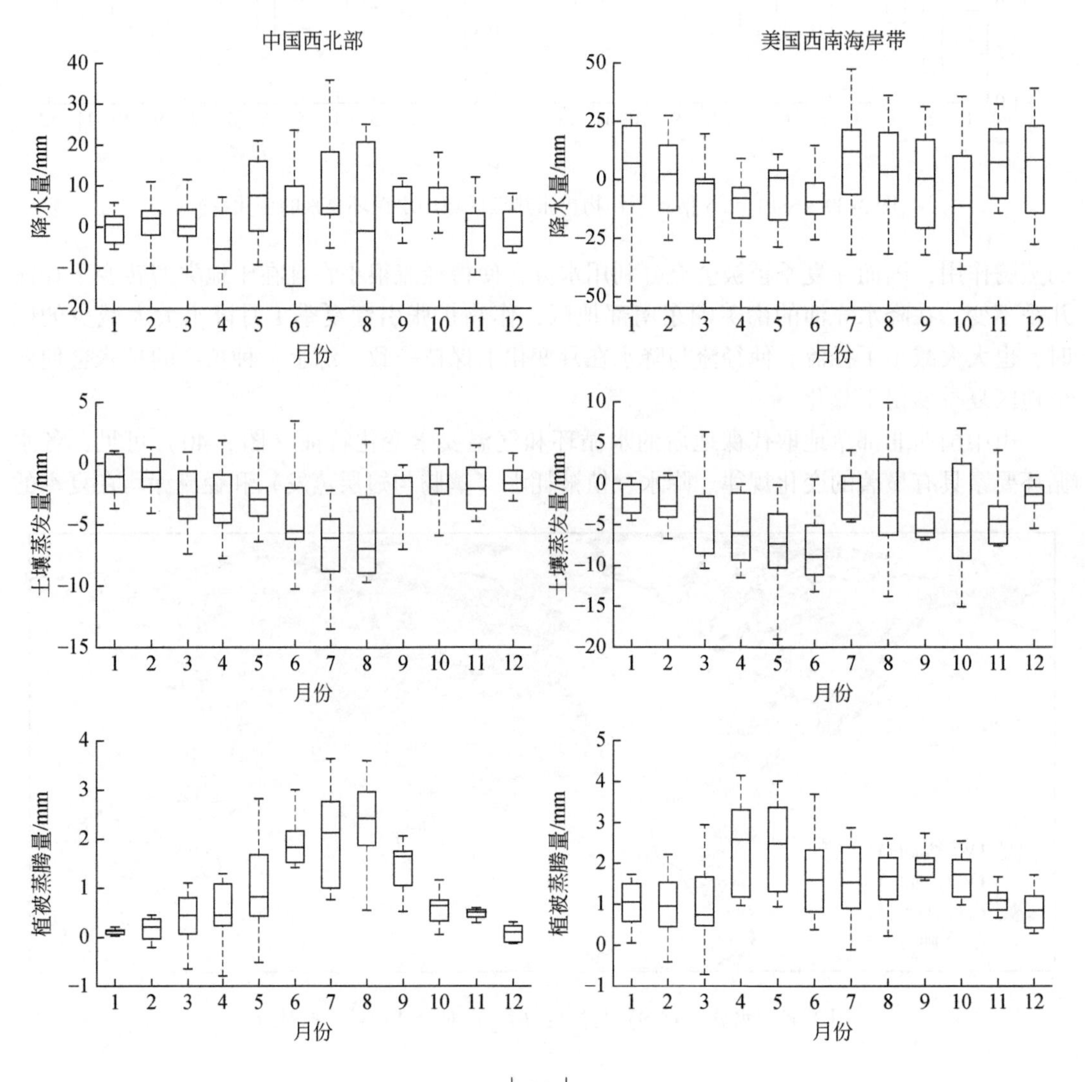

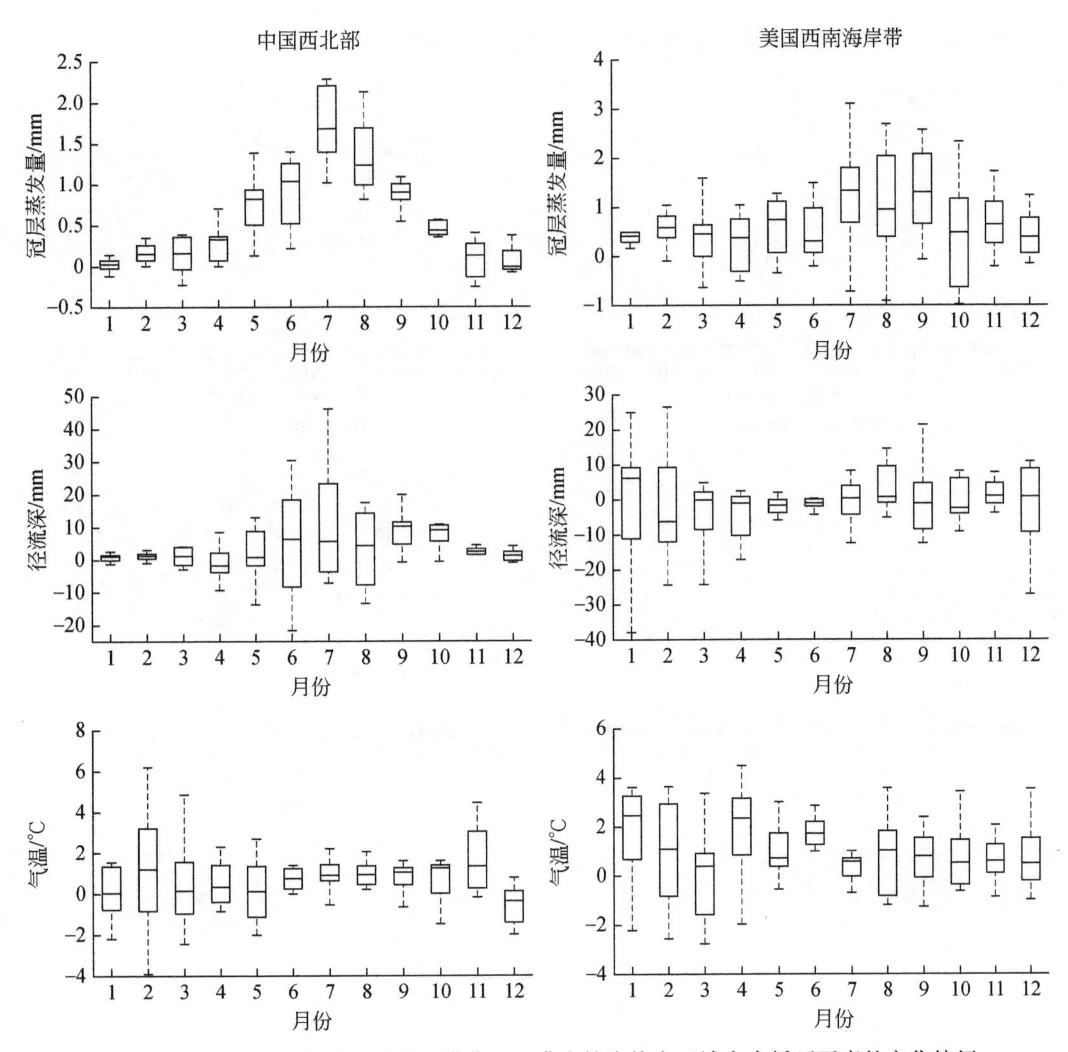

图 3-41　SSP1_2.6 情景下同纬度带草地和灌木扩张热点区域中水循环要素的变化特征

3.3.2　地下水开采利用对全球水文气候变化的影响

以 2030 ~ 2050 年为研究时间段，计算未来三种情景下全球水文气候的变化特征。未来三种情景分析如下：①SSP1_2.6 情景下控制试验与开采试验的对比；②SSP2_4.5 情景下控制试验与开采试验的对比；③控制试验下 SSP1_2.6 情景与 SSP2_4.5 情景的对比。针对全球尺度和三大灌区区域尺度，通过计算这三种情景下水循环和气温要素的年均以及季节性差值，探讨开采活动和不同排放情景导致水文气候变化的主要影响因素。

SSP1_2.6 情景下，开采试验与控制试验在 2030 ~ 2050 年年均水循环和气温要素的空间差值分布如图 3-42 所示。降水的空间异质性最为明显，其与蒸散发在全球尺度上呈增加趋势，径流深则相反，表明未来水循环在开采活动下愈来愈加速。全球存在整体升温趋势，尤其在北美洲的高纬度地区；三大灌区并不像历史情景中因灌溉引起陆气相互作用增强而存在降温效应，反而因陆气耦合减弱导致了升温效应。

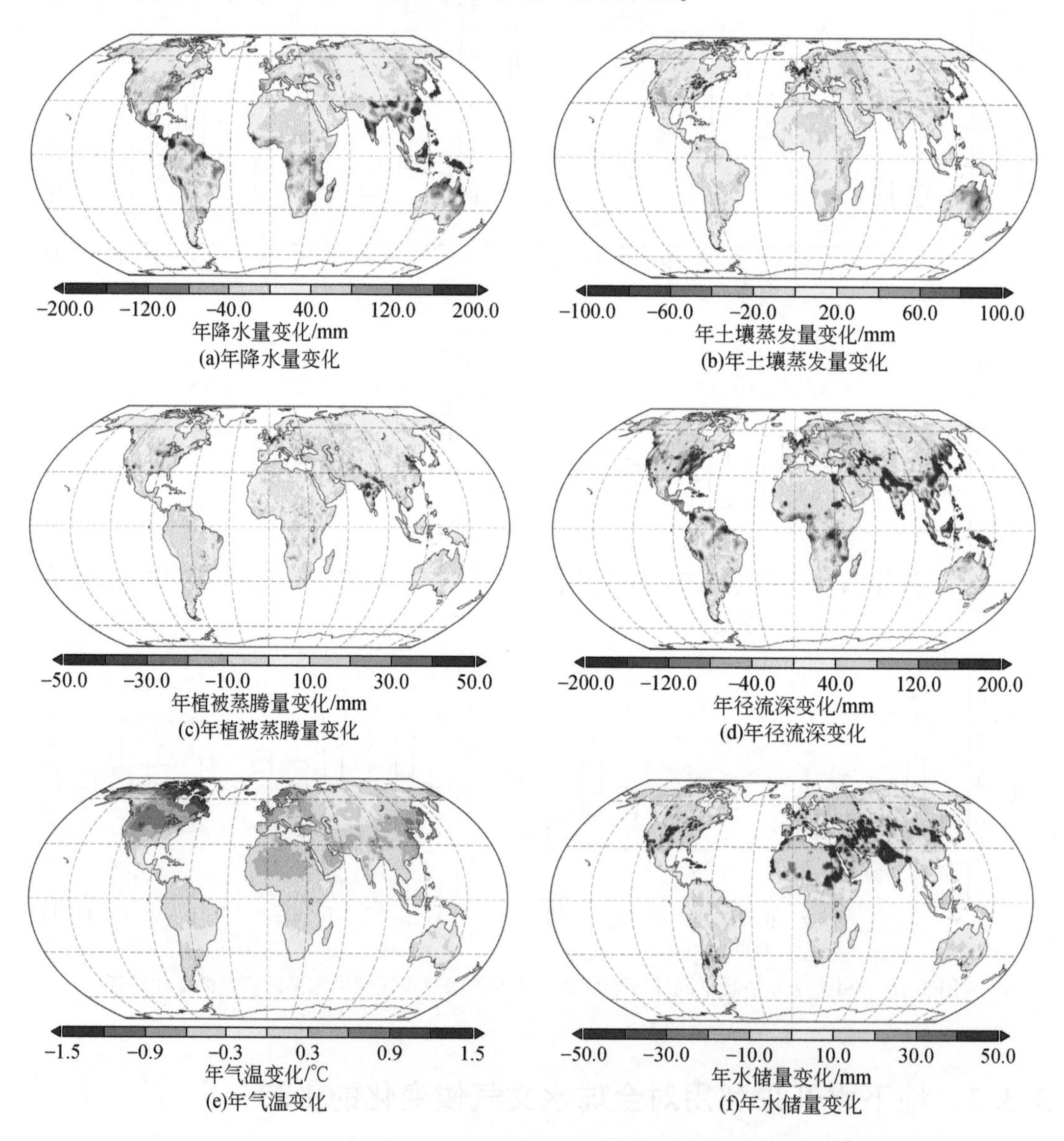

图 3-42 SSP1_2.6 情景下 2030～2050 年年均水循环和气温要素的空间差值分布

SSP2_4.5 情景下，开采试验与控制试验在 2030～2050 年年均水循环和气温要素的空间差值分布如图 3-43 所示。开采活动引起的全球升温幅度更加显著，尤其在北半球。降水与蒸散发在全球尺度上的增加趋势相对于 SSP1_2.6 情景减弱，表明开采活动在中排放情景下对未来全球水循环的影响相对低排放情景偏弱。

控制试验下，2030～2050 年年均水循环和气温要素在 SSP1_2.6 情景和 SSP2_4.5 情景下的空间差值分布如图 3-44 所示。与开采活动引起的水循环要素变化相比，增温对植被蒸腾的影响最为显著，总体上全球植被蒸腾表现为下降趋势，而其他水循环要素变化表现为较强的空间异质性。

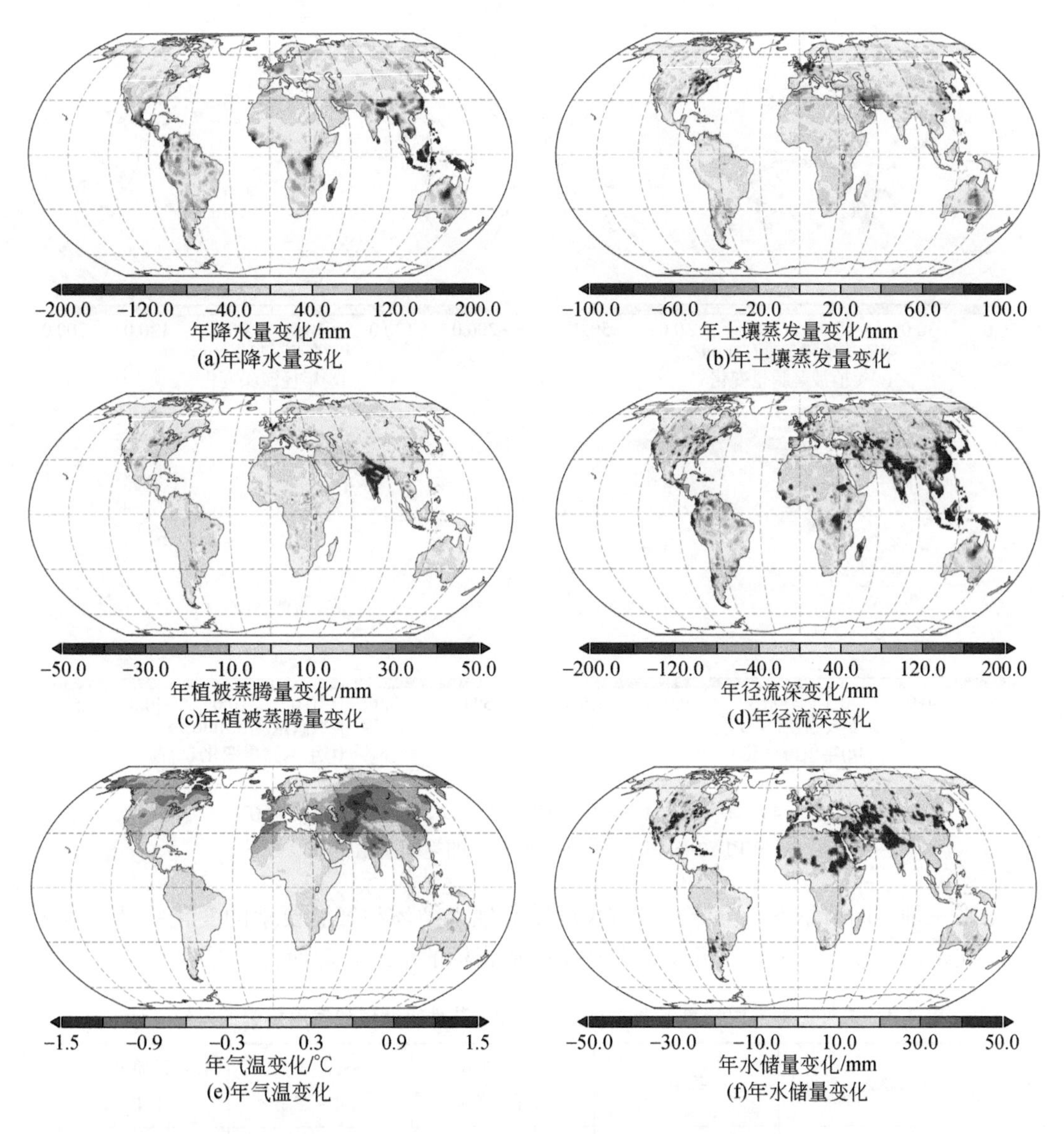

(a)年降水量变化 (b)年土壤蒸发量变化
(c)年植被蒸腾量变化 (d)年径流深变化
(e)年气温变化 (f)年水储量变化

图 3-43 SSP2_4.5 情景下 2030～2050 年年均水循环和气温要素的空间差值分布

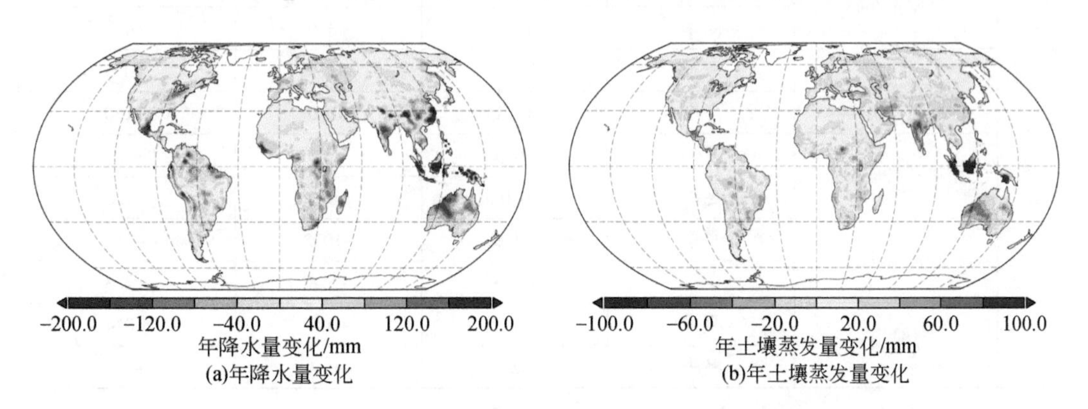

(a)年降水量变化 (b)年土壤蒸发量变化

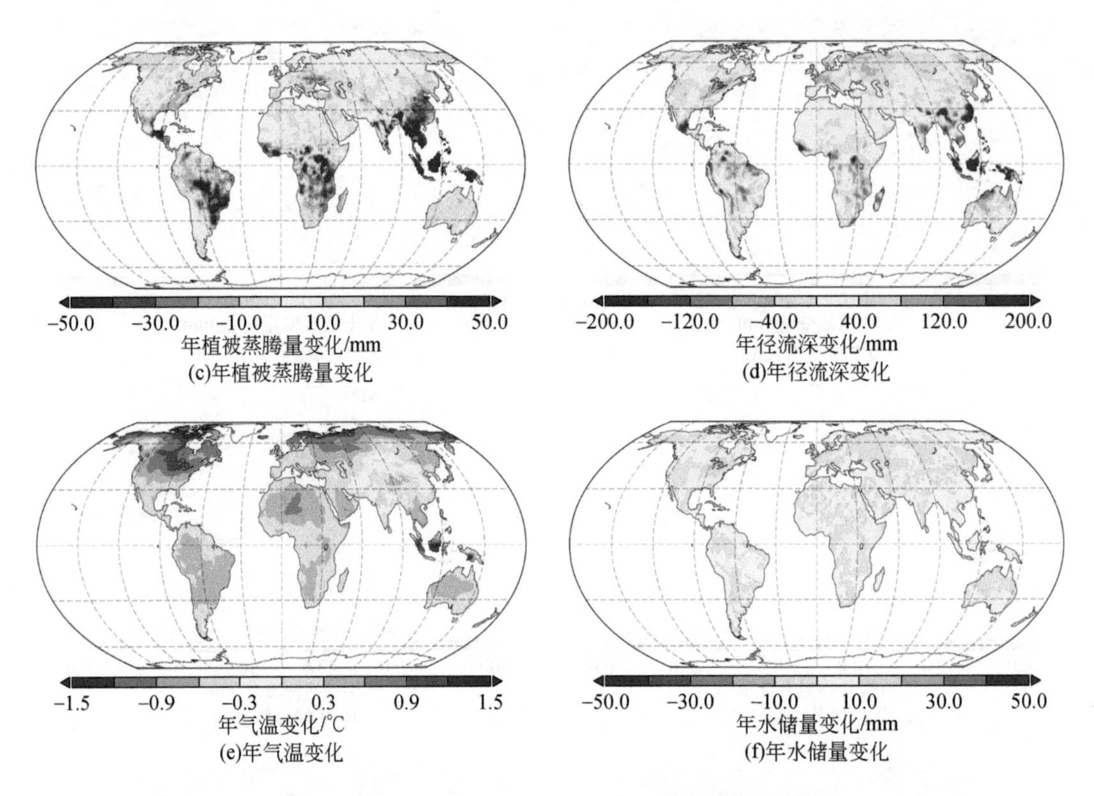

(c)年植被蒸腾量变化　(d)年径流深变化

(e)年气温变化　(f)年水储量变化

图 3-44　控制试验 2030 ~ 2050 年年均水循环和气温要素在 SSP1_2. 6 和 SSP2_4. 5 情景下的空间差值分布

未来三种不同情景下，全球及区域尺度季节性水循环和气温要素的变化统计如表 3-4 所示。在全球尺度上，无论是开采活动还是排放指标的增加，都使得冬夏两季降水增加，

表 3-4　未来三种不同情景下全球及区域尺度季节性水循环和气温要素的差值统计

尺度	要素	季节	SSP1_2. 6 开采-控制	SSP2_4. 5 开采-控制	控制试验 SSP2_4. 5- SSP1_2. 6
全球	降水量/mm	夏季	+3. 8	+1. 3	+3. 1
		冬季	+1. 8	+3. 6	+0. 2
	土壤蒸发量/mm	夏季	+1. 7	+1. 9	+0. 9
		冬季	+2. 1	+2. 0	+1. 0
	植被蒸腾量/mm	夏季	-0. 3	-0. 5	-1. 7
		冬季	0. 0	-0. 2	-1. 5
	径流深/mm	夏季	-7. 6	-10. 2	+2. 5
		冬季	-4. 5	-5. 8	+2. 3
	气温/℃	夏季	+0. 3	+0. 3	+0. 4
		冬季	+0. 3	+0. 4	+0. 5

续表

尺度	要素	季节	SSP1_2.6 开采-控制	SSP2_4.5 开采-控制	控制试验 SSP2_4.5-SSP1_2.6
中国华北平原	降水量/mm	夏季	-0.4	-2.4	-8.5
		冬季	+2.2	-0.4	+1.7
	土壤蒸发量/mm	夏季	+13.6	+11.8	+1.9
		冬季	+7.2	+8.9	-1.7
	植被蒸腾量/mm	夏季	-9.5	-9.7	-10.6
		冬季	-0.1	+1.4	-1.6
	径流深/mm	夏季	-71.8	-72.5	+5.3
		冬季	-36.4	-37.0	+1.6
	气温/℃	夏季	+0.5	+0.3	+0.6
		冬季	+0.4	+1.3	-0.6
印度北部	降水量/mm	夏季	+60.7	-11.8	+28.2
		冬季	-15.2	-2.1	-17.2
	土壤蒸发量/mm	夏季	+19.6	+2.2	+0.6
		冬季	-7.7	-1.4	-8.5
	植被蒸腾量/mm	夏季	-1.1	-15.0	+4.8
		冬季	-4.9	-9.1	+2.4
	径流深/mm	夏季	-97.1	-114	+7.6
		冬季	-76.0	-79.7	-1.6
	气温/℃	夏季	-0.4	+0.6	-0.4
		冬季	+0.4	+0.7	-0.3
美国中部大平原	降水量/mm	夏季	+1.0	+3.0	-2.2
		冬季	-11.3	+3.7	+0.3
	土壤蒸发量/mm	夏季	+3.3	+5.2	-1.2
		冬季	-0.9	+6.1	+1.1
	植被蒸腾量/mm	夏季	-2.6	-1.6	+0.6
		冬季	-0.3	-0.7	+0.4
	径流深/mm	夏季	-16.1	-13.1	-0.5
		冬季	-14.4	-9.5	0.0
	气温/℃	夏季	+0.4	+0.4	+0.5
		冬季	+0.5	-0.2	+0.6

表明两种影响因子均会导致陆气相互作用增强。对于土壤蒸发，开采活动强于排放程度差异带来的影响，且呈正效应；而对于植被蒸腾则相反，排放程度差异强于开采活动带来的影响，且呈负效应。两种影响因素对径流深的效应也相反，开采活动会大大减少径流深，

尤其在夏季；而排放指标增加会在一定程度上增大径流深。另外，开采活动具有全球增温效应，但这种效应要小于排放指标增加带来的增温效应。

在三大灌区的区域尺度上，开采活动与不同排放情景对水循环要素在不同季节的影响也存在差异。三种情景下华北平原夏季降水均减小，其中升温为主导因素；而在印度北部，不同情景下的开采活动对夏季降水的影响既有正面也有负面的效果，升温会加剧陆气的相互作用；在美国中部大平原，开采活动对夏季降水量的影响有着正向的作用，升温会削弱陆气的相互作用。开采活动主导夏季土壤蒸发的增大，并会造成植被蒸腾的减少。与全球尺度相似，开采活动会大大减少夏季的径流深，而升温会在一定程度上增大径流深。另外，开采活动在华北平原和美国中部地区具有增温效应，但小于排放指标增加带来的增温效应。

3.3.3 地下水开采对陆气相互作用的影响

在研究地下水开采对全球水文气候的影响时，确定大气降水和温度等变量对于陆地地表温度、土壤湿度变化响应程度的陆气耦合强度是十分必要的。陆气耦合具有空间异质性特征，部分是由辐射分配、水循环、植被和土壤特性的空间变化引起的。由于大气运动复杂多变、土壤水分对降水的影响涉及土壤水分与潜热通量、潜热通量与边界层、边界层与自由大气间的多个耦合过程，因此很难观测或者量化。为定量表示陆气耦合强度，并表征不同子过程在陆气相互作用中的影响，选取土壤水分–潜热通量的陆气耦合指数（$TCI_{SM\text{-}LE}$），具体公式如下：

$$TCI_{SM\text{-}LE}=\sqrt{n}\,r(SM_m,LE_m)\,\sigma(LE_m) \tag{3-1}$$

式中，$TCI_{SM\text{-}LE}$是 m 月的陆气耦合指数；r（SM_m，LE_m）是由 m 月的土壤水分和潜热通量组成的时间序列的相关系数；σ（LE_m）是 m 月的潜热通量时间序列的标准差；n 是数据的时间长度（年数）。陆气耦合指数 $TCI_{SM\text{-}LE}$是由土壤水分与潜热通量的相关系数 r（SM_m，LE_m）和潜热通量的标准差 σ（LE_m）共同决定的。当 $TCI_{SM\text{-}LE}$为正时，表示陆气相互作用强烈，且其绝对值越大表明相互作用越强。

研究选取 2021 ~ 2050 年为时间段，计算未来三种情景全球陆气相互作用变化特征。未来三种情景分析如下：①SSP1_2.6 情景下控制试验与开采试验的对比；②SSP2_4.5 情景下控制试验与开采试验的对比；③控制试验下 SSP1_2.6 情景与 SSP2_4.5 情景的对比。针对全球尺度和三大灌区区域尺度，通过计算这三种情景的陆气耦合强度年际差异情况，探讨开采活动和不同排放情景导致陆气相互作用变化的主要影响因素。

SSP1_2.6 情景下，开采试验与控制试验在 2021 ~ 2050 年陆气耦合指数及气候要素的空间差值分布如图 3-45 所示。开采地下水后，陆气耦合指数在中国南方、美国东部、北欧和澳大利亚东部地区出现明显差异。在这些地区开采试验的潜热通量均明显高于控制试验。由于开采试验中的人类取用水活动，中国华北平原、印度北部地区、北欧部分地区和美国中部地区土壤水分明显减少。全球出现明显的增温效应，在三大灌区，由于灌溉量增加，作物蒸腾增加，总蒸发增加。综上所述，中国南方地区降水充沛，土壤水分充足，蒸散主要受能量控制，因此陆气相互作用较弱。

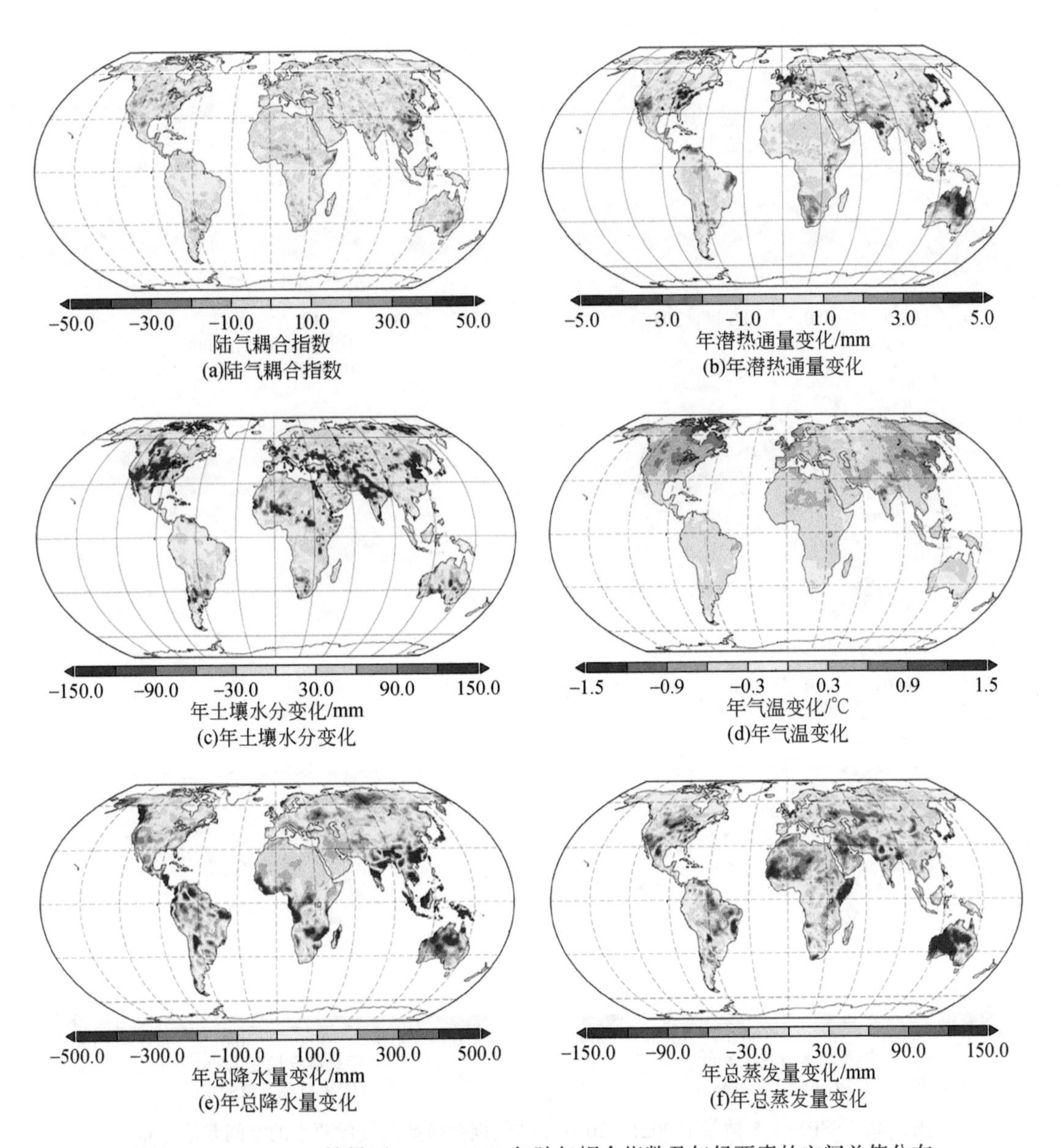

图 3-45　SSP1_2. 6 情景下 2021 ~ 2050 年陆气耦合指数及气候要素的空间差值分布

SSP2_4. 5 情景下，开采试验与控制试验在 2030 ~ 2050 年陆气耦合指数及气候要素的空间差值分布如图 3-46 所示。开采试验与控制试验相比，气温在全球存在整体升温现象；受人类取用水影响，土壤水分呈现出明显的降低；由于灌溉后作物蒸腾的增加，总蒸发在灌溉地区增加，但在美国中部地区，由于降水的降低，蒸发也随之降低；潜热通量在印度和中东地区明显下降，而在美国东部和中国东部开采试验有所提高。

控制试验 2021 ~ 2050 年陆气耦合指数及气候要素在 SSP1_2. 6 和 SSP2_4. 5 情景下的空间差值分布如图 3-47 所示。SSP2_4. 5 情景由于辐射强迫的增加，全球存在明显的升温趋势，特别是在北半球高纬度地区，但在亚洲大部分地区，由于地方政策影响，并未出现

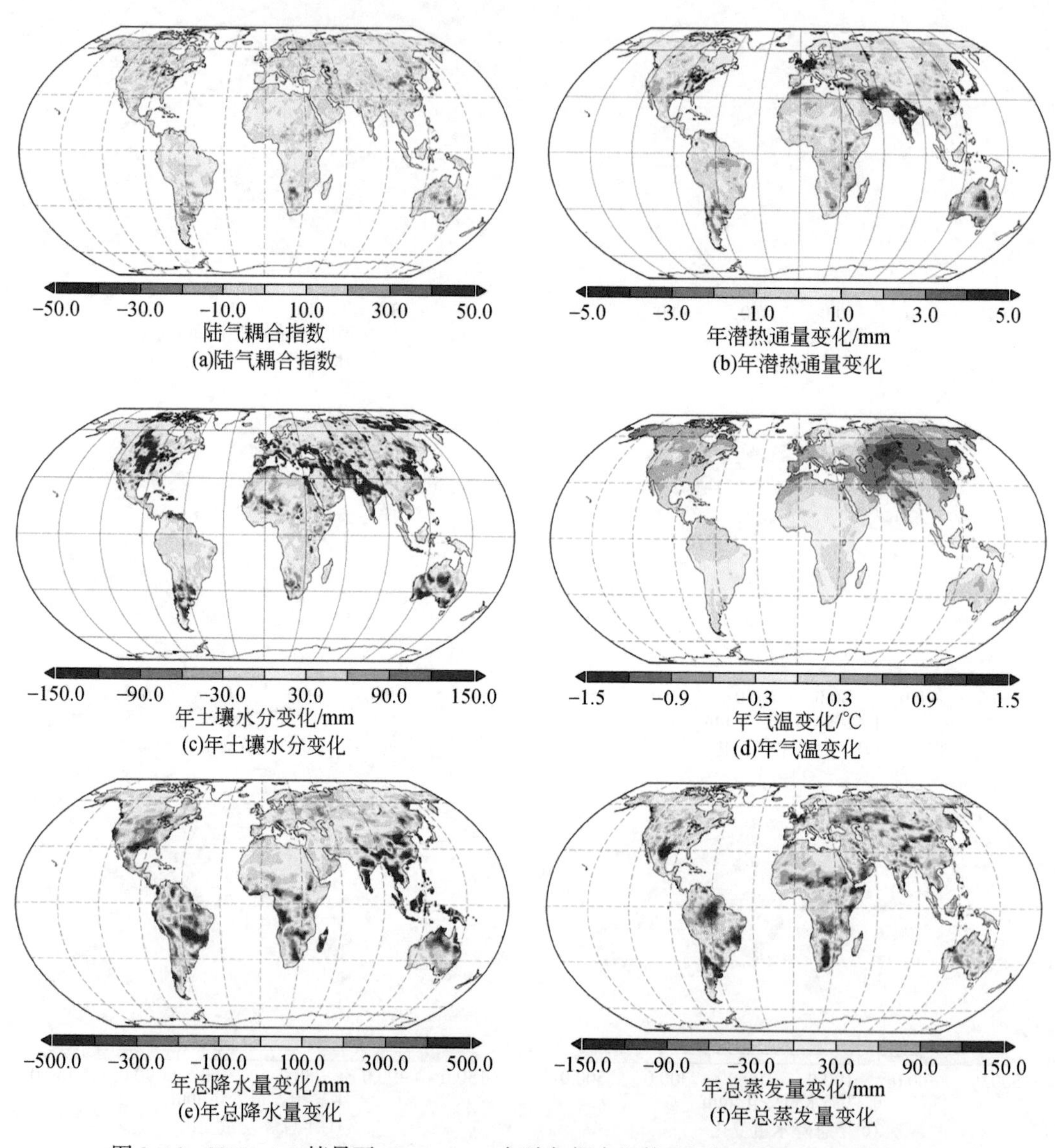

图 3-46 SSP2_4.5 情景下 2021～2050 年陆气耦合指数及气候要素的空间差值分布

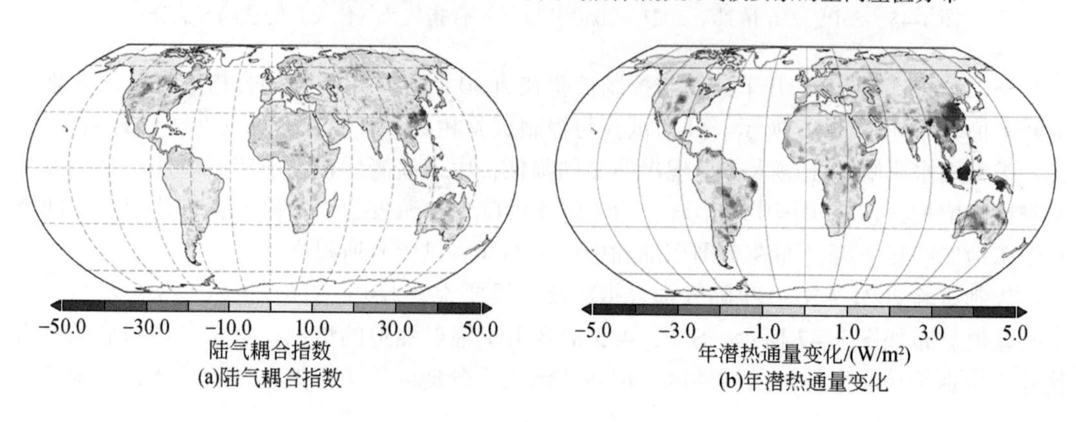

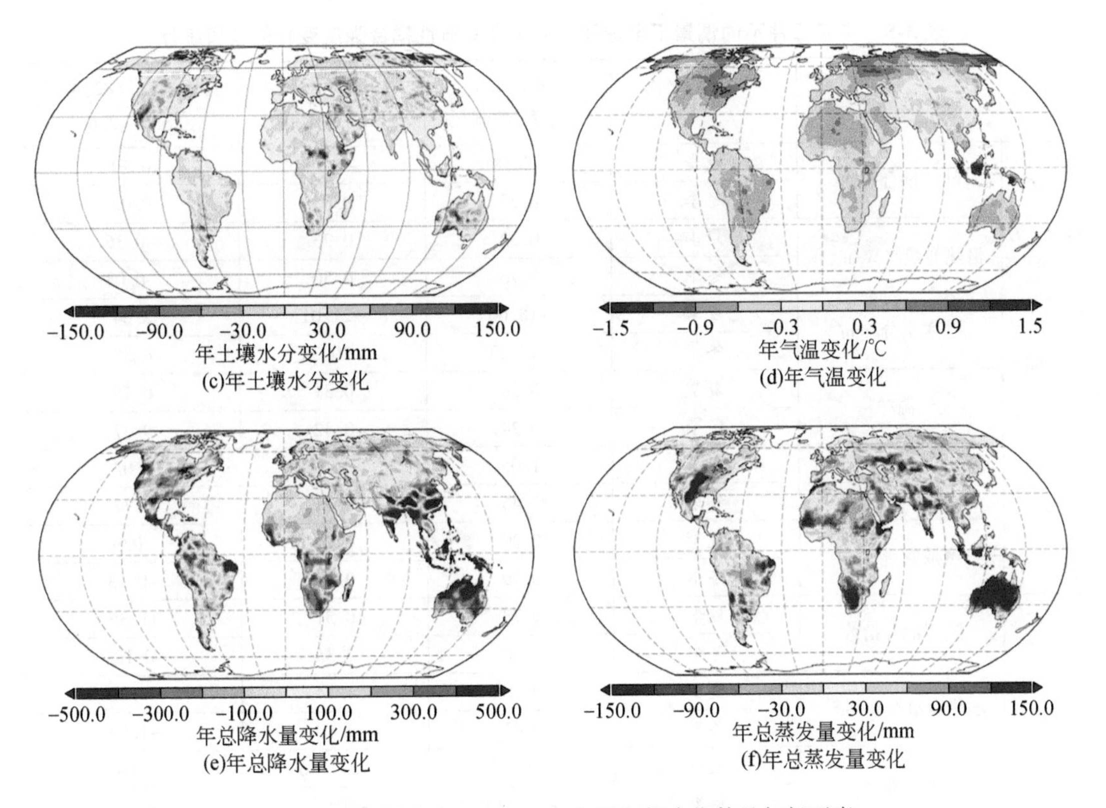

图 3-47　控制试验 2021～2050 年陆气耦合指数及气候要素在 SSP1_2.6 和 SSP2_4.5 情景下的空间差值分布

明显的增温趋势。而中国东南沿海地区降水增多，蒸发减少，导致土壤水分的增多和潜热通量减少，降低了陆气相互作用，进而导致陆气耦合指数降低。

未来三种不同情景下，全球和区域尺度季节性耦合强度变化统计如表 3-5 所示。在全球尺度上，开启地下水开采方案后，土壤水分由于地下水的开采在夏季和冬季均下降，由于灌溉作用，土壤蒸发增加，总蒸发增加，潜热通量增加。夏季由于潜热通量与土壤水分相比增加较少，导致陆气耦合指数降低。对于 SSP1_2.6 和 SSP2_4.5 两种社会经济路径，中排放情景的 SSP2_4.5 陆气耦合强度略有增加。开采活动对陆气耦合强度的影响要高于 CO_2 排放的增加所带来的影响。

由于不同区域的气候差异性，三种情景下三大灌区的陆气耦合情况存在很大差异。开启地下水开采方案后，中国华北平原由于蒸散发增加，陆气耦合指数增加；印度属于热带季风气候区，年降水量较大，CO_2 排放对耦合强度影响强于开采所带来的影响，陆气耦合指数在 SSP1_2.6 情景下减少，在 SSP2_4.5 情景下增加；美国中部大平原属于温带大陆性气候，冬夏水汽差异显著，开启地下水开采方案后，陆气耦合指数在夏季减少，在冬季增加。

表 3-5　未来三种不同情景下全球和区域尺度季节性耦合强度变化的差值统计

尺度	要素	季节	SSP1_2.6 开采-控制	SSP2_4.5 开采-控制	控制试验 SSP2_4.5-SSP1_2.6
全球	陆气耦合指数	夏季	-0.58	-0.99	0.29
		冬季	0.33	0.05	0.02
	潜热通量/(W/m²)	夏季	0.32	0.23	-0.36
		冬季	0.76	0.50	-0.08
	土壤水分/mm	夏季	-18.66	-21.01	3.64
		冬季	-17.23	-20.35	6.58
	气温/℃	夏季	0.26	0.31	0.25
		冬季	0.24	0.32	0.27
	降水量/mm	夏季	1.05	-0.45	1.02
		冬季	1.45	0.91	0.77
	蒸散发量/mm	夏季	0.39	0.24	-039
		冬季	0.79	0.53	-0.13
中国华北平原	陆气耦合指数	夏季	9.78	0.51	11.35
		冬季	1.70	2.35	0.12
	潜热通量/(W/m²)	夏季	-0.10	1.14	-4.02
		冬季	2.47	3.10	-1.02
	土壤水分/mm	夏季	-249.68	-234.96	9.84
		冬季	-251.40	-219.56	6.70
	气温/℃	夏季	0.63	0.43	0.42
		冬季	0.62	1.39	-0.71
	降水量/mm	夏季	-3.48	2.13	-8.44
		冬季	2.79	0.89	0.62
	蒸散发量/mm	夏季	-0.09	1.25	-4.22
		冬季	2.52	3.32	-1.09
印度北部	陆气耦合指数	夏季	3.16	-6.30	9.83
		冬季	1.95	-0.62	-5.29
	潜热通量/(W/m²)	夏季	1.46	-3.49	1.89
		冬季	-3.79	-2.48	-1.26
	土壤水分/mm	夏季	-162.32	-182.437	11.38
		冬季	-163.70	-177.06	3.13
	气温/℃	夏季	-0.06	0.55	-0.48
		冬季	0.48	0.76	-0.47
	降水量/mm	夏季	7.66	-1.98	6.79
		冬季	-2.78	0.58	-3.45
	蒸散发量/mm	夏季	1.53	-3.73	2.07
		冬季	-4.10	-2.54	-1.39

续表

尺度	要素	季节	SSP1_2.6 开采-控制	SSP2_4.5 开采-控制	控制试验 SSP2_4.5-SSP1_2.6
美国中部大平原	陆气耦合指数	夏季	-3.69	-8.38	12.64
		冬季	3.22	4.65	-2.03
	潜热通量/(W/m²)	夏季	1.10	0.06	1.19
		冬季	0.48	1.44	0.29
	土壤水分/mm	夏季	-135.74	-125.72	23.74
		冬季	-156.08	-135.35	21.48
	气温/℃	夏季	0.33	0.55	0.28
		冬季	0.65	-0.21	0.58
	降水量/mm	夏季	1.81	-2.20	1.69
		冬季	-0.34	1.67	0.17
	蒸散发量/mm	夏季	1.16	0.03	1.22
		冬季	0.55	1.45	0.37

第 4 章　陆地水循环模式 GLM 评估优化及应用

4.1　融合遥感信息的全球典型流域分布式生态水文模拟系统的构建

4.1.1　流域生态水文模拟系统简介

融合遥感信息的 VIP (soil-Vegetation-atmosphere Interface Processes) 生态水文模式 (Mo et al., 2012, 2017a, 2017b) 由土壤-植被-大气系统物质和能量传输、植被动态、土壤碳氮循环、水文循环、气候要素时空尺度扩展等模块组成，能够详细地描述流域水文、生物物理和生物地球化学过程。蒸散各分量（冠层蒸腾、截留水蒸发和土壤蒸发）采用冠层能量平衡的双源模型计算，地表实际蒸散发为冠层蒸腾（E_c）、截留水蒸发（E_i）和土壤蒸发（E_s）的和。假定冠层获取的能量将首先满足冠层降水截留量的蒸发，然后用于蒸腾。冠层蒸腾（E_c）受温度、水分和潜在蒸散的影响：

$$E_c = E_{cp} f_w f_t \tag{4-1}$$

式中，f_t 是大气水汽压差的函数 (Mueller et al., 2013)；f_w 是大气温度限制因子 (Zhang et al., 2010)。E_{cp}为潜在蒸散量，采用 Penman-Monteith 方程计算：

$$E_{cp} = \frac{1}{\lambda}(\Delta R_{nc} + f_c \rho c_p D / r_a) / (\Delta + \gamma \eta f_{CO_2}) \tag{4-2}$$

式中，R_{nc}为净辐射；Δ 为空气温度-饱和水汽压曲线斜率；γ、ρ、c_p 和 D 分别为干湿常数 (hPa/℃)、空气密度 (kg/m^3)、空气定压比热 [J/ (kg · ℃)] 和水汽压差 (hPa)；η 为植被与参考植被的最小气孔导度之比；λ 为水的汽化潜热 (J/kg)；r_a 为冠层到参考高度的空气动力学阻力 (s/m)；f_c 为植被覆盖度；f_{CO_2} 为大气 CO_2 胁迫系数 (Pan et al., 2015)。各系数采用下式计算：

$$f_{CO_2} = 1/(-0.00196 C_{CO_2} + 1.35) \tag{4-3}$$

$$f_c = 1 - \left(\frac{VI_{max} - VI}{VI_{max} - VI_{min}}\right)^{\beta} \tag{4-4}$$

$$VI = VI_{min} + \frac{f_{PAR}(VI_{max} - VI_{min})}{f_{PAR_{max}} - f_{PAR_{min}}} \tag{4-5}$$

$$f_{PAR} = 1 - e^{\left[\frac{LAI}{LAI_{max}} \ln(1 - f_{PAR_{max}})\right]} \tag{4-6}$$

式中，C_{CO_2}为大气 CO_2 浓度（ppm①）；β 为经验系数，介于0.6～1.2，设为0.7（Li et al.，2005）；VI_{max}和 VI_{min}分别为密闭冠层条件下和裸地的植被指数（分别设为 0.95 和 0.01）；$f_{PAR_{max}}$和$f_{PAR_{max}}$分别为与 VI_{max}和 VI_{min}对应的f_{PAR}，分别设为0.95 和0.001。模型中的 LAI 由遥感数据提供，LAI_{max}为生长期间最大的 LAI（设为6.0）（Sellers et al.，1996）。土壤蒸发为土壤表层潜在蒸散和土壤蒸发中的低值：

$$E_s = \min(E_{sp}, E_{ex}) \tag{4-7}$$

$$E_{sp} = \frac{1}{\lambda}[\Delta(R_{ns} - G) + (1 - f_c)\rho c_p D / r_a] / (\Delta + \gamma) \tag{4-8}$$

$$G = R_{nc} \times [\Gamma_c + (1 - f_c) \times (\Gamma_s - \Gamma_c)] \tag{4-9}$$

式中，R_{ns}为土壤表层获取的净辐射量；G 为土壤热通量（MJ/d）；r_a 为土壤表层到参考高度的空气动力学阻力（s/m）；Γ_c（设为 0.05）（Monteith and Reifsnyder，1974）和 Γ_s（设为0.315）（Kustas and Daughtry，1990）分别为密闭植被和裸地的土壤热通量（G）与冠层净辐射（R_{nc}）之比。从表层开始，根系层被分为三层：10cm、50cm 和 140cm。土壤水分运动遵循 Richards 方程，在高寒地区，如勒拿河流域，积雪消融受能量和水分的双重控制（Su，2010）。

模型的驱动数据包括日尺度的气象数据、年尺度的大气 CO_2 浓度、遥感叶面积指数和地表特征数据。由于2000 年以前的土地利用数据难以获取，2000 年以前的土地利用数据采用2000 年的数据替代。模型运行时，由于流域的初始土壤含水量未知，采用模型第一年运行的数据作为土壤的初始含水量。

4.1.2 关键过程改进

考虑到每个典型流域的主栽作物及灌溉方式有巨大差异，根据 1995～2005 全球 4 种主要作物栽培面积（Ray et al.，2012）数据集来确定每个流域的主栽作物的品种，该数据集的时间分辨率为 5 年，空间分辨率为 0.5°。根据当地的栽培习惯来确定每种主栽作物的种植制度，通过文献收集和调研，各流域主栽作物的种植制度如表 4-1 所示。

表 4-1 典型流域主要作物的栽培时间

流域	作物	栽培时间
亚马孙河	大豆、玉米	10 月至次年 4 月
密西西比河	大豆、玉米、小麦	大豆、玉米：4～10 月 小麦：10 月至次年 7 月
长江	小麦、玉米、双季稻	小麦：10 月至次年 6 月 玉米：6～9 月 双季稻：4～7 月，8～10 月
湄公河	双季稻	5～11 月，11 月至次年 4 月

① $1ppm = 1 \times 10^{-6}$。

续表

流域	作物	栽培时间
勒拿河	小麦	4～8月
墨累-达令河	小麦、玉米	小麦：6～12月 玉米：1～4月
尼罗河	水稻、小麦	水稻：6～10月 小麦：4～8月
莱茵河	小麦	10月至次年6月

灌溉对地表蒸散的影响十分显著，而准确的全球作物灌溉制度无法获取，因此采用FAO提供的全球作物灌溉分布图来确定灌溉地的分布。对单一像元而言，蒸散量是该像元灌溉地蒸散量乘以灌溉地的比例与该像元非灌溉地蒸散量乘以非灌溉地的比例之和。对于每一种作物而言，灌溉的时间和灌溉量也无法准确获取，因此根据文献调研来确定每一种作物的灌溉时间，以符合当地的生产习惯。在VIP模型中，当土壤含水量低于田间持水量的50%时开始灌溉，当土壤含水量达到田间持水量时，灌溉停止。对于水稻而言，土壤含水量在整个生育期内均维持在田间持水量；对于长江流域的小麦-玉米轮作系统而言，小麦整个生育期灌溉不超过3次，玉米灌溉不超过1次；对于其他流域的单季作物（小麦、玉米、大豆）而言，整个生育期灌溉不超过3次。

4.1.3 驱动数据库

生态水文驱动数据库包括气象数据、地表特征数据和遥感数据。

气象数据：气象驱动数据包括1980～2012年年尺度的大气CO_2浓度数据（https://www.co2.earth/），1980～2012年日尺度的温度（最高温、最低温、日均温）、大气压、长波辐射、短波辐射、降水、相对湿度和风速。该数据来源于ISIMIP（Inter-Sectoral Impact Model Intercomparison Project）提供的WATCH-WFDEI数据集（Weedon et al.，2011，2014）。数据集的原始空间分辨率为0.5°，采用双线性插值的方法将所有气象要素插值至5km，其中温度、降水和风速先通过海拔校正至海平面高度处的数值，对海平面高度处的数据空间降尺度后，再利用5km分辨率的数字高程模型（digital elevation model，DEM）数据将海平面高度处的数值校正至真实海拔处。

地表特征数据：地表特征数据包括土地利用数据、土壤质地数据和DEM数据。2000～2012年的土地利用数据（MOD12Q1）来源于MODIS（Moderate Resolution Imaging Spectroradiometer）数据集（http://modis.gsfc.nasa.gov/data/），原始空间分辨率为500m，采用多数重采样方法重采样至5km。土壤质地数据和灌溉农田分布数据由FAO提供，前者来源于世界土壤数据库（Harmonized World Soil Database V1.2），原始空间分辨率为30″，后者来源于全球灌溉区域分布图（Global Map of Irrigation Areas Version 5）（http://www.fao.org/aquastat/en/geospatial-information/global-maps-irrigated-areas/latest-version），原始空间分辨率为5″。土壤质地和灌溉数据均采用双线性插值的方法降尺度至5km，其中土壤质地

数据降尺度后，采用 Zhang 等（2007）提供的土壤类型自动分类系统计算出 5km 分辨率的土壤类型数据。数字高程模型为美国地质调查局（USGS）提供的 30″分辨率的全球 DEM 数据（GTOPO30，https://lta.cr.usgs.gov/GTOPO30），采用克里金插值方法将空间分辨率统一至 5km。

遥感数据：遥感叶面积指数数据来源于 GLASS（Global Land Surface Satellite）LAI 数据集（http://glass-product.bnu.edu.cn/），该数据集融合了 AVHRR（Advanced Very High Resolution Radiometer）和 MODIS（Moderate Resolution Imaging Spectroradiometer）地表反射数据，具有良好的时间延续性和空间分辨率（Xiao et al.，2014）。为了和其他数据保持空间分辨率的一致，采用双线性降尺度的方法将数据由原始分辨率 0.05°降至 5km，获取了一套 1980 ~ 2012 年时间分辨率为 8 天，空间分辨率为 5km 的数据。考虑到受天气的影响，GLASS LAI 数据可能存在部分缺失，为了数据的完整性，采用 MODIS 归一化植被指数（normalized differential vegetation index，NDVI）数据（MOD13A2）对 GLASS LAI 数据进行插补。首先采用双线性插值法将 MODIS NDVI 的空间分辨率由 1km 降至 5km，并采用拉格朗日插值获取每日的 NDVI，统计 8 天的最大值（NDVI 为 16 天一景，LAI 为 8 天一景）；采用 Monteith 和 Unsworth（1990）推荐的方法，根据 MODIS NDVI 计算 2001 年之后的 LAI（记为 NDVI_LAI）。在像元尺度上，以 NDVI_LAI 作为自变量，建立 GLASS LAI 与 NDVI_LAI 的线性拟合方程；采用该方程对 2001 年之后的 GLASS LAI 空缺值进行插补，对于 2001 年之前的数据，由于 MODIS NDVI 缺失，采用相同时段 2001 ~ 2005 年的均值进行替代。插补完毕的数据采用 S-G（Savitzky-Golay）滤波的方式进行平滑处理（Chen et al.，2004）。

4.1.4 实际蒸散发模拟验证

采用通量观测数据及流域水量平衡法对实际蒸散发（ET_a）进行验证。通量观测数据来源于 FLUXNET2015 数据集（https://fluxnet.org/）。八大流域的月尺度通量数据包含 37 个站点的 2184 个数据，根据数据质量文件，只有观测数据和质量较好的插补数据才被用于 ET_a 的验证。

在流域尺度上，将地表实际蒸散量的模拟值与水量平衡法的计算值进行对比。水量平衡法中年尺度的 ET_a 是年降水量与年径流量和年土壤水分含量变化的差值。年径流量数据来源于全球地表径流量数据库（https://www.bafg.de/GRDC/EN/Home/homepage_node.html）。流域年土壤水分含量变化采用月尺度的 GRACE 数据（JPL RL06_v02）计算获取。JPL RL06_v02 数据是美国喷气推进实验室（Jet Propulsion Laboratory，JPL）发布的空间分辨率为 0.5°×0.5°，时间分辨率为 1 个月的 RL06-level2 Mascon 模型数据。由于 GRACE 数据最早是从 2002 年 4 月开始的，径流数据和陆地水储量距平值（TWSA）数据的时间范围选取为 2003 ~ 2012 年。

将月尺度 ET_a 的模拟值与全球主要蒸散发产品（表 4-2）进行对比，这些产品包括 GLEAM（Global Land Evaporation Amsterdam Model）、MODIS、MTE（Model Tree Ensembles），Global ET（Zhang et al.，2010）和 ERA5。GLEAM 通过一个简单的水量平衡框架来计算全球地表蒸散量和土壤水分含量（Martens et al.，2017），可以提供全球潜在蒸

散、植被蒸腾、裸土蒸发、冠层截留蒸散、水面蒸发和升华等数据，GLEAM 的潜在蒸散是采用 Priestley-Taylor 方法计算的，其中月尺度的 ET_a 数据来自 GLEAM v3.2 数据集（https://www.gleam.eu/）。MODIS（MOD16A2）是采用 AVHRR GIMMS NDVI 遥感数据、NCEP/NCAR 再分析气象数据和 NASA/GEWEX 地表辐射产品，基于 Penman-Monteith 公式计算获取全球蒸散发产品。Zhang 等（2010）基于 MODIS 产品的遥感驱动数据，采用全球通量观测网络（FLUXNET）的观测数据对蒸散发算法重新进行参数化和验证，提供了一套全球 1983～2006 年的地表蒸散数据集（简称为 Global ET）。MTE 数据集是 Jung 等（2011）通过机器学习的方法对全球 178 个 FLUXNET 通量观测站的数据进行尺度扩展获取的全球蒸散数据集。ERA5-ET_a 数据来源于第五代 ECMWF（European Centre for Medium-range Weather Forecasts）再分析数据集。上述全球主要蒸散发产品的时空分辨率和时间尺度见表 4-2。

表 4-2　全球主要的蒸散遥感产品

产品	空间分辨率	时间分辨率	时间尺度	算法	来源
GLEAM	0.25°	日	1980～2015 年	Priestley-Taylor	Miralles 等（2011a，2011b）
MODIS	0.05°	月	2000～2014 年	Penman-Monteith	Mu 等（2011）
MTE	0.5°	月	1982～2011 年	Model tree ensembles	Jung 等（2011）
Global ET	1.0°	月	1983～2006 年	Modified Penman-Monteith	Zhang 等（2010）
ERA5	0.25°	月	1979～2018 年	TESSEL	https://cds.climate.copernicus.eu

（1）模拟蒸散量的验证

采用全球通量数据对模拟的月尺度 ET_a 进行验证，蒸散量的模拟效果因气候区和植被类型的不同而具有显著差异（图 4-1）。在温带及热带地区，ET_a 的模拟值与观测值大部分都位于 1∶1 线附近，两者之间的决定系数（R^2）位于 0.64～0.85（$P<0.01$），说明 ET_a 模拟值与观测值十分接近。尽管亚热带森林的 ET_a 模拟值和观测值的相关性较差（R^2 只有 0.5，$P<0.1$），但是鉴于大部分亚热带森林位于长江流域和墨累-达令河流域，其中长江流域的模拟效果还是可以接受的（模拟值与观测值的 $R^2=0.79$，$P<0.05$）。由于准确的全球农作物灌溉时间和灌溉量时空格局数据难以获取，农田 ET_a 模拟值和通量观测值的相关性不尽如人意。

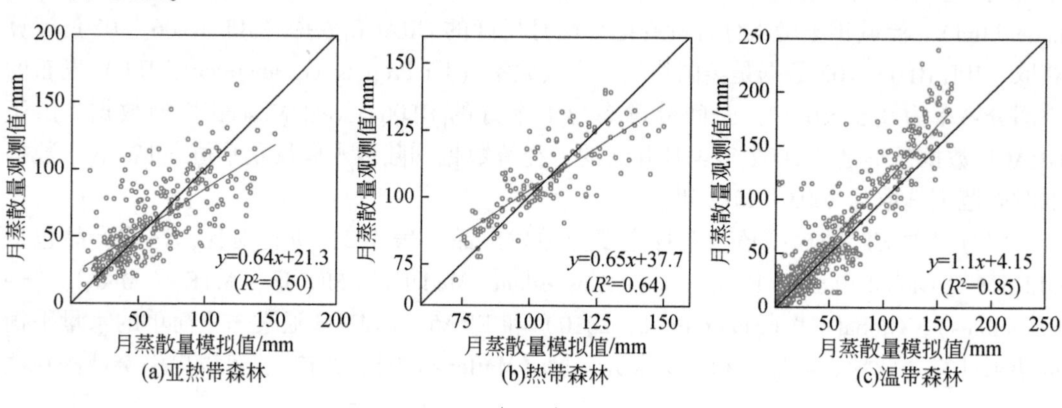

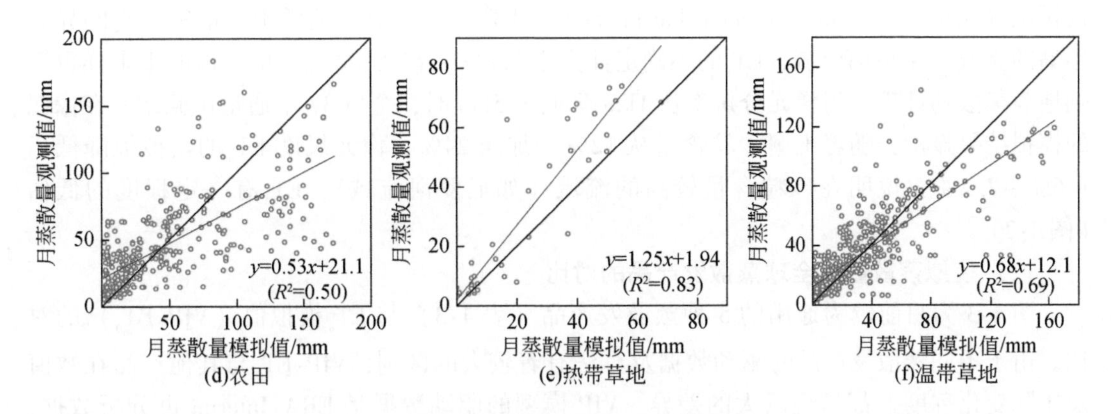

图 4-1 实际蒸散量模拟值与通量观测值的对比

在流域尺度上，2003～2012 年八大流域的年均 ET_a模拟值与基于水量平衡法计算获取的 ET_a对比如图 4-2 所示。结果显示，流域 ET_a的模拟值与水量平衡的计算值具有很好的一致性，两者的决定系数高达 0.89，均方根误差（root mean square error，RMSE）为 94.1 mm/a。ET_a的年均模拟值与水量平衡法计算值的相关性在尼罗河和墨累-达令河最高（R^2>0.82），在勒拿河流域最低（R^2 = 0.32），八大流域中，两者的 RMSE 位于 28.12～103.57mm，其中尼罗河流域两者的 RMSE 最大。对全球 261 个流域 ET_a 的研究显示，遥感反演法与水量平衡法获取的年均蒸散量的相关性为 0.8，两者的 RMSE 为 186mm/a（Zhang et al.，2010）。

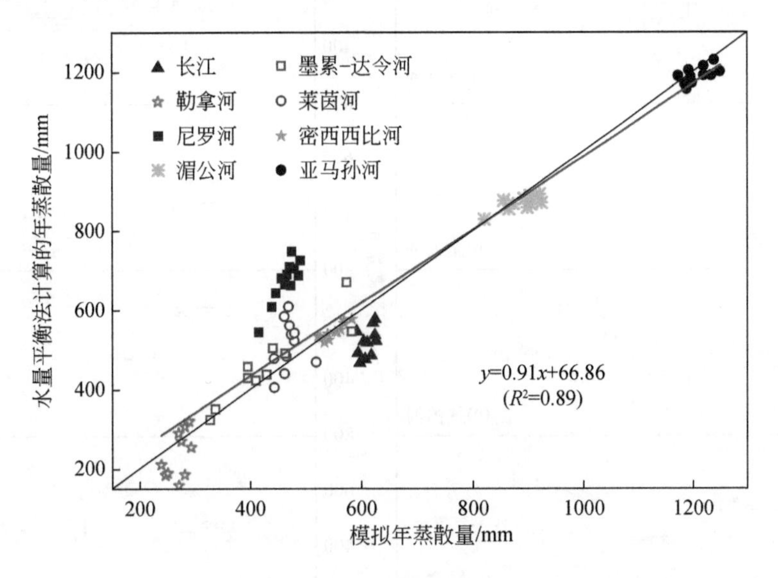

图 4-2 典型流域实际蒸散量的模拟值与水量平衡计算值的对比

ET_a模拟的不确定性有部分来源于对驱动数据的重采样。以土地覆被数据为例，在模型中，许多植被参数（如叶片气孔导度、比叶面积等）是根据土地覆被数据来确定的，土地覆被空间异质性较低的流域（如亚马孙流域），其 ET_a的不确定性［4.8%～8.5%，三角帽法（generalized three-cornered hat method）计算结果］要远远低于土地覆被空间异质性高的流域（莱茵河流域，ET_a的不确定性介于7.8%～13.8%）。土壤质地的重采样也影响地表蒸散的计算，当像元分辨率从1km降低至5km时，全球37个通量试验站所在像元的模拟结果显示，随着土壤砂粒含量从12%增加至24%，像元尺度ET_a的模拟值降低了1.6%～7.3%，说明在砂粒含量较高的流域（如尼罗河流域），ET_a有一定程度的低估（图4-2）。

（2）模拟蒸散量与全球蒸散发产品的对比

图4-3为目前较为通用的5种蒸散发产品（表4-3）与ET_a模拟值（VIP-ET_a）的对比。由于不同蒸散发产品的驱动数据及算法有着较大的区别，VIP-ET_a与其他产品在数值及年际变化程度上都呈现巨大的差异。VIP模型的驱动数据是ERA-Interim再分析数据，其中降水数据与MET（GPCC）产品的驱动数据一致，辐射数据与GLEAM（WATCH）的驱动数据一致，因此在大部分流域，VIP-ET_a的年均值与GLEAM和MTE产品比较接近（图4-3），VIP-ET_a年均值与MTE和GLEAM产品的RMSE要远小于它与Global ET和ERA5产品间的RMSE。蒸散发的算法差异也会引起不同产品间长期变化趋势的差异，1983～2006年VIP-ET_a的长期变化趋势及年际变异程度与其他产品（除了MODIS）的对比如表4-4所示。在能量限制区域，如长江流域和莱茵河流域，由于ERA5和ERA-Interim的月均温趋势高度一致（Hoffmann et al.，2019），VIP-ET_a的变化幅度在这些流域与ERA5-

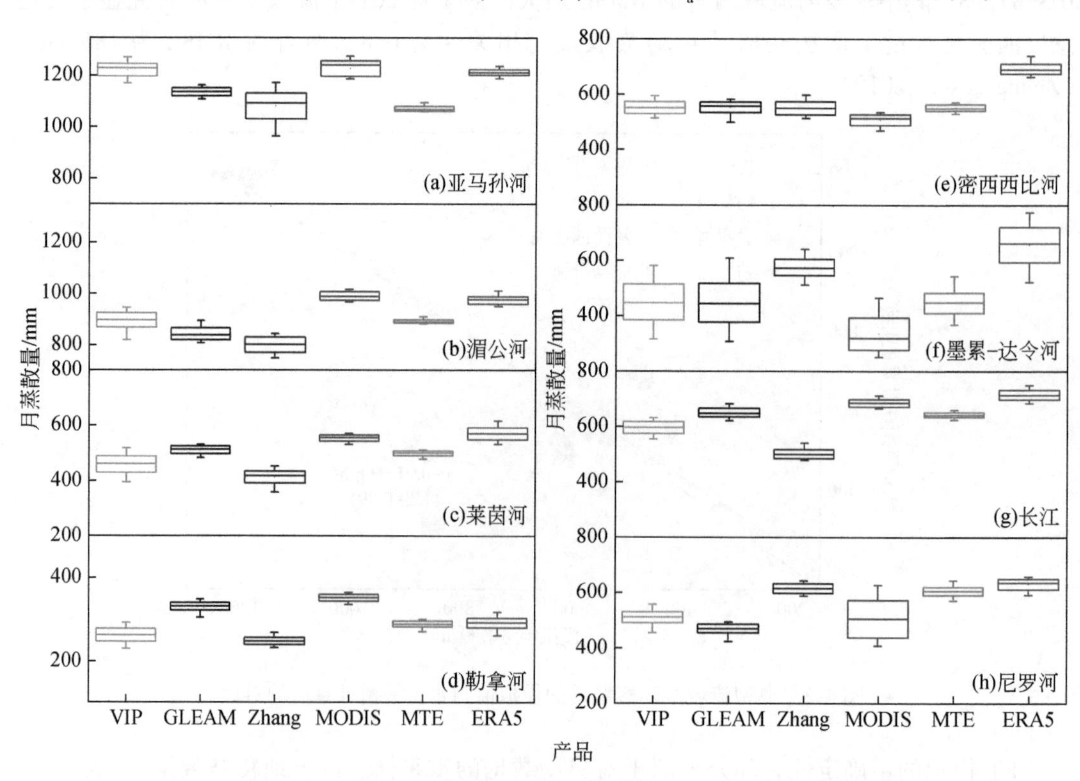

图4-3　实际蒸散量月尺度模拟值与全球主要产品的对比

盒中的线表示均值，盒子的宽度表示标准误差（SD），上下的短线表示最大值和最小值

ET_a较为相似（表 4-4）。在亚马孙河流域，辐射是影响 ET_a变化的主要因素，然而辐射的变化在 MTE 产品中并没有被考虑（Jung et al.，2010；Zeng and Cai，2016），因此，MTE-ET_a与 VIP-ET_a在年际变化上显示出巨大的差异（表 4-4）。在墨累-达令河流域，土壤水在流域水循环中扮演着重要的角色，VIP-ET_a与 GLEAM-ET_a和 MODIS-ET_a的相关性高于它与 Zhang-ET_a和 MTE-ET_a（表 4-4）。因为土壤水分变化在 Zhang-ET_a和 MET-ET_a等产品中被忽视，在 MODIS 产品中，土壤水分胁迫用大气湿度变化来表示（Mu et al.，2011），只有在 GLEAM（Miralles et al.，2011b；Martens et al.，2017）和 VIP 模型（Mo et al.，2012）中，土壤水分胁迫是受土壤水分平衡状态调节的。

表 4-3　VIP 模拟的月尺度实际蒸散量与其他产品的相关性

产品		亚马孙河	密西西比河	长江	湄公河	勒拿河	墨累-达令河	尼罗河	莱茵河
GLEAM	R^2	0.20	0.97	0.97	0.92	0.93	0.96	0.95	0.97
	RMSE /（mm/月）	13.69	8.24	8.35	8.17	19.27	6.95	10.21	10.09
MODIS	R^2	0.11	0.98	0.98	0.89	0.97	0.94	0.89	0.98
	RMSE /（mm/月）	8.19	13.98	10.41	11.31	16.99	13.77	8.88	9.45
MTE	R^2	0.60	0.96	0.98	0.89	0.98	0.84	0.97	0.98
	RMSE /（mm/月）	13.52	5.37	7.95	7.51	13.02	5.54	9.97	7.50
Global ET	R^2	0.65	0.96	0.99	0.92	0.99	0.85	0.94	0.99
	RMSE /（mm/月）	13.67	6.09	13.17	11.33	8.78	13.14	13.22	5.33
ERA5	R^2	0.51	0.98	0.99	0.91	0.99	0.95	0.96	0.97
	RMSE /（mm/月）	7.80	12.98	10.51	10.71	12.73	19.10	12.86	11.95

表 4-4　1982～2006 年 VIP 模拟的月尺度蒸散量与其他产品的年均变化率对比（单位：mm/a^2）

产品	亚马孙河	密西西比河	长江	湄公河	勒拿河	墨累-达令河	尼罗河	莱茵河
VIP	0.72	-0.58	1.26*	-2.63*	0.49	-2.95	1.01*	2.36*
GLEAM	0.09	0.03	0.79	1.48	0.63*	-2.96	0.28	1.05*
MTE	-1.04**	0.01	0.67	0.24	0.14	-1.39	0.48	0.60
Global ET	3.59**	2.16**	-1.21**	-3.3**	0.03	-1.96	0.19	1.31*
ERA5	-0.36	0.98	1.62**	0.84	0.94**	-4.09*	-1.03*	1.63*

*$p<0.05$；**$p<0.01$。

我们采用三角帽法对八大流域蒸散量估算的不确定性进行了评估。八大流域中，MTE-ET_a的不确定性最低，位于1.7%～8.9%，Zhang-ET_a的不确定最高，位于7%～20%。VIP模拟的月尺度ET_a的不确定性（4%～15%）与GLEAM-ET_a（3.4%～20%）的较为接近，低于ERA5-ET_a的不确定性（4.5%～20%）。面积较大的流域具有较大的地表异质性和气候差异，三角帽法的评估结果显示，勒拿河流域的地表蒸散不确定性最高，其次是尼罗河流域、莱茵河流域和长江流域，而地表蒸散不确定性最低的流域是亚马孙河（3.94%）。所有蒸散发产品在勒拿河流域的不确定性均为最高，说明在寒冷的地区准确地描述地表蒸散过程还有一定难度。对于尼罗河流域，降水的高度空间异质性（CV＝67.6%）使得地表蒸散也具有较高的空间异质性（CV＝87.5%）和较大的不确定性（13.4%）。尽管亚马孙河、莱茵河和长江流域的降水、温度和辐射都具有较大的空间异质性，但是莱茵河和长江流域的地表覆被空间异质性较大，而亚马孙河流域的地表覆被较为单一，因此亚马孙河流域的地表蒸散量不确定性要低于莱茵河和长江流域。

4.2 GCM预测数据的校正方法和多模式集合

4.2.1 基于ERCDFm的日降水偏差校正方法

全球气候模式（global climate model，GCM）是预测未来气候状况的重要工具，在过去的几十年中得到了广泛的应用。GCM结构和参数存在较大的不确定性，导致GCM数据和实际观测值间存在偏差，因此对GCM数据进行偏差校正是气候影响评估和预测等工作的前提与基础。

偏差校正是基于当前数据得到的统计关系在未来气候变化情景下依然有效的假设，采用统计学的方法降低模拟值与观测值间的偏差。目前常用的降水偏差校正方法可分为两类：一类基于降水量的均值和方差；另一类主要基于降水量的概率分布。基于降水量的均值和方差的校正方法具有简单易行的特点，适用于对平均态的校正，较难应用于日尺度，如线性缩放（Mahmood et al.，2018）、方差比例变换（成爱芳等，2015）、delta变换（Olsson et al.，2009）等。基于降水量的概率分布的校正方法，在校正降水量的均值与方差的同时，还对降水的累积分布函数（cumulative distribution function，CDF）进行了修正，逐渐得到了重视与发展。分位数映射（quantile mapping，QM）法是典型的概率分布校正方法（Thrasher et al.，2012；Cannon et al.，2015），该方法假设在长时间序列内的降水会服从一个相对稳定的概率分布，且模拟降水的概率分布应与观测降水一致。概率分布校正的优势，使其能够在特定情景的误差校正中发挥作用，如作为单变量QM法扩展的温度-降水联合校正可以保留双变量间的相关性（Li et al.，2014）、按降水强度分段建立传递函数能显著改善极端降水的校正效果（Mamalakis et al.，2017）、考虑空间分布特征的BCSA（Bias-Correction and Stochastic Analog）校正方法可应用于日降水的降尺度（Hwang and Graham，2013）等。

转移累积概率分布法（cumulative distribution function transform，CDF-t）（Michelangeli et al., 2009）和等距分布映射法（equidistant cumulative distribution functions matching, EDCDFm）（Li et al., 2010；Pierce et al., 2015）是在 QM 方法的基础上发展而来的，弥补了 QM 在校正未来预估数据时的不足。EDCDFm 保留了模拟与观测数据间的秩相关关系，使相同分位数下历史模拟数据与未来预估数据之间的偏差一致。Wang 和 Chen（2014）将 EDCDFm 中未来预估数据的偏差计算公式的形式由等距转为等比，解决了降水校正结果存在负值的不足，称为等比分布映射法（equiratio cumulative distribution functions matching, ERCDFm）。目前，ERCDFm 与 EDCDFm 在校正日降水时仍存在降水日数模拟不准确的问题，仅通过设定阈值来剔除过多的小雨日数，无法有效校正 GCM 降水日数偏少的现象（Pierce et al., 2015），从而影响降水量的校正效果。此外，随着全球升温极端降水加剧，降水日数也有减小趋势（Pendergrass and Hartmann, 2014；Shang et al., 2019）。考虑到模式捕捉气候自然变率的能力不同，使用固定阈值会导致降水日数模拟值的误差在未来逐渐增大，因此需要一种考虑未来预估期下降水日数动态变化的校正方法。

4.2.1.1 方法介绍及改进

（1）EDCDFm 日降水偏差校正方法

每个格点日降水数据的校正以月份或季节为单位进行，校正过程包括降水日数校正和概率分布拟合校正。

1）降水日数的校正是为了降低降水日数模拟的偏差，有两种方法：阈值法与比率法。阈值法通过剔除小于固定阈值的日降水量对降水日数进行校正。该方法将阈值设置为 0.01mm/d（Shang et al., 2019），或根据实际情况进行阈值调整，使校正时段内模拟降水总日数与观测数据降水总日数一致（Polade et al., 2014）。比率法用观测的降水日数除以总日数得到一个系数，再与校正时段的总日数相乘得到校正的降水日数（关颖慧，2015）。基于历史期降水数据计算得到的指标（阈值与比率）将应用于未来预估期模式数据的校正。

2）概率分布拟合校正的目的是使模拟的降水序列 CDF 与观测数据尽可能接近。通常采用 Gamma 分布描述降水序列的 CDF，如式（4-10）所示。本研究使用马尔可夫链蒙特卡洛（Markov Chain Monte Carlo, MCMC）方法对参数 k，θ 进行拟合（Li et al., 2010；Pierce et al., 2015）。随后分别对历史期、未来预估期两个时段的模式数据进行概率分布拟合校正［式（4-11）和式（4-12）］。

$$F(x;k,\theta)=x^{k-1}\frac{e^{-x/\theta}}{\theta^{k}\Gamma(k)}\quad x>0,k,\theta>0 \tag{4-10}$$

$$x_{m\_c\_\mathrm{adjust}}=F_{oc}^{-1}[F_{mc}(x_{m\_c})] \tag{4-11}$$

$$x_{m\_p\_\mathrm{adjust}}=x_{m\_p}\frac{F_{oc}^{-1}[F_{mp}(x_{m\_p})]}{F_{mc}^{-1}[F_{mp}(x_{m\_p})]} \tag{4-12}$$

式中，x_{m_c}、x_{m_p} 分别为模式 m 在历史期 c 与未来预估期 p 的模拟值；F_{oc}^{-1} 为观测值 o 在历史期的逆累积分布函数；F_{mc}^{-1} 为模式 m 在历史期的逆累积分布函数；F_{mc}、F_{mp} 分别为模式 m 在历史期与未来预估期的累积分布函数；$x_{m\_c\_\mathrm{adjust}}$、$x_{m\_p\_\mathrm{adjust}}$ 分别为模式 m 在历史期与未来预估期的校正值。降水发生时段的累积分布函数 F_{mc}，F_{mp} 及逆累积分布函数 F_{oc}^{-1}，F_{mc}^{-1}，均通过式（4-10）拟合。

（2）EDCDFm 日降水偏差校正方法改进

目前常用的阈值法或比率法，仅考虑了 GCM 数据中存在的小雨日数偏多的情形，而忽视降水日数偏少的可能性。经统计，ISIMIP 多模式数据较格点观测数据在春、夏、秋、冬四季出现降水日数偏少现象的格点平均占比分别为 45%、18%、42% 及 41%，因此需要增补小雨日数，以满足降水日数校正的需求。对于降水日数偏少情况的校正，此前也有一些研究工作，Cannon 等（2015）、Lange（2019）在使用 QM 方法校正前，将观测和模拟降水数据中的所有零值替换为固定区间内的随机数，对非零序列订正后，再将阈值以下的数值全部赋为零。但该方法对降水日数校正的不确定性较大且无法有效保留其长期变化趋势。考虑到在较长时段内降水频率（降水≥0.01mm/d 的日数与总日数的比值）随时间变化的事实，在进行未来预估期降水日数校正时，降水频率已不适合继续沿用历史期的降水频率。因此，对 ERCDFm 日降水偏差校正方法的改进，主要体现在减少降水日数的偏差：一是针对出现的降水日数偏少的情况合理增补小雨日数；二是改进未来预估期下降水日数的校正方法，提高降水日数及总降水量的模拟效果。校正的具体流程如图 4-4 所示。

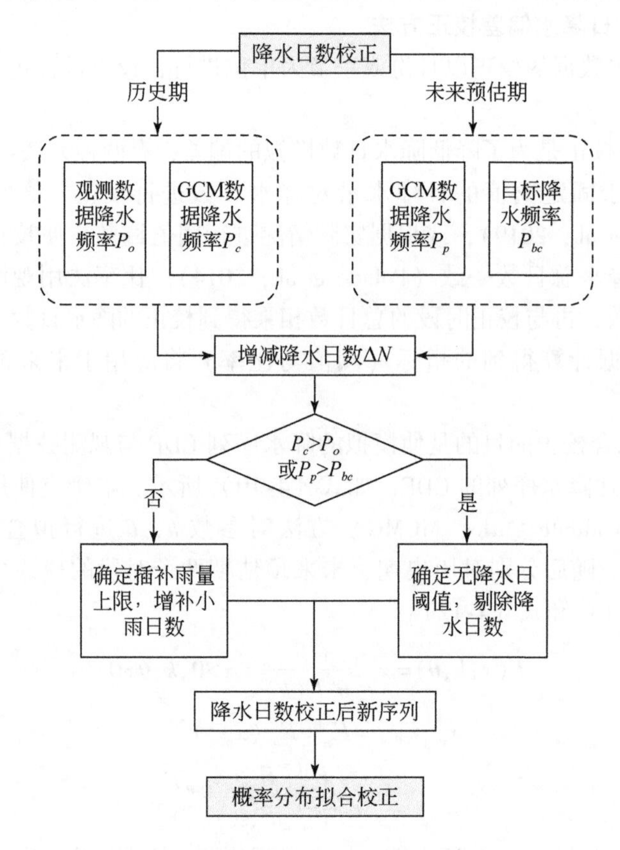

图 4-4　基于频率法的 EDCDFm 校正流程

频率法校正降水日数主要有三步：第一步确定增补或删减的降水日数；第二步生成新序列；第三步对新序列重校正。

首先定义降水频率 P 为降水日数（降水≥0.01mm/d）与总日数的比值，定义 ΔN 为校正过程中增减的降水日数，由于未来预估期降水频率的模拟方法与历史期不同，将两个时段分开计算：

$$\Delta N=\begin{cases}M\times|P_c-P_o|, & \text{历史期}\\ M\times|P_p-P_{bc}|, & \text{未来预估期}\end{cases} \tag{4-13}$$

式中，P_o 为历史期观测数据的降水频率；P_{bc} 为未来预估期降水频率的校正值或称为目标降水频率；P_c 为历史期模拟的降水频率；P_p 为未来预估期模拟的降水频率；M 为时段内模式数据的总日数。

未来预估期目标降水频率 P_{bc} 的模拟是基于历史期模拟与观测的降水频率间的关系仍适用于未来的基本假设：若历史期模拟的降水频率 P_c 大于观测的降水频率 P_o，则未来预估期模拟的降水频率 P_p 也有偏大的趋势，反之亦成立。经训练期（等同于历史期）与验证期（等同于未来预估期）数据分析，整个流域674个格点中，符合上述假设的格点占比约94%，而其余6%不符合假设的格点是由模拟与观测数据变化趋势不同步引起的。因此，认为假设成立，并设定：

$$\frac{P_{bc}}{P_p}\approx\frac{P_{op}}{P_p}=\frac{P_o}{P_c} \tag{4-14}$$

$$P_{bc}=\frac{P_o\times P_p}{P_c} \tag{4-15}$$

式中，P_{op} 为假想中未来预估期观测的降水频率，式（4-15）为式（4-14）的通用表达形式。得到 P_{bc} 值后代入式（4-13）中，作为未来预估期的目标降水频率，计算未来预估期的 ΔN。

确定了增补或删减的降水日数 ΔN 后，下一步生成新的日降水序列。首先，根据模拟与观测降水频率的实际大小关系，分模拟的降水日数偏大、偏小两种情形讨论。当模拟的降水频率偏大时（$P_c>P_o$ 或 $P_p>P_{bc}$），将相应的历史期/未来预估期降水序列从小到大升序排序，求得第 ΔN 个数据对应的日降水量，定义为无降水日阈值 τ，并将 $\leq\tau$ 的 ΔN 个数据赋值为0，生成新序列。当模拟的降水频率偏小时（$P_c>P_o$ 或 $P_p>P_{bc}$），从［0.01mm，b］区间内（b 定义为插补雨量上限）随机生成 ΔN 个新数据替换原历史期/未来预估期降水序列中的无雨日，本研究插补雨量上限取 $b=0.1$mm。但在 ERCDFm 校正中，相同分位数下历史模拟数据与观测数据之间的比值通常不超过2，使得在概率分布拟合过程中，所增补的随机数将不会被校正到较大的数值。因此，在 GCM 数据的降水频率偏差较大的情况下，降水日数校正后的新序列可能由于降水日数的增补（删减），出现小雨日数堆积（缺失）的问题，影响日降水校正效果，因此在按式（4-10）和式（4-11）校正前，将新序列中的模拟值按未来预估期的累积分布函数进行修正，使降水量的分布更加合理。

$$x_{m\_p\_new}=F_{mp}^{-1}[\mathrm{Quantile}(x_{m\_p})] \tag{4-16}$$

式中，$\mathrm{Quantile}(x_{m\_p})$ 为未来预估期模拟值在降水日数校正后的新序列中的分位数；再用修正后的 $x_{m\_p\_new}$ 替换式（4-12）中的 x_{m_p} 进行概率分布拟合校正。

为了更直观地说明 ERCDFm 校正过程中重校正步骤对合理增补小雨日数的意义，使用一组由 Gamma 分布生成的观测及 GCM 历史、未来模拟数据［数据合成过程参考 Maurer 和

Pierce（2014）]，并假设观测数据的降水频率高于 GCM 数据，且未来 GCM 降水频率的模拟值降低、总降水量的模拟值增加，分别给出改进前后两种方法的校正结果，如图 4-5 所示。图 4-5（a）中使用原 ERCDFm 校正方法，保证相同分位数下历史模拟数据与未来预估数据之间的偏差一致。以非零降水序列 80% 分位数处的降水为例，GCM 的未来校正值与观测值的比值和 GCM 的未来模拟值与历史模拟值的比值一致，二者均为 1.5。然而，在 GCM 的降水频率被低估的前提下，若不经过降水频率的校正，未来 GCM 降水数据的校正值（均值 2.3mm）将比未来 GCM 模拟值（均值 4mm）偏低，甚至低于历史 GCM 模拟值（均值 3mm），校正效果较差。图 4-5（b）中，假设 GCM 数据的降水频率从历史期的 0.4 降至未来的 0.35，观测数据的降水频率仍为 0.7，根据式（4-15）保留降水频率的未来变化信号，则未来降水频率的校正值 P_{bc} =（0.70×0.35）/0.4 = 0.6125。增补小雨日数的过程对降水总量影响不大，日降水均值的变化不足 0.1mm。随后对降水序列按式（4-16）所示的未来预估期的 CDF 重新修正［图 4-5（b）中绿色虚线］，重校正过程在保持原序列内降水数据秩相关特征的前提下，改善了由于插补雨量范围内过多样本量聚集所产生的 CDF 的阶梯状形态，对合理增补小雨日数至关重要，也是基于频率的日降水校正方法中的必要步骤。以重校正后的序列代替原 GCM 未来模拟数据，按 ERCDFm 方法进行概率分布拟合校正，校正结果的日均值为 4mm，在合理的范围内，保留了原 GCM 数据降水量的长期变化趋势。

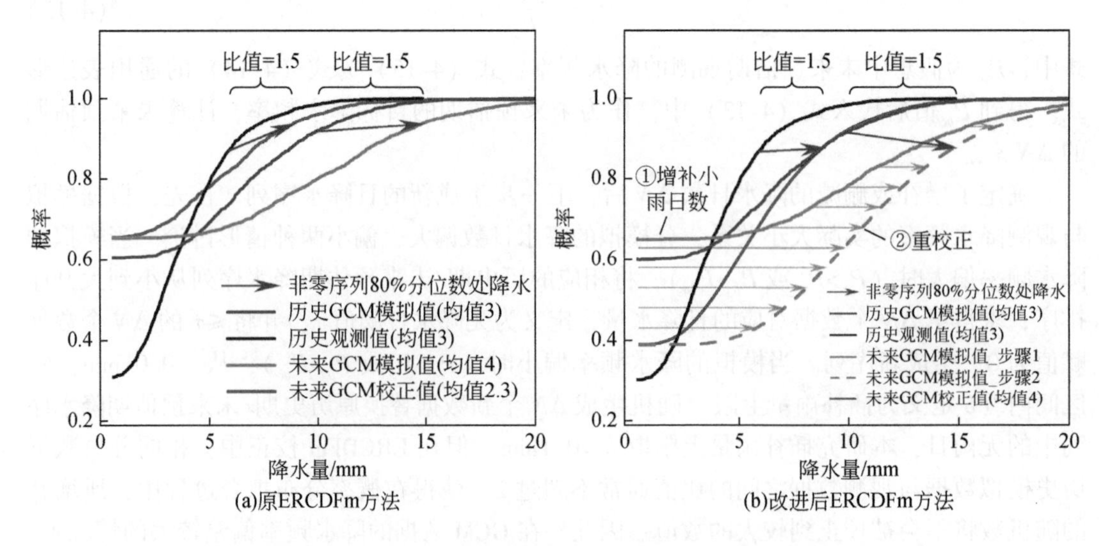

图 4-5　降水频率偏小情况下 EDCDFm 校正过程示意

4.2.1.2　方法改进效果

以长江流域为研究区，日降水模式数据来自 ISIMIP 提供的 5 个气候模式（表 4-5）逐日降水资料（https://www.isimip.org/protocol/#isimip2a），数据的时间范围为 1961 ~ 2099 年，空间分辨率为 0.5°×0.5°。将中国气象数据网 1961 ~ 2005 年的格点化日降水资料作为观测数据（http://data.cma.cn/），该数据是基于 2472 个国家级气象观测站的降水资料，利用薄盘样条法空间插值生成的 0. 5°×0. 5°的日降水格点数据。

表 4-5 GCM 模式详细资料

模式	机构	历史模拟时段	未来预估时段
GFDL-ESM2M	地球物理流体动力学实验室（Geophysical Fluid Dynamics Laboratory）	1950～2005 年	2006～2099 年
HadGEM2-ES	英国气象局哈德利中心（Met Office Hadley Centre）	1950～2004 年	2005～2099 年
IPSL-CM5A-LR	皮埃尔–西蒙·拉普拉斯研究所（Institute Pierre-Simon Laplace）	1950～2005 年	2006～2099 年
MIROC-ESM-CHEM	日本海洋和技术中心（Japan Agency for Marine-Earth Science and Technology），大气与海洋研究所（Atmosphere and Ocean Research Institute）和国立环境研究所（National Institute for Environmental Studies）	1950～2005 年	2006～2099 年
NorESM1-M	挪威气候中心（Norwegian Climate Centre）	1950～2005 年	2006～2099 年

（1）ISIMIP 模拟值与观测值的对比

多个 GCM 均能够再现长江流域年降水量由东南向西北递减的空间分布格局，GCM 在训练期内（1961～1985 年）对流域多年平均降水量存在高估（54mm/a），严重高估区主要集中在四川盆地及流域下游干流区［图 4-6（a）（c）］。训练期内 GCM 对降水频率的模拟也存在明显偏差，多模式平均降水频率在长江流域上游偏高、中下游偏低［图 4-6（b）（d）］。

相对于训练期，观测的年降水量在验证期（1986～2005 年）呈现流域上、下游增加而中部减小的空间格局［图 4-6（e）］，而 GCM 数据的空间分布则呈单调的东南增加、西北减小趋势［图 4-6（g）］，并未能准确描述出上述变化。训练期–验证期，长江流域 GCM 数据与观测值的降水频率变化的空间分布相似，除在流域上游源区出现明显增加外，整体以减小为主［图 4-6（f）］。但 GCM 数据明显低估了降水频率的变幅［图 4-6（h）］，其变幅仅为观测值的 36%，这是由不同 GCM 之间趋势变化不一致导致的。

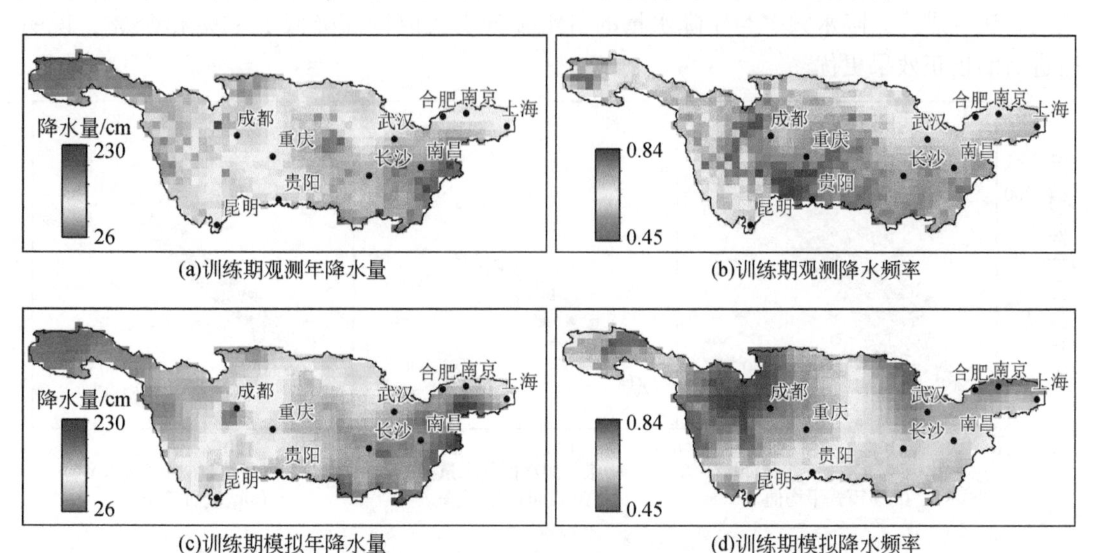

(a)训练期观测年降水量

(b)训练期观测降水频率

(c)训练期模拟年降水量

(d)训练期模拟降水频率

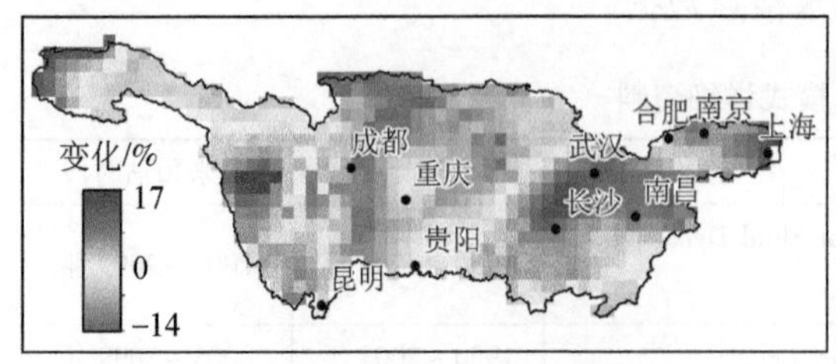

(e)训练期-验证期观测年降水量的变化

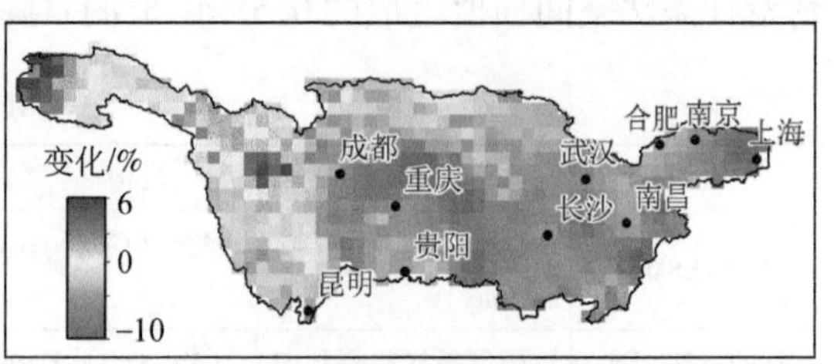

(f)训练期-验证期观测降水频率的变化

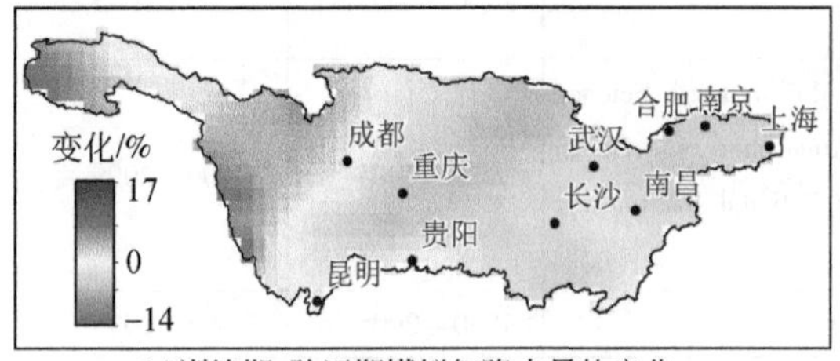

(g)训练期-验证期模拟年降水量的变化

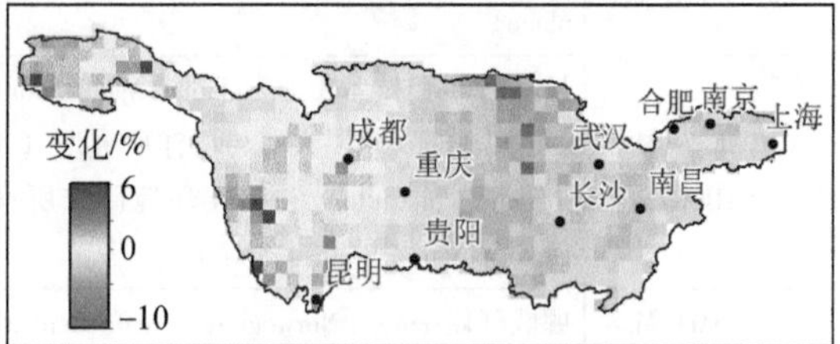

(h)训练期-验证期模拟降水频率的变化

图 4-6 长江流域观测与多模式平均的年降水量及降水频率在训练期（1961～1985 年）的空间分布及训练期-验证期（1986～2005 年）的变化

（2）改进前后校正结果对比

图 4-7 对比了模拟和改进前后两种 ERCDFm 方法对流域内降水频率与年降水量的偏差校正效果，并给出与格点观测数据的 R^2 和 RMSE。GCM 数据校正前，降水频率与年降水量的 R^2 分别为 0.08 和 0.77，RMSE 分别为 0.01cm 和 18.2cm。采用 ERCDFm 校正方法校正后，减小了降水量模拟值的偏差，R^2 提升了 10%，但同时 RMSE 也增加了 2%，主要是由于年降水量在 150～200cm 存在明显低估［图 4-7（b）］。低估原因主要有两点，一是该方法仅通过设定阈值来剔除过多的小雨日数，对降水频率存在低估［图 4-7（e）］，二是模拟值低估了流域下游降水的增加趋势［图 4-6（g）］，导致校正结果也偏小。降水日数的校正方法改进后，降水频率与年降水量的 RMSE 分别较改进前降低了 83% 和 58%，说明改进后的校正效果更优。

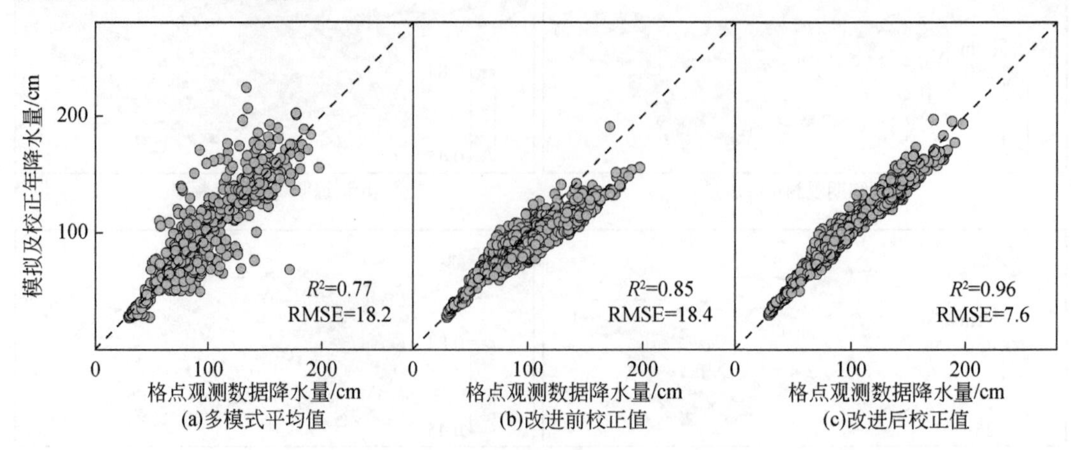

(a)多模式平均值　(b)改进前校正值　(c)改进后校正值

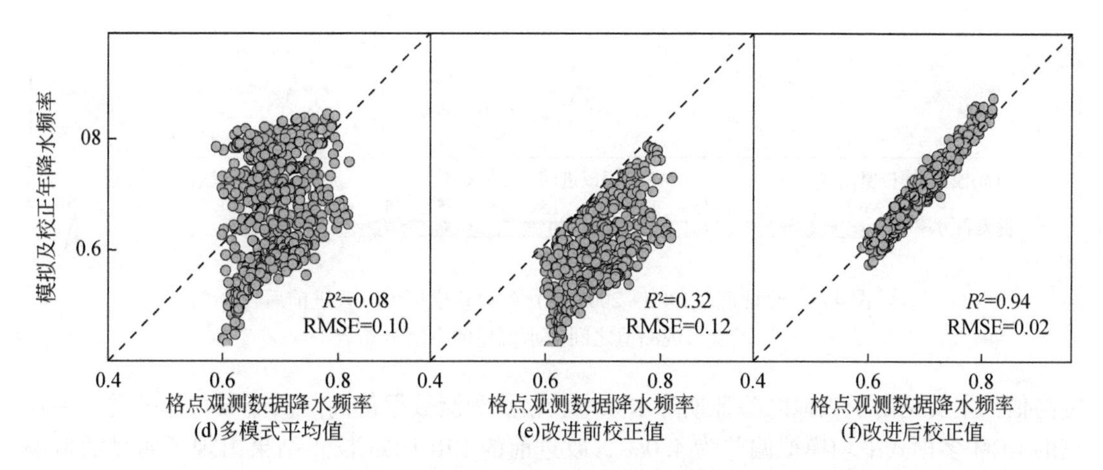

图 4-7 验证期（1986～2005 年）年降水量及降水频率的多模式平均值、改进前后的校正值与观测值的对比

ERCDFm 校正方法改进后对降水空间分布的校正效果显著，特别是在降水量低估的地区（图 4-8）。尽管改进前 ERCDFm 校正方法能够将流域内 5 个 GCM 降水数据的偏差范围由-60%～100% 降至-49%～50%，但受到降水频率低估的限制，模式 GFDL-ESM2M、IPSL-CM5A-LR 与 MIROC-ESM-CHEM 在长江中下游地区对降水量也出现了明显低估。改进后的 ERCDFm 校正方法能够缩小降水量的偏差范围，尤其是负偏差，在长江中下游流域的平均偏差由改进前的-17% 降至-2%。但校正后 GCM 多模式在四川盆地地区仍存在一

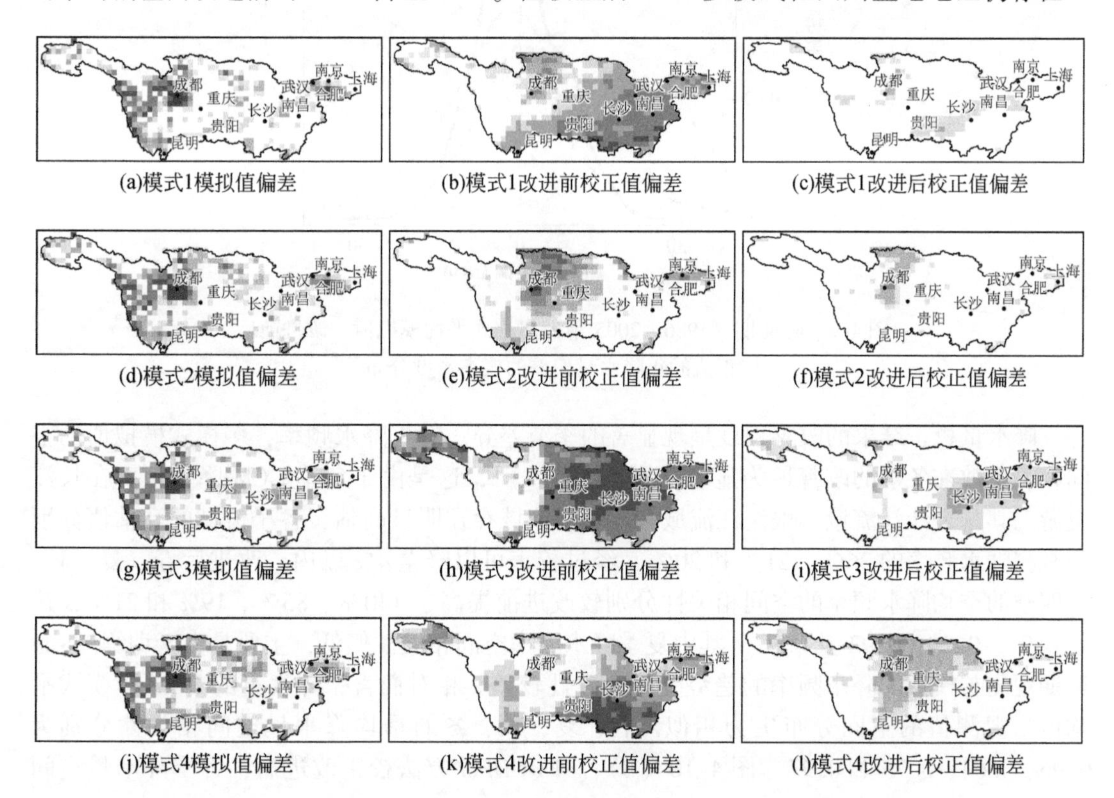

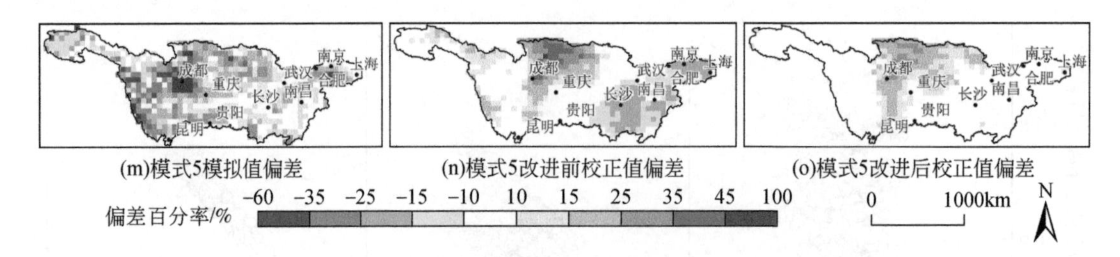

图 4-8 验证期（1986～2005 年）各模式模拟值、改进前后校正值与观测值之间降水偏差的空间分布

定高估，主要是由于该地区验证期降水频率较格点观测数据偏高。从流域整体来看，未校正的 GCM 多模式平均模拟偏差为 4.0%，改进前的 ERCDFm 校正结果出现了明显的负偏差（-6.7%），改进后的多模式平均偏差降至 1.8%。改进前 ERCDFm 校正值的概率密度曲线存在“双峰”（图 4-9），在年降水量偏差在-300mm 处出现了高值。校正方法的改进解决了概率密度曲线的双峰问题，偏差值小于 50mm 的格点占比也由改进前的 31% 提高至 49%（多模式平均），偏差的概率密度分布表现出更“窄、高、尖”的特点。

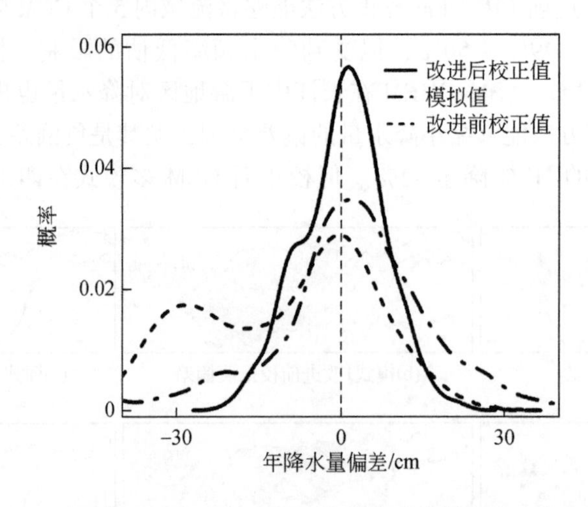

图 4-9 验证期（1986～2005 年）多模式平均模拟值、改进前后校正值的年降水量偏差的概率密度分布

降水量校正结果的改善程度呈现显著的季节差异。对于降水频率，多模式模拟值的空间相关系数在冬季的改善最为显著［图 4-10（a）］，这是由于冬季 GCM 降水频率在长江上游尤其是金沙江流域、岷沱江流域和嘉陵江流域存在明显高估，各子流域的高估值分别为观测降水频率的 36%、21% 和 20%，经过校正可以降至 4% 以内。改进后春、夏、秋、冬四季的季均降水频率的空间相关性分别较改进前提高了 140%、85%、19% 和 21%，达到 0.95、0.29、0.92 及 0.97。其中夏季降水频率空间相关性偏低，主要是由于训练期-验证期观测与模拟的降水频率的趋势变化一致性较差。相对而言，降水量的 GCM 多模式平均值与观测值的空间分布更为相似，春、夏、秋、冬的季均降水量空间相关性分别为 0.96、0.64、0.75 和 0.97［图 4-10（b）］。ERCDFm 方法校正改进后，各季降水量空间

相关性分别提高至0.99、0.91、0.90和0.99，其中夏季降水空间分布的改善最显著，空间相关性提高了42%。

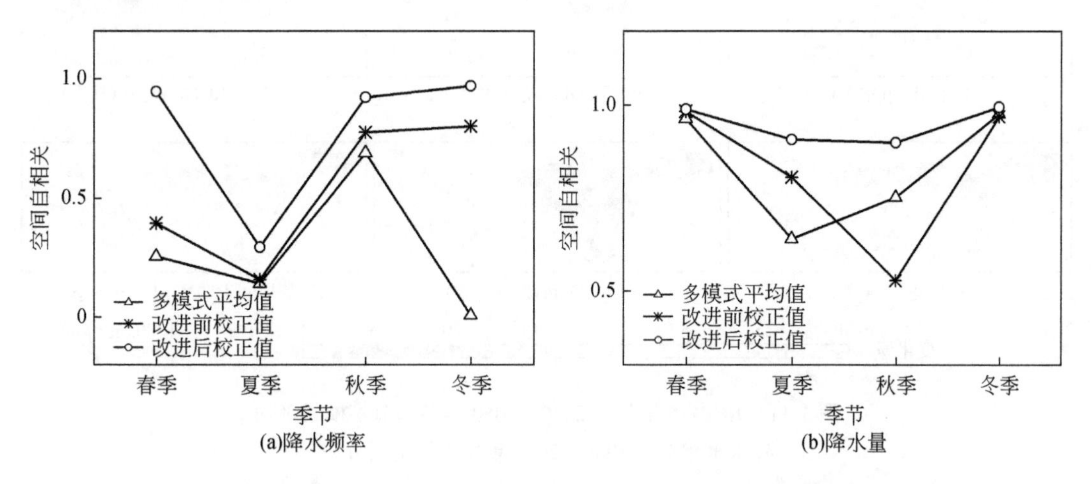

图4-10 验证期（1986～2005年）各季降水量、降水频率的多模式平均值、改进前后校正值与观测值的空间相关系数

（3）未来预估

改进后的ERCDFm方法能够较好地保留GCM降水数据长期趋势变化的幅度与空间格局（图4-11）。RCP4.5情景下（2030～2050年），未校正的多模式平均年降水在长江流域整体呈增加趋势，年增长率为4.0%，春、夏、秋、冬各季节降水量分别较1986～2005年增加了7.6%、2.9%、2.4%和0.9%。改进前的ERCDFm方法对各季降水趋势的模拟值分别为17.0%、7.8%、15.5%和17.7%，年降水的增长率为12.4%。校正过程对降水量长期趋势增幅的模拟存在一定的放大效果（Tong et al.，2020）。通过校正降水频率、保留降水频率的未来变化信号，能够有效降低校正过程对趋势模拟结果的干扰。改进后的ERCDFm方法对各季降水趋势的模拟值分别为8.2%、6.4%、4.7%和0.7%，年降水的增长率为6.1%；整个流域多模式四季平均降水增幅位于0%～10%的格点占比分别为60%、81%、42%和29%。春、夏、秋三季降水均在汉江流域至长江流域中下游干流区一带出现明显增加，而冬季在流域源区的增幅最显著。

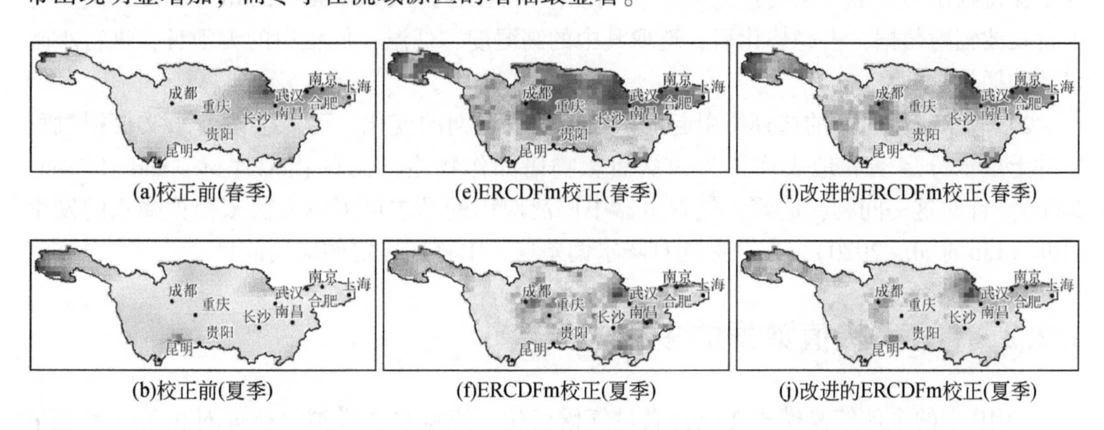

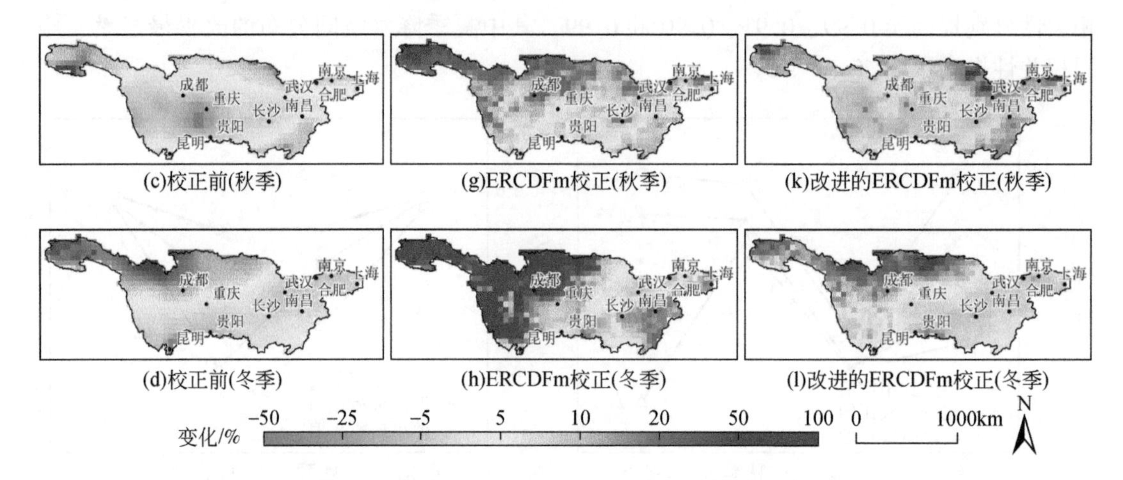

图 4-11　RCP4.5 情景下 2030 ~ 2050 年各季节多模式平均降水量相对于 1986 ~ 2005 年变化的空间分布

总降水量的长期趋势变化是由降水强度和降水频率决定的，尽管一些研究发现降水强度的变化在其中占据主导地位（Shang et al.，2019），但降水频率的变化对总降水量的贡献不容忽视。基于频率的 ERCDFm 校正能够保留降水频率的长期变化信号，据此调整降水日数，再进行概率分布拟合校正，因此 GCM 数据对降水频率变化的模拟能力将影响总降水量的校正效果。考虑到流域内有 88% 格点的降水频率在未来呈下降趋势（多模式平均值），而 GCM 与观测数据相比，通常会低估降水频率的变幅，因此预估结果可能会对降水量存在一定程度的高估。

通过从预先定义的均匀分布（0.01 ~ 0.1mm）中生成定量的随机数，替换原降水序列中的无雨日，实现对小雨日数的增补。但由于难以确定由无雨日“产生”降水的标准，模式数据降水频率偏低的问题常被搁置（Casanueva et al.，2016）。无雨日的替换标准可能涉及以下两方面的问题：

1）降水数据与其他气象要素之间的协调性。降水的发生对相对湿度、温度和太阳辐射均有重要影响，经过偏差校正后的 GCM 日降水数据常被应用于驱动水文、生态等模型，为了保持降水与其他气象要素之间的协调性，可利用同一套 GCM 中的相对湿度、温度与下行长波辐射数据，去趋势化后，选取其中的高湿度、低温、低辐射的无雨日，进行小雨日数的插补。

2）降水发生时间的选择所引起的持续干期或湿期的变化，可能会改变水文模拟过程中的土壤水分运动和地表产汇流，从而影响诸如作物生产力的模拟（Ines and Hansen，2006）。针对这一问题，借鉴天气发生器中广泛应用的马尔可夫链方法来模拟降水的发生时间（Liu et al.，2020），在今后的日降水偏差校正中存在一定的应用前景。

4.2.2　GCM 极值数据的多模式集合

CMIP 中的全球气候模式能充分满足气候变化、流域水文模拟等研究对相关气象变量的要求，但 GCM 的一致性较差，集合的不确定性带来的影响十分显著，一般应用到水文模型中时 GCM 的不确定性对径流的影响要大于模型自身的不确定性（Sonnenborg et al., 2015；Samaniego et al., 2016）。过度依赖单一的 GCM 或简单的算术集合平均可能会得出不恰当的结论，并且多模式集合平均可能使某些预测结果被平滑。研究表明，多模式算术集合平均相比于大多数单个模式预报误差更小，但预报的绝对误差随集合数据极大值、极小值之间的差值而增大，且集合平均会使模式之间彼此抵消、预报值趋于集中，对波动特征的再现能力降低（Raftery et al., 2005）。除简单平均法外，目前较为常见的多模式集合方案主要有两种：一是根据模式模拟性能择优后进行等权平均；二是根据权重选取标准对各模式赋予不同的权重系数加权平均，如最小二乘法（张学珍等，2017）、空间相关系数与方差的组合（Kharin and Zwiers，2002）、秩加权法（Bhowmik et al., 2017）、可靠性集合平均（Sun et al., 2015）等。然而为了从多方面综合考虑模拟性能，有必要引入更多的变量，但这一过程使权重系数的定义变得模糊，计算步骤变得更加复杂，也有研究显示，对模式权重系数过高的计算要求将会导致有效模式数减少，增加样本误差。

利用多模式进行气候变化预估时，不仅要给出多模式集合结果，还要对结果的不确定性进行客观分析。目前广泛采用多模式离散度（Lucas-Picher et al., 2008）或预估结果概率密度函数（Murphy et al., 2004）来量化不确定性大小。

贝叶斯模型平均（Bayesian model averaging，BMA）法是给出预报概率密度函数（probability density function，PDF）的一种统计处理方法，BMA 的 PDF 是经过偏差校正的单个模式概率预报的加权平均，其权重是相应模式的后验概率，可以作为判断模型优劣的标准。相对于加权平均、模式优选或其他集合方法，BMA 避免了模式的模拟能力随评估指标变化，以及单一或多形式的评估指标并不能真实反映模型的模拟能力这一问题。

4.2.2.1 极值的空间分层模型

（1）贝叶斯统计原理与算法

贝叶斯基本原理：贝叶斯学派与经典统计学的基本统计思想截然不同，其中以“频率法”为代表的经典统计学将概率定义为随机事件发生频率的极限，并认为参数仅仅是未知的常数，因此在计算时更加重视样本统计量的似然函数，以用来估计参数的确定值。贝叶斯方法虽然认可经典统计学的概率定义，但它同时把概率理解为人对随机事件发生的可能性的一种信念（可信度），即任何一个变量或参数均可用一个适当的概率分布去描述。这一概率分布基于历史数据或研究者的经验来确定，称为先验分布；而后利用新抽取的样本信息对先验分布进行更新，更新后的新概率分布称为变量或参数的后验分布，而抽取的样本数量越大，先验分布所发挥的作用越小。由此，未知变量或参数的区间估计与统计推断都是基于后验分布进行的。

抽样原理：贝叶斯方法由于受到随机模拟过程中巨大计算量的限制，在提出近 200 年后才得以应用，这得益于信息技术的高速发展及优良算法的发明。其中，MCMC 是目前最为常用的随机模拟方法。梅特罗波利斯-黑斯廷斯（Metropolis-Hasting，MH）算法是 MCMC 的核心抽样算法。MH 算法假设存在一个待抽取的先验分布 $q(y|x)$，它在抽样中作为一个工具来使用，设定链长为 U，由此，抽样的一般步骤如下：

1）猜测参数的初始值 $U^0=u$；

2）已知 u，从 $q(\gamma \mid u)$ 中抽取出另一参数样本 v；

3）定义 $r=\frac{P(Y\mid v)}{P(Y\mid u)}$，分子与分母分别表示在给定参数 v、u 的情况下，似然函数的概率；

4）从均匀分布 $U\sim(0, 1)$ 中随机抽取出 z；

5）判断若 $r\geqslant z$，$U^t=v$；反之，$U^t=u$。

具体来说，对于任意一次抽样，可能抽到的两个结果 v_A 和 v_B（$v_A<u<v_B$），假设似然概率 $P(v_B)>P(u)>P(v_A)$。若抽到值 v_A，则 $r=\frac{P(v_A)}{P(u)}<1$，由于 z 是从均匀分布中随机抽取的数 $z\in(0, 1)$，此时需进行判断，若 $1>r\geqslant z>0$，则将新抽取的 v_A 保存至马尔可夫链 U 中（$U^t=v_A$），反之则仍保留上一步抽取的 $u(U^t=u)$。若抽到值 v_B，则 $r=\frac{P(v_A)}{P(u)}>1>z$，此时一定会取 $U^t=v_B$。简而言之，下一次迭代抽取到概率较小的参数值 v_A 时，可能会返回 v_A 或保留原参数；下一次迭代抽取到概率较大的参数值 v_B 时，一定会返回 v_B，由此保证了迭代过程将逐渐趋向收敛。

重复步骤2）~5），记录模拟得到的后验样本。通常不同马尔可夫链的初始值差距十分大，但经过迭代，马尔可夫链会逐渐收敛（平稳或混合）。由于最初各自都受到初始值的影响，为消除这种影响，在估计参数之前，将前面的链切除，使用剩下的样本量估计参数。

(2) 贝叶斯分层模型构建

与许多空间分层模型一样，贝叶斯分层模型的框架也包含三个层次：数据-似然模型、过程模型及参数模型（Gelfand et al., 2010），这三个层次的模型通过参数相互关联。其中数据-似然模型是对空间上所有站点或格点的日降水极值分布的建模，过程模型描述了极值分布参数的空间结构及相关关系特征，参数模型则定义了过程模型中参数的先验分布。考虑到在较为复杂的分层模型中参数众多，难以对似然函数进行最大化估计，选择贝叶斯方法作为分层模型模拟的主要方法。由此，计算最终将会得到在给定数据的前提下，过程模型及参数模型的后验分布。

数据-似然模型：假设 d 为流域 $D=\{1, \cdots, d\}$ 内的站点（$d_s=149$）或格点数（$d_g=674$），$i\in D$ 表示站点 D_s 或格点 D_g 的编号。对于任一站点或格点某个季节的日降水数据，首先选取95%分位数处的日降水值作为阈值，然后采取常用的在时间上去集聚的方法，仅保留连续超出阈值的日降水值中的最大值作为该次事件的极端降水值。对于站点数据，超出阈值的日降水数据样本量的范围为29~63。一般而言，在流域东北部由于极端降水事件的发生较为集中，超出阈值的样本量较小，而在四川盆地以西，超出阈值的样本量较大。各模式超出阈值的日降水数据样本量的范围在39~89。

根据极值的空间分层模型原理，利用相关的协变量信息（经度、纬度、海拔）对极值分布参数进行建模，流域内每个站点或格点的协变量均统一线性缩放到区间［0，1］。

假设 $y_{t,i}$ 为在 i 点处超出阈值 u_i 的日降水数据，t 表示时间，$y_{t,i}$ 与 u_i 间的关系式符合最大稳定过程模型的单点模拟过程。但与单点模拟的区别在于，在空间分层模型中，极值分布的三参数 μ_i、σ_i、ξ_i 在空间上是相关的。空间分层模型通常假设站点或格点之间条件独立，即对于 $i \neq j$，$y_{t,i}$ 条件独立于与 $y_{t,j}$，使得流域总体概率能够表达为每个站点或格点概率的乘积：

$$L = \prod_{i=1}^{d} \exp\left[-\frac{n}{n_y}\left(1 + \frac{\xi_i(u_i - \mu_i)}{\sigma_i}\right)^{-\frac{1}{\xi_i}} \right] \times \prod_{k=1}^{N_{u,i}} \frac{1}{\sigma_i}\left(1 + \frac{\xi_i(y_{k,i} - \mu_i)}{\sigma_i}\right)^{-\frac{1}{\xi_i}-1} \times \pi(\xi_i) \tag{4-17}$$

式中，π（ξ_i）为形状参数的先验分布，详见式（4-20）。在迭代过程中，使用式（4-17）计算 MH 算法生成的参数所对应的全局概率，迭代收敛后即得到后验概率。

过程模型：过程模型为空间分层模型中描述参数的空间相关特征的关键步骤，参考 Cooley 和 Sain（2010）的方法，并没有直接将空间模型应用到极值参数本身，而是将参数分解为空间线性回归项和空间随机效应项，每个参数在空间上均存在：

$$\begin{aligned} \mu_i &\sim N(X_i^{\mathrm{T}}\beta_\mu + U_{i,\mu}, 1/\tau_\mu^2) \\ \lg(\sigma_i) &\sim N(X_i^{\mathrm{T}}\beta_\sigma + U_{i,\sigma}, 1/\tau_\sigma^2) \\ \xi_i &\sim N(X_i^{\mathrm{T}}\beta_\xi + U_{i,\xi}, 1/\tau_\xi^2) \end{aligned} \tag{4-18}$$

式中，N 为高斯分布；X_i 为在 i 点处的空间协变量信息，包括常数项和已线性缩放到［0，1］区间的纬度、经度及高程；以 θ 代表参数 μ、σ、ξ，则 β_θ 为每一项协变量所对应的回归系数，为 4×3 的矩阵，$X_i^{\mathrm{T}}\beta_\theta$ 项则代表了空间地理特征对极值参数的线性相关特征（$X_i^{\mathrm{T}}\beta_\theta = 1\times\beta_{\theta,0} +$ 纬度 $\times\beta_{\theta,1} +$ 经度 $\times\beta_{\theta,2} +$ 高程 $\times\beta_{\theta,3}$）。$U=$（U_μ，U_σ，U_ξ）^{T} 为空间随机效应项，描述了各参数的随机效应（或相对于均值的偏离程度）在空间上的依赖性。τ_θ^2 用于衡量参数模拟的精度，（τ_μ，τ_σ，τ_ξ）＝（4，200，2000），且通过设置一个较小的 $1/\tau_\theta^2$ 将大部分残差转移至空间随机效应项，由 U 解释这部分残差。

为提高空间随机效应项的模拟与求解效率，使用高斯马尔可夫随机场（Gaussian Markov random fields，GMRF）。GMRF 是用以描述图形结构的概率模型，来表达空间上相关随机变量之间的相互作用或空间集聚特征，并假设每个空间位置点的值仅与其邻近的点的值相关。Rue 和 Held（2005）发现使用精度矩阵 $\boldsymbol{Q}$ 表现空间依赖结构比使用协方差矩阵 $\boldsymbol{\Sigma}$ 计算速度更快。假设 $\boldsymbol{W}$ 为表征站点或格点的空间关系的邻域矩阵，仅与站点或格点的位置有关，对于站点 $\boldsymbol{W}$ 为 149×149 的矩阵，对于格点 $\boldsymbol{W}$ 为 674×674 的矩阵。若点 i 与 j 在空间上相邻，则 $w_{i,j}=-1$；若不相邻，则 $w_{i,j}=0$；而对角线上的元素 $w_{i,i}=-\sum_{j\neq i} w_{i,j}$。$\boldsymbol{T}$ 为一个反映 μ、σ、ξ 三参数关系的 6×6 正定矩阵，则 Q 为邻域矩阵与正定矩阵的克罗内克积 $Q=\boldsymbol{T}\otimes\boldsymbol{W}$，最后通过求解式（4-19）得到 U_{temp}，具体求解步骤见 Rue 和 Held（2005）。

$$QU_{\mathrm{temp}} = (\theta - X^{\mathrm{T}}\beta_\theta)\times\tau_\theta \tag{4-19}$$

参数模型：形状参数 ξ 的先验分布沿用 Martins 等（2000）的 Beta 分布形式：

$$\pi(\xi_i) = (0.5+\xi_i)^5(0.5-\xi_i)^8/B(6,9), \xi_i \in [-0.5, 0.5] \tag{4-20}$$

空间分层模型中 ξ 的初始值则使用了逐点拟合的参数结果，但其拟合方式对最终结果产生了明显影响。在使用最大似然估计（maximum likelihood estimate，MLE）法对站点数据进行极值分布拟合时，得到的 ξ 的初始值范围为（0，1.3），且流域内有 51.7% 的格点的模拟结果超出了［-0.5，0.5］区间。而若在逐点模拟时，使用贝叶斯方法提前将 ξ 的先验分布参数范围设置在［-0.5，0.5］区间，空间分层模型模拟过程中的 3 条马尔可夫链将会比 MLE 法模拟的初始值更早收敛，即采用设置先验分布的贝叶斯方法比 MLE 法模拟效率更高。

重现水平模拟：极端降水事件的通常表现形式为不同重现期下的极值水平（也称为重现水平）。当重现期为 T 年时，即平均每 T 年发生一次同等程度及以上的极端事件，发生的概率为 $p=\frac{1}{T}$，而在极值分布中超过 p 的部分对应的分位数为 $q=1-\frac{1}{T}$，代入极值分布中反推得到重现水平为

$$R_{T,i}=\mu_i+\frac{\sigma_i}{\xi_i}\left[\lg\left(\frac{T}{T-1}\right)^{-\xi_i}-1\right] \tag{4-21}$$

在进行空间上任意一点的模拟研究时，仅改变空间协变量的取值，其余各参数使用已知的参数后验样本，进行重现水平的计算。考虑到 0.5°的 GCM 空间分辨率对于极值研究太粗，本研究通过重新提取 0.1°下的 DEM 数据，得到在新分辨率下的空间协变量（经度、纬度与高程），生成新的分辨率下参数的空间线性回归项，而参数的空间随机效应项则通过插值得到。同时基于所生成的参数的后验样本，模拟抽样过程，并针对每一次抽取的参数计算各重现期下的极端降水值，得到极端降水后验分布的空间格局，返回分布中概率最大处的降水量，最终计算出 0.1°空间分辨率下的重现水平。

4.2.2.2 贝叶斯集合模拟

采用 BMA 进行集合模拟，BMA 以给定实测值下某一模型的后验概率为权重，对各模型预报变量的 PDF 进行加权平均，其中权重即后验概率反映了各模型在训练期对预报技巧的相对贡献程度，可用来评估模型的预测能力可靠性，作为集合模型筛选的依据（Raftery et al.，2005）。

集合模拟的对象为各 GCM 的重现水平，数据来自空间分层模型的模拟结果，即对于空间内每一个目标格点处都存在一个样本集合。为真实地重现极值的空间分布，基于 CMIP6 各模式模拟的空间分层模型得到其在各站点处的极值拟合结果，以站点数据的重现水平作为拟合目标，在站点尺度上进行 BMA 训练。

为区分两种数据源，使用 $\mathrm{RL}_X(s_i)$ 表示格点数据在站点 s_i，$i\in[1,N]$ 处的重现水平，使用 $\mathrm{RL}_Y(s_i)$ 表示站点观测数据在站点 s_i 的重现水平，使用 $\mathrm{RL}_{Xm}(s_i)$ 表示模式 m 在 s_i 点的重现水平。考虑到站点数据与格点数据间存在一定的系统误差，以 $\mathrm{RL}_X(s_i)$、$\mathrm{RL}_Y(s_i)$ 的后验样本均值之差 $\varphi(s_i)$ 作为常数项代入，并假设这一系统误差在未来保持不变。拟合时既可一次性评估模式在全流域内的整体表现情况，即固定权重法；也可以出于模式的模拟性能在空间上存在差异性的考虑，认为权重在空间上是变化的，各个分区内分开计算。由于空间分层模型本身在模拟时考虑的是整个长江流域极值参数的空间分布规律，在评估时也难以将长江流域进行分割，因此本研究选择固定权重法。

$$\varphi(s_i)=\overline{\mathrm{RL}_Y(s_i)}-\overline{\mathrm{RL}_X(s_i)} \tag{4-22}$$

$$\mathrm{RL}_Y(s_i) \sim N(\varphi(s_i)+\mathrm{RL}_{Xm}(s_i),\varepsilon^2) \tag{4-23}$$

$$w_m = \mathrm{sum}\{\exp(\sum_{n=1}^{N_{\mathrm{draw}}}\mathrm{Pr}_{m,n})\} \tag{4-24}$$

$$\sum_{m=1}^{M} w_m = 1 \tag{4-25}$$

基于式（4-24）求得每个模式 m 在第 n 次 MCMC 迭代后的后验概率 $\mathrm{Pr}_{m,n}$，式中 N_{draw} 表示经迭代后保留的马尔可夫链长，认为后验概率越大，则该模式的模拟能力越好。利用式（4-25）通过各模式的后验概率求得相应权重 w_m，再进行归一化处理，如式（4-26），M 为模式个数。在进行集合模拟时，基于模式权重对相应模式重现水平的 PDF 加权平均。具体方法为，基于各模式权重随机返回对应模式重现水平的一个后验样本，循环运行 n 次，得到 BMA 结果的核密度函数，并返回概率最大的值作为 BMA 集合模拟值，以及 90% 置信区间以量化不确定性。

在进行未来集合预估时，我们假设同一个模式在历史期与未来在预报技巧上有相似的表现，即在未来权重的权重不变。在基于 GCM 数据对空间内任意一点进行集合预估时，首先根据空间分层模型得到基于历史期站点数据、历史期格点观测数据及未来情景下格点 GCM 数据的重现水平，再基于训练得到的权重进行 BMA 集合预估，得到集合模拟值及不确定性区间，以更为科学的概率法表述预估结果。而在未来情景下重现水平的变化超过某一阈值变化 Δ（以百分数的形式表示，本研究选取 0%、10%、20% 与 40%）的概率 $\mathrm{Pr}_{\Delta RL>\Delta}(s_i)$，通过式（4-26）计算：

$$\mathrm{Pr}_{\Delta RL>\Delta}(s_i) = \frac{1}{N_{\mathrm{draw}}}\sum_{n=1}^{N_{\mathrm{draw}}}\mathrm{count}_n$$
$$\mathrm{count}_n = \begin{cases}1, & \mathrm{RL}_{\mathrm{RCP},n}(s_i) > (\mathrm{RL}_{\mathrm{his},n}(s_i)\times\Delta) \\ 0, & \mathrm{RL}_{\mathrm{RCP},n}(s_i) \leqslant (\mathrm{RL}_{\mathrm{his},n}(s_i)\times\Delta)\end{cases} \tag{4-26}$$

式中，$\mathrm{RL}_{\mathrm{RCP},n}(s_i)$ 为未来情景下在 s_i 点处重现水平的第 n 个后验样本；$\mathrm{RL}_{\mathrm{his},n}(s_i)$ 为参考历史期在 s_i 点处重现水平的第 n 个后验样本。

4.2.3 GCM 对长江流域未来极端降水变化的预估

4.2.3.1 降水极值未来变化特征

通过空间分层模型得到 21 世纪两个阶段（2015～2039 年、2040～2060 年）极值参数的预估结果，结果如图 4-12 所示。未来的气候情景下，流域内极值参数的多模式平均值均呈增加趋势，其中位置参数 μ 相对于 1∶1 线整体上移，2040～2060 年的多模式平均值较历史期平均增长了 21%；尺度参数 σ 在低值区增加明显，2040～2060 年较历史期平均增长了 14%；形状参数 ξ 存在从负值（存在上限值的尾部）向正值（重尾部）的转变趋势，但各模式之间的一致性较差。

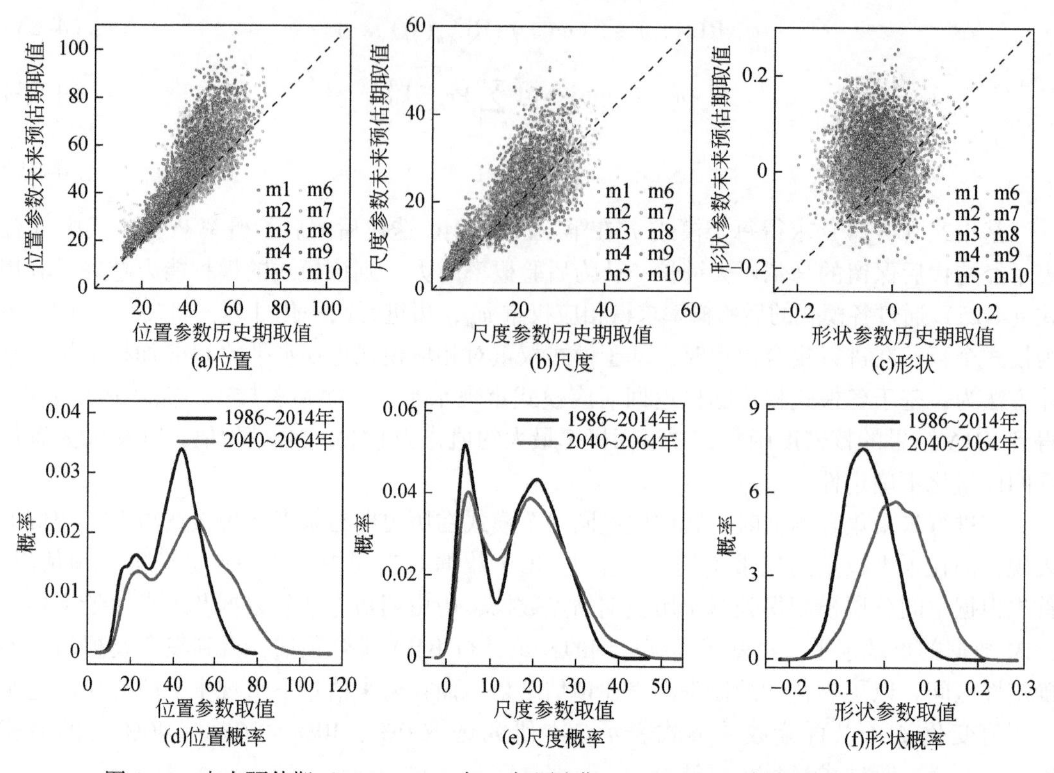

图 4-12　未来预估期（2040 ~ 2064 年）与历史期（1986 ~ 2014 年）夏季 GCM 空间分层模型模拟的极值参数的后验均值对比及相应的概率密度函数

m1 指 ACCESS-CM2；m2 指 BCC-CSM2-MR；m3 指 CAMS-CSM1-0；m4 指 CanESM5；m5 指 CESM2-WACCM；m6 指 CMCC-CM2-SR5；m7 指 INM-CM5-0；m8 指 MPI-ESM1-2-HR；m9 指 NorESM2-MM；m10 指 UKESM1-0-LL

基于未来情景下极值参数的后验分布样本，计算出各模式在未来情景下不同重现期的极端降水量，以及相对于历史期 1986 ~ 2014 年的变化情况（图 4-13）。

在历史模拟期，虽然模式之间模拟的流域平均 50 年一遇的降水差异不大（-1.9% ~ 2.5%），但在空间分布格局上存在差异［图 4-13（a)］。未来气候情景下，以 SSP2_4.5 情景下的 2040 ~ 2064 年为例，多模式平均模拟的 50 年一遇的极端降水较历史期增长了 25.9%（10.4% ~ 47.1%）。而 10 个模式之间对于未来情景下极端降水变化的模拟在空间上一致性较差，简单地进行多模式平均将导致预估结果的可信度较低，因此使用 BMA 方法以解决集合预估的不确定性问题，即假设历史期对长江流域极端降水模拟较优的模式在未来也有较好的表现。

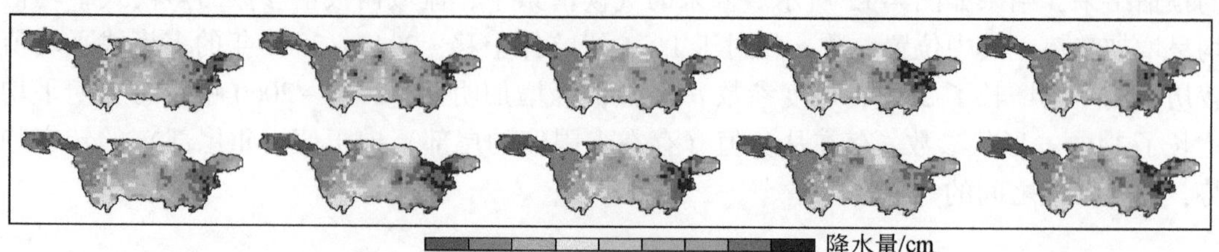

(a)1986~2014年降水量(50年一遇)

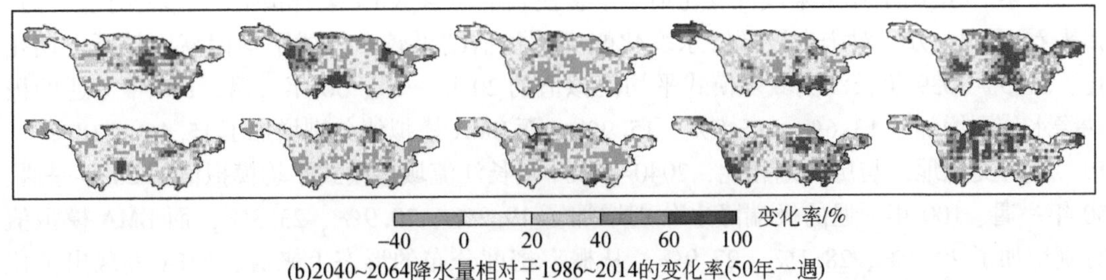

图 4-13　10 个模式基于空间分层模型模拟的未来夏季 50 年一遇极端降水的后验均值相对于 1986 ~ 2014 年的变化

4.2.3.2　BMA 集合模拟结果

在长江上游、长江中下游以及全流域，10 个 GCM 在 20 年一遇重现期下及全流域不同重现期下的权重如图 4-14 所示。当模式权重超过 0.2，代表该模式的权重超过了等权预估时的模式权重值，说明该模式在 BMA 加权模式集合中的贡献较大。对于 20 年一遇的极端降水，在上游地区利用空间分层模型对极端降水空间分布模拟最好的模式为 ACCESS-CM2，其次为 UKESM1-0-LL 及 NorESM2-MM。而在中下游地区模拟最好的模式为 ACCESS-CM2，其次为 CAMS-CSM1-0、UKESM1-0-LL 和 INM-CM5-0。从全流域来看，UKESM1-0-LL、CanESM5 与 ACCESS-CM2 表现最优。而随着重现期的增大，在上游、中下游模拟效果均较优的 ACCESS-CM2 的权重也随之提高，由 0.18（20 年一遇）增加至 0.34（50 年一遇）和 0.72（100 年一遇），说明该模式对流域内形状参数空间特征的拟合更优。

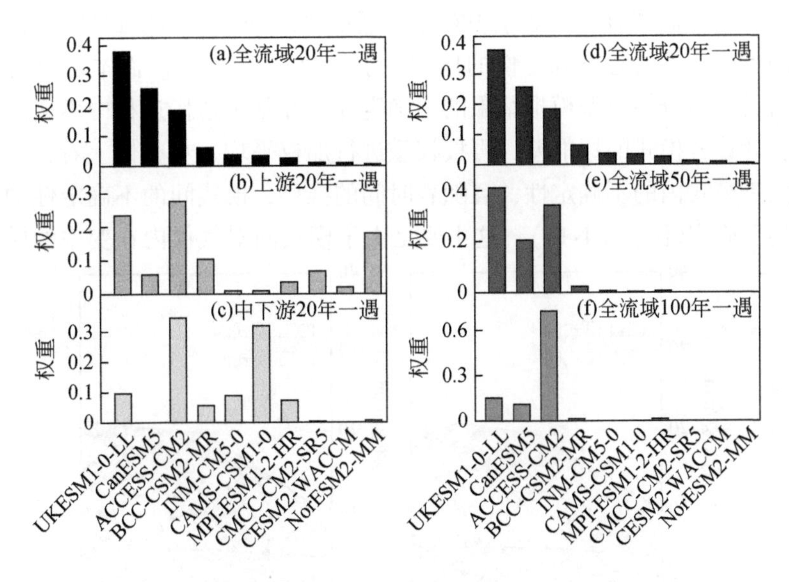

图 4-14　各模式在不同重现期下的 BMA 权重

图 4-15 给出了在未来气候变化情景下多模式平均与 BMA 集合预估的结果对比。从整体来看，BMA 方法对未来极端降水变化幅度的预估结果较多模式平均偏高。与历史期相比，2015～2039 年长江流域多模式平均模拟值的 20 年一遇、50 年一遇、100 年一遇的极端降水分别增加了 13.6%、15.0%、15.9%，而 BMA 模拟值分别增加了 15.4%、18.7%、19.9%。类似地，与历史期相比，2040～2064 年长江流域多模式平均模拟值的 20 年一遇、50 年一遇、100 年一遇的极端降水分别增加了 19.2%、20.9%、23.3%，而 BMA 模拟值分别增加了 29.3%、28.1%、27.9%。从概率密度分布的形态上来看，BMA 表现出了比多模式平均更窄、更尖的 PDF，三个重现期内的不确定性较其平均降低了 2.3%、10.8%、26.8%。

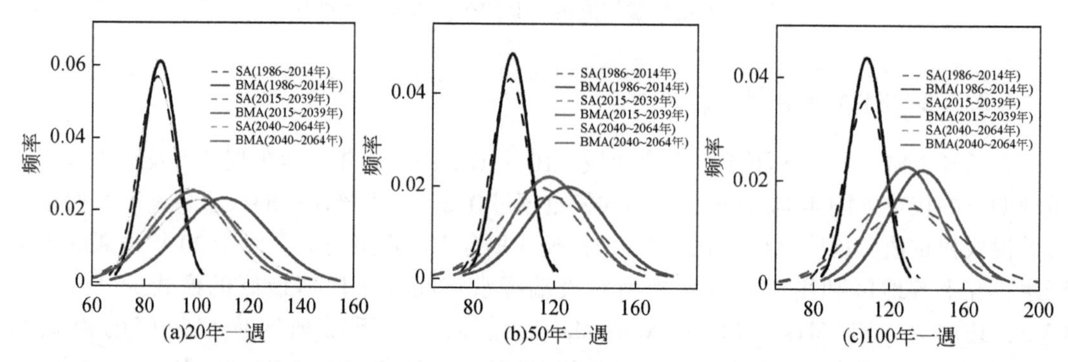

图 4-15　基于多模式平均（SA）与 BMA 集合模拟的未来 2015～2039 年、2040～2064 年流域平均 20 年一遇、50 年一遇和 100 年一遇的极端降水事件相对于 1986～2014 年的变化

BMA 集合预估相比于简单的多模式平均，赋予表现更优的 GCM 更大的权重，因此能够有效减小模式之间的不确定性。对于重现期越长的极端降水事件，BMA 集合预估对模式之间不确定性的降低越有效。对于 100 年一遇的极端降水，多模式平均与 BMA 方法得到的模式之间不确定性占总不确定性的比例分别为 79% 与 59%。而本研究将模式内的不确定性定义为贝叶斯分层模型模拟结果的不确定性，并基于迭代过程中生成的极端降水量的后验样本，计算各模式的标准差，再按权重进行加权平均。从整体上看，模式间的不确定性仍然要大于模式内的不确定性，且随着时间的推移，模式间的不确定性增加的速率要高于模式内的不确定性（图 4-16）。这主要是由于模式间对气候内在变率的模拟能力差异

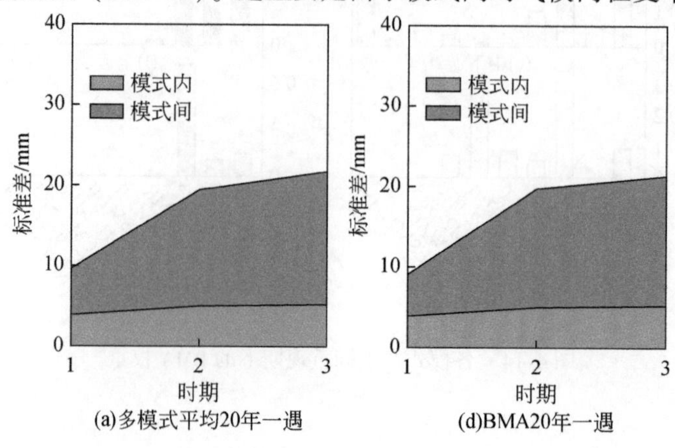

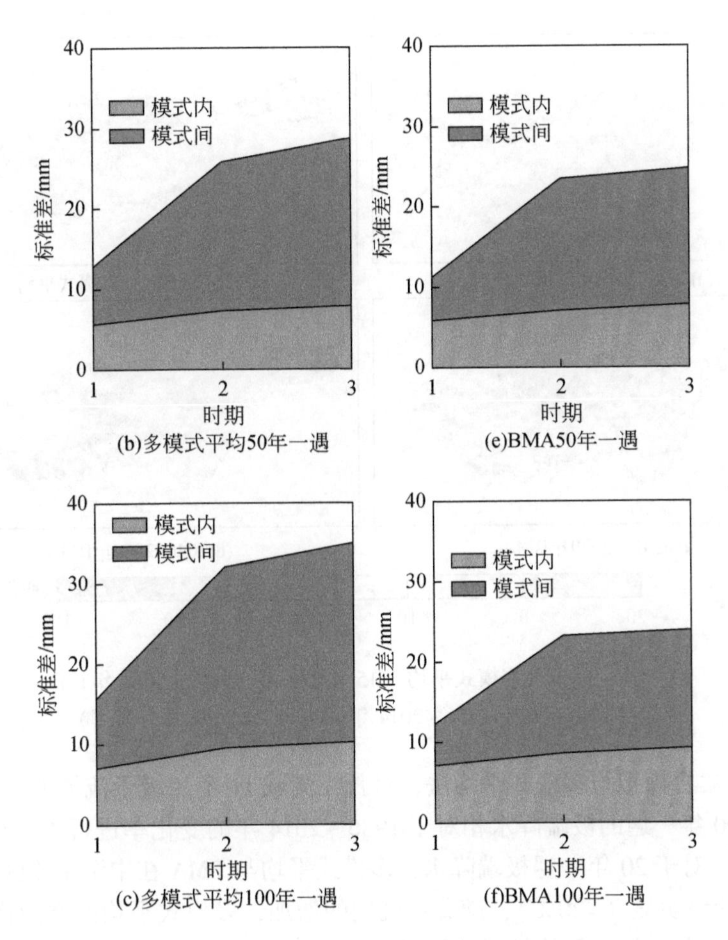

图 4-16 不同重现期下基于多模式平均与 BMA 集合模拟的模式内与模式间不确定性随时间的变化

时期 1 指 1986 ~ 2014 年，时期 2 指 2015 ~ 2039 年，时期 3 指 2040 ~ 2064 年

显著，尽管降水偏差校正减小了模型初始条件、边界条件及物理模型参数结构设置等的系统性误差，但不同模式对气候特征年际变化及十年振荡的模拟误差并不属于可通过偏差校正调节的系统性误差。

图 4-17 给出了在未来气候变化情景下（2015 ~ 2039 年、2040 ~ 2064 年），50 年一遇极端降水的 BMA 与多模式平均集合预估值相对于 1986 ~ 2014 年变化的空间格局。整体来看，在 2015 ~ 2039 年和 2040 ~ 2064 年两个时期，多模式平均均在长江流域中游干流区出现较为明显的增长。相比之下，BMA 集合模拟在未来的增幅>40% 的区域较多模式平均分布更广，在 2015 ~ 2039 年极端降水增长的高值区主要集中分布于流域内四川盆地及以北地区，而 2040 ~ 2059 年 BMA 集合模拟的极端降水的增长在长江流域上游与中游交界处尤为显著（增幅>40%）。

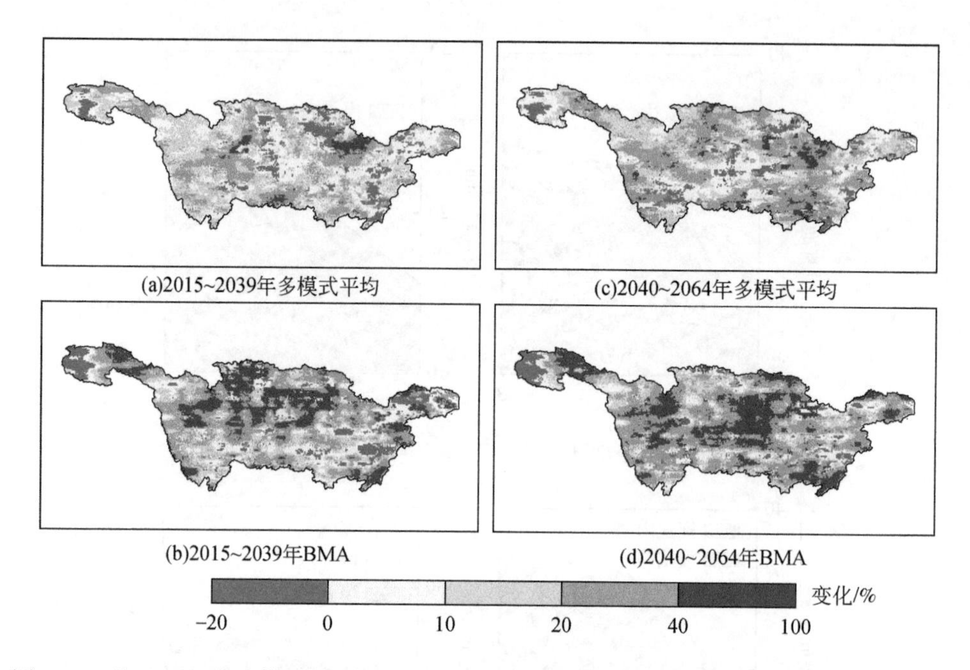

图 4-17 基于 BMA 集合模拟与多模式平均 2015 ~ 2039 年、2040 ~ 2064 年长江流域 50 年一遇极端降水相对于 1986 ~ 2014 年的空间变化（0.1°分辨率）

基于 BMA 集合模拟与多模式平均法，对长江流域 11 个二级子流域的未来 20 年一遇、50 年一遇和 100 年一遇的极端降水相对于 1986 ~ 2014 年的变化率进行了统计（图 4-18）。2015 ~ 2039 年，对于 20 年一遇极端降水，多模式平均与 BMA 在中游干流区、岷沱江、太湖流域的增长趋势明显（>20%）；随着重现期的增加，多模式平均的空间格局变化不大。而 BMA 表现出了与多模式平均结果不同的空间格局：除中游干流区与岷沱江外，在嘉陵江流域、上游干流区、汉江流域增长均十分显著。2040 ~ 2064 年相比于 2015 ~ 2039 年，多模式平均的极端降水在洞庭湖流域增长幅度显著提高，其不同重现期下的极端降水平均增长了 6.7%；BMA 集合预估则在上游干流区表现出了显著的增长趋势，其不同重现期下的极端降水平均增长了 17.1%。而 BMA 不仅考虑了各模式在空间上的整体的模拟能力，还考虑了不同模式的 GCM 数据对降水的极端性模拟能力的差异，随着重现期的增加，汉江流域与中游干流区降水极端性的变化最为显著。

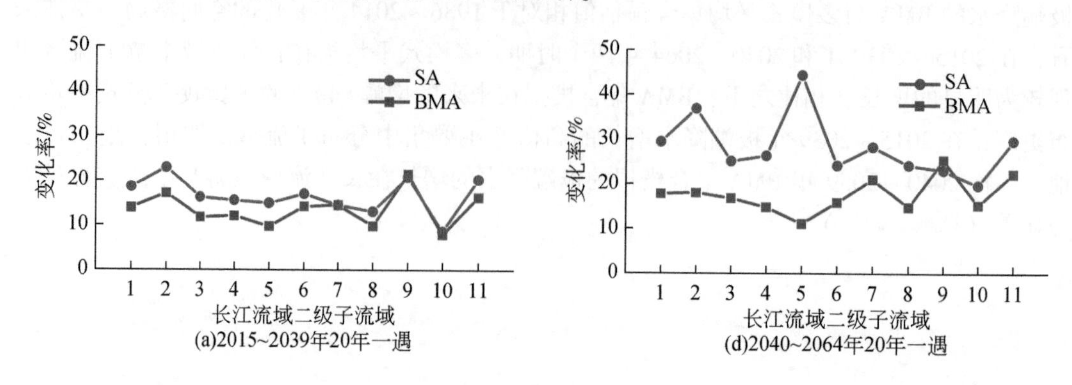

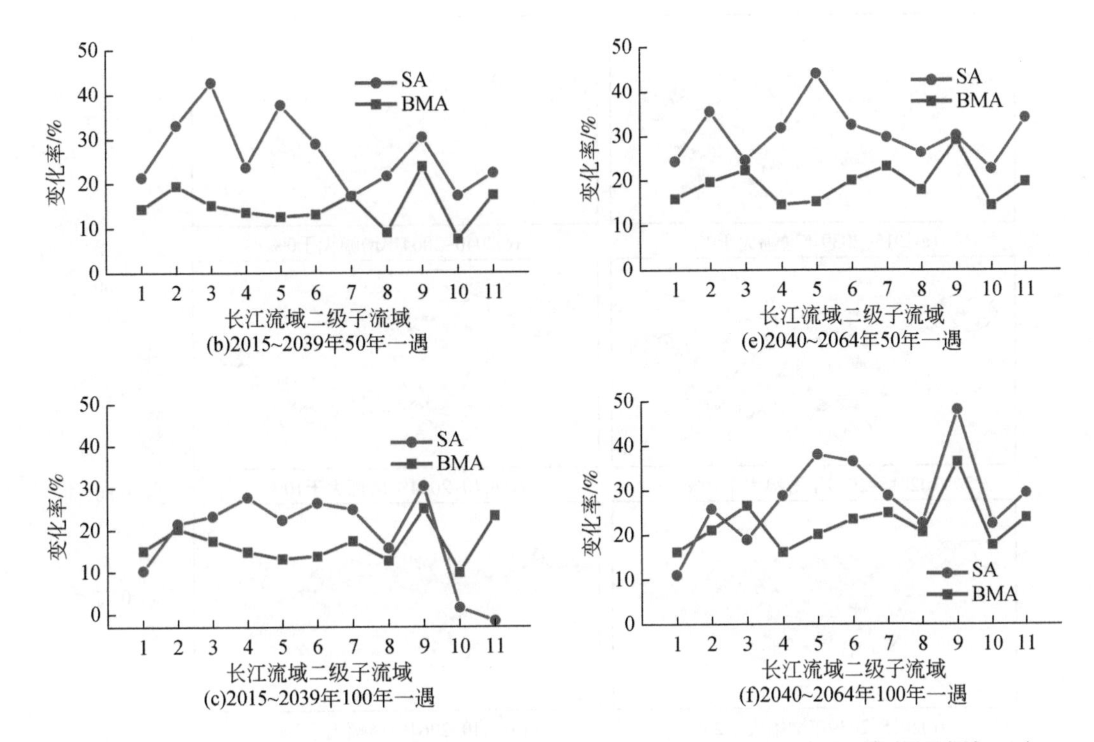

图 4-18　基于 BMA 集合模拟与多模式平均的未来 2015 ~ 2039 年、2040 ~ 2064 年长江流域 11 个子流域 20 年一遇、50 年一遇和 100 年一遇的极端降水相对于 1986 ~ 2014 年的变化率

1 指金沙江流域，2 指岷沱江流域，3 指嘉陵江流域，4 指乌江流域，5 指上游干流区，6 指汉江流域，7 指洞庭湖流域，8 指鄱阳湖流域，9 指中游干流区，10 指下游干流区，11 指太湖流域

通过 BMA 集合预估，对长江流域 SSP2_4.5 情景下 3 个重现期下（20 年一遇、50 年一遇及 100 年一遇）的极端降水相对于历史期的变化进行了概率预估。从流域整体来看，2015 ~ 2039 年，不同重现期长江流域极端降水风险增加的概率为 85% ~ 89%，平均增幅为 15.4% ~ 19.9%；极端降水较历史期增加 10% 的概率为 67% ~ 74%，极端降水较历史期增加 20% 的概率为 45% ~ 53%，较历史期增加 40% 的概率为 16% ~ 21%。2040 ~ 2064 年，长江流域极端降水风险增加的概率为 89% ~ 93%，平均增幅为 27.9% ~ 29.9%；极端降水较历史期增加 10% 的概率为 76% ~ 83%，极端降水较历史期增加 20% 的概率为 59% ~ 66%，较历史期增加 40% 的概率为 27% ~ 32%。图 4-19 展示了 50 年一遇的极端降水相对于 1986 ~ 2005 年变化的概率预估空间分布结果。极端降水增长变化概率的空间分布与图 4-17 中BMA 重现水平的变率在空间上较为一致。2015 ~ 2039 年，对于极端降水增长较明显的四川盆地与中下游干流区，其 20 年一遇、50 年一遇及 100 年一遇的极端降水增长超出历史期 20% 的平均概率均超过了 50%。当概率超过 50% 时，普遍认为这一事件可能发生。因此，认为 2015 ~ 2039 年在四川盆地与中下游干流区极端降水的增长可能会超出 20%，但不太可能超出 40%。2040 ~ 2064 年，发现在长江流域下游干流区 100 年一遇极端降水增长 40% 的概率达到了 59%，说明随着时间的推移，在长江下游干流区 100 年一遇极端降水的增长可能会超出历史期的 40%。

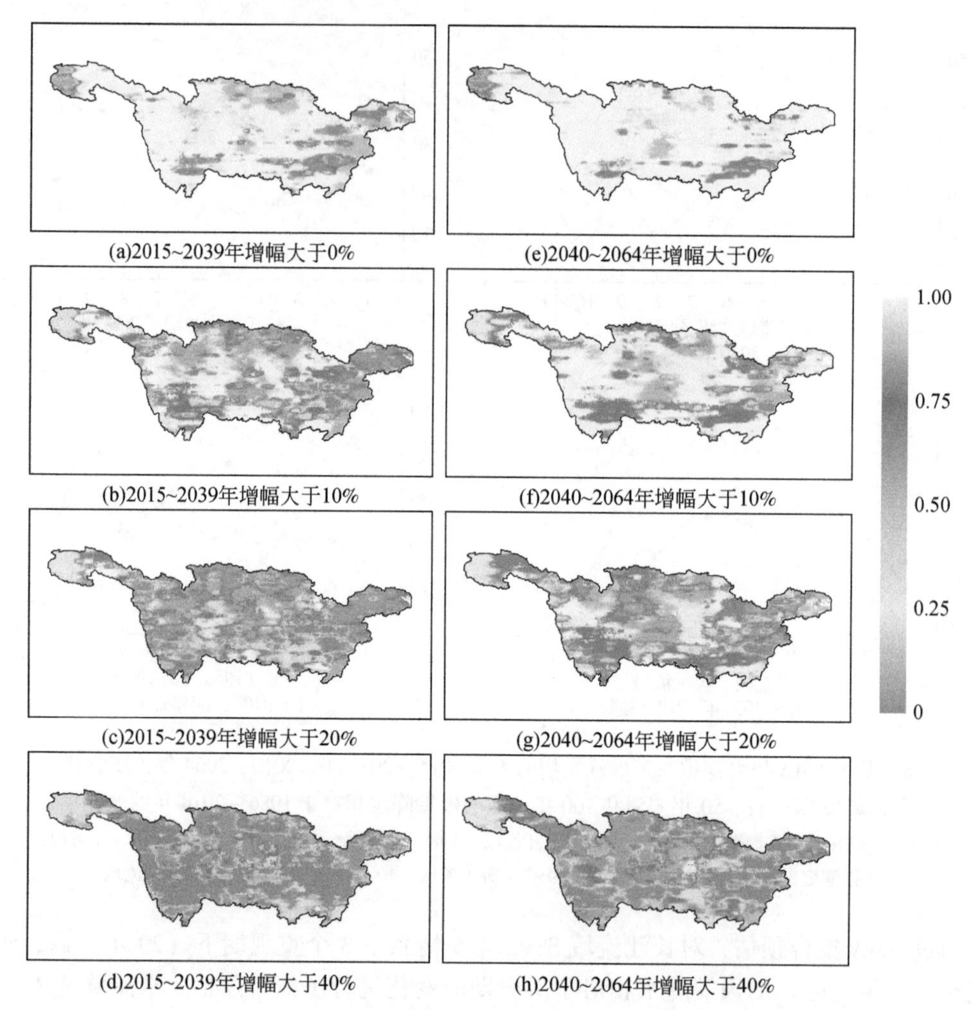

图 4-19 基于 BMA 集合方法模拟的 SSP2_4.5 情景下长江流域 2015 ~ 2039 年、2040 ~ 2064 年 50 年一遇的极端降水事件相对于 1986 ~ 2014 年的变化幅度超过（>0%、>10%、>20%、>40%）的概率空间分布

4.3 全球八大流域生态水文过程及其趋势分析

4.3.1 八大流域气候水文生态状况简介

全球典型流域亚马孙河、密西西比河、长江、湄公河、勒拿河、墨累-达令河、尼罗河和莱茵河的基本信息如表 4-6 所示。从位于热带的亚马孙河流域到位于寒带的勒拿河流域，这些典型流域分布于热带、温带、亚热带以及高寒地区，其中勒拿河流域的年均温为 -8.7℃，亚马孙河流域的年均降水量为 1800mm，而尼罗河的年均温为 27℃，年均降水量仅为 337mm，气候及地理位置上的巨大差异使得这些流域的水文特征，如蒸散、径流和土

壤水分含量也呈现巨大的差异。

表 4-6　八大典型流域概况

流域	总面积/km²	中心点经度	年均降水量/mm	年均温/℃	气候	主要植被类型
亚马孙河	5 084 460	6. 6°S	1 800	24	热带湿润气候	EBF
密西西比河	3 245 240	40. 6°N	765	13	温带大陆性气候	GL、CL、DBF、SV
长江	1 691 060	30. 2°N	994	16	亚热带季风气候	GL、CL
湄公河	728 447	18. 5°N	1 275	25	热带季风气候	CL/NV、EBF、GL
勒拿河	4 720 754	61. 75°N	388	-8. 7	高寒大陆性气候	GL
墨累-达令河	925 029	31. 7°S	350	17	半干旱区	GL、MF、CL
尼罗河	2 593 050	11. 9°N	337	27	干旱区	裸地、GL、SV、CL
莱茵河	245 781	49. 24°N	1 018	8. 8	温带海洋性气候	MF、CL、SV

注：EBF 指常绿阔叶林，DBF 指落叶阔叶林，MF 指混交林，SV 指热带稀树草原，GL 指草地，CL 指农田，CL/NV 指农田和自然植被混交地。

20 世纪 80 年代以来，全球气候变暖和植被绿化加速了地表蒸散过程（Zeng et al., 2018），全球大气 CO_2 也呈现出显著的变化趋势，平均每年以 3. 29ppm 的速率在增长。1981 ~2012 年，八大典型流域的平均气温和 LAI 呈现出相同的变化趋势，分别以 0. 016 ~ 0. 043℃/a 和 0. 18%/a ~0. 93%/a 的速度增长（图 4-20），其中年均温和 LAI 在尼罗河流

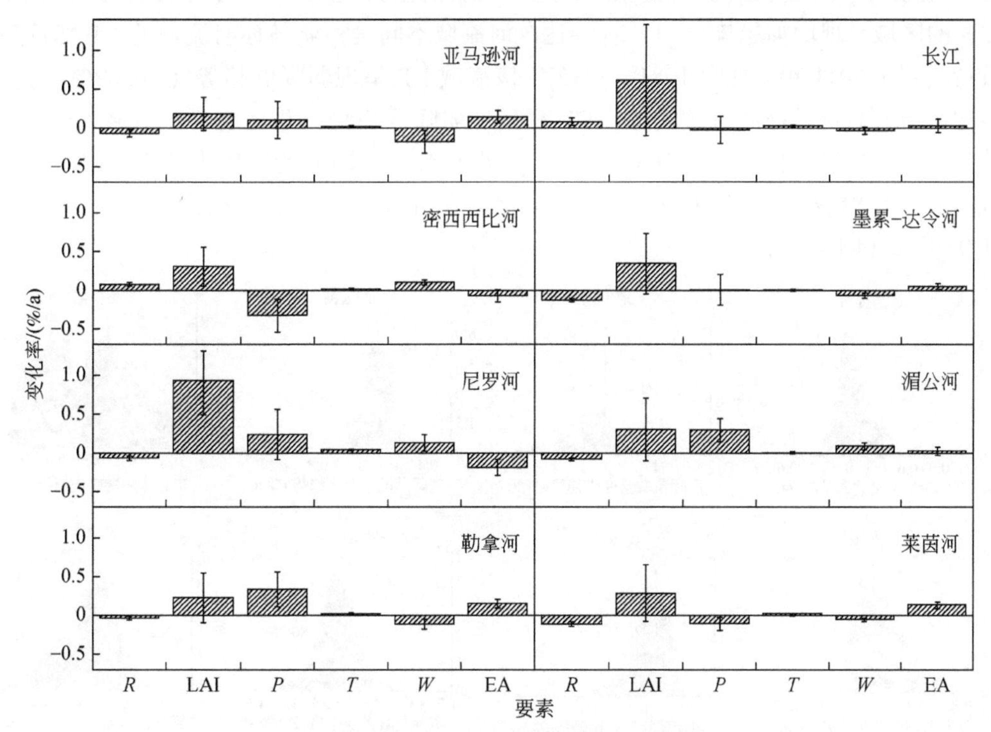

图 4-20　1981 ~2021 年典型流域气象要素及 LAI 的年均变化率

T 指温度,℃；*R* 指辐射；*P* 指降水；*W* 指风速；EA 指实际水汽压

域增长最快，在亚马孙河流域的增加速率最为缓慢。与温度变化不同的是，降水和辐射的变化呈现巨大的流域差异。长江流域的辐射呈现增强趋势，与中国地区的云量减少密切相关（Qian et al., 2006），南美洲、澳大利亚和非洲等地大气气溶胶的增加（Wang et al., 2009）使得亚马孙河、墨累-达令和尼罗河流域的辐射呈降低趋势。长江、密西西比河和莱茵河流域的降水呈减少趋势，其中密西西比河流域的减少速率最高（-0.32%/a）。勒拿河流域的降水增加最快，紧随其后的是湄公河、尼罗河、亚马孙河和墨累-达令河流域。

4.3.2 蒸散发时空变化的时空格局

尽管在过去的 30 年中全球地表蒸散普遍呈现出显著的增加趋势（Zhang et al., 2015），但是八大典型流域在地表蒸散的变化趋势和变化程度上仍然呈现巨大的差异。勒拿河、尼罗河、莱茵河、长江和湄公河等流域有 74.9% ~97.5% 的格点的 ET_a 呈现增加趋势，流域 ET_a 的增长速率分别为 0.39%/a、0.27%/a、0.25%/a、0.25%/a 和 0.16%/a（图 4-21）。在南半球，由于土壤水分的亏缺，1998 ~2008 年 ET_a 增长趋势受到了抑制（Jung et al., 2010），在 GLEAM、VIP、MTE 和 ERA5 等蒸散发产品中，这种现象在墨累-达令河和亚马孙河流域均有所体现（表 4-6）。然而，在墨累-达令河流域，ET_a 的增长趋势在 2008 年之后有所恢复，这主要得益于 2010 年和 2011 年充沛的降水（2010 年和 2011 年降水量分别为 817mm 和 598mm，分别高于多年平均降水 54% 和 14%），因此 1981 ~2012 年墨累-达令河流域的实际蒸散量呈现出弱的上升趋势（平均增长率为 0.08%/a，79.5% 的区域呈现增加趋势）。与墨累-达令河流域不同是，亚马孙河流域的 ET_a 降低趋势一直持续到了 2011 年，使得 1981 ~2012 年该流域 ET_a 呈现弱降低趋势（-0.09%/a）。密西西比河流域与亚马孙河流域类似，ET_a 都呈现弱降低趋势，并且这两个流域 ET_a 呈现降低趋势的比例也极为相似，均为 59.55%。尼罗河流域有 28% 的区域为沙漠，因此该部分区域的 ET_a 变化较小，仅为-0.2%/a ~0.1%/a，其中全流域有 10% 的区域，ET_a 的增长率为 0.04%/a（图 4-21）。

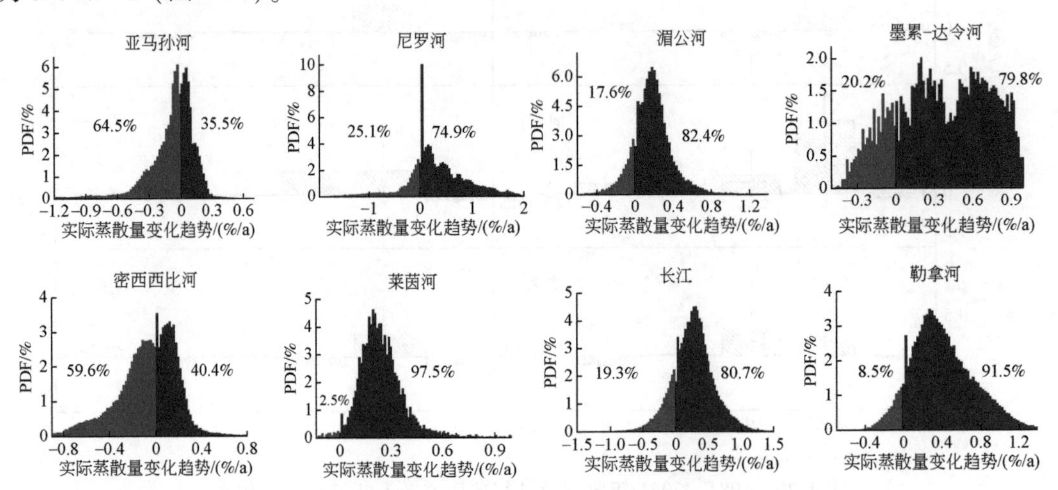

图 4-21 全球典型流域实际蒸散发年均变化趋势的频率分布

厄尔尼诺/南方涛动在全球多个流域都与水文循环和植被生长状态密切相关（Herbert and Dixon，2002）。厄尔尼诺现象与亚马孙河和墨累-达令河流域的 ET_a、降水和温度变化有着紧密的联系，而其他六大流域的水循环要素均未发现与厄尔尼诺现象有紧密的联系（图 4-22）。在亚马孙流域，尽管月降水和热带海面温度（sea surface temperature，SST）呈现负相关关系，但是流域月均温和月均 ET_a 均与海面温度呈正相关关系，说明热带海面温度的升高将会带来亚马孙河流域的温度增加和蒸散加剧。例如，1998 年的一次较大的厄尔尼诺事件中，亚马孙河流域的蒸散量显著增加（图 4-23）。与亚马孙河流域不同的是，在墨累-达令河流域月降水和月均蒸散量均与热带海面温度呈现负相关关系（图 4-22）。由于墨累-达令河流域是一个水分限制流域，热带海面温度的增加将会使得该流域降水减少，从而降低该流域的地表蒸散量。例如，1982 年的一次较大厄尔尼诺事件中，墨累-达令河流域的蒸散量显著降低（图 4-23）。

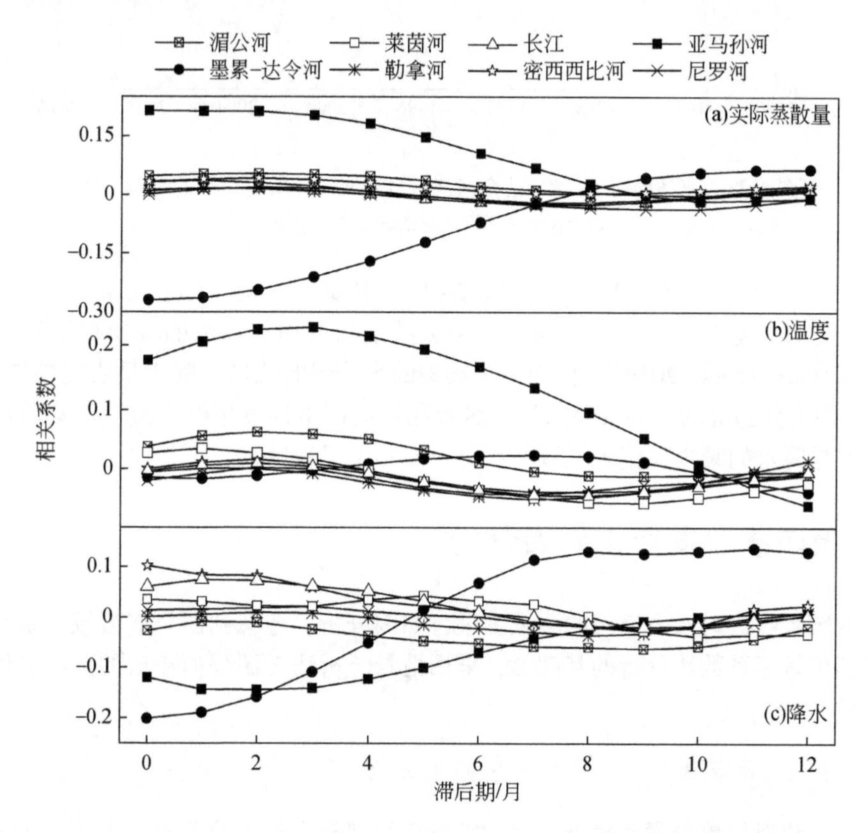

图 4-22 流域平均实际蒸散量、温度、降水与热带海面温度的滞后相关性

厄尔尼诺与亚马孙河和墨累-达令河流域的干湿状况联系密切。在澳大利亚东部和南美洲北部，厄尔尼诺是导致 NDVI 年际变化的一个主要因素（Zhao L et al.，2018）。在厄尔尼诺事件发生时，尽管亚马孙河流域的降水将会减少，但是在巴西东北部地区，NDVI 仍然呈现增加趋势，这主要得益于厄尔尼诺现象导致的温度上升。对于能量限制地区（亚马孙流域）而言，温度上升和 NDVI 增加的正效应弥补了降水减少的负效应，使得流域的蒸散发仍然呈现增加趋势（图 4-23）。2000～2016 年，在月蒸散量最高的 10 个月中，有

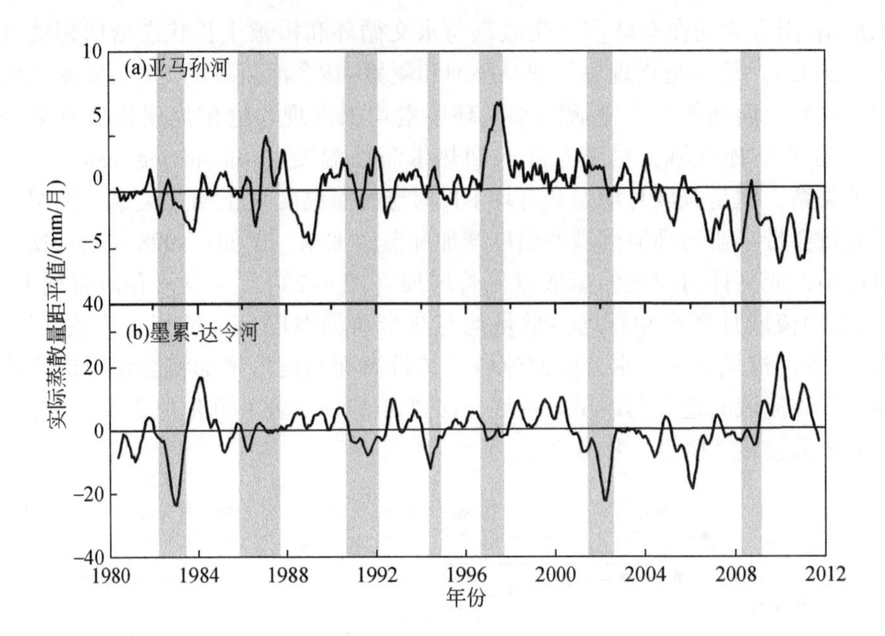

图 4-23　亚马孙河和墨累-达令河流域月均实际蒸散量距平的时间序列

红色阴影表示厄尔尼诺事件发生时期

6 个月发生了厄尔尼诺现象（Moura et al.，2019）。因此，在厄尔尼诺现象发生时，亚马孙流域常常伴随着严重的干旱，其主要原因是蒸散量的增加与降水的减少相伴随，如 2009 年的大旱（Moura et al.，2019）。作为一个典型的水分限制流域，降水是决定墨累-达令河流域 ET_a 长期变化趋势的主要气象因子，尽管厄尔尼诺事件发生时，流域的蒸散量呈现降低趋势，但是降水的减少加剧了流域的水分亏缺和干旱程度。

4.3.3　流域蒸散发变化归因分析

采用敏感系数法对八大流域的蒸散发进行归因分析，考虑到湄公河流域土地利用变化较大，在利用敏感系数法分析的基础上，采用情景分析法对湄公河流域的蒸散量做进一步的归因分析。

4.3.3.1　气象要素和植被绿化的敏感性分析

蒸散量变化对气象要素和植被绿化的敏感性呈现较大的流域差异（表 4-7 和图 4-24）。ET_a 对风速和 CO_2 变化的敏感性要远远低于它对其他要素变化的敏感性，如辐射、降水和 LAI。在能量限制流域，如亚马孙河、长江和莱茵河流域，ET_a 对辐射的敏感系数 η（Y，R）介于 0.437 ~ 0.897，远远高于其在水分限制流域（密西西比河、墨累-达令河和尼罗河流域）的值（0.047 ~ 0.165）（表 4-7）。ET_a 对温度变化的敏感性与辐射类似。由于土壤含水量对 ET_a 的影响要比降水更加直接（Emanuel et al.，2007），ET_a 对气象要素的敏感性很大程度上取决于土壤含水量的状况。在上述三个能量限制流域，流域平均土壤含水量介于 0.2 ~ 0.3 m^3/m^3，要远高于上述三个水分限制流域的土壤含水量（0.07 ~ 0.16 m^3/m^3），当大气蒸发力增强时（温度增加或辐射加强），相比于旱地区，湿润地区将会有更多的土壤水分蒸发至大气，说明在土壤水分充足的条件下，辐射和温度的变化对 ET_a的影响要远高于其在水分胁迫时的作用。当然也有例外，在高寒的勒拿河流域，平均土壤含水量低于 $0.08m^3/m^3$，ET_a对温度变化的敏感系数 η（Y，T）为 0.074，要远高于其他流域。这可能是由于在勒拿河流域，温度的升高改善了土壤的热力条件，加速了高寒地区的冰雪消融，从而改变了流域的土壤水分条件，使 ET_a对温度变化较为敏感。

降水敏感系数较高的流域有密西西比河（η（Y，P）= 0.689）、墨累-达令河（η（Y，P）= 0.901）和尼罗河流域（η（Y，P）= 0.507），这些流域的土壤含水量都相对较低。在水分胁迫条件下，土壤含水量和 ET_a将会随着降水的增加而显著增加。在墨累-达令河流域，基于 VIP 模型的模拟结果显示，有超过 60% 的降水通过植被蒸发返回大气；然而，在水分充足的条件下，如亚马孙河和莱茵河流域，只有很少部分的降水（不足 15%）通过植被蒸腾返回大气，因此干旱流域的 ET_a变化对降水的变化尤为敏感。由于实际水汽压对大气蒸发力有着直接的作用，ET_a对实际水汽压的敏感性在水分充足的条件下（亚马孙河、长江河和莱茵河流域）要高于其在水分亏缺的条件下（尼罗河和密西西比河流域）（表 4-7）。

表 4-7　典型流域 ET_a 对气候要素、大气 CO_2浓度及叶面积指数变化的平均敏感性

流域	η（Y，T）	η（Y，R）	η（Y，P）	η（Y，C）	η（Y，w_a）	η（Y，EA）	η（Y，LAI）
亚马孙河	0.026	0.897	0.113	-4.4×10^{-5}	0.001	-0.527	0.082
密西西比河	0.029	0.165	0.689	-9.3×10^{-5}	0.002	-0.199	0.128
长江	0.042	0.437	0.217	-1.7×10^{-4}	0.005	-0.413	0.232
湄公河	0.033	0.242	0.298	-7.3×10^{-5}	0.003	-0.345	0.385
勒拿河	0.074	0.296	0.499	-2.7×10^{-4}	0.007	-0.314	0.588
墨累-达令河	0.007	0.047	0.901	-3.6×10^{-5}	0.001	-0.046	0.104
尼罗河	0.009	0.116	0.507	-1.3×10^{-5}	0.002	-0.047	0.118
莱茵河	0.099	0.439	0.117	-2.7×10^{-4}	0.001	-0.735	0.216

植被 LAI 的变化通过影响冠层导度、生态系统反照率或者空气动力学过程来影响地表的能量平衡过程和地表蒸散量（Anderson et al.，2011）。植被 LAI 变化对 ET_a的作用受植被类型和气候条件影响（Forzieri et al.，2020）。亚马孙河流域主要的植被类型为森林，树木具有较为发达的根系，导致森林生态系统 ET_a对植被 LAI 的敏感性较低（Mokany et al.，2006），因此 ET_a对 LAI 变化的敏感系数在亚马孙河流域最低。北半球温带地区的一些流域，如莱茵河、长江和湄公河流域，植被蒸腾蒸发比的升高和气候变化导致的植被绿化返青期的提前（Zeng et al.，2018），使得这些流域具有较高的 LAI 敏感系数（图 4-24）。

4.3.3.2　典型流域蒸散变化归因

尽管各大流域地表蒸散量的长期变化趋势呈现较大的差异（图 4-25），但是毫无疑问，气候变化和植被变绿是地表蒸散量长期变化的主要原因。植被变绿在所有的流域都有利于 ET_a 的增加，在不同的流域中，LAI 变化对 ET_a 的平均相对贡献介于 -41.4% ~

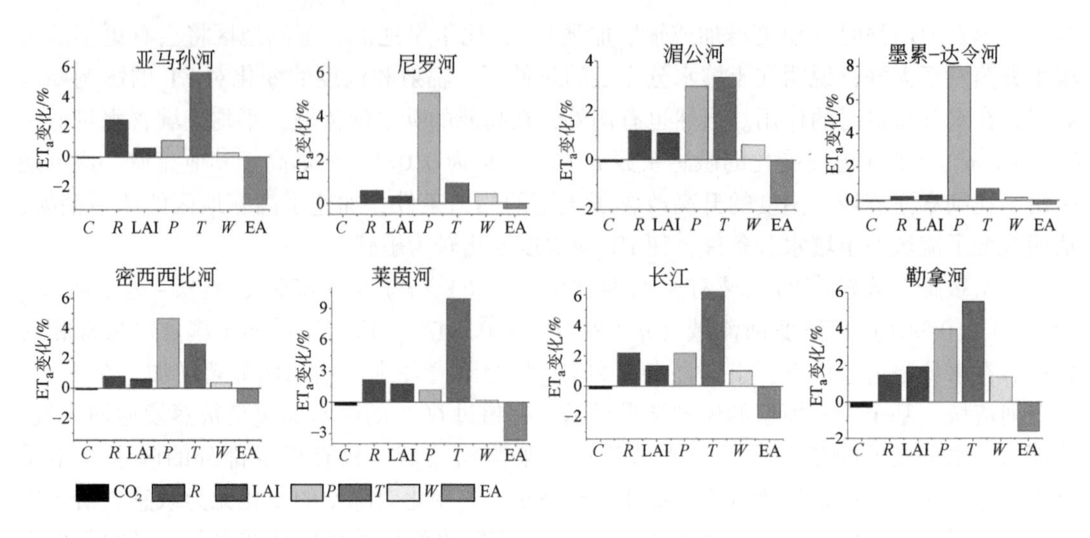

图 4-24 实际蒸散量对气候要素、大气 CO_2 浓度及 LAI 变化的敏感性

R 指辐射，*P* 指降水，*T* 指温度，*W* 指风速，EA 指实际水汽压

64.8%，有 2.86%～32.5% 的格点 LAI 是 ET_a 变化的主导因素。LAI 对 ET_a 有如此显著的影响主要是由于全球植被的显著变绿以及 ET_a 对 LAI 变化较为敏感。相比于其他流域，亚马孙河流域 LAI 变化对 ET_a 的影响最低，主要是因为该流域 LAI 的增长趋势较缓（图 4-20），且 ET_a 对 LAI 变化的敏感性相对较低（图 4-24）。相反，在北半球温带地区，ET_a 对 LAI 的变化较为敏感，加之植被 LAI 呈现持续的增长趋势，因此在长江流域和湄公河流域，LAI 变化对 ET_a 增长的相对贡献率超过 58%（图 4-25）。

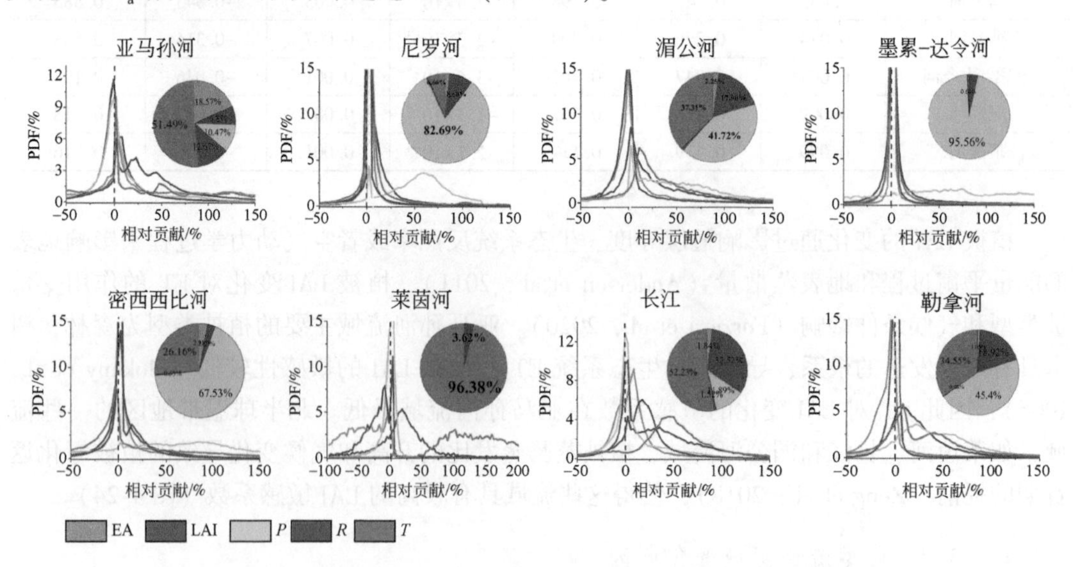

图 4-25 气象要素及叶面积指数变化对实际蒸散量的相对贡献

饼图表示主导控制因子的占比，*R* 指辐射，*P* 指降水，*T* 指温度，EA 指实际水汽压

理论上，ET_a 的变化受限于大气蒸发力和水分供给能力。全球温度的增加加速了地表

蒸散过程，而在不同的流域，温度的正效应不同程度地被辐射降低、降水减少、大气水汽压增加的负效应削弱。对于能量限制流域而言，如亚马孙河、长江和莱茵河流域，流域 ET_a 变化对温度变化较为敏感（图 4-24），温度是大部分区域（51.5% ~96.4%） ET_a 变化的主导因素（图 4-25）。在亚马孙流域，辐射的显著降低使得 ET_a 呈现减少趋势，而在莱茵河流域，大气水汽压的增加减缓了 ET_a 的增长趋势。尽管大气水汽压的增加加大了降水的增加趋势，但是大气水汽压对大气蒸发力的作用较降水更为直接（Azorin-Molina et al., 2015），因此，水汽压变化对 ET_a 的平均相对贡献率在能量限制区域（-33.6% ~ 23.6%）要高于其在水分限制区域（-15.0% ~3.2%）的平均相对贡献。在水分限制区域，土壤水分的供给能力与降水密切相关，是决定 ET_a 长期变化趋势的关键要素。例如，在尼罗河、墨累-达令河和密西西比河流域，有 67.5% ~95.6% 的区域 ET_a 变化的主导因素是降水变化，降水对流域 ET_a 的平均相对贡献率介于 44.6% ~123.8%（图 4-25）。

在湄公河流域，温度变化是影响 ET_a 趋势的一个主要因素，同时降水增加对 ET_a 变化也有显著的影响（图 4-25）。从整个流域来看，温度和降水分别是 37.3% 和 41.7% 区域 ET_a 变化的主导因子，两者对 ET_a 变化的相对贡献率分别为 39.6% 和 23.8%，说明水分和能量在湄公河流域对 ET_a 变化的影响均等。相同的现象也出现在勒拿河流域，降水是 45.4% 的区域 ET_a 变化的主导因子，它对流域 ET_a 变化的相对贡献率为 31.8%。在高寒地区，冰川融雪是重要的水分来源（Sorg et al., 2012），温度的上升不但改变了高寒地区植被生长的热力条件，也加速了冰川消融，为植被生长提供了更加充沛的水分。因此，温度是勒拿河流域 37.3% 的区域 ET_a 变化的主导因子，它对流域 ET_a 变化的相对贡献率为 24.7%。温度与降水在湄公河和勒拿河流域对 ET_a 变化的影响同等重要，因此这两个流域可以被认为是“双向控制地区”。

毫无疑问，植被变绿在全球地表蒸散加剧的过程中扮演着重要的角色。在能量限制地区，实际蒸散发的长期变化趋势受控于大气蒸发力，在水分限制地区，降水是 ET_a 变化的主导因素。然而，不同蒸散发产品因其算法的巨大差异导致气候要素和 LAI 对 ET_a 变化的相对贡献差异甚大。基于遥感蒸散发和 LAI 数据的多元回归分析表明，LAI 对 ET_a 变化的相对贡献介于 22% ~56%（Zeng et al., 2018）。大多数的遥感蒸散发产品是没有考虑植被的动态生长过程的，或者只采用一两个简单的植被指数来表征植被的生长过程，因此植被变绿所带来的 ET_a 增加在这些遥感蒸散发产品中是被低估的。在考虑植被动态过程后，对遥感蒸散发产品进行归因分析表明，有 55% ±25% 全球地表蒸散量的增加是由植被变绿引起的（Zeng and Cai, 2015），这一结论与我们得到的数值结果大体一致（21.4% ~ 64.8%），要远远高于不考虑植被动态过程遥感蒸散发产品的分析结果。大部分蒸散发产品是基于 Penman-Monteith 公式来计算地表蒸散量，因此大气蒸发力与净辐射、温度、水汽压以及风速密切相关。然而，也有一些产品只基于温度来计算大气蒸发力，如 MTE，这种只考虑温度的蒸散发产品在归因分析时，将会高估温度的相对贡献（Sheffield et al., 2012）以及升温带来的实际蒸散发增长效应。例如，在受温度变化控制的莱茵河流域，MTE-ET 的 ET_a 年际增长率要高于其他基于 Penman-Monteith 公式计算的蒸散发产品（表 4-4）。在 GLEAM 的算法中，ET_a 受温度函数的控制，与净辐射呈线性正比关系，而 VIP 模型在此基础上进一步考虑了水汽压变化。因此在受能量控制的亚马孙流域，尽管

GLEAM 和 VIP 的辐射驱动一致，相比于 VIP 的模拟结果，GLEAM-ET_a对辐射变化更加敏感，辐射的下降改变了 GLEAM-ET_a的增加趋势。在水分限制流域，如墨累-达令河、尼罗河和密西西比河流域，ET_a受土壤水分变化的影响。由于大多数产品采用降水来指示土壤水分含量的变化，当其他因素引起土壤水分变化时，这种变化就无法映射至 ET_a的变化中。以 VIP-ET 和 MTE-ET 为例（这两种 ET 都采用相同的降水驱动数据），VIP 模型模拟的 ET_a年际变化要高于 MET-ET（表 4-4），降水变化对 VIP-ET_a的相对贡献有可能被部分高估。在农业生态系统中，灌溉对土壤含水量的影响巨大，为了检测灌溉对农田 ET_a的影响，以单一像元为单位，设置灌溉田的比例从 10% 变化至 90%，分析灌溉对农田 ET_a的影响。结果显示，在能量限制流域（莱茵河流域）和水分限制流域（密西西比河流域），降水对 ET_a的相对贡献分别从 44.6% 降低至 3.8%、112.5% 降低至 23.8%，说明灌溉增加了土壤含水量，降低了降水变化对 ET_a的相对贡献率，这种作用在水分限制流域尤其显著。

4.3.3.3 湄公河流域蒸散量变化归因分析

湄公河流域 ET_a的年际变化主要由降水、辐射、温度、水汽压、大气 CO_2浓度及 LAI 变化引起（图 4-26）。尽管大气 CO_2浓度的增加降低了叶片气孔导度，导致 ET_a的下降，但是 CO_2的作用十分微弱（0.0018%/a），说明气候变化和 LAI 变化是湄公河流域 ET_a变化的主要因素。1981 ~ 2012 年，除净辐射外，所有气象要素都呈现增加趋势。气温呈现显著增加趋势，流域平均增速约为 0.23℃/10a，随着降水的增加，整个湄公河流域呈现出有利于植被生长的暖湿化趋势。因此，除混交林外，流域内所有植被类型的 LAI 均呈现增加趋势，其中农田 LAI 的增速最快（1.42%/a），其次为草地（0.96%/a）、热带稀树草原（0.68%/a）和常绿阔叶林（0.49%/a）。降水增加、升温和植被变绿有利于流域 ET_a的增加，部分正效应被辐射下降和水汽压增加的负效应所抵消。对整个流域而言，温度、降水、辐射、水汽压和 LAI 变化对 ET_a变化的相对贡献率分别为 43.7%、21.8%、-16.8%、-2.8% 和 54.1%（图 4-26）。降水是 42% 的格点 ET_a变化的主导因素，而这些像元大部分

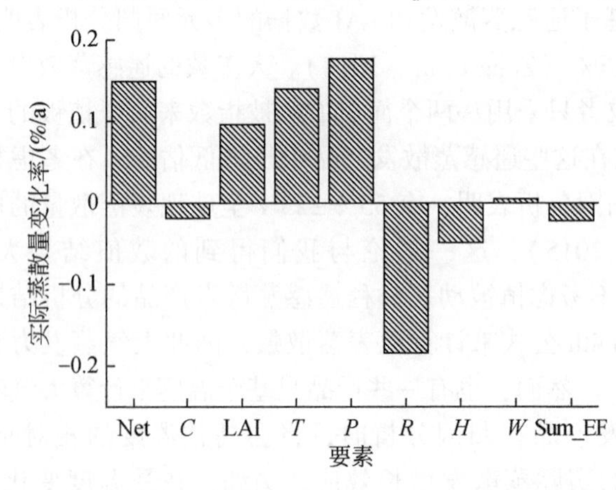

图 4-26　气象要素及叶面积指数变化对实际蒸散量变化的贡献

Net 指所有要素的总贡献，*C* 指大气 CO_2 浓度，*T* 指温度，*P* 指降水，*R* 指辐射，*H* 指相对湿度，*W* 指风速，Sum_EF 指所有因子的两两交互作用之和。后同

位于草地、常绿阔叶林和热带稀树草原等区域。在流域上游的草地、中部的热带稀树草原和下游的湄公河三角洲地区，LAI 的变化显著影响 ET_a的年际变化。温度和辐射是 35% 的像元 ET_a变化的主导因素，而这些像元大部分位于农田、草地和热带稀树草原等区域（图 4-27）。

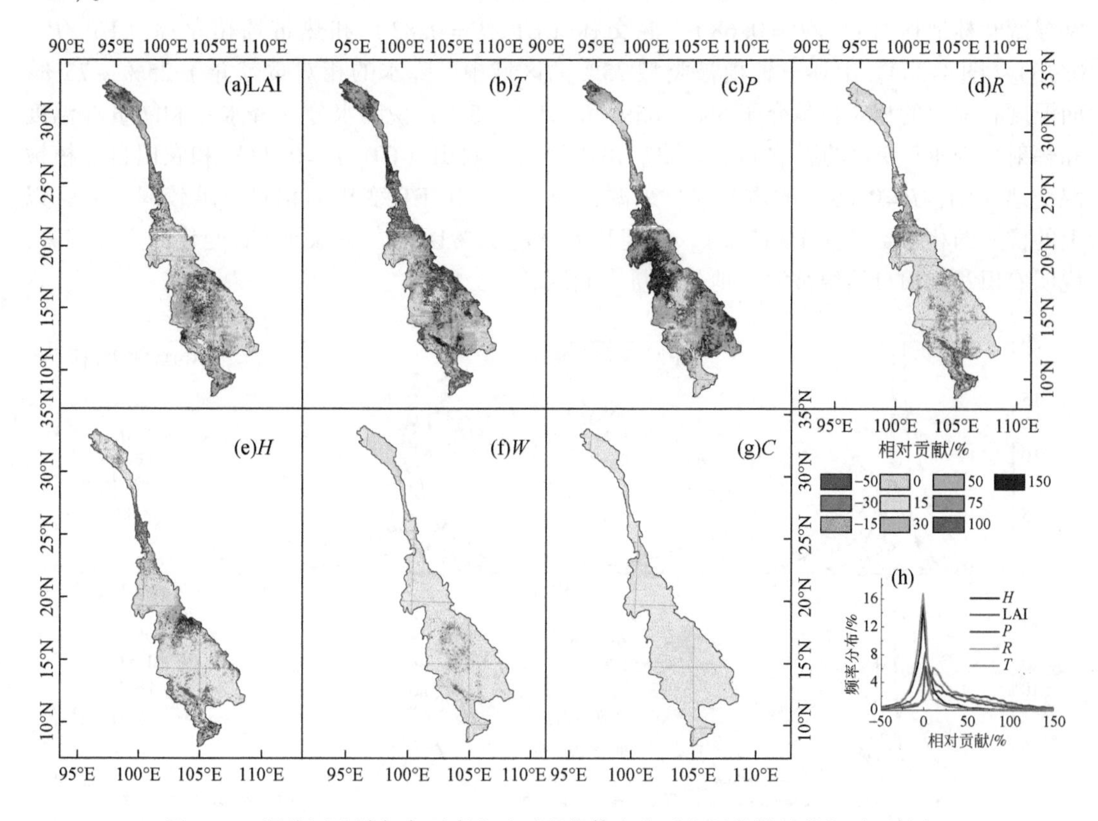

图 4-27　湄公河流域气象要素和叶面积指数变化对实际蒸散量的相对贡献率

对于整个流域而言，植被变绿对 ET_a的相对贡献率为 54.1%，要远远高于气象要素的贡献率。虽然 CO_2增加对 ET_a变化的直接贡献相对较小（湄公河流域为 0.02mm/a，全球平均为 0.05mm/a）（Piao et al., 2007），但是 CO_2肥效对全球植被变绿的相对贡献高于 70%（Zhu et al., 2016），CO_2增加对 ET_a的负效应能够完全被其所带来的叶面积增加的正效应所抵消。考虑到全球植被绿化的趋势在今后还将持续，植被绿化导致的 ET_a增加及水循环过程加速还将持续。

地表实际蒸散发的变化受控于大气蒸发力和地表水分供给能力。按照地表潜在蒸散发（ET_p）和降水量（P）的比值，可以将流域划分为能量限制区（$ET_p/P<0.76$）、水分限制区（$ET_p/P>1.35$）和双向控制区（$0.76<ET_p/P<1.35$）（McVicar et al., 2012）。在流域上游的草地（$ET_p/P=1.37$），降水是 ET_a变化的主控因子，同时增温在 ET_a变化中也扮演着重要的角色（图 4-28）。冰川融雪是湄公河上游重要的水源，温度的升高不但改善了上游地区植被生长的热力条件，也加速了冰雪消融，为植被生长提供了更多的水分。在澜沧江，ET_a增加对径流的负效应已被升温导致的冰川融雪的正效应抵消（Liu

Z F et al., 2018)。因此，尽管上游地区的草地是水分限制区域（降水和 LAI 是 68% 的草地 ET_a变化的主导因子），在65%以上的草地中，温度对 ET_a 变化的相对贡献介于 5% ~ 25%（图 4-28）。

在流域的中下游地区，增温带来的部分正效应被辐射降低的负效应所抵消，尤其是在常绿阔叶林地区（$ET_p/P=0.68$）、混交林（$ET_p/P=0.83$）和热带稀树草原（$ET_p/P=0.76$）（图 4-28）。上述三种植被类型 75% 的区域中，降水的相对贡献介于 25% ~75%，而温度和辐射的相对贡献介于 5% ~65% 和–25% ~5%，说明水分（降水）和能量（温度和辐射）对 ET_a变化的影响同等重要。由于灌溉是农田（$ET_p/P=0.73$）和农田自然植被混交地（$ET_p/P=0.69$）的重要水分来源，降水对农田 ET_a变化的相对贡献较弱（85% 以上的像元的相对贡献介于±15%）。温度和辐射是 80% 以上农田像元 ET_a变化的主导因素，说明农田和农田自然植被混交地是能量限制区域。

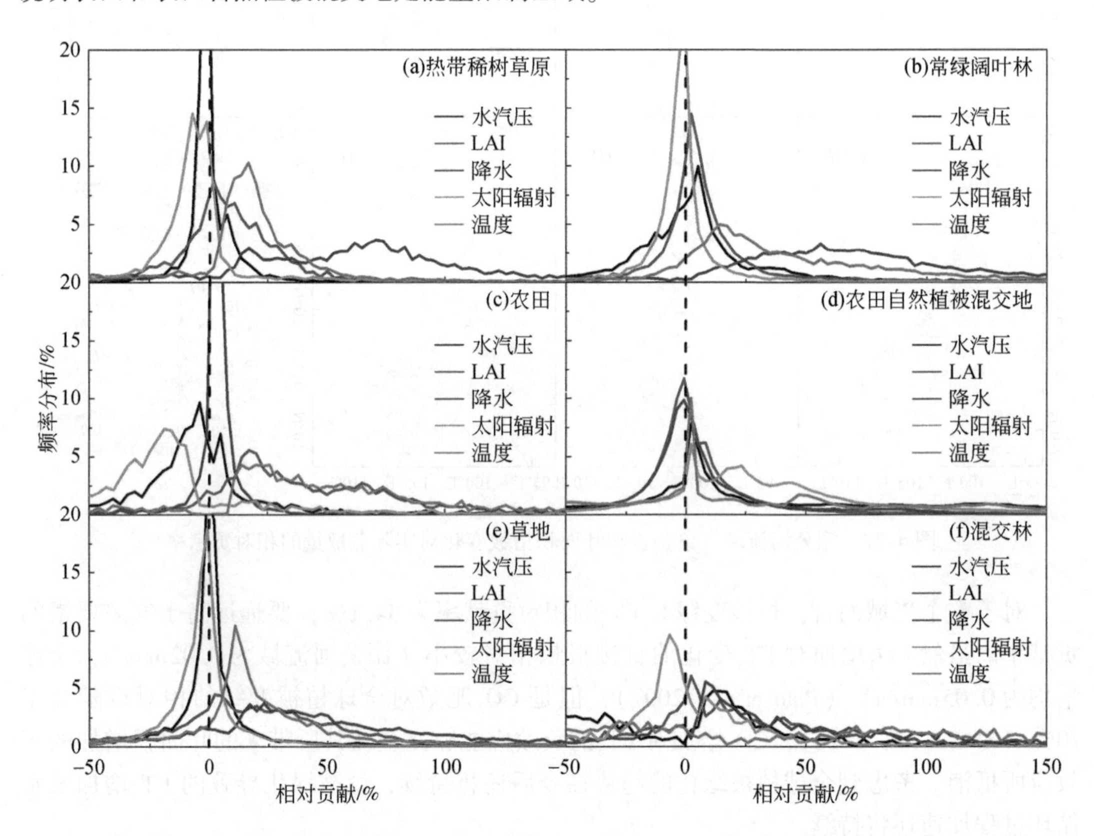

图 4-28　不同植被类型气象要素及叶面积指数变化对实际蒸散量相对贡献率的频率分布

自 2000 年开始，湄公河流域经历了农田、农田自然植被混交地的扩张。在流域中部，农田的扩张来源于农田自然植被混交林的流失，而热带稀树草原的缩减又在一定程度上补偿了农田自然植被混交地的流失（表 4-8）。在湄公河三角洲，农田的增加来源于湿地和水体的损失。另一个显著的变化是，大约有 18.55% 和 16.38% 的混交林转变为常绿阔叶林和热带稀树草原。

表 4-8　湄公河流域土地转换矩阵　　（单位:%）

类型	WB	EBF	MF	SV	GL	WL	CL	Urb	CL/NV
WB	75.24	2.25	3.67	0.97	0.48	5.80	9.50	0.01	2.08
EBF	0.04	86.81	0.68	7.73	0.13	0.36	0.30	0.00	3.95
MF	0.27	18.55	55.67	16.38	3.30	0.80	1.27	0.00	3.76
SV	0.12	8.37	6.46	53.99	2.23	0.68	2.29	0.00	25.86
GL	0.19	0.16	1.53	2.30	88.25	1.28	2.14	0.00	4.15
WL	1.70	11.14	4.97	4.78	0.62	60.26	11.82	0.11	4.60
CL	0.10	1.18	1.30	2.75	3.45	3.84	54.67	0.00	32.71
Urb	0.06	0.00	0.00	0.00	0.00	0.66	0.00	99.28	0.00
CL/NV	0.08	5.42	0.94	6.85	1.52	0.70	13.41	0.00	71.08

注：WB 指水体，EBF 指常绿阔叶林，MF 指混交林，SV 指热带稀树草原，WL 指湿地，GL 指草地，CL 指农田，Urb 指城镇建设用地，CL/NV 指农田自然植被混交地。下同。

就整个流域而言，土地利用的变化导致流域 ET_a 以 0.014%/a 的速度增加，其中混交林和热带稀树草原转变为其他土地利用类型对 ET_a 变化的相对贡献分别为 53.24% 和 29.34%（图 4-29）。与气候变化和植被变绿对 ET_a 的影响（0.15%/a）相比，土地利用变化的影响只有前者的 9.3%，说明气候变化和植被变绿才是影响流域 ET_a 的主要因素。然而，在湄公河三角洲，农田的扩张使得 ET_a 增长了近 15%，说明在这个区域土地利用变化显著地改变了流域水量平衡过程。

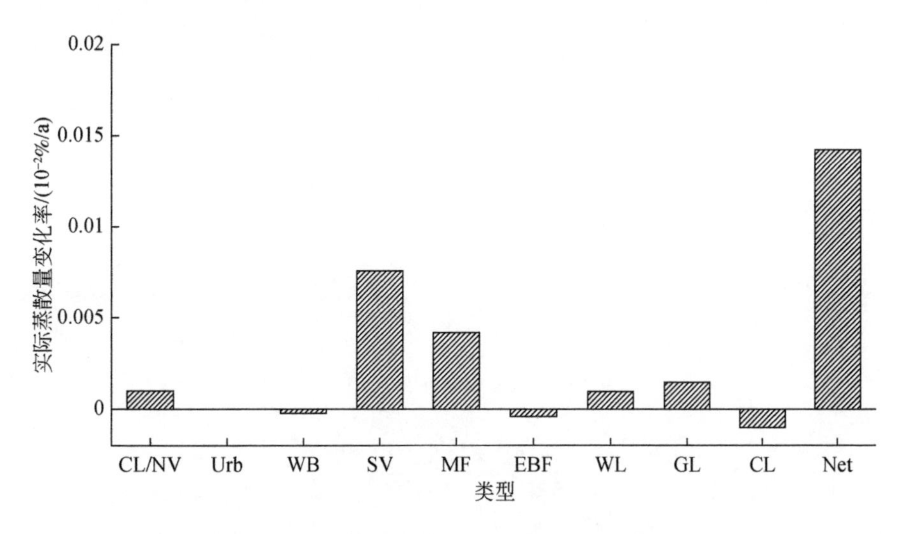

图 4-29　土地利用变化对实际蒸散量变化的影响

Net 指所有土地利用类型变化的总作用

由于湄公河是一条国际河流，位于河流下游国家能获取的水资源量与上游国家密切相关。流域上游的水资源量主要受降水和融雪的影响（Delgado et al., 2010），ET_a 增加对径流的负效应被融雪增加的正效应所弥补（Li D et al., 2017）。尽管采用 VIP 模型计算湄公河可利用水资源量在研究期间呈现增加趋势，但是位于湄公河上游的清盛（泰国）水文站的数据显示，年最大径流量呈现降低趋势。由于上游大坝的建造，这种降低趋势还将进一步加剧（Lu and Siew，2006）。其他的一些研究也表明，气候变化不是湄公河流域水资源变化的主要原因，在澜沧江上建造的大坝应当是径流变化的主因（Lu and Siew，2006；Cochrane et al.，2014）。因此，尽管上游地区的水资源量呈现增加趋势，上游和下游地区实际能获取的水资源到底是多少还是悬而未决。

在流域中部和湄公河三角洲地区，农田的扩张给区域可利用水资源量带来了巨大压力，如在湄公河三角洲和泰国的东南部，ET_a的急剧增加伴随着可利用水资源量的显著降低。1980～2000 年湄公河三角洲的人口增加了近 45%（Nesbitt et al.，2004），水稻栽培也经历了从单季稻到双季稻甚至三季稻的变化（Ngan et al.，2018），快速的人口增长和农业发展给当地的农业水资源带来了巨大压力。在老挝、泰国、柬埔寨和越南中部，雨养水稻是当地的主栽作物（Pokhrel et al.，2012），雨季时水稻的需水量并不大，因此灌溉不是必需的（Mekong River Commission，2009）。由于气候变化和水坝的建造，湄公河径流的季节变化发生了改变。幸运的是，湄公河上游的小湾电站（建造于 2010 年）和洛扎渡电站（建造于 2014 年）的修建，使旱季径流呈现增加趋势而雨季径流呈现降低趋势（Li D et al.，2017），这种变化将有利于下游地区的农业生产和汛期的洪害防治。

第5章 水循环过程非平稳变化识别方法构建

5.1 水文过程非平稳变化诊断方法

5.1.1 研究方法综述

受全球气候变化等多种复杂因素的共同作用和影响，实际水文气候过程演变规律十分复杂。水文气候过程的演变特征研究主要关注其趋势和自然演变特征两部分，相关研究主要从以下四方面开展：基于传统随机水文学方法的水文气候过程趋势研究、基于短/长持续特性的水文气候过程自然演变特征研究、基于单位根检验方法的水文气候过程自然演变特征研究、基于熵理论的水文气候过程自然演变特征研究。各部分的研究进展综述如下。

(1) 基于传统随机水文学方法的水文气候过程趋势研究

依据随机水文学基本理论，水文气候过程受确定因素和随机因素的综合影响，实际的水文时间序列同时存在确定成分和随机成分（丁晶和邓育仁，1988）。随机成分包括相依成分和纯随机成分，并使用自回归模型等对前者进行描述，确定成分表现为趋势变化和周期性变化。其中，趋势作为描述变量变化的一个重要指标，对于认识水文气候要素的演变特征至关重要，被广泛用于描述水文气候过程的长期演变特征。

目前时间序列线性趋势识别方法主要有线性回归方法和 MK 趋势检验法。例如，IPCC (2014) 工作报告指出，自 1880 年以来全球平均气温上升 0.86℃，特别是在 1983～2012 年，气温变暖速率达到最大。随着对水文气候过程演变特征认识的不断提高，研究者提出水文气候过程受多种复杂因素的共同作用和影响，其演变特征往往表现出复杂的非线性趋势，而广泛应用的线性趋势只能以恒定速率描述其变化的平均速率（Rahman and Dawood，2017；Wang et al.，2018；Kostov et al.，2018），缺乏表示序列固有非线性性质的能力（Ji et al.，2014）。为更好地描述水文气象要素演变特征的时变性，识别非线性和非单调趋势的方法被越来越多地应用到水文气候领域，如滑动平均法和基于数据拟合的指数拟合法、双曲线拟合法等。这些方法通常设置了特定的参数，导致获得的趋势具有主观性（Courtillot et al.，2013）。近年来，基于时频分析的新技术和新方法被不断引入水文气候领域，如离散小波变换（discrete wavelet transform，DWT）能更有效地识别时间序列的非单调变化趋势，经验模态分解（empiric mode decomposition，EMD）方法可依据时间序列本身的特性对序列进行分解，具有直接和自适应等突出特点等。不同趋势识别方法的原理不同且具有一定的局限性，其计算精度和检验结果存在差异，给实际的应用带来诸多不便（Pandey et al.，2017）。针对该问题，有研究者综合利用多种趋势识别方法以得到更为可靠的结果，如谢平等（2005）提出了水文变异系统综合诊断方法，该方法综合多种检验方法，并基于赋权的方式提高了检验结果的可靠性，较好地解决了单一检验方法不可靠、多种检验方法检验结果不一致等问题。

（2）基于短/长持续特性的水文气候过程自然演变特征研究

近几十年来，水文气候过程的趋势识别得到了重点关注。线性趋势因其直观、易实现等优势被广泛应用于描述区域和全球水文气候要素的演变特征，其中 MK 趋势检验法的应用最为广泛（Stojković et al.，2017）。MK 趋势检验法是非参数检验方法，相比于其他参数检验法，其数据不需要遵循一定的分布，受少数异常值的干扰较小，适用于分析水文气象要素等非正态分布数据（张洪波等，2016）。MK 趋势检验法的前提假设为数据的独立性，而在实际分析中水文气候过程自然演变特征存在不同程度的自相关特性。理论上，当存在正的自相关特性时，出现较大值的时刻之后更有可能出现较大值，而小值后紧随小值，最终形成峰-谷交替结构。在这种情况下，水文气候过程的自然演变特征在某一时间段内会呈现趋势变化现象，对真实趋势识别的结果产生影响（Becker et al.，2014），且观测到的趋势也不能简单地归为人类活动等因素导致的外部趋势。基于此，人类活动对水文气候过程演变的深刻影响受到研究者的质疑。因此，越来越多的研究者开始关注水文气候过程的自然演变特征（Mianabadi et al.，2019）。

自然演变特征主要关注短持续特性和长持续特性。本章首先从自相关函数 $C(s)$ 角度对短持续特性和长持续特性进行简单介绍，当自相关函数 $C(s)$ 随着时间间隔的增大很快衰减为 0 或以指数函数衰减时，该序列呈现短持续特性；反之，当自相关函数 $C(s)$ 衰减很慢或以幂函数形式衰减时，该序列呈现长持续特性（Rybski et al.，2008；Tyralis et al.，2018；Yang and Fu，2019）。针对短持续特性的研究较早，研究者相继提出了 AR 模型、MA 模型和 ARMA 模型等用以描述时间序列的短持续特性。Hurst（1951）对尼罗河的长期观测数据进行了分析，发现序列的自相关函数衰减的很慢，这种现象被后人称为“Hurst 现象”。由于具有“Hurst 现象”的序列之间在相隔较远时仍存在联系，故又被称为长持续特性、长相关特性或长距离依赖特性，并以参数 d 表示序列的长持续特性大小。当 $d>0$ 时，序列呈现长持续特性；当 $d<0$ 时，序列呈现反持续特性；当 $d=0$ 时，序列呈现短持续特性或不存在相关性。

研究者相继提出了众多长持续特性评估方法，并基于这些方法对水文气象要素的长持续特性开展了大量研究。结果表明，从月尺度到年代际尺度，温度、相对湿度和风场等不同要素的观测数据均存在长持续特性。对于温度而言，海表温度的长持续特性最强（$0.55<d<0.9$），沿海地区的长持续特性次之，陆表温度的长持续特性最弱（d 约为 0.65）（Fraedrich and Blender，2003；Varotsos et al.，2013；Yuan et al.，2015）。Yuan 等（2015）学者对南极地区的地表温度进行了分析，结果同样显示岛屿—海岸线—内陆气温的长持续特性基本呈减小趋势。为探究水文气过程性的自然演变特征对趋势识别的影响，他们进一步考虑了短持续特性和长持续特性，结果显示，当考虑长持续特性时，只有 1 个站点的气温呈现显著趋势，当考虑短持续特性时，有 4 个站点的气温呈现显著趋势。Gil-Alana（2006，2015）对南方涛动指数（southern oscillation index，SOI）、南北半球和全球月平均气温时间序列的长持续特性进行研究。研究显示，气温序列和 SOI 序列的长持续特性为

$0.5<d<1$，表明序列呈现明显的长持续特性，且气温序列的长持续特性呈现增加趋势。同时，考虑长持续特性的趋势结果和基于最小二乘法的趋势结果存在较大差异。Gil-Alana（2016）考虑数据中的季节性特性，进一步提出了季节分数差分模型，提升了对气温数据长持续特性的认识。此外，有研究者对趋势归因于自然波动的可能性进行了评估。Lennartz 和 Bunde（2009）对南北半球和全球陆表和海表平均气温进行研究，并利用蒙特卡罗试验确定自然波动产生趋势的95%置信区间，结果显示，相对于50年的观测数据，长度为100年观测数据的气温趋势更小，但其存在人类活动产生的外部趋势的可能性更大。降水的长持续特性研究表明，降水数据中存在较弱的长持续特性或不存在长持续特性，如 Bunde 等（2013）基于树轮的降水重建数据和模式数据，对美国北部和欧洲中部地区降水的长持续特性进行了研究，发现时间序列不存在长持续特性，而是类似白噪声过程。

然而，上述长持续特性研究均基于水文气候过程存在长持续特性的基本假设，而忽略了方法的适用性。已有研究表明，基于长持续特性的评估方法，短持续特性容易被误检测为长持续特性，随着数据样本量的增加，一阶自回归（AR（1））过程的 d 值逐渐趋于0，此时可准确检测 AR（1）过程不存在长持续特性。但受限于观测数据的长度，无法对长持续特性和短持续特性进行准确评估和区分，为此树轮等代用数据被用于长持续特性研究。研究表明，代用数据会低估长持续特性，而低分辨率代用数据则会高估长持续特性，即代用数据也无法用于区分水文气候过程的短持续特性和长持续特性。为更好地描述水文气候过程的演变特征，研究者对短持续特性和长持续特性描述水文气象要素演变特征的能力进行对比。Stephenson 等（2000）研究表明，相比于其他模型（如平稳的红色噪声或非平稳的随机游走），长持续特性的分数差分模型可更好地拟合北大西洋涛动（north Atlantic oscillation，NAO）的变化特征。值得注意的是，该方法受到模型参数个数和统计变量的影响，结果存在一定的主观性。Percival 等（2001）对阿留申（Aleutian）地区的冬季平均海平面气压和锡特卡（Sitka）地区的冬季气温进行研究，结果表明气压和气温时间序列同时存在短持续特性和长持续特性，并提出使用分数差分模型代替自回归滑动平均（autoregressive moving- average，ARMA）模型。近年来，Ludescher 等（2016）提出利用 DFA 方法可对 AR（1）过程和长持续过程进行准确区分。AR（1）过程在整个时间尺度上的 $d>0$，在大时间尺度上 $d=0$，而长持续过程在整个时间尺度和大时间尺度上的长持续特性均为 $d>0$。基于此，DFA 方法可准确区分短持续特性和长持续特性，避免了 AR（1）过程被误判为长持续过程的结果，但该方法只适用于 AR（1）过程，实际序列很难利用 AR（1）过程进行准确描述，对于其他更高阶的 AR（p）（$p>1$）过程，该方法仍无法对短持续过程和长持续过程进行准确区分。

（3）基于单位根检验方法的水文气候过程自然演变特征研究

研究表明，$0<d<0.5$ 表示时间序列具有平稳性，且呈现长持续特性，且 $d>0.5$ 时，时间序列为非平稳序列，且呈现明显的随机性趋势，该趋势与前文的确定性趋势不同，具有不可预测性。其中，当 $d=1$ 时，时间序列转化为单位根过程，得到了众多研究者的重点关注。单位根过程在经济、金融方面的研究较为深入，后被引入水文气候学等领域。单位根过程不仅能够产生明显的随机性趋势，其表现出单位根过程的时间序列之间会出现“伪回归”现象（田立法，2014），如两个没有任何线性关系且服从单位根过程的变量，利用最小二乘法得到的回归系数具有显著的 t 值（陶长琪和江海峰，2013）。Phillips 和 Perron（1988）首先通过理论方法证明了单位根变量之间的“伪回归”现象，陆懋祖（1999）证实了多变量单位根过程中“伪回归”的存在。因此，判别时间序列的确定性趋势和随机性趋势是该类研究关注的热点问题。

目前判别确定性趋势和随机性趋势的方法主要有时序图、相关性曲线图及构造统计量进行假设检验。其中，构造统计量的假设检验应用最为广泛，且已发展出众多的检验方法。然而，不同单位根检验方法得到的检验结果可能会相互矛盾。例如，Fatichi 等（2009）结合两个参数统计检验（KPSS 和 PP 检验）和非参数检测方法（Mann-Kendall、Cox-Stuart 和 Spearman's），对托斯卡纳（意大利）26 个平均气温序列的趋势进行了研究，结果表明只有 9 个气温序列的趋势为线性确定性趋势。Stern 和 Kaufmann（2000）利用 DF、PP、SP 和 KPSS 检验方法检测南半球、北半球和全球平均气温的趋势类型，DF 和 KPSS 检验方法结果显示气温序列呈随机性趋势，PP 和 SP 检验方法结果显示气温序列呈确定性趋势。Barbosa（2011）等利用 PP 检验和 KPSS 检验方法对全球月海表温度格点序列的趋势类型进行了检验，结果表明，PP 检验方法显示所有月海表温度序列的趋势为确定性趋势，KPSS 检验方法显示大部分月海表温度序列的趋势为随机性趋势。

针对该问题，研究者提出了不同的看法，主要有三种：第一，气温序列的结构突变点可能会削弱单位根检验方法的统计变量，甚至使之无效，从而导致气温序列被误判为单位根过程（Gay-Garcia et al.，2009；Coggin，2012）。如 Gay-Garcia 等（2009）研究表明，具有结构突变的确定性趋势可以更好地描述地表气温的变化特征。对此，考虑结构突变的单位根检验方法也被应用于趋势类型研究。然而，该方法受突变点准确识别等多种因素的影响，其结果的可靠性有待提高。第二，Stern 和 Kaufmann（2000）提出单位根检验方法不适用于检验气温序列的趋势类型。他们认为气温序列中的噪声成分掩盖了气温真实信号的变化特征，进而导致 ADF 和 PP 检验等方法拒绝零假设（随机性趋势）的可能性增加。Enders（1995）、Hamilton（1994）研究指出，对于随机性趋势和噪声的叠加过程，基于随机性趋势假设的 DF 检验和其他检验方法倾向于拒绝零假设（随机性趋势），且信噪比越低，犯第一类错误的概率越大（随机性趋势的零假设被错误的拒绝）。Phillips 和 Perron（1988）、Kim 和 Schmidt（1990）利用蒙特卡罗试验对其进行了验证。第三，Stern 和 Kaufmann（2000）、Kaufmann 等（2006a）从物理成因角度出发，利用辐射强迫变量和气温之间的协整关系研究了气温的趋势类型（确定性趋势或随机性趋势）。协整的思路最早是由经济学家为检测多个变量之间是否存在共同随机性趋势而提出来的（Engle and Granger，1987；Johansen，1988；Johansen and Juselius，1990；Stock and Watson，1993），基本原理是如果两个或多个非平稳时间序列之间存在依赖关系，则在某一时间序列中出现的随机性趋势也会在其他序列中同时存在，即这些具有同一随机性趋势的时间序列之间至少存在一个线性关系使得其残差为平稳过程，此时时间序列之间的这种关系被称为协整关系。利用协整方法和各辐射强迫变量，如太阳辐射、CO_2、CH_4、N_2O、CFC_{11} 和 CFC_{12} 等变化特征的高信噪比特点，可以避免气温序列中噪声成分对单位根检验方法的影响，进而降低对其趋势类型误判的可能性。

Kaufmann 和 Stern 等利用协整方法对气温的趋势类型开展了相关研究。Stern 和 Kaufmann（2000）首先采用单位根检验方法识别各辐射强迫等时间序列的趋势类型，结果表明辐射强迫（CO_2、CH_4、CFC_{11}、CFC_{12}和 N_2O）、人为硫排放（SO_x）的直接和间接辐射强迫以及太阳辐射强迫等时间序列中均存在随机性趋势。从物理成因上，他们认为辐射强迫是数十年到几个世纪的时间尺度上大气中积累的多种温室气体所致，如 N_2O、CFC_{11}和 CFC_{12}的在大气中存留时间分别为114 年、45 年和87 年，化石燃料燃烧所排放的大部分碳可在大气中保留几个世纪（Volk et al.，1997；Archer et al.，2009），其与单位根过程的概念相符合。基于各辐射强迫等数据的随机性趋势，进一步探究辐射强迫变量和气温之间的协整关系，Kaufmann 和 Stern（2002）、Kaufmann 等（2006b）的研究表明两者之间存在稳健的协整关系，即辐射强迫变量和气温之间存在统计意义上的相关关系，换言之，气温序列和辐射强迫存在共同的随机性趋势。此外，Kaufmann 等（2010）将具有结构突变的确定性趋势模型和协整改正模型进行了比较。结果表明，尽管利用协整改正模型和具有结构突变的确定性趋势模型均可以较好地模拟气温时间序列，但协整改正模型比具有结构突变的确定性趋势模型的预测更为准确，且具有结构突变的确定性趋势模型不能描述辐射强迫的变化特征。由此，Kaufmann 等（2010）认为随机性趋势可以更好地描述气温的变化特征，且可以很好地揭示气候变化的物理机制以及为应对其变化提供科学依据。

再者，针对不同单位根检验方法可能出现结果不一致的现象，相关学者以单位根检验方法为研究对象，提出单位根检验方法均以确定性趋势（$d=0$）和随机性趋势（$d=1$）作为零假设和备择假设，而实际时间序列中，零假设和备择假设并不完全对立，如时间序列会出现 $0<d<1$，使得单位根检验方法的确定性趋势或随机性趋势等原假设被拒绝，进而导致对时间序列趋势类型的误判（Beenstock et al.，2012）。

（4）基于熵理论的水文气候过程自然演变特征研究

水文气候过程受多种辐射强迫（包括自然强迫和人为强迫）和气候因素的复杂和非线性相互作用，在多个时空尺度上都表现出明显的复杂性和随机性（Guntu et al.，2020）。不同的统计指标可用以描述变量的随机特性，如范围、均值、标准差等，但这些指标只能片面描述变量的随机性特征（Zhao J Y et al.，2018），且不同指标的结果具有不同的空间分布规律和区域差异性，难以对变量的随机性特征形成统一认识。此外，上述指标缺乏对变量随机性和不确定性程度的量化（Zhang et al.，2019）。为此，相关研究利用方差、多样性指标和熵等指标描述系统的随机性特征。方差是描述变量变化特性最常用的统计指标，被广泛应用于分析降水、径流、蒸发、气温、土壤湿度、干旱指数等的变化特性。在概率论中，方差用来衡量随机变量或一组数据的离散程度。然而，方差仅表示变量在均值的集中程度，Soofi（1997）认为利用方差分析时间序列的随机性和不确定性需谨慎对待。相比于方差，熵描述变量概率密度函数的扩散性，且受整个概率密度函数的影响，即熵与函数分布的高阶矩存在一定的相关性（Singh，1997；Avseth et al.，2005；Zhou and Lei，2020）。对于多样性指数，Mishra 等（2009）指出很多标准化的多样性指数与标准化的香农熵相关。因此，熵为研究系统的随机性和不确定性提供了更好的方法途径。

熵起源于热力学，主要用于描述和度量信号的无序性和信息量。从统计物理学角度，无序和有序表示的是系统在相空间中的概率分布。对于一个动力系统，无序性强说明系统可能发生的状态数较多，此时系统的随机性和不确定性越大，熵值越高。例如，完全随机的和不可预测的白噪声的熵值最高；反之，系统越是有序，系统的随机性和不确定性越小，熵值也就越小。因此，熵值与变量的随机性和不确定性呈正相关关系。熵作为系统无序程度的量度方法，为研究水文气候过程的随机性和不确定性问题提供了新途径，已在水文水资源、水环境、水利工程等领域取得很好的研究和应用进展（Zuo et al.，2017；Li M A et al.，2017；Faiz et al.，2018；Xavier et al.，2019；Li et al.，2020；Zhang et al.，2020）。

熵的算法主要基于两方面：时间序列的概率分布和自相似性。Shannon（1948）将熵的概念引入信息论，提出了信息熵（information entropy，IE），奠定了现代信息理论的科学理论基础。信息熵已被气象学和水文学广泛地用于测量变量变异性的复杂性（Delsole and Tippett，2007；Koutsoyiannis，2005；Agarwal et al.，2016），且根据研究对象和研究目的对其进行改进，逐渐形成交叉熵、相对熵、条件熵、联合熵、互信息和最大熵（Goody，2010）等多种信息指标。Brunsell（2010）利用信息熵指标对美国大陆地区日降水的时空差异性展开研究，并通过是否考虑无降水情况，对比了总降水和降水事件强度两类事件的不确定性和复杂性。结果表明，考虑无降水值的信息熵值呈东西走向，降水过程的复杂性西高东低，且在95°E 出现显著断点，而只考虑降水情况下的信息熵值则没有类似断点，表明该断点与降水是否发生有关系，而与降水事件发生的强度没有关系。Mishra 等（2009）利用边际熵、极大熵、强度熵等指标对美国得克萨斯州降水量、降水日数的空间变化进行了研究。结果表明，降水量和降水日数呈现强烈的空间梯度，可能与历史上显著的干旱有关。Silva 等（2006）应用熵和混沌理论巴西日降水量的可预测性进行了量化。结果表明，天气水平变化（短于9天的时间段）有助于预测短期降水预报。此外，除了描述单变量的 Shannon 熵，描述多变量的互信息和相对熵也具有很好的应用价值。互信息可用于量化两个随机变量之间的依赖程度或一个随机变量中包含另一个随机变量的信息量，如 Molini 等（2006）利用互信息确定降水场中信息交换的尺度特征。Naumann 和 Vargas（2009）利用互信息和熵对水文要素的空间变化、空间依赖和预测进行了研究。相对熵表示两个概率分布函数之间的差异，在水文研究中可用于衡量预报值和实测值的相似程度，从而评价预测结果的精度和可靠性。针对时间序列自相似性，Kolmogorov（1958）首次提出了 Kolmogorov 熵，随后模糊熵（fuzzy entropy，FE）（Luca and Termini，1972）、近似熵（approximate entropy，AE）（Pincus，1991）、样本熵（sample entropy，SE）（Richman and Moorman，2000），小波熵（wavelet entropy，WE）（Rosso et al.，2001）和排列熵（permutation entropy，PE）（Bandt and Pompe，2002）等众多熵指标被相继提出，且得到了广泛应用（Dong and Meng，2013；Roushangar and Alizadeh，2018；Xavier et al.，2019；Zhou and Lei，2020）。近似熵对噪声具有较强的抗干扰性，对于随机信号和确定性信号均可适用，且对数据的样本数量要求较低。近似熵的本质反映了动力系统在 m 维情况下两点组成的模式间的近似程度，熵值越大，说明产生新模态的概率愈大，动力系统越复杂，系统的可预测性越差。近似熵被广泛地用于度量气候系统的复杂性以及反映时间序列的某些动力学特征。Richman 和 Moorman（2000）对近似熵进行改进发展了样本熵。样本熵方法具有相对一致性，其物理意义与近似熵相似，样本熵越低，复杂时间序列的自相似性越高，反之，序列越复杂。

水文气候过程受多种复杂因素影响，时间序列由不同成分组成，上述熵指标只能描述变量在某一时间尺度下的复杂性和随机性，而难以揭示其多尺度变化特征。针对这一问题，Casta（2002，2003）提出了基于样本熵的多尺度熵理论，以反映变量在多尺度下的演化特征，后得到了进一步的发展和完善（Faiz et al.，2018）。Brunsell 和 Young（2008）提出了一种多尺度信息理论方法用于衡量降水、土壤湿度和植被动态之间的相互作用，其利用小波多分辨率分析定量化不同时间、空间尺度的信息交换，确定不同尺度对观测信息指标的贡献率，并基于此指出该方法可用于分析不同时间和空间尺度数据对水文数据的贡献率。在小波分解的基础上，Brunsell（2010）提出了基于小波分解的多尺度熵方法。该方法的基本原理是利用小波分解将水文时间序列分解为多时间尺度下的不同成分，然后根据研究内容选择不同时间尺度下的熵进行分析。Chou（2011）为研究台湾四个站点的月降水数据的复杂性，首先计算小波分解后子序列的多尺度信息熵值，然后计算其在各时间尺度下的熵平均值。结果表明，Wu-Tu 站的降水序列的结构最复杂，不确定性和随机性最大。同时，根据多尺度信息熵值的 MK 趋势确定小波的分解水平，进一步证明了该方法具有很好的稳定性。Liu D 等（2018）将熵理论与粒子群优化算法相结合，改进了传统的参数选择方法和随机性测量结果的准确性和可靠性。为准确量化变化的随机性程度，Sang 等（2015）利用蒙特卡罗试验揭示了白噪声成分在小波熵下随机性的变化特征，并基于此将随机性程度划分为三个等级，分别为纯随机过程、确定性过程和随机过程。上述研究表明，熵指标能够很好地度量时间序列的随机性，但由于熵指标众多，不同熵指标量化变量的随机性存在差异，导致对水文气候过程随机性特征缺乏统一和合理的认识。

综上可以看出，尽管目前围绕水文气候过程演变特征研究取得了较好的研究进展，然而相关研究仍存在以下三方面不足：①自然演变特征的研究主要利用长持续特性评估方法，但忽略了不同方法的局限性和缺陷，导致短持续过程会被误判为长持续过程，难以准确评估自然演变特征的类型与显著性；②趋势的检测与识别受到水文气候系统自然演变特征的影响，但目前趋势研究较少考虑该影响，导致对真实趋势的识别与显著性评估存在偏差；③熵指标能够很好地描述自然演变过程的随机性，但熵指标众多，不同熵指标量化随机性的结果存在差异，导致对水文气候过程的随机性特征缺乏统一和合理的认识。

因此，准确识别水文气候过程的自然演变类型，并评估其对趋势类型和显著性的影响，是本研究的核心科学问题。基于目前研究现状与存在的问题，本研究针对不同演变类型序列在时域、频域和熵指标等特征表征下的变化特征进行深入研究，分析不同指标用于诊断自然演变类型的优劣以及各指标的关联性，从而建立水文气候过程自然演变类型检测方法；同时考虑水文气候过程自然演变特征对趋势识别的影响，综合多种方法构建时间序列趋势诊断与显著性评估新方法；利用构建的新方法揭示全球和典型区域水文气候过程的复杂演变特征及空间差异性，提升对水文气候过程时空变异特征的新认识。

5.1.2 水文过程多时间尺度演变特征诊断方法

水文气候过程呈现出多时间尺度变化特性，如何对其进行准确识别是研究气候变化检测与归因的重要内容。目前主要采用频谱方法进行多时间尺度变化特性识别，但实际分析过程中仍面临许多难点问题，如由于随机因素和序列多成分叠加影响，难以判断周期识别结果的准确性和真实性。目前对趋势理解和认识存在分歧，缺乏对非线性趋势显著性进行定量评估。

为了解决上述问题，经研究建立了标准化离散小波谱（uniform discrete wavelet spectrum，UDWS），用于刻画序列在不同时间尺度信号强弱的差异。研究发现，不同分布类型的随机过程的离散小波谱（DWS）均服从相同的幂函数递减规律，因此将其定义为标准化离散小波谱，并利用蒙特卡罗方法估计其置信区间（图 5-1 中蓝色区域）。通过倍比关系将所有待分析水文时间序列的第一谱值调整为相同值，可以定量评估水文过程不同时间尺度变化规律的显著性差异，并可对比其空间差异性。

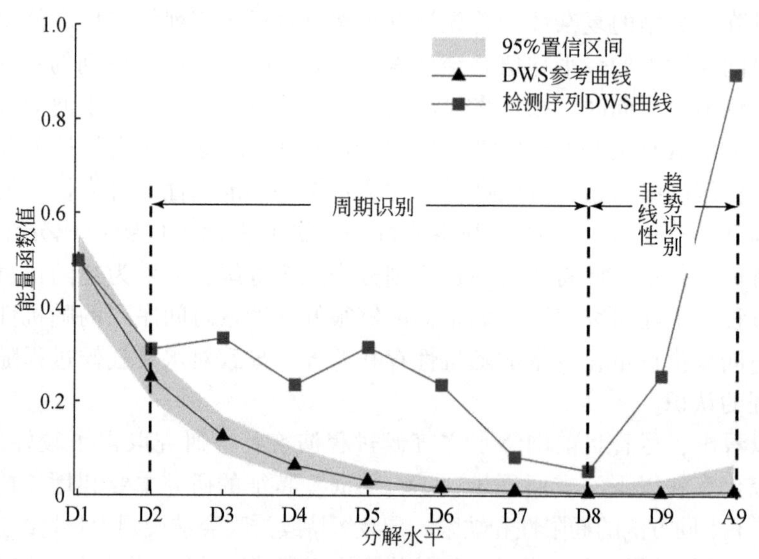

图 5-1　建立的标准化离散小波谱方法

用于识别水文过程多时间尺度周期波动与非线性趋势的显著性

利用建立的标准化离散小波谱分析水文过程多时间尺度演变特征主要步骤如下：

1）对于给定的时间序列 $f(t)$，根据关心的时间尺度 T 确定合理的分解水平 $\log_2(T)$。选择合理的小波函数，对序列进行离散小波变换：

$$W_f(j,k) = \int_{-\infty}^{+\infty} f(t)\psi_{j,k}{}^*(t)\,\mathrm{d}t, \psi_{j,k}(t) = 2^{-j/2}\psi(2^{-j}t - k) \tag{5-1}$$

2）应用小波重构方法得到各分解水平上的子序列 $f_j(t)$：

$$f_j(t) = \sum_k W_f(j,k)\psi^*(2^{-j}t - k) \tag{5-2}$$

3）计算各子序列的能量值 E，得到该序列随小波分解水平 j 增大时的能量分布曲线：

$$E_j = \sum_{t=1}^{n} (f_j(t))^2 \tag{5-3}$$

4）生成与待分析水文序列长度一致的“标准”（均值为 0 和标准差为 1）噪声序列，并通过蒙特卡罗方法模拟统计试验对噪声的能量分布规律进行分析。为进一步评估分析结果的不确定性，求得噪声能量分布曲线对应的 95% 置信区间。

5）依据小波分析理论和水文序列的基本组成，一般认为水文序列小波分解后第一水平上的子序列主要由噪声成分构成。因此，利用水文序列第一分解水平上子序列的能量值，对步骤 3）得到的“标准”噪声的能量分布曲线及 95% 置信区间按比例放大（或缩小），并将缩放后的能量分布曲线作为“参考曲线”。

6）对比水文序列的能量分布曲线与“参考曲线”，依据两个能量分布曲线变化规律的差异，识别出序列中含有的真实确定成分。当某分解水平上子序列的能量值超出 95% 置信区间，则认为该子序列为确定成分。在所有识别出的确定成分中，对应的时间尺度最大的子序列即为趋势项，且该趋势在统计意义上是显著的。

上述步骤也可见图 5-2。应用该方法可以同时判断识别出趋势在统计意义上的显著性，且还可以同时在考虑不确定性的情况下识别出序列中含有的周期等其他确定成分。

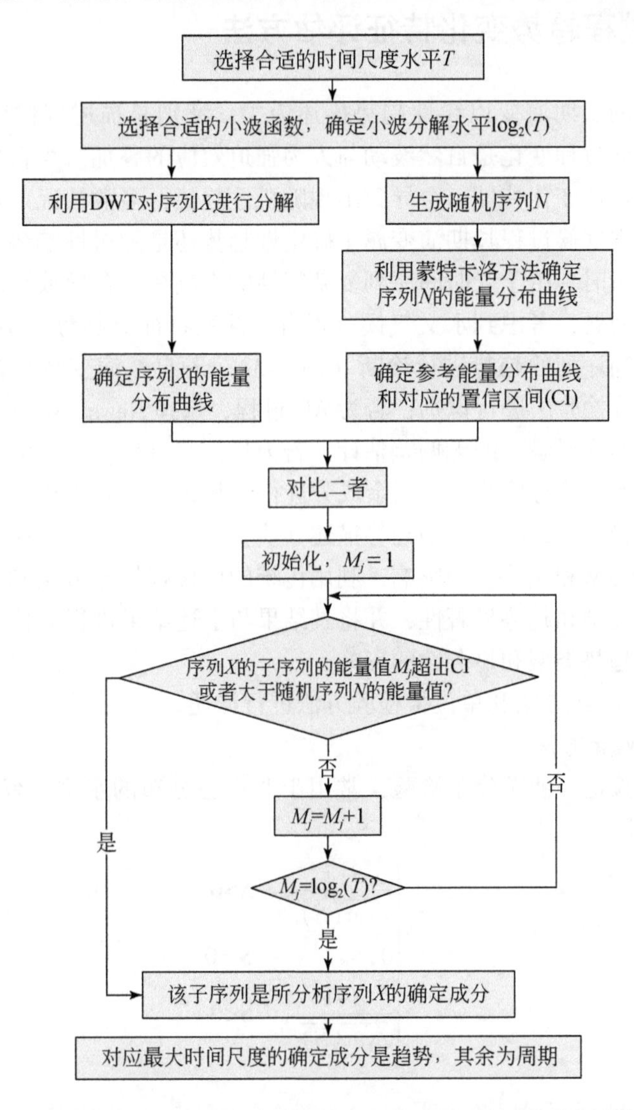

图 5-2　利用标准化离散小波谱分析水文过程多时间尺度演变特征的主要步骤

该方法相比于常规方法的优势在于：

1）准确进行周期真伪识别与显著性评估。常规周期识别方法是直接对原序列进行分析，其主要缺陷包括：难以区分噪声成分产生的伪周期、多成分相互干扰使得严重低估小时间尺度上周期波动的显著性。相比于常规方法，标准化离散小波谱方法首先分离噪声和不同的周期成分，以排除各成分之间的相互干扰；然后采用标准谱统一衡量不同成分的显著性程度，以区分各周期波动的差异。

2）实现对非线性趋势显著性的定量评估。常规方法主要是评估单调趋势的显著性，且以线性趋势描述为主，但缺乏对非线性趋势显著性进行定量评估的方法。通过利用该离散小波谱可以自适应地识别水文气候过程非线性趋势随时间尺度的变化，并可定量评估其显著性。

5.1.3 水文过程趋势变化特征评估方法

水文气候过程的长期演变以线性趋势描述为主，特别是描述气候变化影响时更是如此。然而，水文气候过程变化是自然波动与人为强迫效应的叠加。当自然波动显著时，常常呈现出明显的随机性变化特性，会导致出现随机性趋势，多数情况下也与长持续特性有关。因此，区分水文气候过程长期演变属于确定性趋势还是随机性趋势十分关键。应用传统方法直接进行分析时，由于受时间序列复杂特性的影响往往会导致错误的判断和结果。

为了解决上述问题，考虑到水文气候过程自然演变特征对趋势类型和显著性的影响，综合多种方法对时间序列的趋势进行诊断（图 5-3）。若自然演变特征为白噪声过程，则利用常规的 MK 趋势检验法进行识别；若为 AR 过程，选择 Newey-West 方法处理数据的异方差和自相关性，实现对趋势的无偏差估计；若为长持续过程，首先消除时间序列中的长持续过程，并利用 MK 趋势检验法对剩余成分进行趋势识别；若为单位根过程，时间序列呈现明显的随机性趋势，此时无法用趋势描述其演变特征。此外，为揭示水文气候过程自然演变特征对趋势类型和显著性的影响，利用传统的单位根检验方法和 MK 趋势检验法分别检测序列的趋势类型和趋势显著性，并将其结果与上述结果进行对比分析，进而揭示不同类型时间序列对趋势类型和显著性的影响。

下面对 Newey-West 方法和单位根检验方法进行详述。

（1）Newey-West 方法

非参数 MK 检验是一种无分布检验，常用于非正态分布的水文气候变量的趋势分析。MK 方法的定义如下：

$$z=\begin{cases}\dfrac{S-1}{\sqrt{\operatorname{var}(S)}}, & S>0\\ 0, & S=0\\ \dfrac{S+1}{\sqrt{\operatorname{var}(S)}}, & S<0\end{cases} \tag{5-4}$$

式中，$S=\sum_{k=1}^{n-1}\sum_{j=k+1}^{n}\operatorname{sign}(x_j-x_k)$，

$$\operatorname{sign}(x_j-x_k)=\begin{cases}+1, & x_j>x_k\\ 0, & x_j=x_k\\ -1, & x_j<x_k\end{cases}$$

$$\operatorname{var}(S)=\frac{[n(n-1)(2n+5)]}{18} \tag{5-5}$$

式中，n 为数据点的个数。

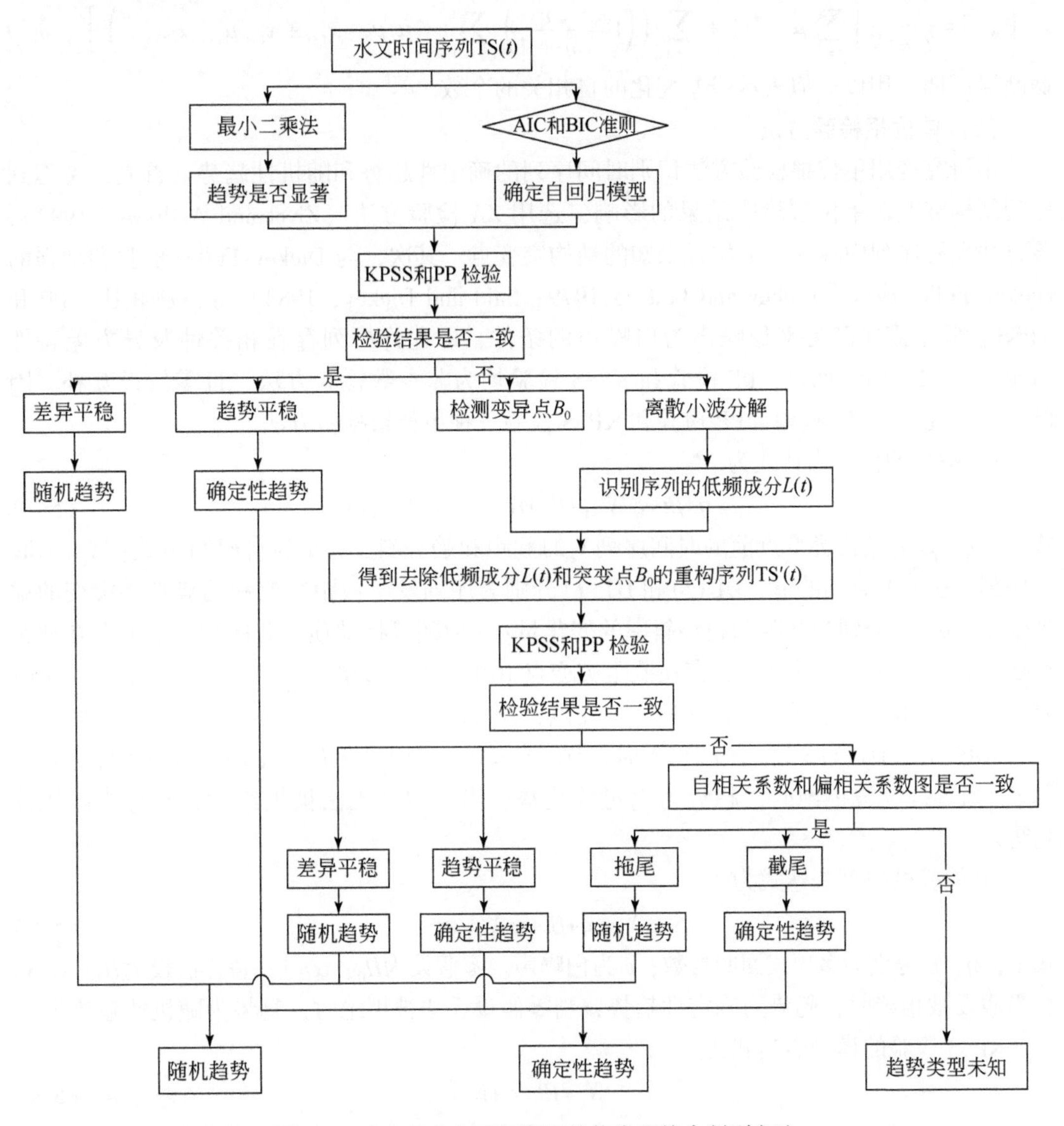

图 5-3　建立的水文时间序列趋势类型综合判别方法

当存在异方差或自相关性时，MK 方法的方差估计是不准确的，从而影响对其进行统计检验。为了解决这一问题，White 提出了 Heteroskedasticity Consistent Covariances 方法使存在异方差时能够对协方差矩阵进行一致性估计，而无须知道异方差的形式，但是

White 提出的方法假定序列的残差是不存在自相关的。为此，Newey 和 West（1987）提出了一个更为一般的估计量，使存在异方差或自相关性时仍然能对协方差矩阵进行一致性估计。

Ncwey-West 协方差矩阵可表示为

$$\sum_{NW}=\frac{T}{T-K}(X,X)^{-1}\hat{\Omega}(X,X)^{-1} \tag{5-6}$$

式中，$\hat{\Omega}=\frac{T}{T-K}\left[\sum_{t=1}^{T}\mu_t^2 x_t x_t'+\sum_{v=1}^{q}\left(\left(1-\frac{v}{q+1}\right)\sum_{t=v+1}^{T}(x_t\mu_t\mu_{t-v}x_{t-v}'+x_{t-v}\mu_{t-v}\mu_t x_t')\right)\right]$；$q$ 为截断滞后期，用以近似表示残差变化的自相关的个数。

（2）单位根检验方法

本研究选用单位根检验方法识别时间序列的确定性趋势和随机性趋势。首先，考虑到序列结构突变对单位根检验结果的影响，选用 ZA 检验方法（Zivot and Andrews，1992），该方法允许序列中存在一个位置未知的结构突变点。其次，与 Dickey-Fuller 检验和增强的 Dickey-Fuller 检验（Dickey and Fuller，1979；Said and Dickey，1984）等方法相比，PP 和 KPSS 检验不需要满足平稳噪声为白噪声的条件，即允许序列存在相关性及异方差特性（Barbosa，2011）。而且，PP 检验和 KPSS 检验均为非参数检验方法，且零假设互补。因此，本研究选用 ZA 检验、PP 检验和 KPSS 检验三种单位根检验方法。

ZA 检验的模型表达式为

$$X_t=\eta+\beta t+\alpha X_{t-1}+\theta\times \mathrm{DU}(t)+\gamma\times \mathrm{DT}(t)+v_t \tag{5-7}$$

式中，η、β 为结构突变点前的时间序列X_t的截距和趋势斜率；α 为自回归系数；X_{t-1}为时间序列X_t在 t-1 时刻的值；DU(t)和 DT(t)分别为序列发生截距突变和趋势斜率突变的虚拟变量；θ、γ 分别为截距和趋势斜率的变化量；v_t为随机扰动项。若序列X_t中不存在截距突变点，设定 $\theta=0$；反之，若存在截距突变点 BP1，则当 t>BP1 时，DU(t)= 1，当 t<BP1 时，DU(t)= 0；若序列中不存在斜率突变点，设 $\gamma=0$，反之，若存在斜率突变点 BP2，则当 t >BP2 时，DT(t)= 1，当 t<BP2 时，DT(t)= 0。零假设为H_0：$\alpha=1$，备择假设为H_1：$\alpha<1$。当零假设被拒绝时，趋势为确定性趋势；当零假设无法被拒绝时，趋势为随机性趋势。

PP 检验的模型表达式为

$$X_t=\eta+\beta t+\alpha X_{t-1}+v_t \tag{5-8}$$

式中，η，β 分别为多项式回归参数；v_t为白噪声。零假设为H_0：$\alpha=1$，备择假设为H_1：$\alpha<1$。当零假设被拒绝时，趋势为确定性趋势；当零假设无法被拒绝时，趋势为随机性趋势。

KPSS 检验的模型表达式为

$$X_t=\beta t+r_t+v_t \tag{5-9}$$

式中，r_t为随机游走过程，$r_t=r_{t-1}+\varepsilon_t$，$\varepsilon_t\sim N$（0，$\sigma_\varepsilon^2$）；$v_t$为白噪声。零假设为$\beta\neq 0\Lambda\ \sigma_\varepsilon=0$，备择假设为$\sigma_\varepsilon\neq 0$。当零假设被拒绝时，趋势为随机性趋势；当零假设无法被拒绝时，趋势为确定性趋势。

综合上述多种方法构建考虑水文气候过程自然演变特征影响的时间序列趋势诊断和显著性评估新方法，实现时间序列的趋势无偏估计，揭示自然演变特征随趋势显著性和趋势类型的影响。

具体步骤描述如下：

1）基于水文气候过程自然演变类型检测方法，识别水文时间序列的自然演变类型。

2）综合多种方法诊断水文气候过程时间序列的趋势。趋势诊断方法分为4种情况：①若自然演变特征为白噪声过程，则利用常规的最小二乘法进行趋势显著性识别，并执行步骤4)；②若为AR过程，选择Newey-West方法处理数据的异方差和自相关性，实现对趋势的无偏差估计，并执行步骤4)；③若为单位根过程，时间序列呈现明显的随机性趋势，此时无法用趋势描述其演变特征；④若为长持续过程，则执行步骤3)。

3）消除时间序列中的长持续过程，重复步骤1)～2）对剩余成分的自然演变类型进行检测，直至剩余成分被检测为白噪声过程或AR过程。

4）利用最小二乘法和单位根检验方法识别时间序列的趋势显著性和趋势类型，与上述趋势结果进行对比，评估水文气候过程自然演变特征对趋势显著性和趋势类型识别结果的影响。

5.2 中国月气温的自然演变特征诊断

基于水文气候过程演变类型检测方法，对我国558个气象站月气温数据的自然演变类型进行识别。首先，我国558个气象站的月降水数据的一阶和二阶自相关系数分布规律如图5-4（a）所示。结果显示，21个站点月气温序列差分后的一阶和二阶自相关系数分布在白噪声过程，其他月气温时间序列分布在长持续过程或AR（1）过程区间内，没有气温序列被检测为单位根过程和AR（2）过程。针对分布在长持续过程或AR（1）过程区间内的时间序列，利用DFA方法获取其尺度系数α，从而区分长持续过程或AR（1）过程。图5-4（b）表示这类月气温时间序列尺度系数α的直方图，可以看出，大多数月气温序列的尺度系数α较大，为0.5～0.75，说明大部分月气温时间序列存在长持续特性。因此，整体上我国月气温数据的自然演变类型为长持续过程。

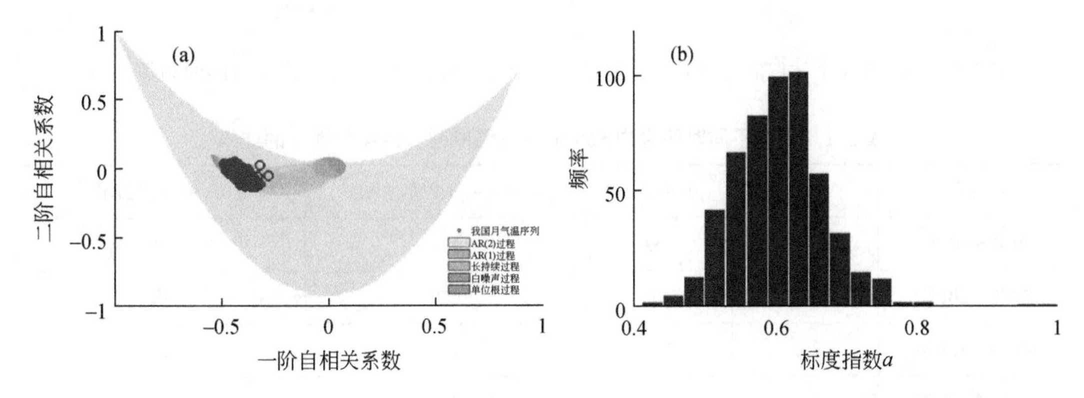

图5-4　（a）1960～2019年我国558个月气温序列差分后一阶和二阶自相关系数的分布规律，（b）我国月气温序列［（a）检测为AR（1）或长持续过程］尺度系数α的直方图

5.2.1 我国月气温序列长持续特性的空间分布

考虑到序列中的结构突变点可能对研究结果产生影响，本研究首先利用 ZA 方法识别气温序列中位置未知的结构突变点，结果如图 5-5 所示。结果显示，第一个突变点（SBP1）主要集中在 1970 ~ 1985 年，第二个突变点（SBP2）主要发生在 2000 ~ 2010 年。基于此，利用 Local Whittle（LW）方法评估 1960 ~ SBP1、SBP1 ~ SBP2、SBP2 ~ 2019 年、SBP1 ~ 2019 年和 1960 ~ 2019 年共 5 个时间段气温序列的长持续特性 d，结果如表 5-1 和图 5-6 所示。结果显示，5 个时间段中所有气温序列的长持续特性 d 均小于 0.5。具体地，在 1960 ~ SBP1，除松辽流域北部、黄河和长江流域上游的气温序列呈现 $d>0$ 外，其他地区的 389 个气温序列为 $d<0$；在 SBP1 ~ SBP2 和 SBP2 ~ 2019 年，分别有 316 个气温序列（主要分布在长江流域）和 305 个气温序列（主要集中在黄河和长江流域）呈现 $d<0$，其他地区的气温序列为 $0<d<0.5$；在 SBP1 ~ 2019 年和 1960 ~ 2019 年，除长江流域下游外，其他地区的气温序列的 d 值明显增大，且 $0<d<0.5$。综上，在 1960 ~ SBP1、SBP1 ~ SBP2 和SBP2 ~ 2019 年，我国大部分气温变化表现出一定的反持续性特征，但随着观测时间增加，在 SBP2 ~ 2019 年和 1960 ~ 2019 年，我国气温序列的长持续特性越来越明显。

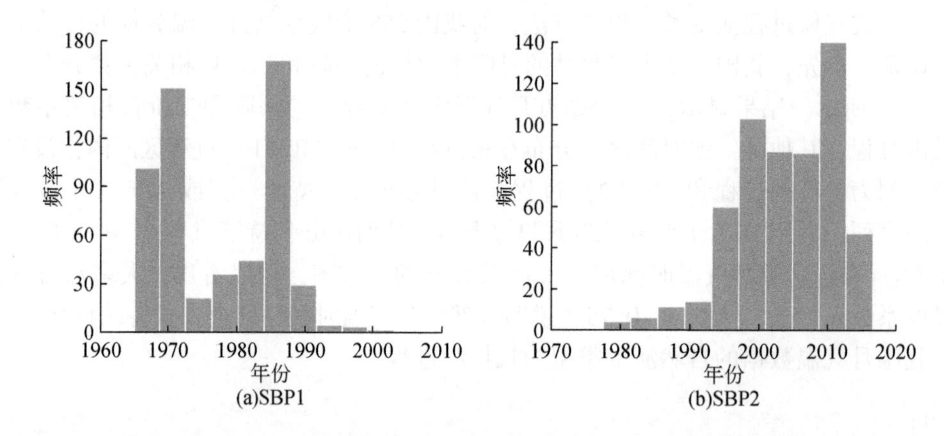

图 5-5 中国 558 个站点的月气温序列的结构突变点（SBP1 和 SBP2）发生时间的频数分布

表 5-1 我国不同时间段内 558 个月气温序列长持续特性 d 的结果

时间段	$d<0$	$0<d<0.5$	$d=0$（95%置信水平）	$d\neq0$（95%置信水平）
1960 ~ SBP1	389	169	464	94
SBP1 ~ SBP2	242	316	470	88
SBP2 ~ 2019 年	253	305	430	128
SBP1 ~ 2019 年	114	444	425	133
1960 ~ 2019 年	19	539	131	427

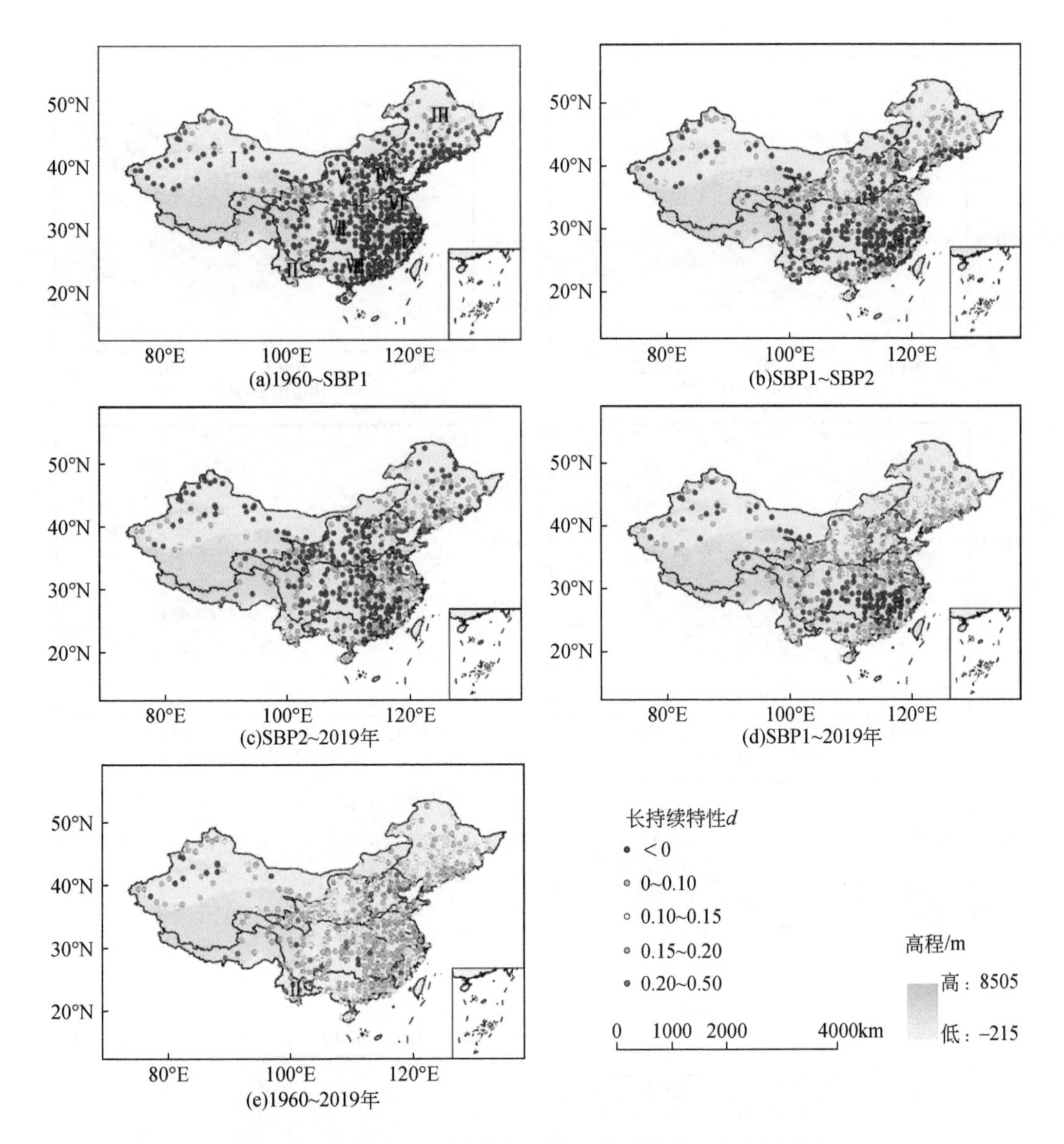

图 5-6 我国 558 个月气温序列的长持续特性 d 的空间分布

Ⅰ指内陆河流域；Ⅱ指西南诸河流域；Ⅲ指松辽河流域；Ⅳ指海河流域；Ⅴ指黄河流域；Ⅵ指淮河流域；Ⅶ指长江流域；Ⅷ指珠江流域；Ⅸ指东南诸河流域，下同

5.2.2 气温的长持续特性对趋势识别的影响

为探究长持续特性对我国月气温数据的趋势显著性影响，本研究首先消除序列中的长持续特性，然后对剩余成分的趋势进行识别，并将其结果和基于最小二乘法的趋势结果进行对比分析。考虑长持续特性的趋势识别结果如图 5-7 和表 5-1 所示，在 1960 ~ SBP1，绝大多数气温时间序列无明显的趋势变化。在 SBP1 ~ SBP2，除我国西南地区部分气温序列无明显趋势外，其他地区中 482 个站点的气温序列呈现明显的上升趋势。该结果与任国玉

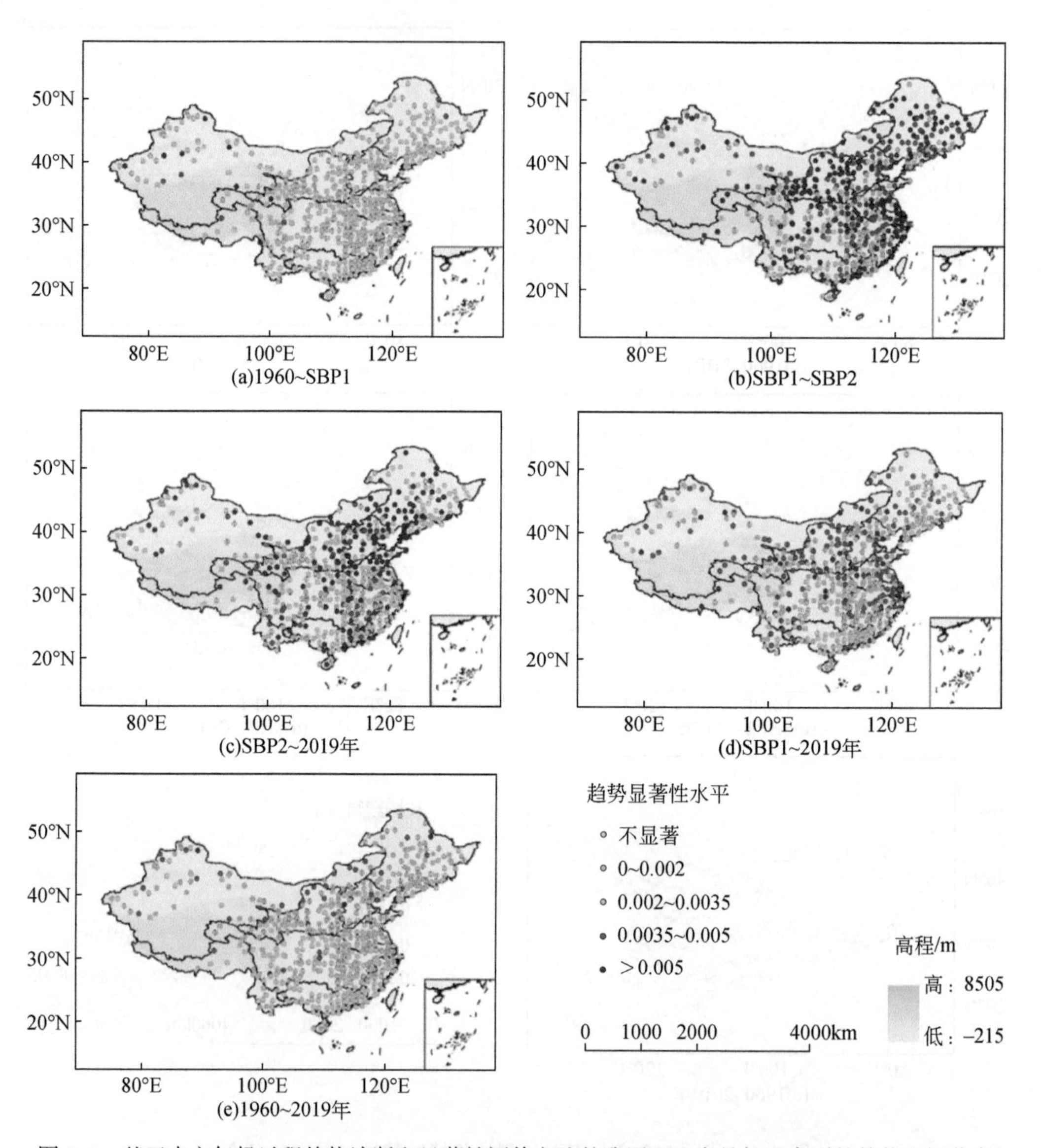

图 5-7 基于水文气候过程趋势诊断和显著性评估方法的我国 558 个月气温序列的趋势空间分布

等（2015）的研究结果一致，显示我国气温变暖主要发生在 20 世纪八九十年代。在 SBP2～2019 年，我国淮河、海河、黄河和长江流域的气温呈现明显的上升趋势，本研究认为其与全球平均海表温度自 2000 年以来呈现的缓慢增温速率有关（Trenberth and Fasullo，2014；Yan et al.，2016）。在 SBP1～2019 年和 1960～2019 年，绝大多数气温序列呈现明显的上升趋势，且北部地区气温的显著性水平较南部地区气温的显著性水平偏高。将其与最小二乘法的趋势结果进行对比，图 5-8 和图 5-9 结果显示，考虑长持续特性的趋势和最小二乘法的趋势结果存在明显差异。在 1960～SBP1，最小二乘法高估了我国 403 个月气温时间序列的真实趋势。具体地，这些气温序列的长持续特性呈现一定的虚假下降趋势，该趋势和真实的下降趋势叠加导致最小二乘法高估了气温的真实趋势。对于我国西

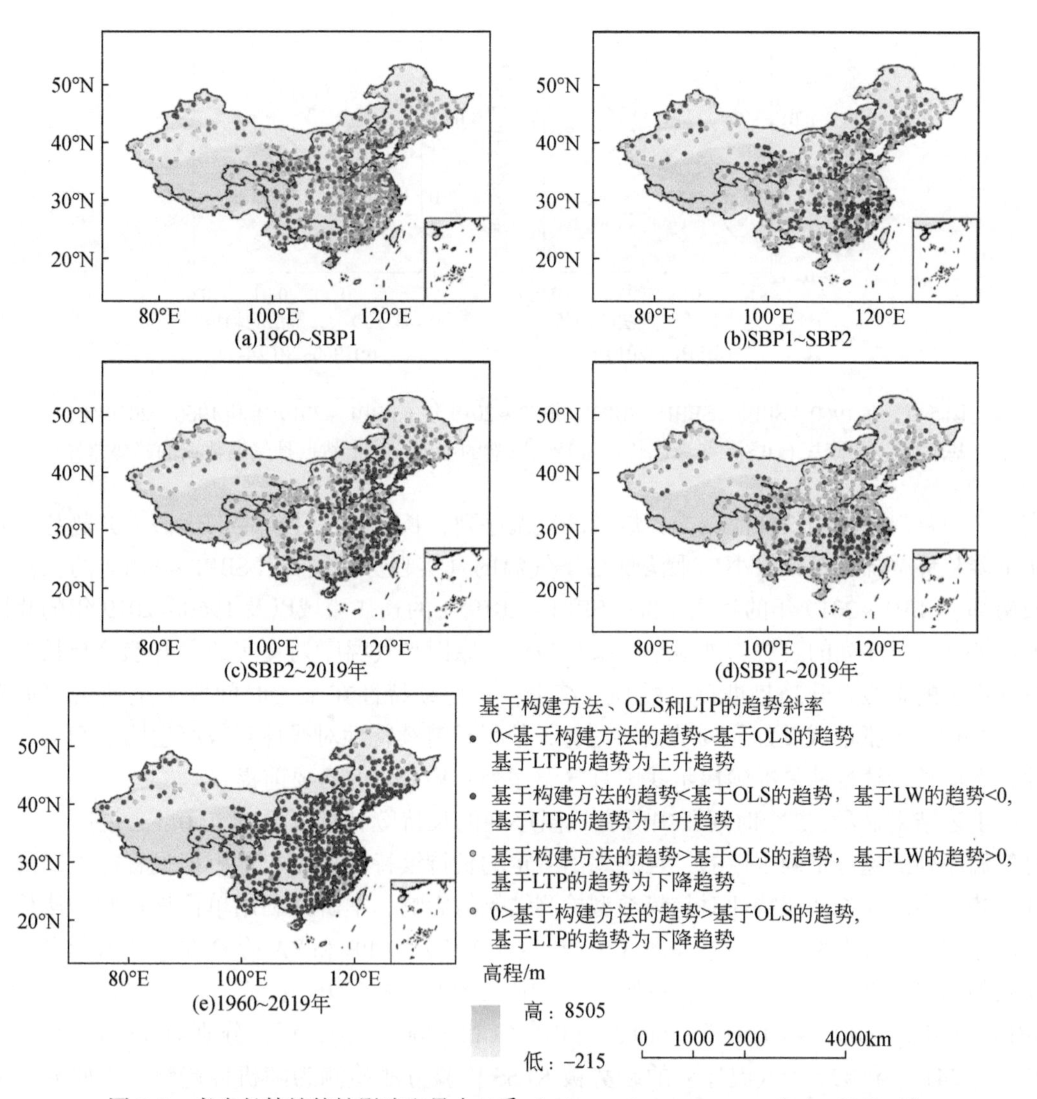

图5-8　考虑长持续特性影响和最小二乘（ordinary least square method，OLS）法的中国558个月气温序列的趋势斜率以及长持续特性（LTP）产生的趋势斜率

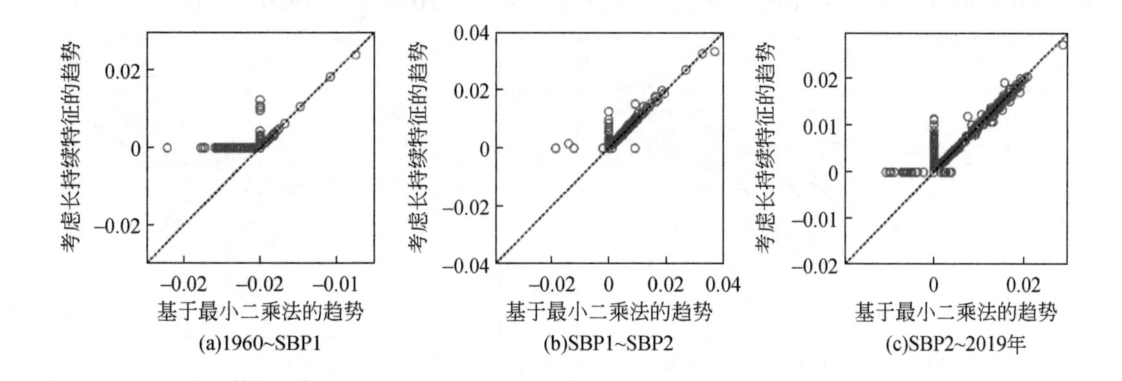

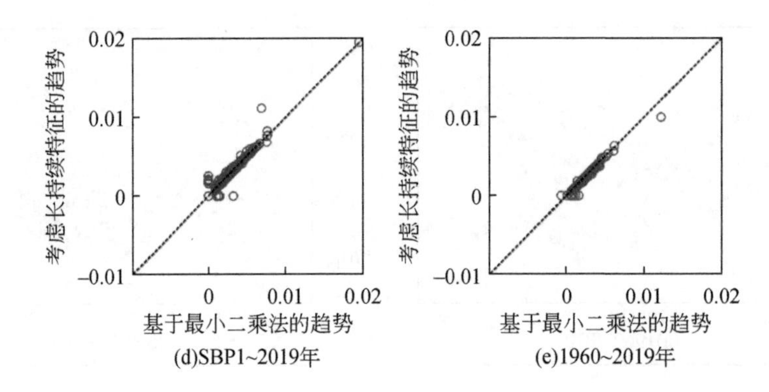

图 5-9　在 1960 ~ SBP1、SBP1 ~ SBP2、SBP2 ~ 2019 年、SBP1 ~ 2019 年和 1960 ~ 2019 年，基于最小二乘法（OLS）与考虑长持续特性影响的中国 558 个站点月气温数据的趋势差异

南地区、黄河流域和长江流域交界地带的气温序列，长持续特性产生的虚假上升趋势与真实下降趋势叠加，导致最小二乘法低估了气温的真实趋势。同样，SBP1 ~ SBP2 的长江流域南部、SBP2 ~ 2019 年的我国东部、SBP1 ~ 2019 年的长江流域以及 1960 ~ 2019 年的我国大部分月气温序列的趋势均被最小二乘法高估，原因是气温序列真实的上升趋势与长持续特性产生的虚假上升趋势进行了叠加。综上，长持续特性在某一时间段会呈现出“像趋势”特征，会抵消或叠加序列的真实趋势，使得长持续特性对线性趋势产生明显影响。因此，考虑长持续特性是准确揭示我国月气温序列趋势变化的必要前提。

上述结果显示，5 个时间段中所有气温序列的长持续特性 d 均小于 0.5，说明了我国月气温序列的趋势是确定性的，且表现出一定的长持续特性，而非单位根过程产生的随机性趋势。为研究长持续特性对趋势类型检测结果的影响，本研究利用单位根检验方法检测气温序列的趋势类型，其结果如图 5-10 和表 5-2 所示（PP 和 ZA 检验方法显示所有气温序列的趋势为确定性趋势，不在图 5-10 中展示）。图 5-10 中显示，在 1960 ~ SBP1、SBP1 ~ SBP2、SBP2 ~ 2019 年、SBP2 ~ 2019 年和 1960 ~ 2019 年，分别有 13 个、81 个、97 个、241 个和 427 个气温序列的趋势被 KPSS 检验方法检测为随机性趋势。本研究将上述结果与差分参数 d 进行对比分析。由于所有气温序列均被 PP 和 ZA 检验方法检测为确定性趋势，故只将 KPSS 方法的检测结果与差分参数 d 进行对比，如图 5-11 和表 5-3 所示。在 1960 ~ SBP1、SBP1 ~ SBP2、SBP2 ~ 2019 年、SBP1 ~ 2019 年和 1960 ~ 2019 年，分别有

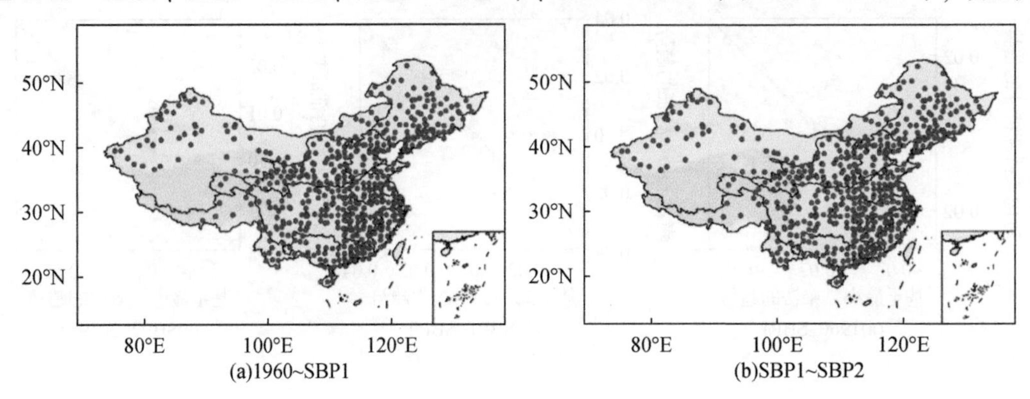

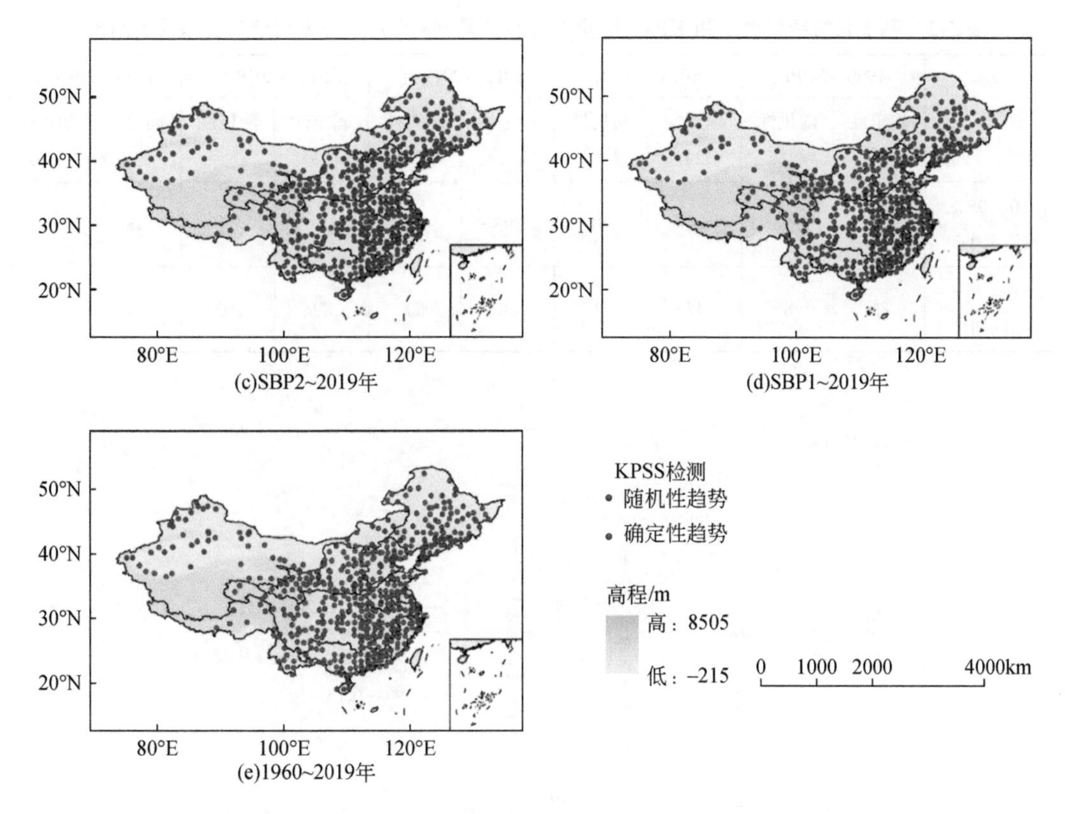

图 5-10 基于 KPSS 方法的中国 558 个月气温序列的趋势类型

459 个、430 个、393 个、228 个和 48 个月气温序列的长持续特性 $d=0$（95% 置信区间），且被检测为确定性趋势，8 个、41 个、60 个、202 个和 377 个月气温序列表现为 $d\neq0$，其趋势被检测为随机性趋势。也就是说，1960～SBP1、SBP1～SBP2 和 SBP2～2019 年月气温序列的长持续特性较弱，KPSS 检验方法检测气温序列的趋势为确定性趋势，而在 SBP1～2019 年和 1960～2019 年，月气温序列的长持续特性增强，其趋势被 KPSS 检验方法检测为随机性趋势的概率越大。

表 5-2 我国 558 个月气温序列的线性趋势显著性、单位根检验方法以及趋势检测类型结果

时间段	显著性趋势	确定性趋势			随机性趋势			趋势类型		
		PP 检验	KPSS 检验	ZA 检验	PP 检验	KPSS 检验	ZA 检验	确定性趋势	随机性趋势	长持续特性和确定性趋势耦合
1960～SBP1	47	558	545	558	0	13	0	23	0	24
SBP1～SBP2	482	558	477	558	0	81	0	366	0	116
SBP2～2019 年	305	558	461	558	0	97	0	228	0	77
SBP1～2019 年	512	558	317	558	0	241	0	218	0	294
1960～2019 年	531	558	131	558	0	427	0	46	0	485

表 5-3　基于长持续特性 d 和 KPSS 检验方法的我国 558 个月气温序列趋势类型检测结果

特性	1960～SBP1		SBP1～SBP2		SBP2～2019 年		SBP1～2019 年		1960～2019 年	
	确定性趋势	随机性趋势	确定性趋势	随机性趋势	确定性趋势	随机性趋势	确定性趋势	随机性趋势	确定性趋势	随机性趋势
$d=0$（95%置信水平）	459	5	430	40	393	37	228	39	48	50
$d\neq0$（95%置信水平）	86	8	47	41	68	60	89	202	83	377

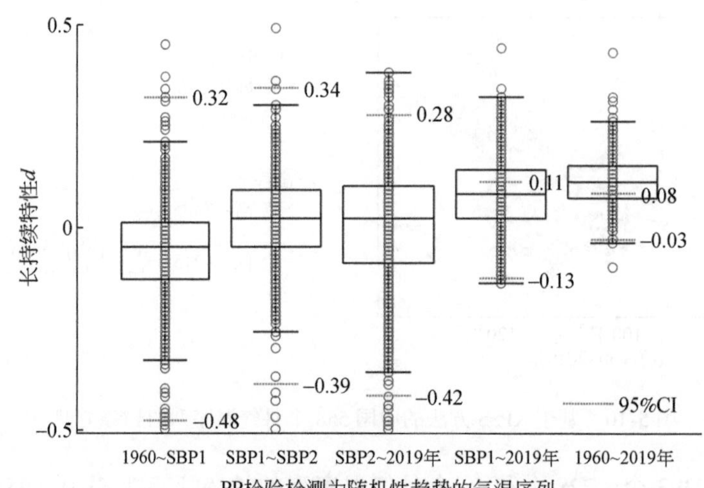

图 5-11　在 1960～SBP1、SBP1～SBP2、SBP2～2019 年、SBP1～2019 年和 1960～2019 年，中国 558 个月温度（DMT）序列的长持续特性 d 的箱线图和 KPSS 检验的结果

绿虚线表示 $d=0$ 的 95% 置信水平（CI），蓝色圈圈表示 KPSS 方法检测为确定性趋势的气温序列，红色圈圈表示 PP 检验检测为随机性趋势的气温序列

5.2.3　小结

本节首先基于所提的水文气候过程演变类型检测和评估方法，对 1960～2019 年我国 558 个气象站的月气温数据的自然演变类型进行检测；识别每个月气温序列中最明显的两个结构突变点：SBP1 和 SBP2，以此将 1960～2019 年分为 5 个时间段：1960～SBP1、SBP1～SBP2、SBP2～2019 年、SBP1～2019 年和 1960～2019 年，并揭示不同时间段气温序列的自然演变特征及时空差异性；识别我国不同时间段月气温数据的趋势变化，进一步与常规趋势识别方法的结果进行对比，探究长持续特性对趋势显著性和趋势类型的影响；最后，结合序列的长持续特性和常规趋势类型检测结果，确定不同时间段月气温的趋势类

型。主要结论如下：

1）1960 ~ SBP1、SBP1 ~ SBP2 和 SBP2 ~ 2019 年，我国月气温序列呈现一定的反持续特性，而长持续特性较弱，随着观测时间的增长，SBP1 ~ 2019 年和 1960 ~ 2019 年月气温序列呈现越来越强的长持续特性。趋势识别结果显示，1960 ~ SBP1 年我国绝大多数气温序列无明显的趋势变化，SBP1 ~ SBP2 和 SBP2 ~ 2019 年，我国大部分气温呈现显著上升趋势，SBP1 ~ 2019 年和 1960 ~ 2019 年，我国绝大多数气温序列呈现明显的上升趋势，且北部地区气温升温速率较南部地区升温速率偏高。

2）序列的长持续特性对趋势显著性和趋势类型产生了明显影响。一方面，长持续特性在一定时间段内呈现“像趋势”特征，其抵消/叠加序列的真实趋势，导致最小二乘法低估/高估真实趋势的大小及显著性；另一方面，在 1960 ~ SBP1、SBP1 ~ SBP2 和 SBP2 ~ 2019 年，呈现较弱长持续特性的月气温时间序列可被准确地检测为确定性趋势，而在 SBP1 ~ 2019 年和 1960 ~ 2019 年，随着月气温时间序列的长持续特性增强，序列趋势被误判为随机性趋势的概率越大。这是由于长持续特性产生的自然波动易被误判为随机性趋势，且序列的长持续特性越强，自然波动就越明显，被误判的概率也就越大。

3）将序列的长持续特性与单位根检验结果相结合，进一步准确检测序列的趋势类型。结果表明，在 1960 ~ SBP1 年，气温变化无明显趋势；在 SBP1 ~ SBP2 和 SBP2 ~ 2019 年，我国气温的变化趋势以确定性趋势为主；在 SBP1 ~ 2019 年，长江流域气温变化为确定性趋势，其他地区的气温变化为长持续特性和确定性趋势的耦合过程；在 1960 ~ 2019 年，气温变化为长持续特性和确定性趋势的耦合过程。

5.3 中国夏季降水年代际震荡特征分析

5.3.1 降水年代际变化显著性及空间差异性诊断

识别降水的年代际变化及其空间分布差异对于水文过程长期的模拟预测及水资源有效利用有重要意义。目前对我国降水时空变化格局的基本认识为南涝（旱）北旱（涝）。然而，降水变化具有很强的随机性，对于降水呈现随机波动还是显著的年代际波动，以及空间差异性是否更大等问题，仍缺乏深入研究。

针对上述问题，基于 520 个气象站 1961 ~ 2013 年的夏季降水数据，利用图 5-1 所示的标准化离散小波谱方法，揭示全国夏季降水年际、代际变异的空间差异，识别出降水呈现显著的年代际波动的四个区域（图 5-12）：西北地区、松辽河流域的大部分地区、黄淮海平原以及长江流域的南部边界和北部地区。以上四个区域的夏季降水在年际（5 ~ 8 年）及代际（10 ~ 18 年）的时间尺度上均表现出显著的周期性。

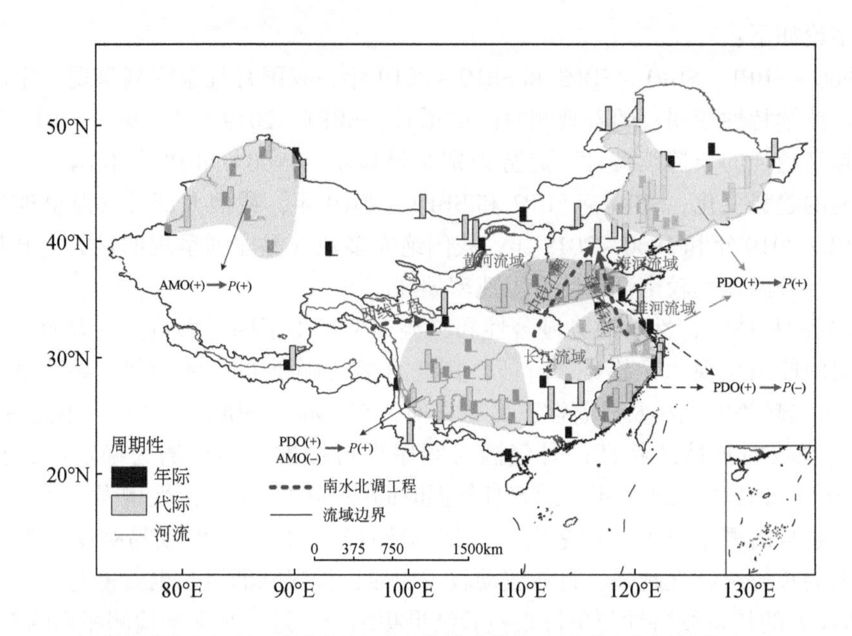

图 5-12　中国夏季降水年际、年代际波动显著性及其与太平洋十年际振荡（Pacific decadal oscillation，PDO）/大西洋多年代际振荡（Atlantic multidecadal oscillation，AMO）响应关系

P 为降水；+和-分别表示偏丰和偏枯

5.3.2　成因分析

本研究聚焦于 PDO 和 AMO 两种影响降水变化的主要海表温度模态，揭示 AMO 和 PDO 对我国降水变异显著性影响的空间差异，识别出影响的四种类型。

如图 5-13 所示，PDO 和 AMO 对降水变异的显著性影响程度在空间上存在差异，具体表现为：在松辽河流域的大部分地区、黄河下游至淮河流域北部、长江下游、东南诸河流域和西南地区，PDO 对夏季降水的影响更为显著；在长江流域中游及其南部边界，夏季 PDO 与 AMO 具有相似的影响强度；在西北地区，夏季降水主要受 AMO 影响。部分地区相关性较弱可能是由于降水的随机变化和人为因素的影响。

通过比较 500hPa 及 850hPa PDO、AMO（图 5-14）冷暖位相的水汽通量及其差异，进一步探究 AMO 及 PDO 对降水周期性变异的具体影响。结果表明，在西北地区，正位相的 AMO 使降水增加；在松辽河流域的大部分地区以及长江下游地区，降水主要与 PDO 的变化相关，正位相的 PDO 可以增加降水；在黄河中游以东至淮河流域北部的区域以及东南诸河流域，负位相的 PDO 可以增加降水；在长江中游，降水与 PDO 和 AMO 均相关，正位相 PDO 和负位相的 AMO 均可以增加降水。

基于上述研究结果，进一步讨论南水北调工程调水区与受水区降水变异的协调性及其对调水的潜在影响。我国目前基于四大江河（长江、黄河、淮河、海河）和南水北调工程（东线、中线、西线）形成了“四横三纵”的调水框架。受 PDO 和 AMO 效应的影响，“四横三纵”调水框架调水区和受水区夏季降水的年代际变化应呈现相反的位相。虽然大

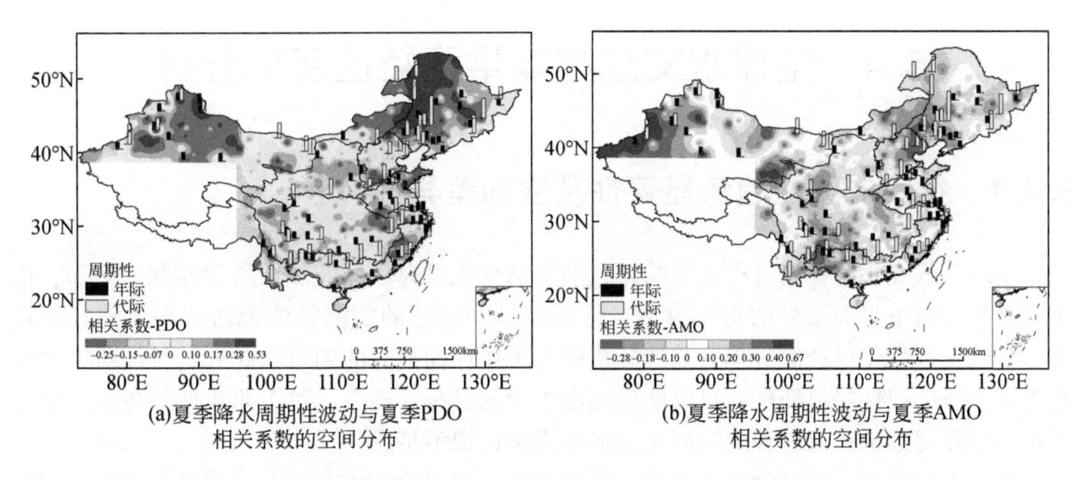

(a)夏季降水周期性波动与夏季PDO相关系数的空间分布　(b)夏季降水周期性波动与夏季AMO相关系数的空间分布

图 5-13　夏季降水周期性波动与夏季 PDO、AMO 相关系数的空间分布

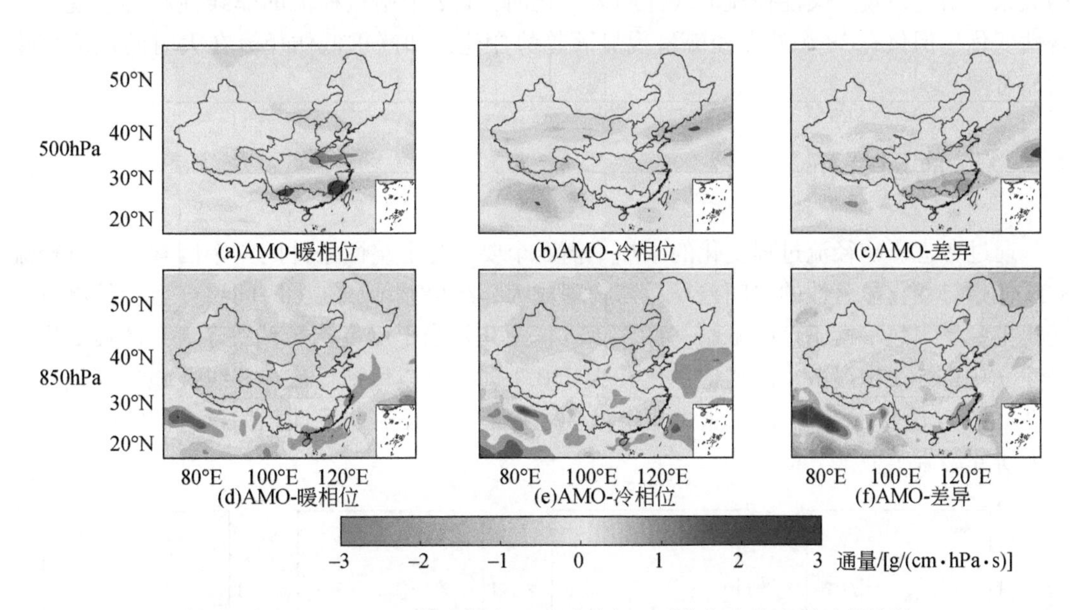

(a)AMO-暖相位　(b)AMO-冷相位　(c)AMO-差异
(d)AMO-暖相位　(e)AMO-冷相位　(f)AMO-差异

图 5-14　500hPa、850hPa 时我国 AMO 冷位相、暖位相水汽通量及其差异

型调水工程利于水资源合理配置，但仍要结合人为影响正确评估和预测调水区与受水区降水的年代际波动，以实现调水工程的更高效利用。本研究结果可以为我国水文过程的长期模拟和预测提供一定参考，即结合降水的周期性变化和 PDO、AMO 的变化特征发现，下个年代际尺度南水北调工程控制区的降水格局应参考“南旱北涝”的空间格局，制定更加行之有效的政策以确保全国的水资源利用安全。

5.4 全球水文过程非平稳特征变化分析

5.4.1 径流非线性趋势显著性及空间差异性诊断

全球气候变化对径流过程的影响是目前全球变化研究领域的热点科学问题。然而，由于人类活动对下垫面条件的持续改造，许多流域和地区的实测径流无法代表天然径流过程，导致气候变化对径流过程影响的分析研究工作存在很大的困难。此外，目前研究主要是关注径流的线性趋势变化，且仅能检测出少量的显著性站点，对于非线性趋势变化研究不足，导致对陆地径流过程大时间尺度演变规律认识不足。

针对上述问题，通过收集美国受人类活动影响很弱的 530 个站点实测径流数据，利用图 5-1 建立的标准化离散小波谱方法，重点研究陆地径流变异显著性及其与水热平衡变化的关系。研究发现，关注径流非线性趋势变化时，172 个站点径流的非线性趋势呈现出显著性变化，但仅有 38 个站点径流呈现显著趋势变化，即严重低估径流在大时间尺度变化的显著性。

5.4.2 成因分析

通过考虑影响径流过程变化的水热平衡 6 个要素与下垫面条件的 4 个因素，分析径流非线性趋势变化显著性的空间差异性与物理成因。结果显示，在大时间尺度上，径流过程变化主要受水热平衡条件的限制（图 5-15）。尤其是当干燥度指数约等于 1，且其变化显著性（用图 5-2 中离散小波谱值量化）大于 0.1 时，可以保证径流在非线性趋势变化的显著性（图 5-16）。此外，径流非线性趋势显著性是对应径流非线性趋势显著性的两倍，与前人研究结果类似。

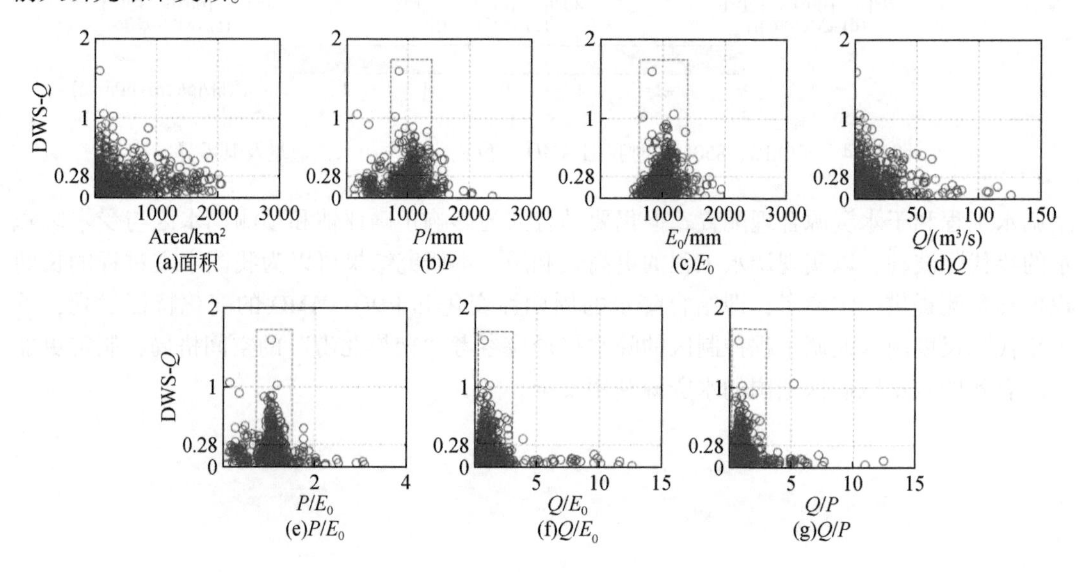

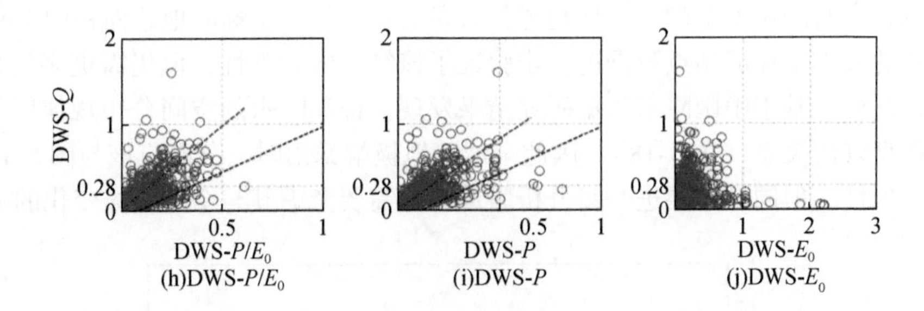

图 5-15　美国 530 个站点径流非线性趋势显著性与 10 个主要影响因素的关系

Area 为流域面积；P 为降水；E_0为潜在蒸散发量；Q 为径流量；DWS 为某变量的非线性趋势显著性

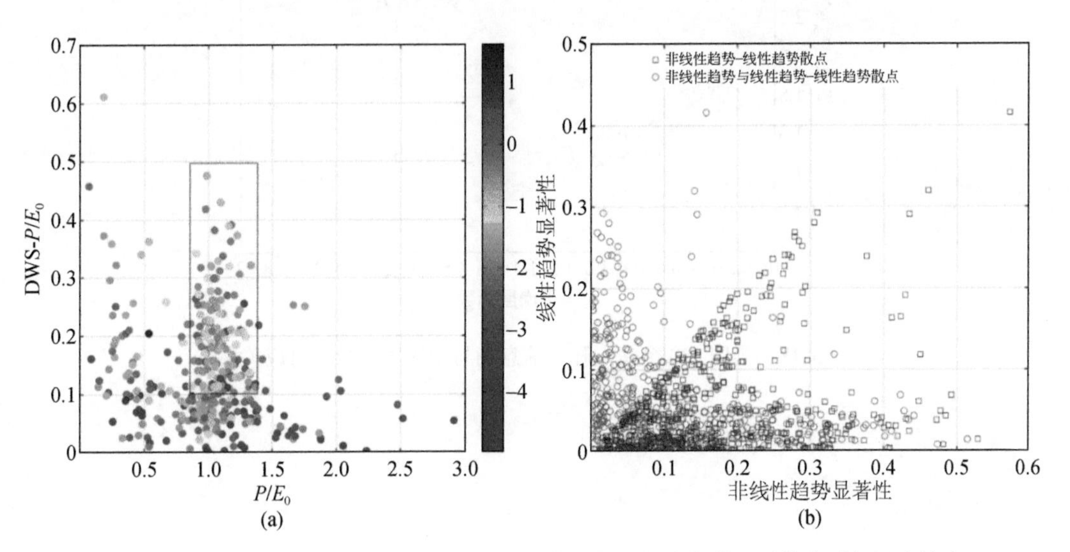

图 5-16　美国 530 个站点径流非线性趋势显著性与干燥度指数以及其大时间尺度演变规律显著性的对应关系

在上述研究结果基础上，将图 5-16 结果推至全球陆地尺度（图 5-17），且认为识别出

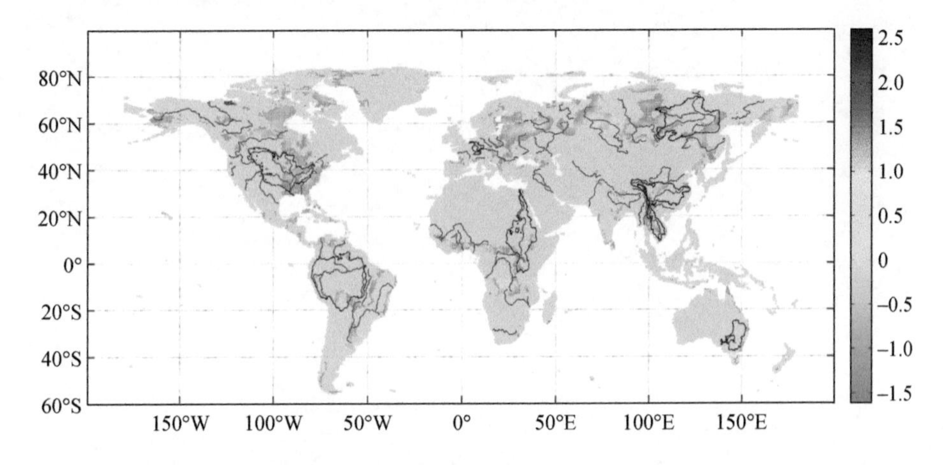

图 5-17　全球径流非线性趋势显著性与干燥度指数以及其大时间尺度演变规律显著性的对应关系

的区域径流在大时间尺度上的非线性趋势具有显著性，约占全球陆地总面积的16%。欧洲和澳大利亚的数十个径流站点数据进一步验证了该结果的合理性，但仍需更多的数据进行分析验证。此外，基于中国降水数据研究结果发现，极端降水的空间分布规律同样与干燥度指数存在良好的关系（图5-18），因此全球陆地极端暴雨时空分布应该与图5-16结果存在良好的一致性，但同样需要进一步分析验证，并需要考虑其与全球气候变化的关系。

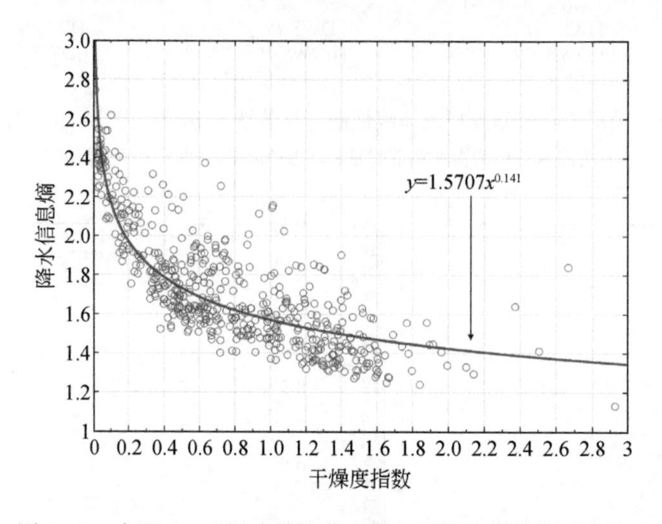

图5-18 全国520个站点降水信息熵与干燥度指数的对应关系

第6章　全球能量–水循环过程对未来气候变化的响应格局研究

6.1　变化环境下全球陆地及典型流域主要水文要素时空分布格局

6.1.1　数据介绍与分析

本研究的主要数据来源为四种卫星反演降水产品数据以及长江流域185个国家基础气象站点1960～2017年的连续日降水数据。

(1) 卫星反演降水产品

本研究选用了四种卫星反演降水产品，分别为TRMM 3B42RT、TRMM 3B42V7、PERSIANN及PERSIANN_CDR。这四种降水产品的介绍如表6-1所示。

表6-1　四种卫星反演降水产品信息

数据集	源数据	空间分辨率	时间范围
TRMM 3B42V7	Geo-IR、PR-TMI、SSMI、AMSR-E、AMSU-B、GPCC/CAMS	0.25°×0.25°	2000.03.01～2017.12.22
TRMM 3B42RT	Geo-IR、PR-TMI、SSMI、AMSR-E、AMSU-B	0.25°×0.25°	2000.03.01～2017.12.22
PERSIANN	Geo-IR、VIS、TMI	0.25°×0.25°	2000.03.01～2016.12.31
PERSIANN_CDR	Geo-IR、VIS、TMI	0.25°×0.25°	1983.01.01～2017.07.31

依据卫星反演降水产品，可以进一步提取出各个网格逐日、逐月、逐年的降水数据以用于进一步的分析。

(2) 国家基本气象站观测数据

本研究采用了长江流域185个国家基本气象站1960～2017年的逐日降水量数据，用于与卫星降水产品的精度比较以及长江流域极端降水事件区域频率分析。长江流域国家基础气象站点分布以及1960～2017年多年平均降水量的空间分布如图6-1所示。

从图6-1中可以看出，长江流域多年平均降水量的空间分布呈现出从西向东、从北向南逐渐增加的趋势，其中，流域中游、下游大部分地区的多年平均降水量都在1000mm以上。为进一步分析长江流域各个气象站点连续日降水序列的时间变化特性，采用MK趋势检验方法对185个气象站点的1960～2017年连续日降水序列进行检验，其结果如图6-2所示。

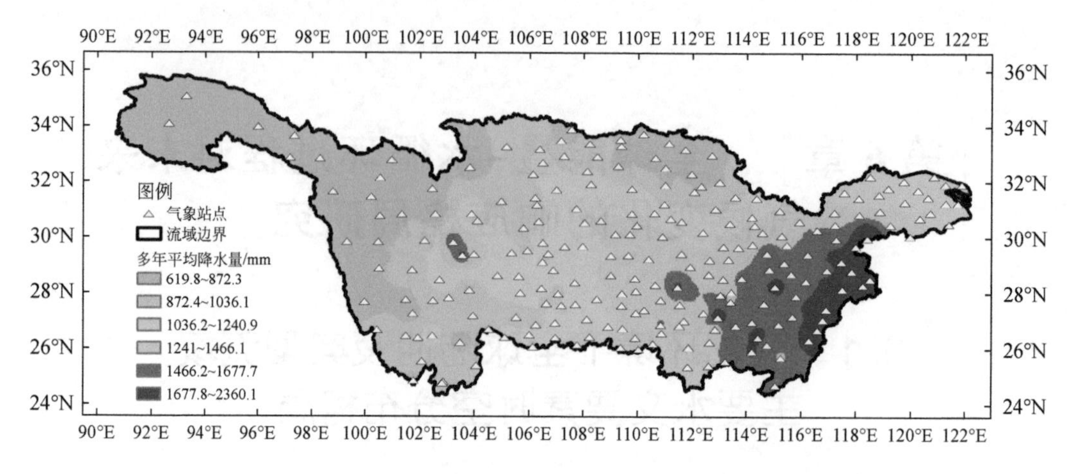

图 6-1　长江流域气象站点位置及多年平均降水量的空间分布

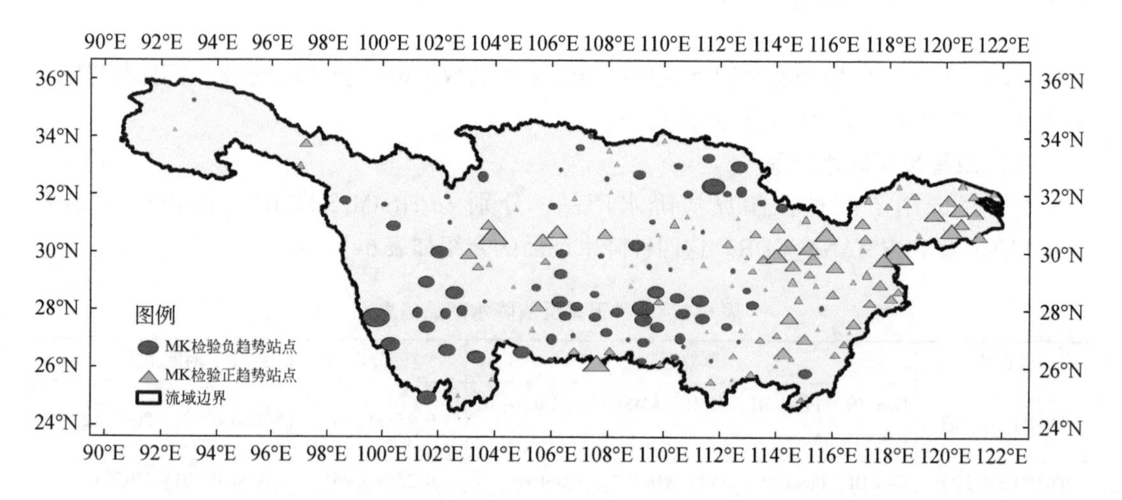

图 6-2　长江流域 185 个气象站点 MK 检验结果

红色代表 MK 检验结果小于 0，绿色代表 MK 检验结果大于 0，图标的大小代表 MK 检验结果的绝对值大小

从图 6-2 中可以看出，长江流域 185 个气象站点中有 78 个气象站点的日连续降水序列呈现下降趋势，其中有 5 个气象站点的日连续降水序列在 5% 的显著性水平下呈现显著下降趋势。而有 107 个气象站点的日连续降水序列呈现上升趋势，其中，有 17 个气象站点的降水序列在 5% 的显著性水平下呈现出显著的上升趋势。从气象站点的空间分布中可以看出，大部分呈现下降趋势的站点都分布在长江流域的西南部，而东南部的大部分站点都呈现出上升趋势，这也与图 6-1 中呈现的多年平均降水量的空间分布基本一致。

6.1.2　八大典型流域降水时空变化特征分析

根据四种全国高精度卫星反演降水产品 TRMM 3B42RT、TRMM 3B42V7、PERSIANN、PERSIANN_CDR，提取出八大典型流域内各个网格对应的降水数据，随后根据各个流域的日降水数据，计算出各个流域的多年平均降水量数据及空间分布状况。其中，亚马孙河流域四种降水产品计算得到的多年平均降水量的空间分布如图 6-3 所示。从图 6-3 中可以看出，所采用的四种降水产品计算得到的亚马孙河流域多年平均降水量的空间变化规律基本一致，均呈现出由南向北逐渐增加的趋势，但 PERSIANN 产品计算得到的亚马孙河流域北部地区的多年平均降水量要明显大于其他三种产品计算得到的结果。

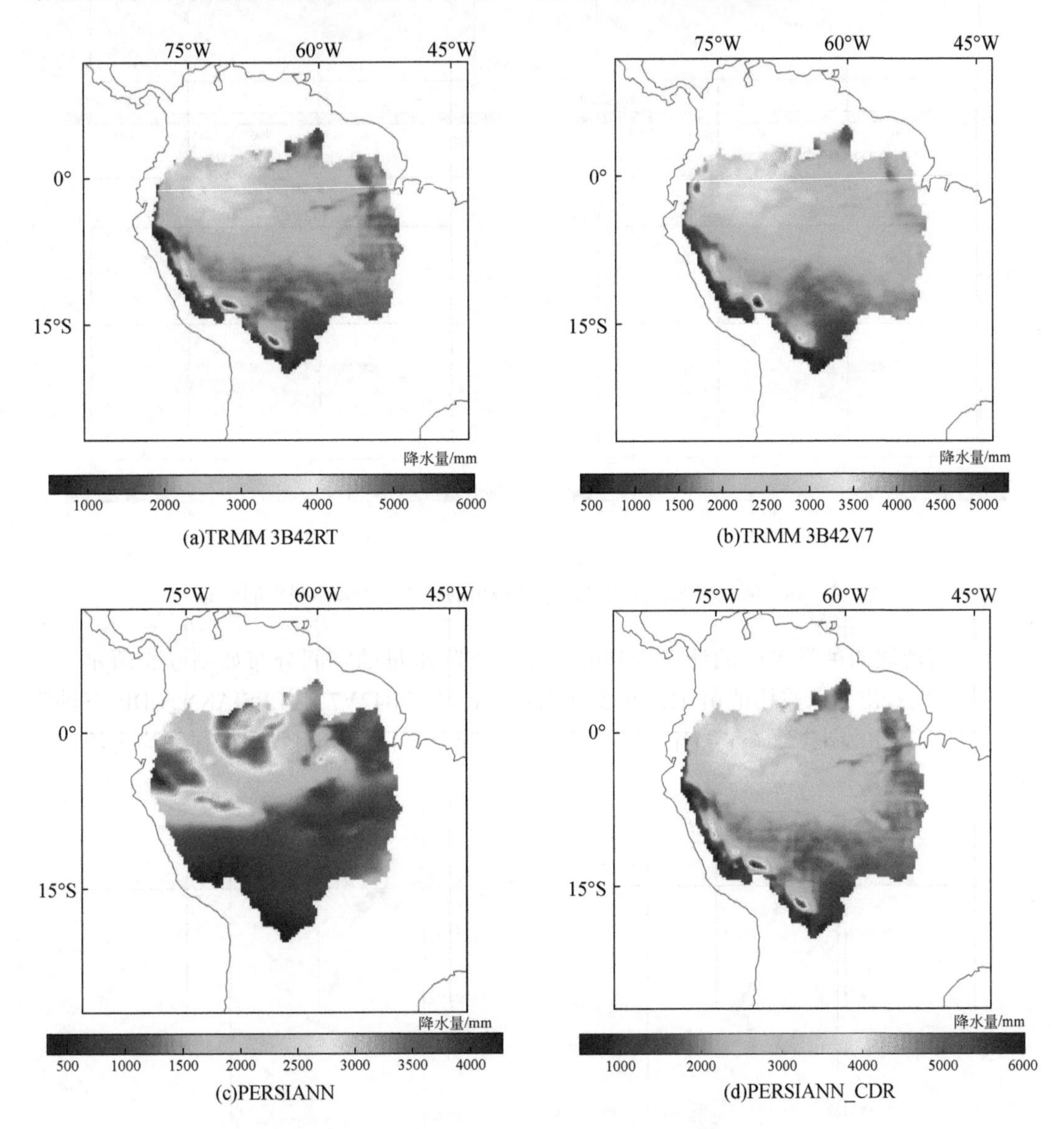

图 6-3 亚马孙河流域四种降水产品计算得出的多年平均降水量空间分布

勒拿河流域四种降水产品计算得到的多年平均降水量的空间分布如图 6-4 所示。从图 6-4中可以看出，所采用的四种降水产品计算得到的勒拿河流域多年平均降水量的空间变化规律基本一致，均呈现出由北向南、自西向东逐渐增加的趋势。

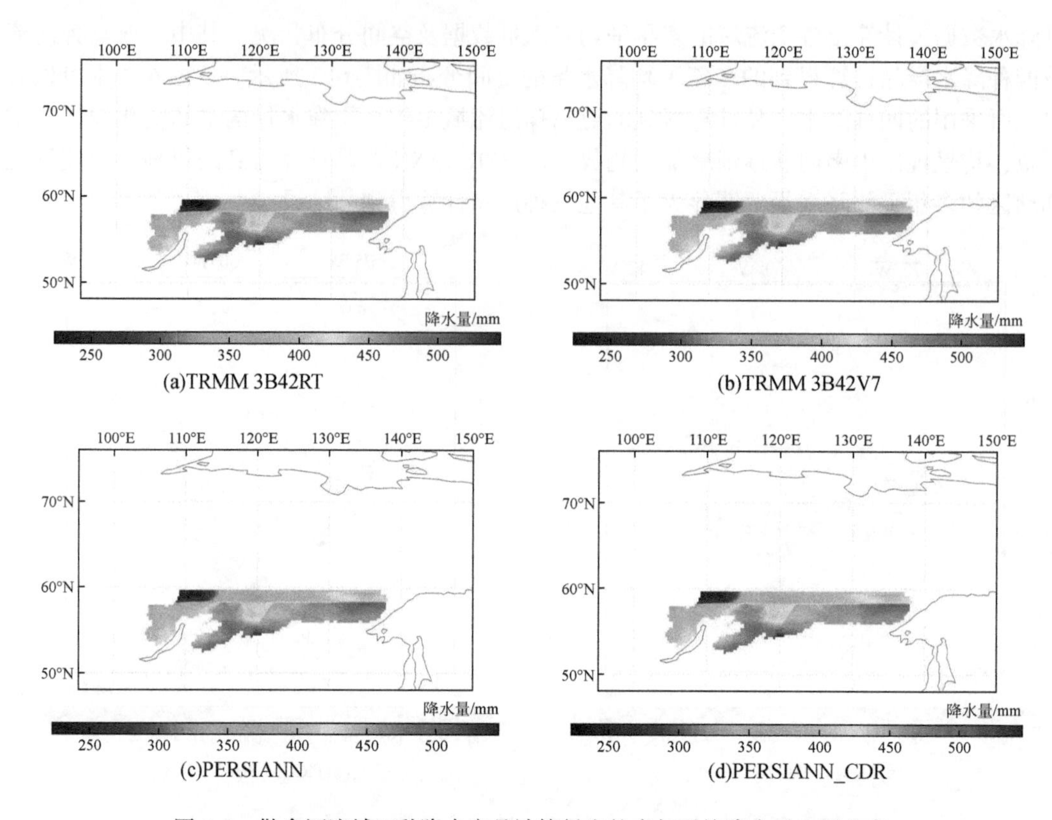

(a)TRMM 3B42RT　(b)TRMM 3B42V7

(c)PERSIANN　(d)PERSIANN_CDR

图 6-4　勒拿河流域四种降水产品计算得出的多年平均降水量空间分布

湄公河流域四种降水产品计算得到的多年平均降水量的空间分布如图 6-5 所示。从图 6-5中可以看出，所采用的由 TRMM 3B42RT、TRMM 3B42V7、PERSIANN_CDR 三种降水产品计算得到的湄公河流域多年平均降水量的空间分布呈现出相似的特征，均为流域南

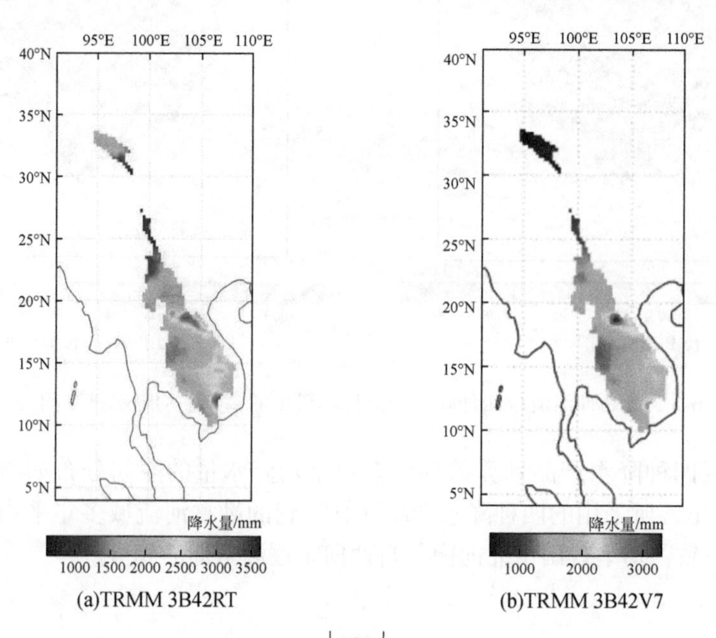

(a)TRMM 3B42RT　(b)TRMM 3B42V7

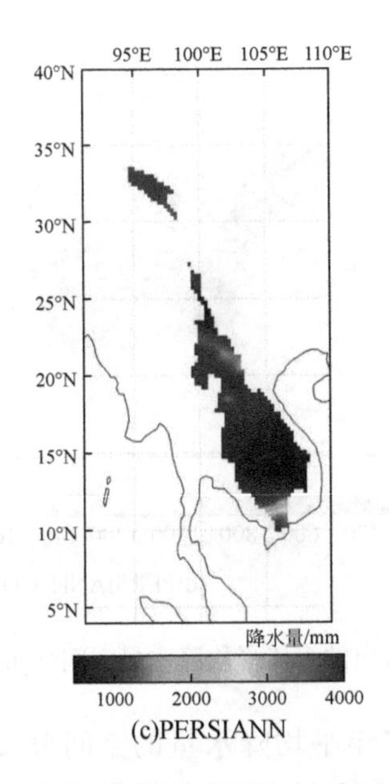

(c)PERSIANN

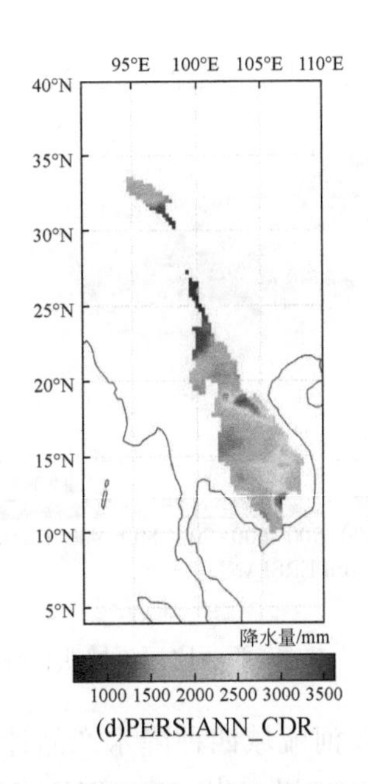

(d)PERSIANN_CDR

图 6-5 湄公河流域四种降水产品计算得出的多年平均降水量空间分布

方的多年平均降水量明显大于流域北方地区的多年平均降水量。但是由 PERSIANN 产品计算得到的多年平均降水量则表明流域南方、北方大部分地区的多年平均降水量基本一致。

密西西比河流域四种降水产品计算得到的多年平均降水量的空间分布如图 6-6 所示。从图 6-6 中可以看出，由 TRMM 3B42RT 和 PERSIANN_CDR 两种降水产品计算得到的流域多年平均降水量呈现出相似的自西向东逐渐增加的空间变化趋势，而由 TRMM 3B42V7 降水产品计算得到的密西西比河流域多年平均降水量虽然也呈现出自西向东逐渐增加的趋势，但是其得到的流域东部地区的多年平均降水量要明显大于上述两种产品的结果。而由 PERSIANN 产品计算得到的多年平均降水量的空间分布虽然也展现了自西向东增加的趋势，但是并不是很显著。

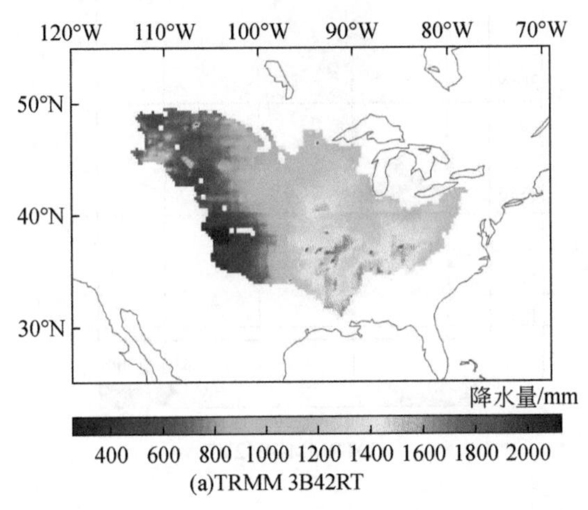

(a)TRMM 3B42RT

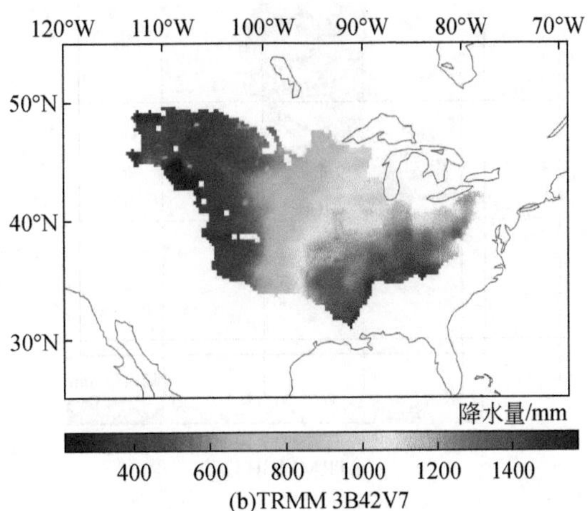

(b)TRMM 3B42V7

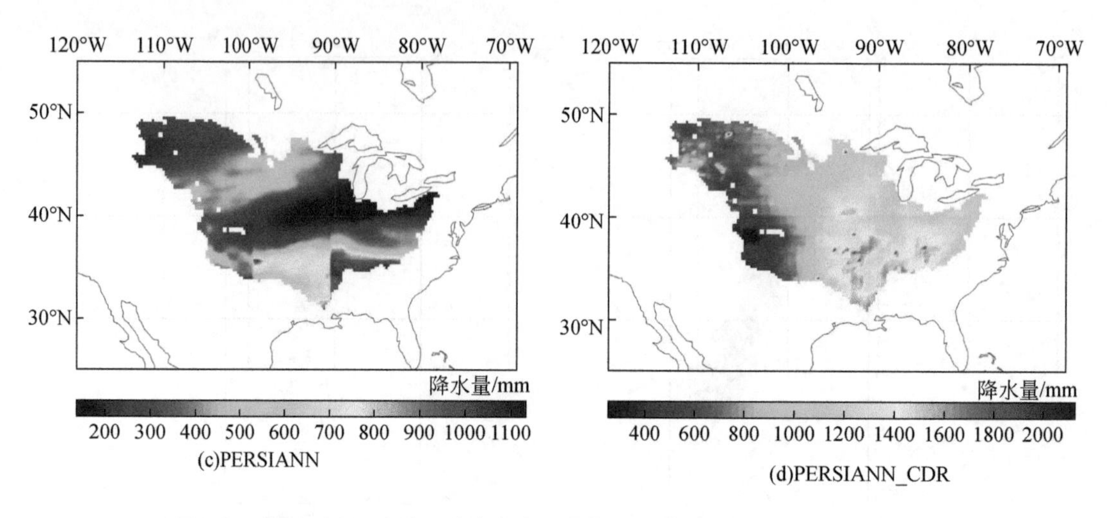

(c)PERSIANN

(d)PERSIANN_CDR

图 6-6　密西西比河流域四种降水产品计算得出的多年平均降水量空间分布

墨累-达令河流域四种降水产品计算得到的多年平均降水量的空间分布如图 6-7 所示。从图 6-7 中可以看出，由 TRMM 3B42RT 和 PERSIANN_CDR 两种降水产品计算得到的流域多年平均降水量呈现出相似的空间变化趋势，即整个流域的多年平均降水量基本上没有变化，由 TRMM 3B42V7 降水产品计算得到的墨累-达令河流域多年平均降水量虽然呈现出自西向东逐渐增加的趋势，而由 PERSIANN 产品计算得到的多年平均降水量的空间分布则呈现出自西向东逐渐减小的趋势。参考墨累-达令河流域的地理位置及相应气候条件，由 TRMM 3B42V7 产品计算得到的多年平均降水量空间分布更符合当地降水特征。

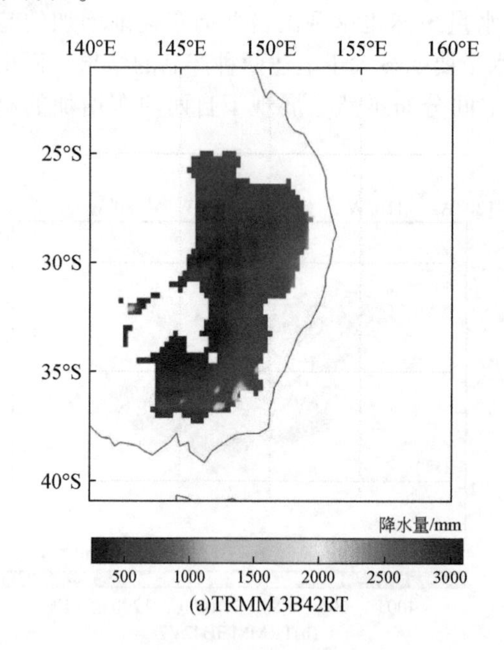

(a)TRMM 3B42RT

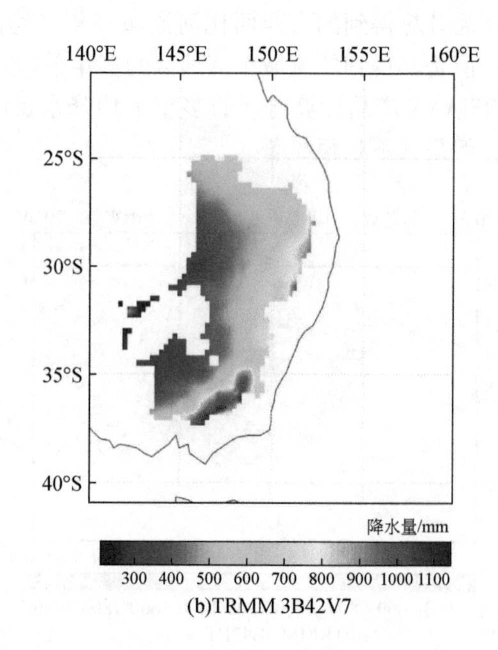

(b)TRMM 3B42V7

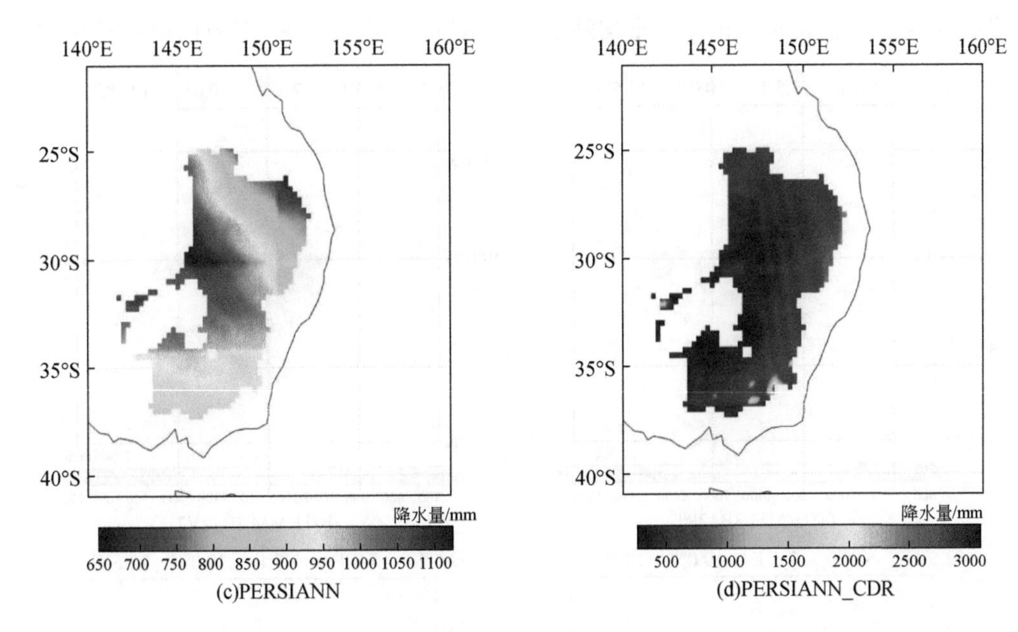

图 6-7　墨累–达令河流域四种降水产品计算得出的多年平均降水量空间分布

尼罗河流域四种降水产品计算得到的多年平均降水量的空间分布如图 6-8 所示。从图 6-8中可以看出，所采用的四种降水产品计算得到的尼罗河流域多年平均降水量呈现出相似的空间分布特征，均呈现出自北向南逐渐增加的趋势。但是由 PERSIANN 产品计算得到的尼罗河流域中南部地区的多年平均降水量要明显大于其他三种产品计算得到的结果。

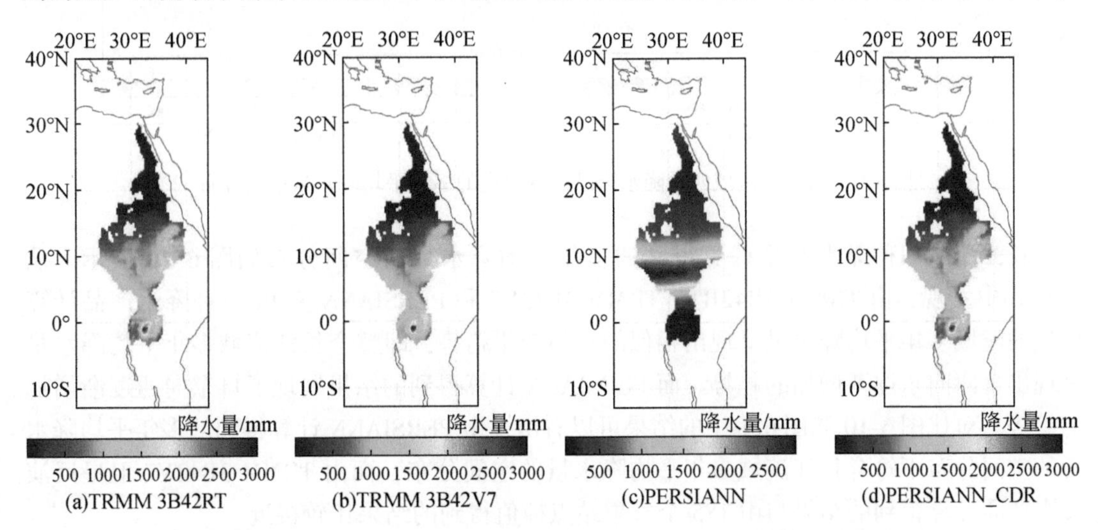

图 6-8　尼罗河流域四种降水产品计算得出的多年平均降水量空间分布

莱茵河流域四种降水产品计算得到的多年平均降水量的空间分布如图 6-9 所示。从图 6-9中可以看出。所采用的四种降水产品计算得到的莱茵河流域多年平均降水量呈现出相似的空间分布特征，均呈现出自北向南逐渐增加的趋势。此外，由 TRMM 3B42V7 产品计算得到的莱茵河南部地区的多年平均降水量要明显大于其他三种产品计算得到的结果。

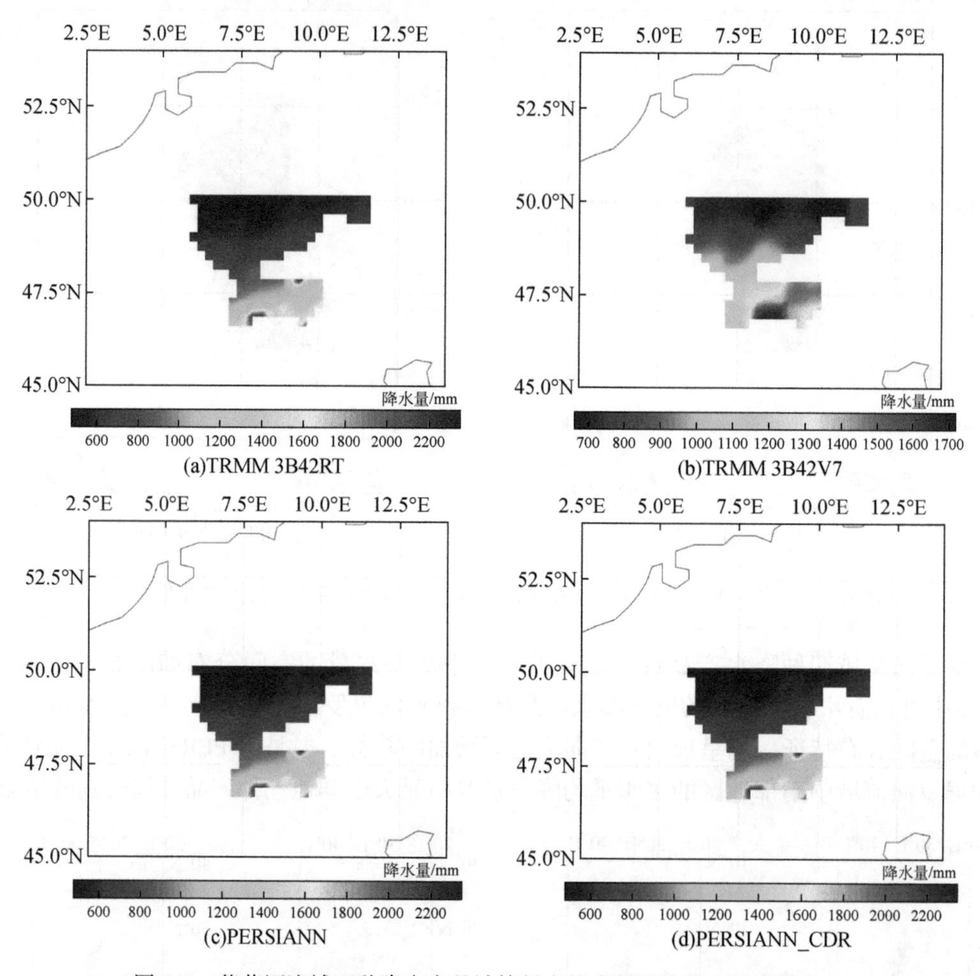

图 6-9　莱茵河流域四种降水产品计算得出的多年平均降水量空间分布

长江流域四种降水产品计算得到的多年平均降水量的空间分布如图 6-10 所示。从图6-10中发现，由 TRMM 3B42RT、TRMM 3B42V7 和 PERSIANN_CDR 三种降水产品计算得到的流域多年平均降水量呈现出相似的空间变化趋势，即整个长江流域多年平均降水量呈现出自西向东逐渐增加的趋势。而 PERSIANN 计算得到的结果展现了自东向西逐渐增加的趋势。对比图6-10 和图6-1 中的结果可以看出，由 PERSIANN 计算得到的多年平均降水量的空间分布不符合长江流域多年平均降水量的空间分布，而由 TRMM 3B42V7 卫星反演降水产品计算得到的结果与由 185 个气象站点插值得到的结果比较接近。

本研究采用经验正交函数（empirical orthogonal function，EOF）分析法计算由四种卫星反演降水产品得到的各典型流域逐年及逐月降水数据的时空变化特征向量，并对各流域不同卫星产品的特征向量的空间变化特征进行探究。

（1）EOF 分析法

EOF 分析法也称主成分分析（principal component analysis，PCA）法，是一种提取主

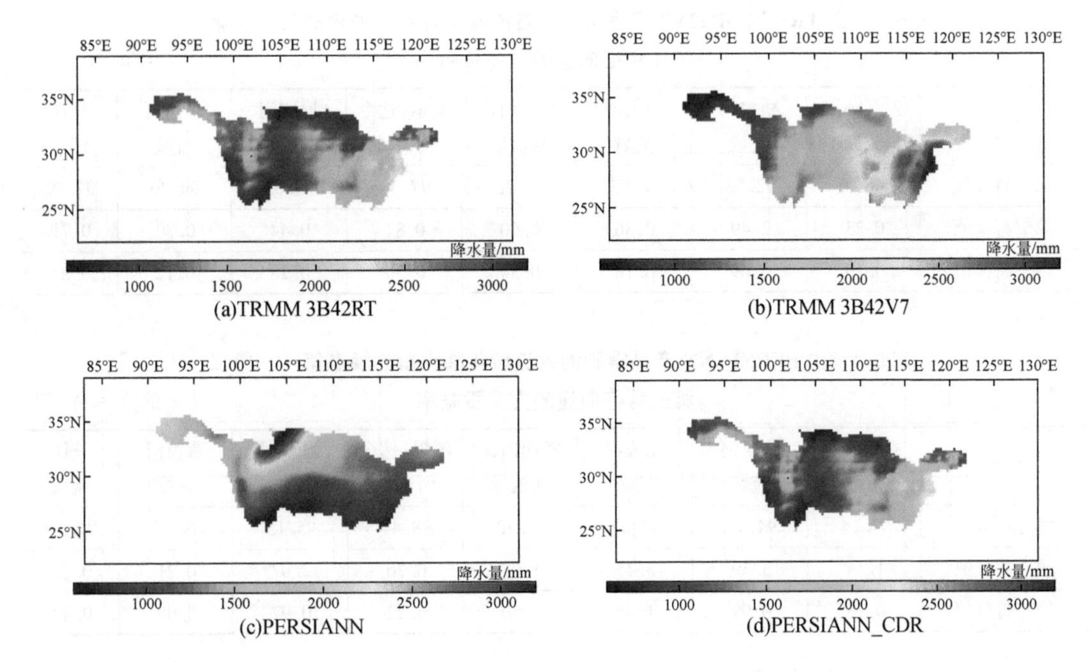

(a)TRMM 3B42RT (b)TRMM 3B42V7 (c)PERSIANN (d)PERSIANN_CDR

图 6-10 长江流域四种降水产品计算得出的多年平均降水量空间分布

要数据特征量的方法，被广泛应用于气温、降水和洪涝灾害时空变化特征及与大气环流因子响应等方面的研究中，其主要的计算步骤为：

1）对要分析的数据进行标准化处理，处理后得到一个数据矩阵 $\boldsymbol{X}_{m\times n}$，其中 m 为空间维度，n 为时间维度。

2）计算矩阵 $\boldsymbol{X}_{m\times n}$ 与其转置矩阵的交叉积，结果为相关系数矩阵 $\boldsymbol{C}_{m\times m}$。

3）计算 $\boldsymbol{C}_{m\times m}$ 的特征根矩阵 $\boldsymbol{E}_{m\times m}$ 和特征向量 $\boldsymbol{V}_{m\times m}$，其中，每个特征根 λ_i 对应特征向量 $\boldsymbol{V}_{m\times m}$ 的第 i 列，是对应的第 i 个 EOF 模态。

4）将 EOF 投影到原始资料矩阵上，得到空间特征向量的时间系数。

（2）各大典型流域年降水量 EOF 分析

根据 EOF 方法的计算步骤，对四种卫星反演降水产品得到的八个流域的年降水量进行 EOF 分析。在年尺度下，由 TRMM 3B42RT、TRMM 3B42V7、PERSIANN、PERSIANN_CDR 产品计算的不同流域的模态第一、第二、第三特征向量的方差贡献率如表 6-2 ~ 表 6-5所示。

表 6-2 由 TRMM 3B42RT 产品得到的各流域年降水量的模态第一、第二、第三特征向量的方差贡献率 （单位：%）

模态	亚马孙河流域	勒拿河流域	湄公河流域	密西西比河流域	墨累-达令河流域	尼罗河流域	莱茵河流域	长江流域
第一特征值	98.87	94.86	98.52	97.22	94.56	97.93	98.55	97.38
第二特征值	0.32	3.29	0.33	0.71	1.60	0.43	0.65	0.69
第三特征值	0.11	0.79	0.19	0.47	1.06	0.35	0.26	0.34

表 6-3　由 TRMM 3B42V7 产品得到的各流域年降水量的模态第一、第二、第三特征向量的方差贡献率

（单位：%）

模态	亚马孙河流域	勒拿河流域	湄公河流域	密西西比河流域	墨累–达令河流域	尼罗河流域	莱茵河流域	长江流域
第一特征值	98.78	92.53	98.83	97.76	97.38	98.03	99.26	97.89
第二特征值	0.23	2.49	0.36	0.60	0.87	0.44	0.30	0.71
第三特征值	0.19	0.69	0.18	0.34	0.59	0.28	0.12	0.27

表 6-4　由 PERSIANN 产品得到的各流域年降水量的模态第一、第二、第三特征向量的方差贡献率

（单位：%）

模态	亚马孙河流域	勒拿河流域	湄公河流域	密西西比河流域	墨累–达令河流域	尼罗河流域	莱茵河流域	长江流域
第一特征值	97.14	94.76	93.57	97.32	98.44	95.13	99.57	97.36
第二特征值	1.14	3.39	3.45	1.07	0.76	2.07	0.21	0.73
第三特征值	0.38	0.99	1.46	0.50	0.22	0.97	0.09	0.40

表 6-5　由 PERSIANN_CDR 产品得到的各流域年降水量的模态第一、第二、第三特征向量的方差贡献率

（单位：%）

模态	亚马孙河流域	勒拿河流域	湄公河流域	密西西比河流域	墨累–达令河流域	尼罗河流域	莱茵河流域	长江流域
第一特征值	98.87	91.23	98.52	97.22	94.56	97.93	98.55	97.38
第二特征值	0.32	1.89	0.33	0.71	1.60	0.43	0.65	0.69
第三特征值	0.11	0.90	0.19	0.47	1.06	0.35	0.26	0.34

从表 6-2 ~ 表 6-5 中可以看出，不论何种降水产品，各个流域的年降水量 EOF 分析结果均表明模态第一特征向量的方差贡献率大于 90%，该方差贡献率要远高于其他模态的贡献率，因此，可以认为各个流域的模态第一特征向量是各个流域年降水量的主要空间分布形式。TRMM 3B42RT 产品下各流域年降水量 EOF 分析第一、第二、第三特征向量空间分布如图 6-11 所示。

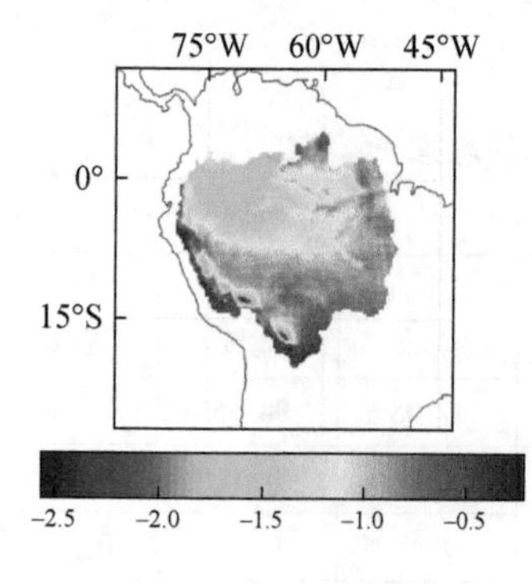

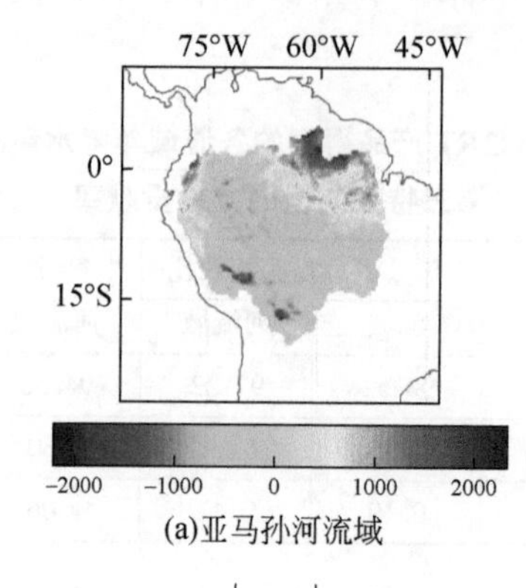

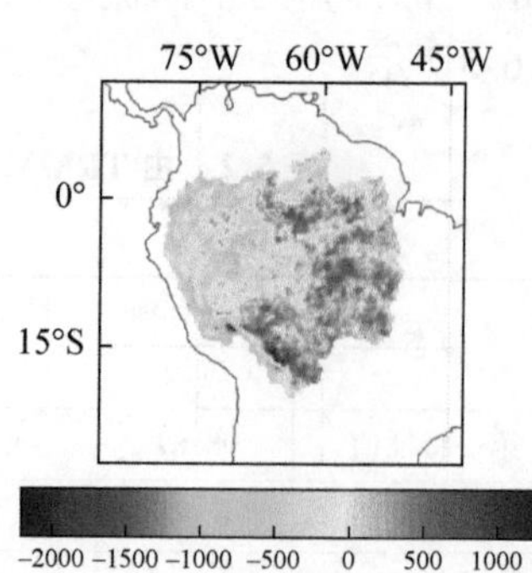

(a)亚马孙河流域

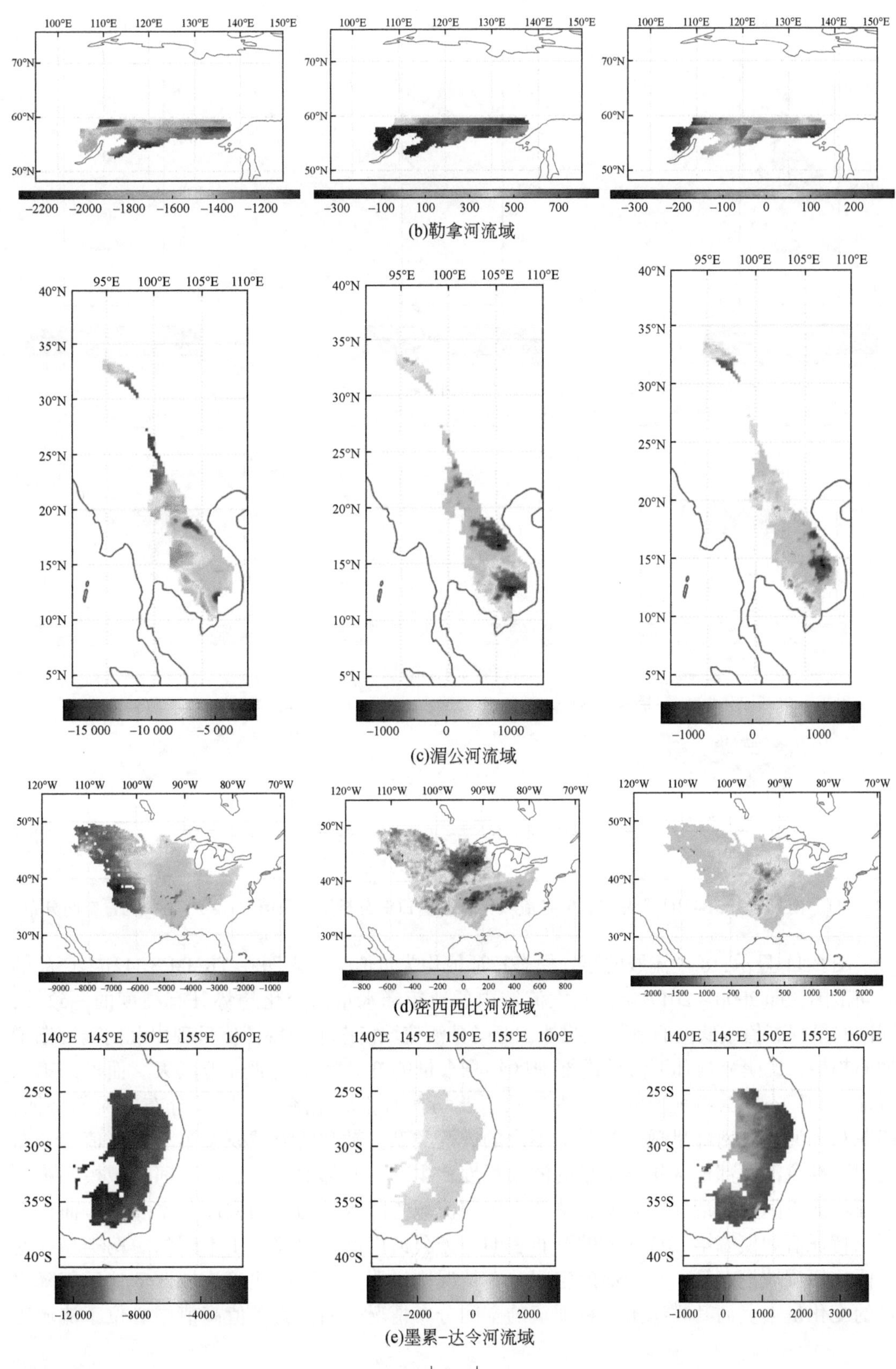

(b)勒拿河流域

(c)湄公河流域

(d)密西西比河流域

(e)墨累–达令河流域

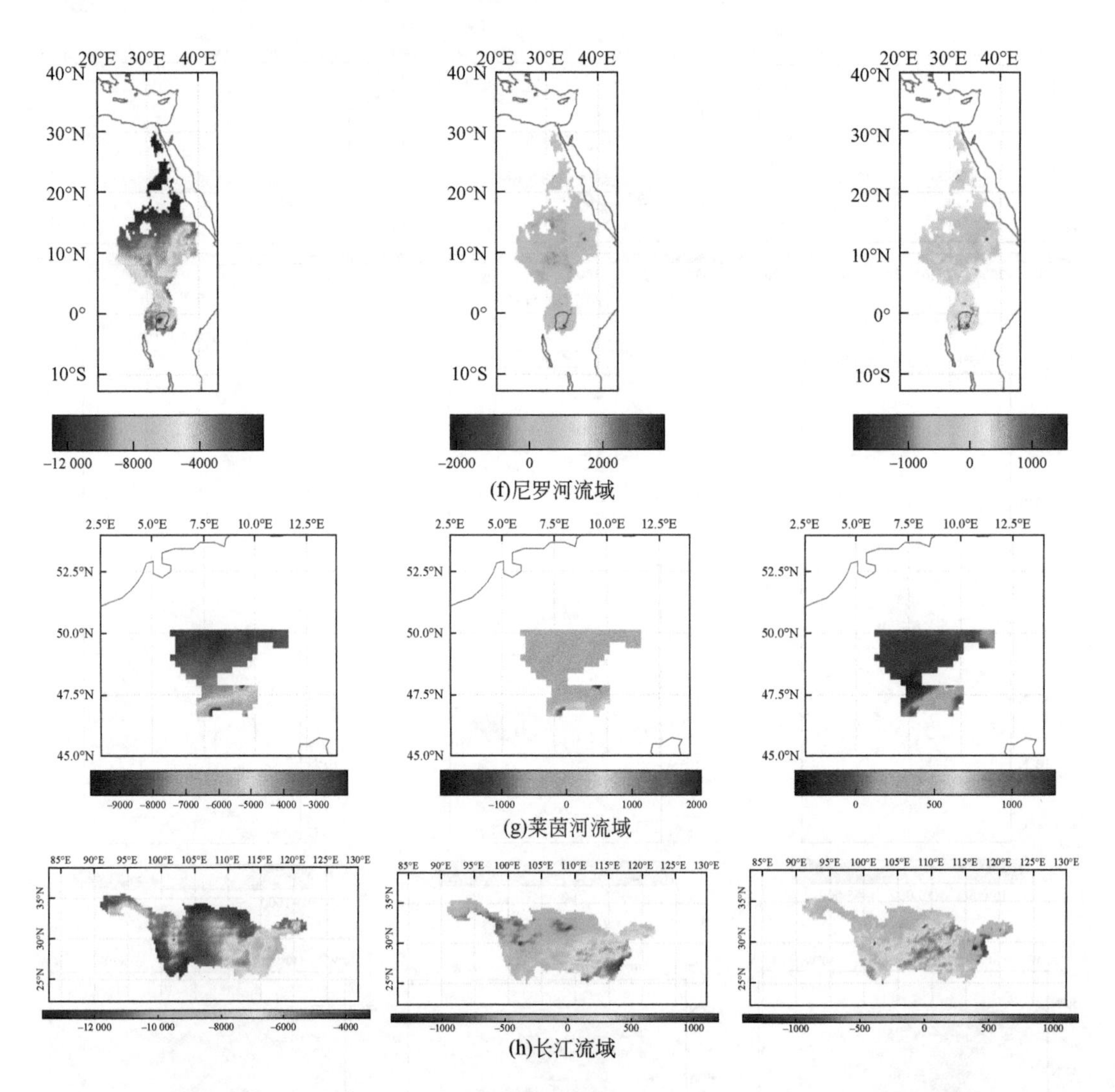

图 6-11　由 TRMM 3B42RT 产品得到的各流域年降水量 EOF 分析第一、第二、第三特征向量空间分布

图 6-11 显示，8 个流域的第一模态特征值均为负值，这表明在 TRMM 3B42RT 产品的时间范围，即 2000～2017 年，八大流域内各地年降水量的变化趋势具有高度的一致性，即同时呈现高值或低值的情况。此外，亚马孙河流域模态第一特征值呈现由北向南逐渐增加的趋势，说明亚马孙河流域南部地区年降水量的波动程度比北部地区大。而模态第二特征值和模态第三特征值的分布则反映了亚马孙河流域年降水量空间分布的局部特征，即亚马孙河流域南部呈现出与北部不同的震荡类型。勒拿河流域模态第一特征值的分布表明，勒拿河西部地区年降水量的波动程度比中部、北部地区大。湄公河流域模态第一特征值的空间分布情况则表明，整个湄公河流域年降水量的波动程度基本相同，而模态第二特征值和模态第三特征值的分布表明，湄公河南部和北部属于不同的震荡类型。密西西比河流域模态第一特征值的空间分布情况则说明，密西西比河流域西部地区年降水量的变化量大。而其模态第二特征值的空间分布情况表明，其正值高值中心位于流域正

北方，而其负值高值中心位于该流域东南部分，说明上述区域年降水量的变化较大。墨累-达令河流域模态第一特征值空间分布情况则说明，该流域年降水量的波动程度较小。而尼罗河流域的结果表明，尼罗河流域北部地区年降水量的变化量要略大于该流域其他地区。莱茵河流域的结果表明，该流域北部地区年降水量的变化量要大于该流域其他地区。长江流域模态第一特征值的空间分布说明，长江流域西、中部年降水量的波动程度要大于长江流域东部地区。

TRMM 3B42V7 产品下的各流域年降水量 EOF 分析第一、第二、第三特征向量空间分布如图 6-12 所示。从图 6-12 中可以发现，所有流域第一特征值均为负值，这与 TRMM 3B42RT 产品的结果一致，也说明由 TRMM 3B42V7 产品计算得到的各流域年降水量也具有高度的一致性。其中，亚马孙河流域模态第一特征向量、第二特征向量的空间分布表明，该流域南部地区年降水量的变化量要大于北方地区。勒拿河流域模态第一特征值的分布表明，勒拿河西部地区年降水量的波动程度比中部、北部地区大。湄公河流域年降水量模态第一特征值呈现出由南向北逐渐增大的趋势，由此也表明湄公河流域年降水量的变化程度由南向北逐渐增大，该结论与 TRMM 3B42RT 产品得出的结论不太一致。密西西比河流域的结果表明，该流域西部年降水量的波动程度要大于中部及东部地区。墨累-达令河流域的结果表明，该流域年降水量的变化程度自西向东逐渐减小且其西北部年降水量的变化程度较大，该结论与 TRMM 3B42RT 产品的结论也不一致。TRMM 3B42V7 产品在尼罗河流域的结论与 TRMM 3B42RT 得出的结论一致，其结果也表明尼罗河流域北部地区年降水量的变化量略大于该流域其他地区。莱茵河流域得出的结论也与 TRMM 3B42RT 得出的结论一致，均为该流域北部地区年降水量的变化量要大于该流域其他地区。而长江流域模态第一特征变量的空间分布也表明，该产品下长江流域年降水量的变化程度自西向东逐渐减小。

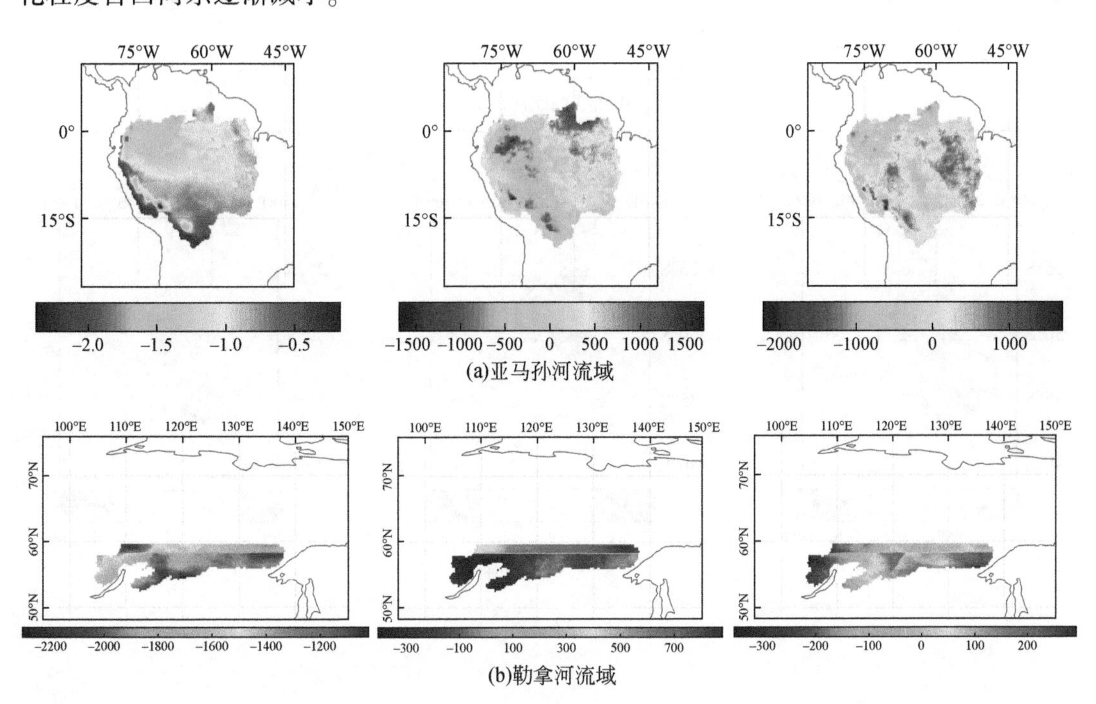

(a)亚马孙河流域

(b)勒拿河流域

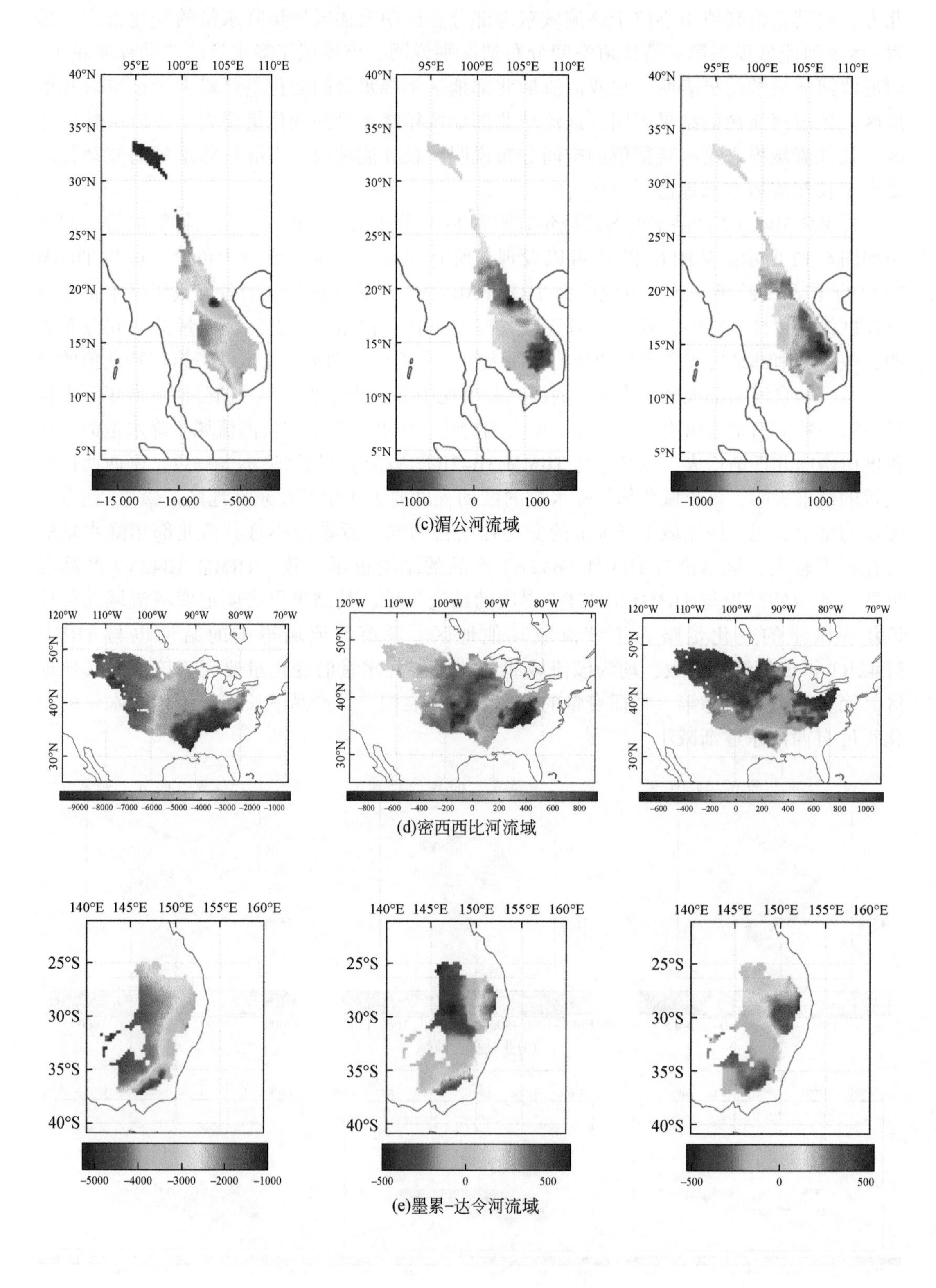

(c)湄公河流域

(d)密西西比河流域

(e)墨累-达令河流域

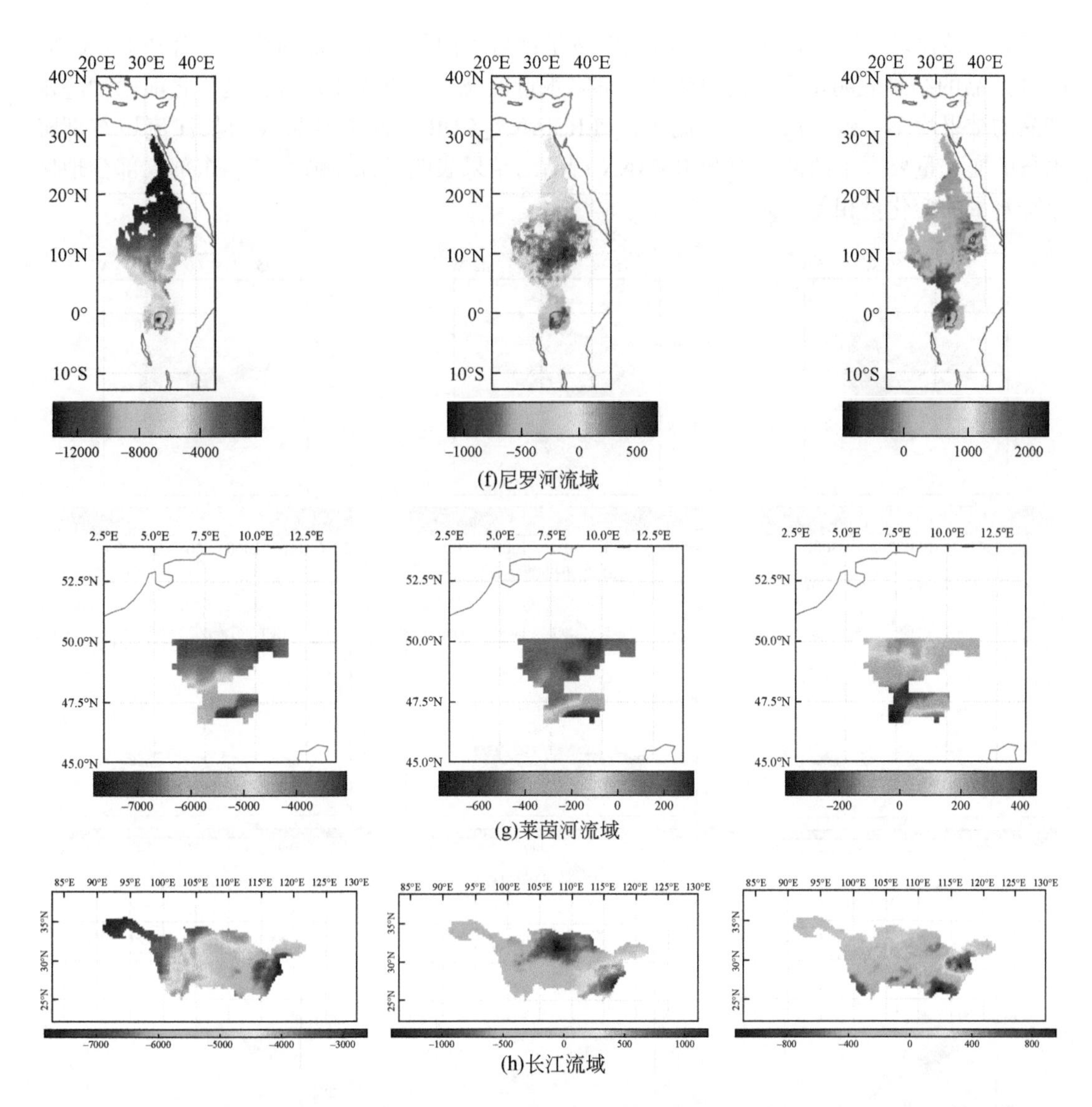

(f)尼罗河流域

(g)莱茵河流域

(h)长江流域

图 6-12　由 TRMM 3B42V7 产品得到的各流域年降水量 EOF 分析第一、第二、第三特征向量空间分布

PERSIANN 产品和 PERSIANN_CDR 产品下的各流域年降水量 EOF 分析第一、第二、第三特征向量空间分布分别如图 6-13 和图 6-14 所示。从图 6-13 和图 6-14 中可以发现，在这两种降水产品下，所有流域第一特征值依然均为负值，这与之前两种降水产品的结果一致，也说明由这两种降水产品计算得到的各流域年降水量也具有高度的一致性。而其中，PERSIANN 和 PERSIANN_CDR 产品下亚马孙河流域、勒拿河流域、尼罗河流域、莱茵河流域年降水量的空间变化特征和前两种降水产品一致。而 PERSIANN 和 PERSIANN_CDR 产品的结果均表明，在湄公河流域模态第一特征值呈现自北向南增加的趋势，即北部降水量的变化程度小于南部。在墨累–达令河流域 PERSIANN_CDR 产品的结果与 TRMM 3B42V7 产品的结果一致，即该流域西部降水量的变化程度要大于东部，而 PERSIANN 产品的结果表明东部降水量的变化程度要大于西部。在密西西比河流域，PERSIANN 产品的

结果表明该流域年降水量模态第一特征向量呈现自南向北逐渐增加的趋势，而 PERSIANN_CDR 产品的结果表明密西西比河流域东部降水量的波动程度大于西部，这与之前两种降水产品的结果均不一致。而在长江流域，PERSIANN_CDR 产品的结果表明长江流域东部降水量的变化量要大于西部，而 PERSIANN 产品的结果表明长江流域中部、东部大部分地区年降水量的变化量相差不大。

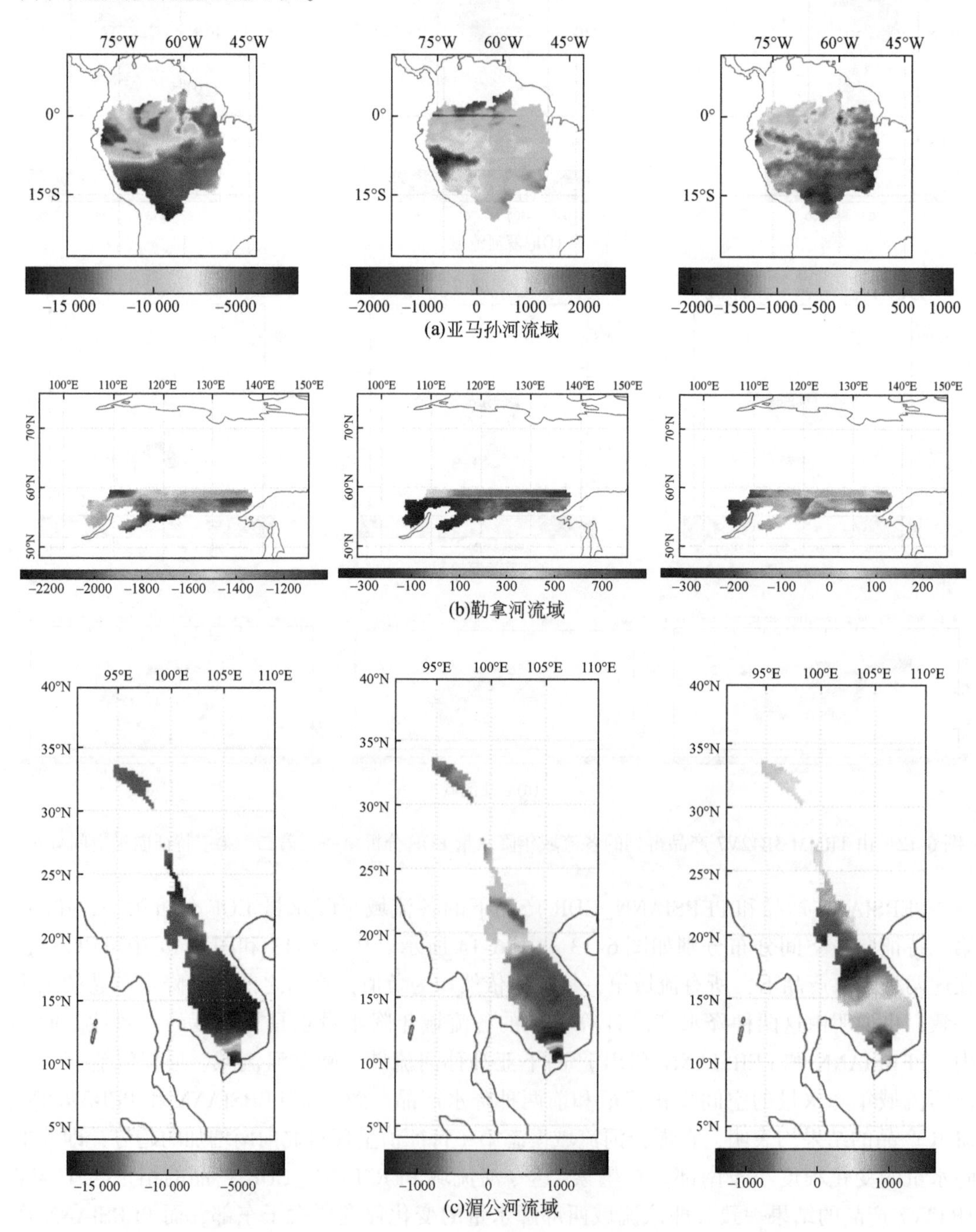

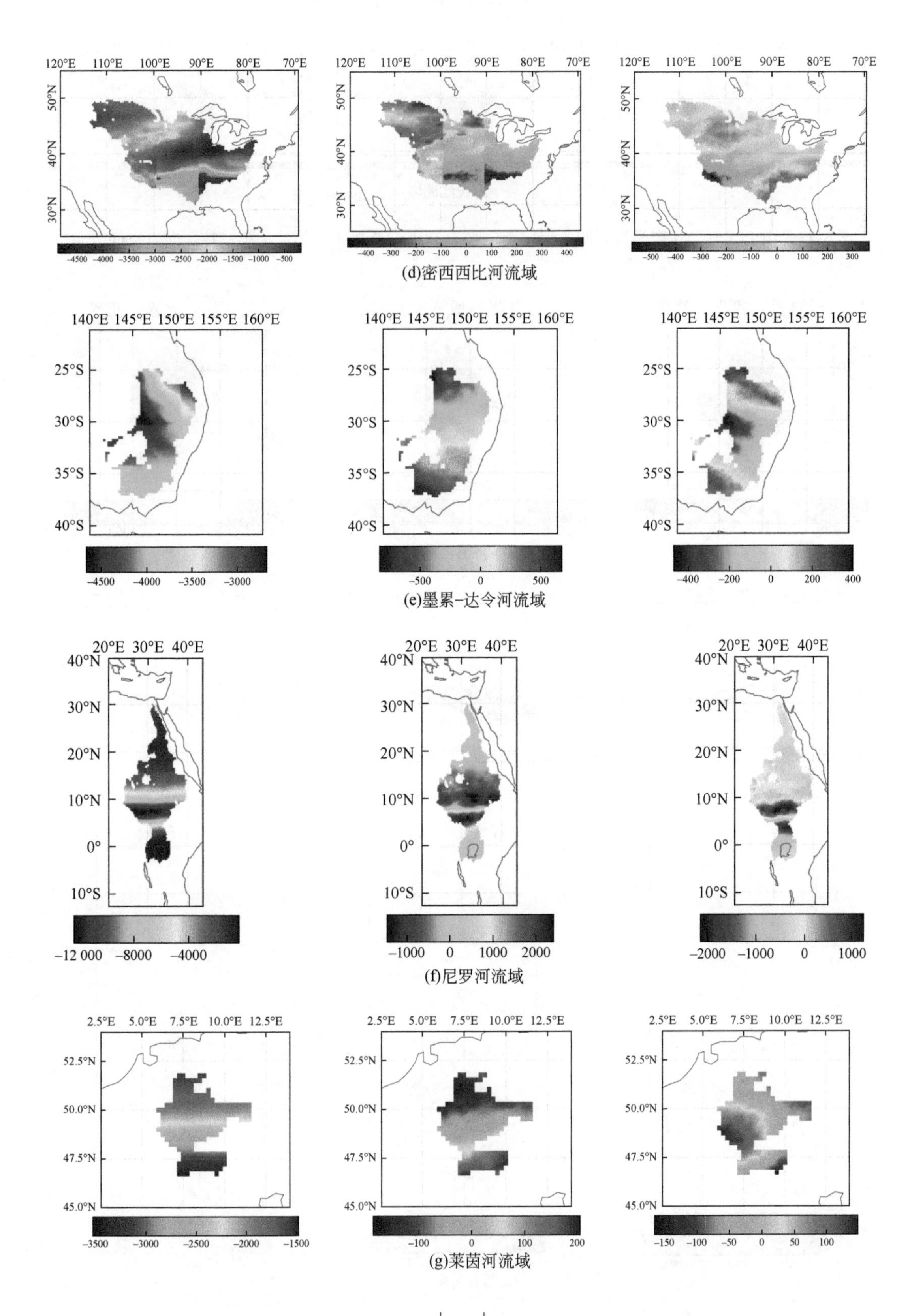

(d)密西西比河流域

(e)墨累–达令河流域

(f)尼罗河流域

(g)莱茵河流域

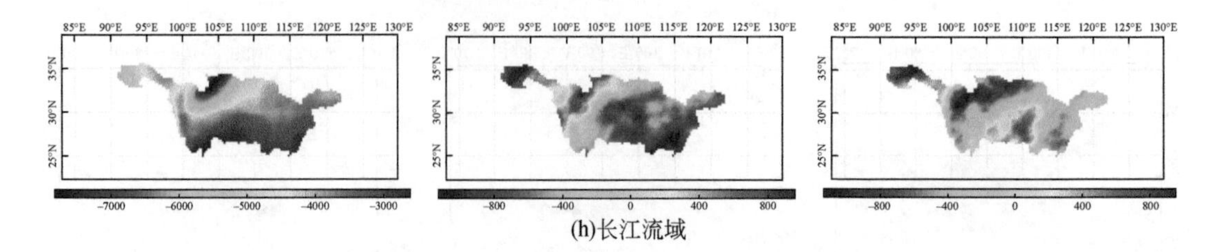

(h)长江流域

图 6-13　由 PERSIANN 产品得到的各流域年降水量 EOF 分析第一、第二、第三特征向量空间分布

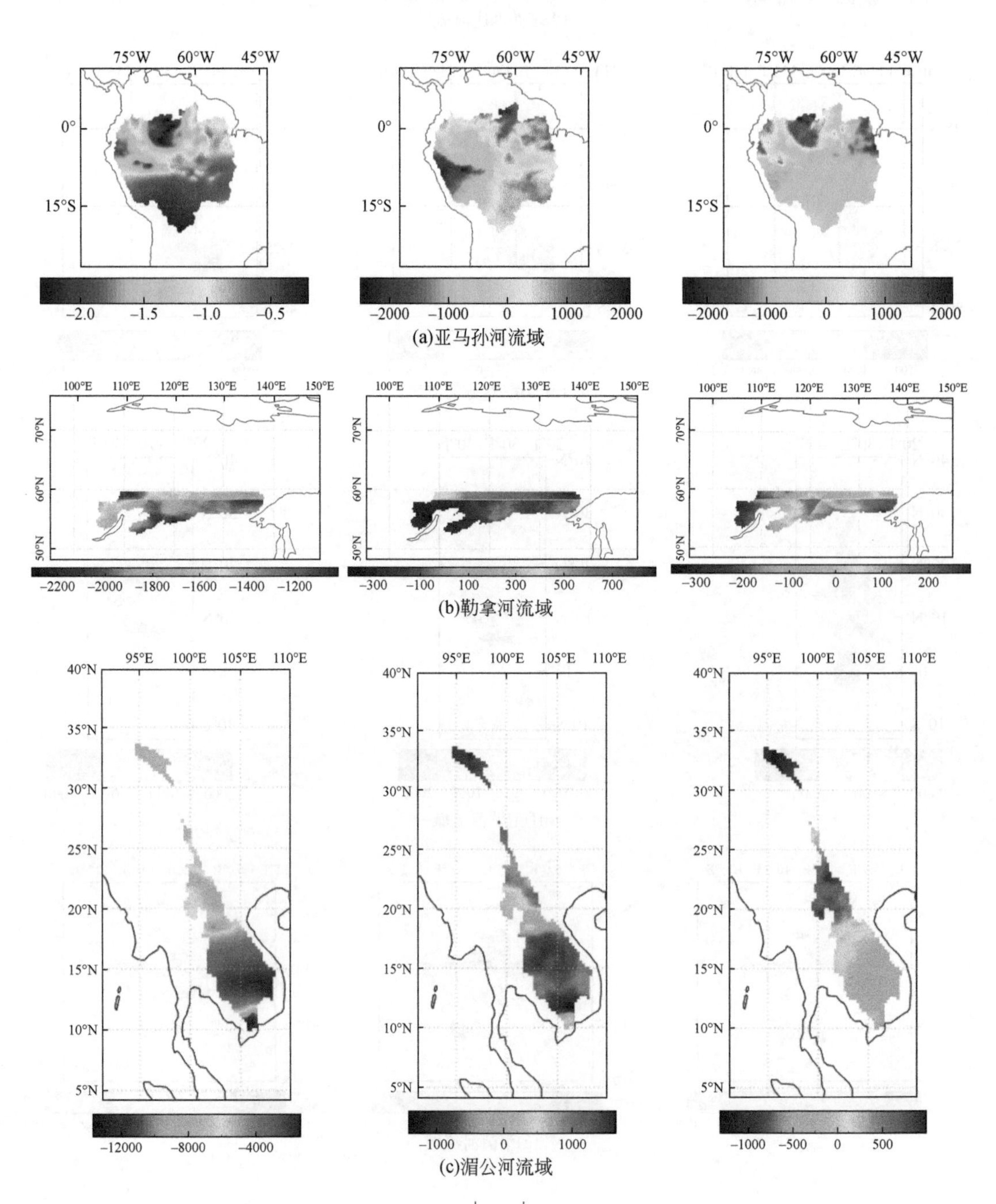

(a)亚马孙河流域

(b)勒拿河流域

(c)湄公河流域

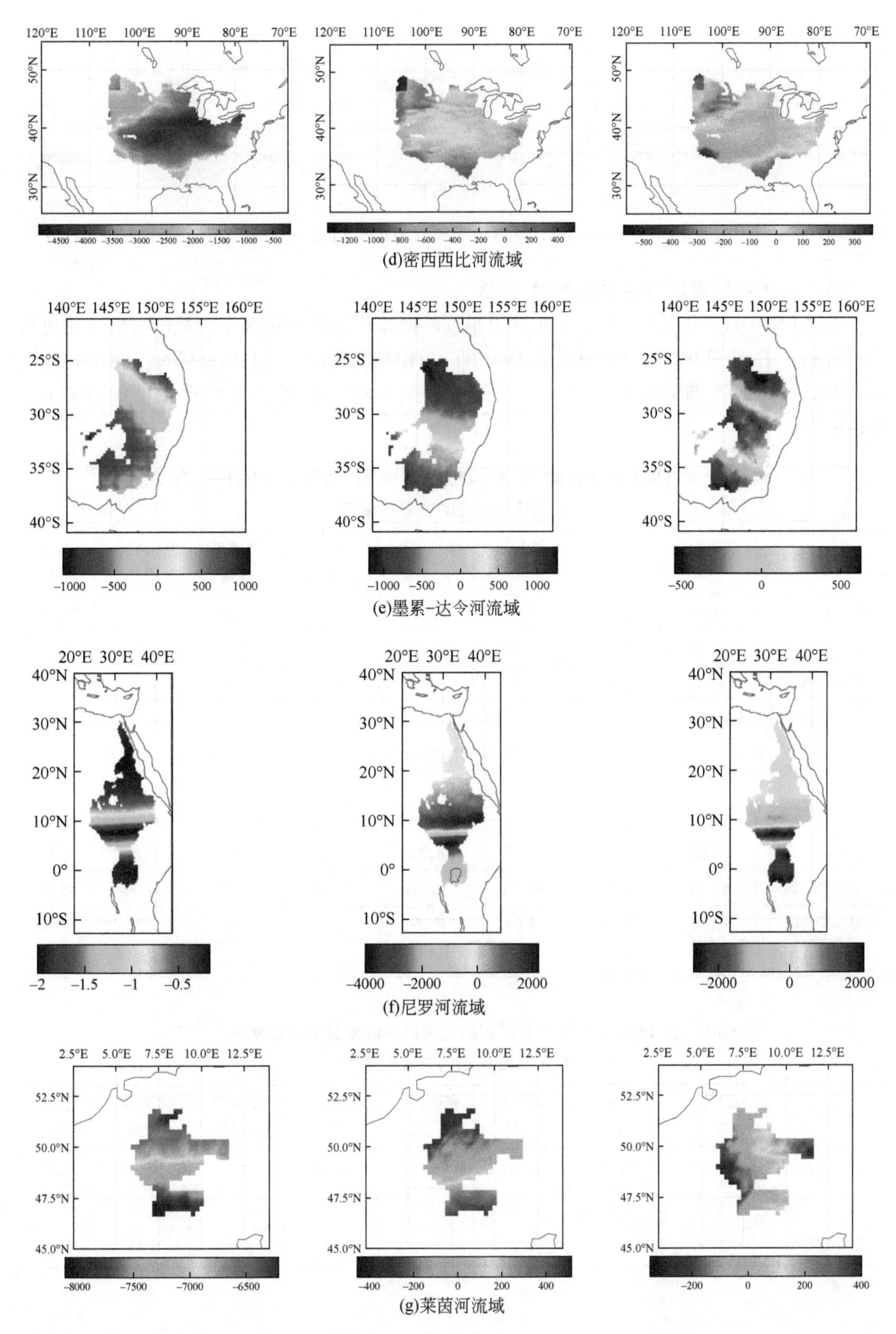

(d)密西西比河流域

(e)墨累–达令河流域

(f)尼罗河流域

(g)莱茵河流域

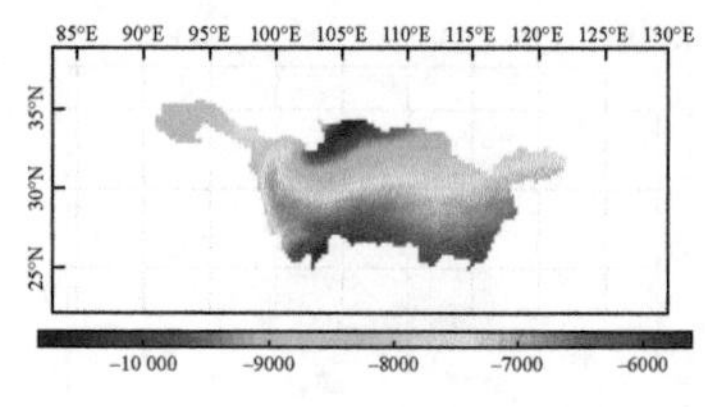

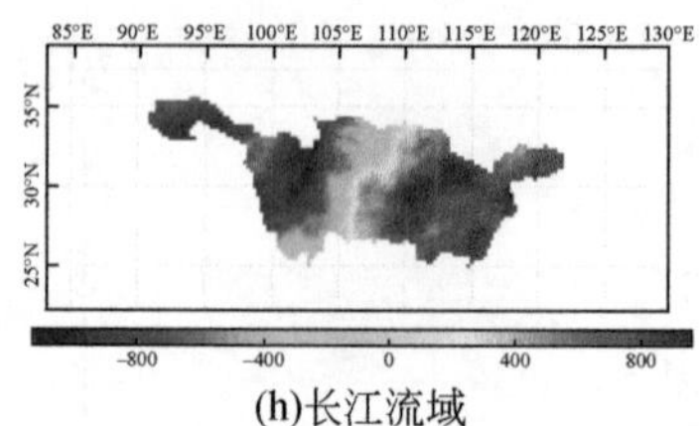

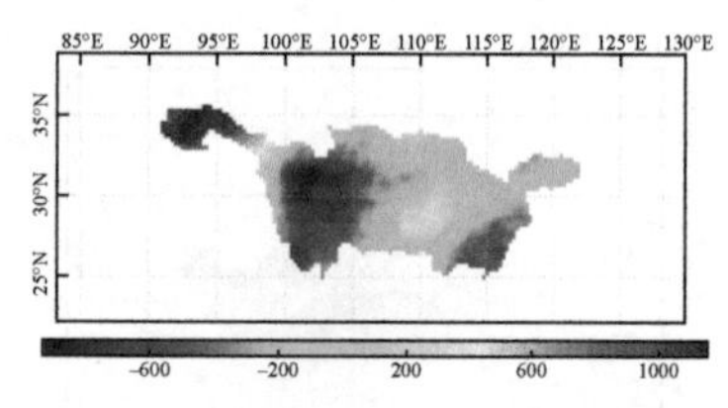

(h)长江流域

图 6-14　由 PERSIANN_CDR 产品得到的各流域年降水量 EOF 分析第一、第二、第三特征向量空间分布

(3) 各大典型流域月降水量 EOF 分析

根据 EOF 方法的计算步骤，对 4 种卫星反演降水产品得到的 8 个流域的月降水量进行 EOF 分析。在月尺度下，由 TRMM 3B42RT、TRMM 3B42V7、PERSIANN、PERSIANN_CDR 产品计算的不同流域的模态第一、第二、第三特征向量的方差贡献度如表 6-6 ~ 表 6-9所示。

表 6-6　由 TRMM 3B42RT 产品得到的各流域月降水量的模态第一、第二、第三特征向量的方差贡献度　（单位：%）

模态	亚马孙河流域	勒拿河流域	湄公河流域	密西西比河流域	墨累-达令河流域	尼罗河流域	莱茵河流域	长江流域
第一特征值	80.64	72.90	88.06	73.85	71.54	75.56	91.70	83.25
第二特征值	10.15	9.27	5.69	7.95	15.35	12.38	2.77	5.83
第三特征值	3.23	2.44	2.35	4.32	3.45	4.27	2.03	3.43

表 6-7　由 TRMM 3B42V7 产品得到的各流域月降水量的模态第一、第二、第三特征向量的方差贡献度　（单位：%）

模态	亚马孙河流域	勒拿河流域	湄公河流域	密西西比河流域	墨累-达令河流域	尼罗河流域	莱茵河流域	长江流域
第一特征值	83.14	78.90	85.11	78.64	86.86	76.90	93.74	80.53
第二特征值	11.23	7.08	9.03	7.27	3.22	14.04	2.83	11.83
第三特征值	1.49	3.15	2.43	5.23	2.75	3.36	1.84	3.11

表 6-8　由 PERSIANN 产品得到的各流域月降水量的模态第一、第二、第三特征向量的方差贡献度　（单位：%）

模态	亚马孙河流域	勒拿河流域	湄公河流域	密西西比河流域	墨累-达令河流域	尼罗河流域	莱茵河流域	长江流域
第一特征值	81.02	89.92	71.51	79.76	88.20	84.77	97.49	75.09
第二特征值	8.41	4.08	16.83	10.70	4.99	4.33	1.44	11.72
第三特征值	2.60	2.15	4.72	4.03	3.17	3.93	0.61	4.03

表 6-9　由 PERSIANN_CDR 产品得到的各流域月降水量的模态第一、第二、第三特征向量的方差贡献度　（单位：%）

模态	亚马孙河流域	勒拿河流域	湄公河流域	密西西比河流域	墨累-达令河流域	尼罗河流域	莱茵河流域	长江流域
第一特征值	80. 64	79. 86	88. 06	73. 85	71. 54	75. 56	91. 70	83. 25
第二特征值	10. 15	2. 68	5. 69	7. 95	15. 35	12. 38	2. 77	5. 83
第三特征值	3. 23	2. 28	2. 35	4. 32	3. 45	4. 27	2. 03	3. 43

从表 6-6 ~ 表 6-9 中可以看出，不论何种降水产品，各流域的月降水量 EOF 分析结果均表明模态第一特征向量的方差贡献率大于 70%，该方差贡献率要远高于其他模态的贡献率，因此，可以认为各流域的模态第一特征向量是各流域月降水量的主要空间分布形式。TRMM 3B42RT 产品下各流域月降水量 EOF 分析第一、第二、第三特征向量空间分布如图 6-15所示。从图 6-15 中可以看出，该降水产品计算得到的各流域月降水量也具有高度的一致性。其中，亚马孙河流域月降水量的变化程度自北向南增加，勒拿河流域月降水量的变化程度自东向西增加，湄公河流域月降水量没有明显的变化趋势，密西西比河流域月降水量的变化程度自南向北增加，墨累-达令河流域月降水量没有明显趋势，尼罗河流域月降水量的变化程度由北向南呈现一个大致增加的趋势，莱茵河流域月降水量的变化程度呈现自南向北逐渐增加的趋势，长江流域月降水量的变化程度呈现自北向南增加的变化趋势。

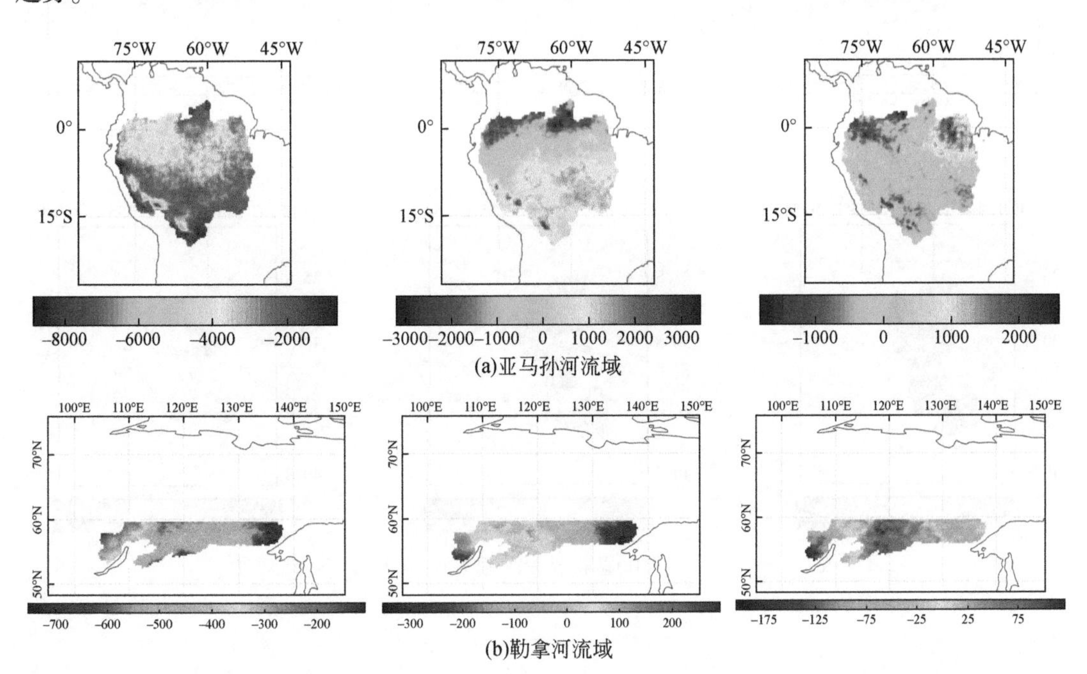

(a)亚马孙河流域

(b)勒拿河流域

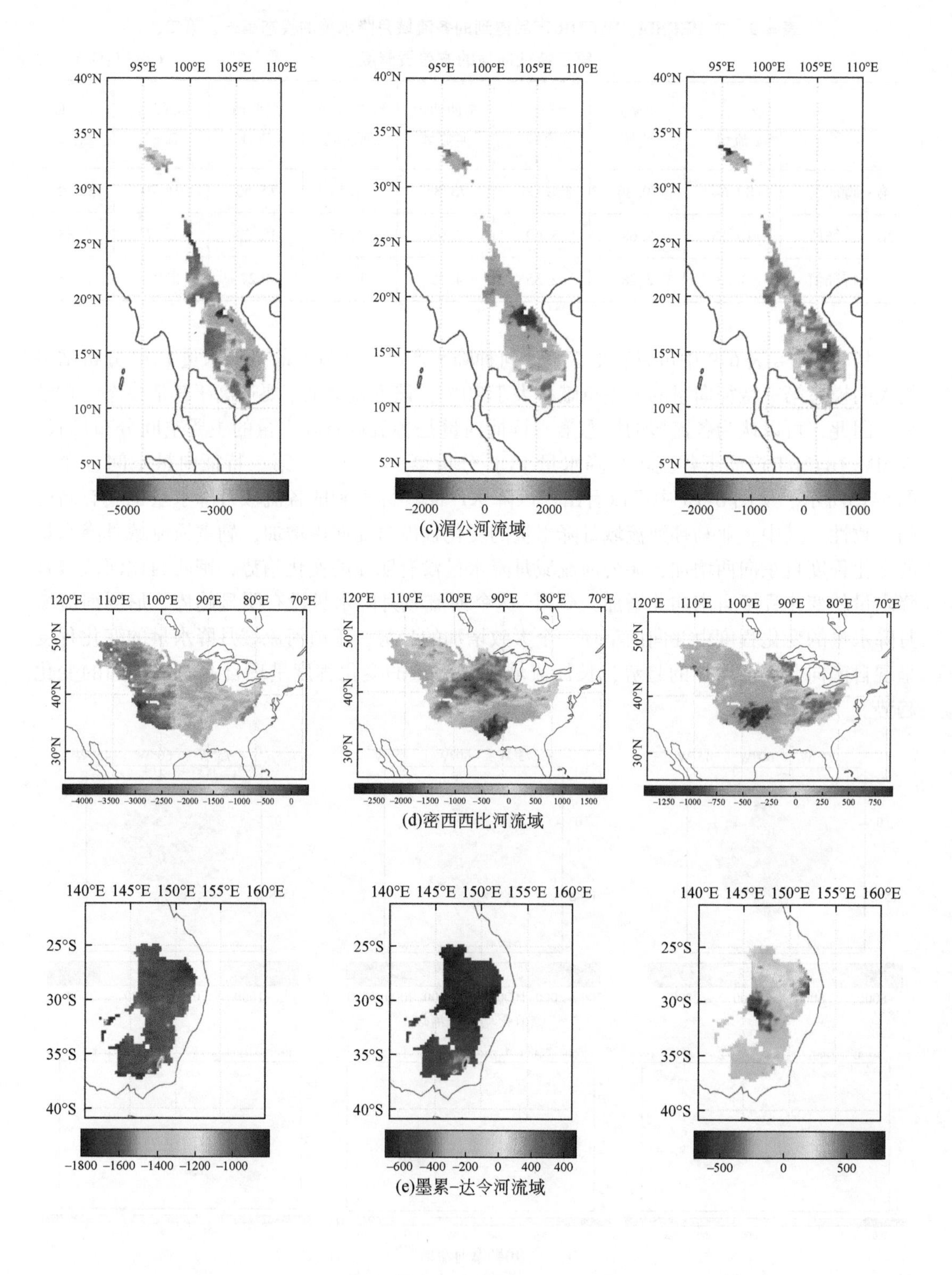

(c)湄公河流域

(d)密西西比河流域

(e)墨累-达令河流域

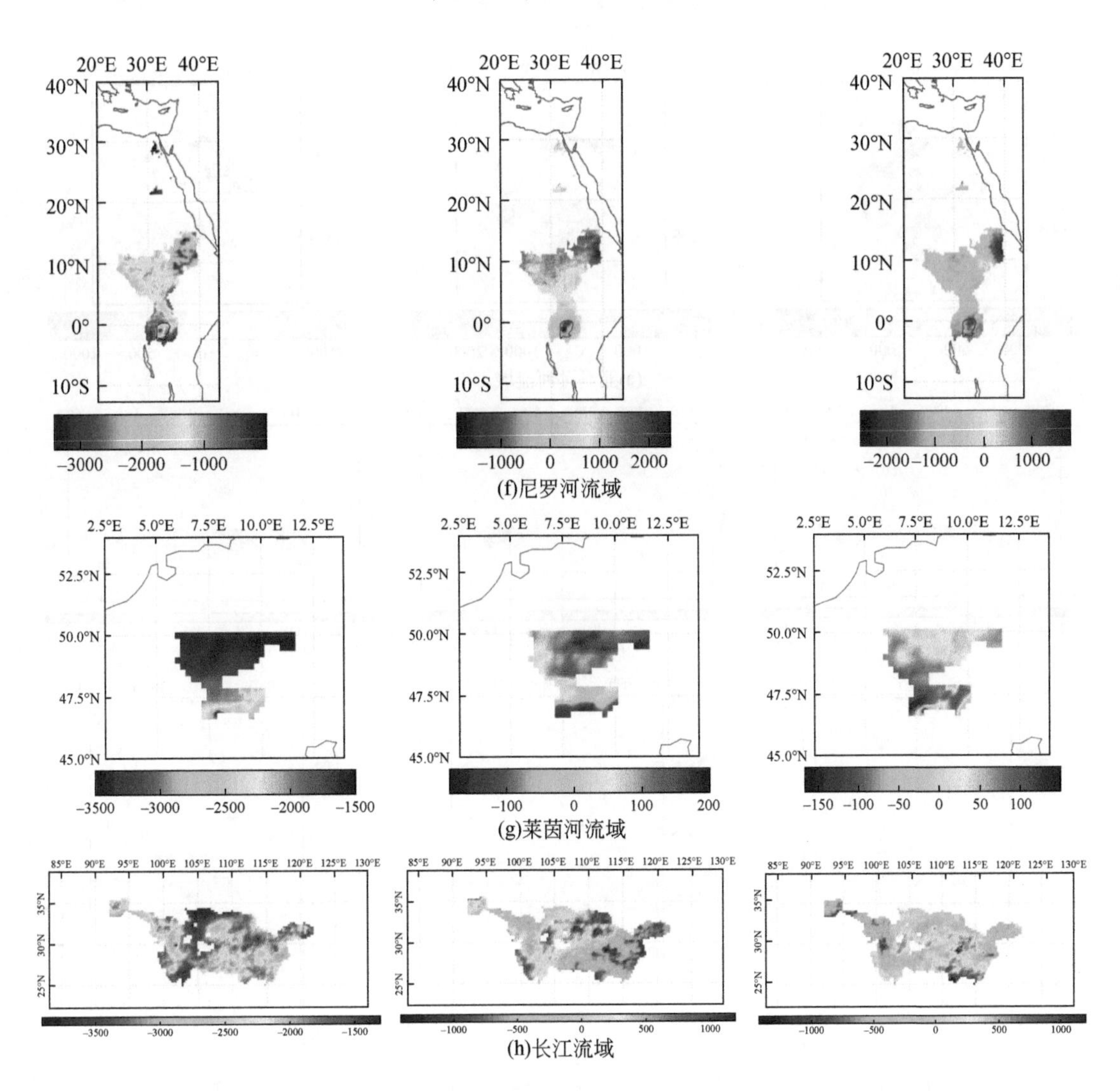

图 6-15　由 TRMM 3B42RT 产品得到的各流域月降水量 EOF 分析第一、第二、第三特征向量空间分布

TRMM 3B42V7 产品下各流域月降水量 EOF 分析第一、第二、第三特征向量空间分布如图 6-16所示。从图 6-16 中可以看出，该降水产品计算得到的各流域月降水量也具有高度的一致性且与 TRMM 3B42RT 产品计算出的结果较一致。从结果中可以得出各流域月降水量的变化程度趋势，具体如下：亚马孙河流域月降水量的变化程度自北向南增加，勒拿河流域月降水量的变化程度自东向西增加，湄公河流域月降水量没有明显的变化趋势，密西西比河流域月降水量的变化程度自南向北增加，墨累-达令河流域月降水量的变化程度自东向西增加，尼罗河流域月降水量的变化程度由北向南呈现一个大致增加的趋势，莱茵河流域月降水量的变化程度呈现自南向北逐渐增加的趋势，长江流域月降水量的变化程度呈现自东向西的增加趋势。

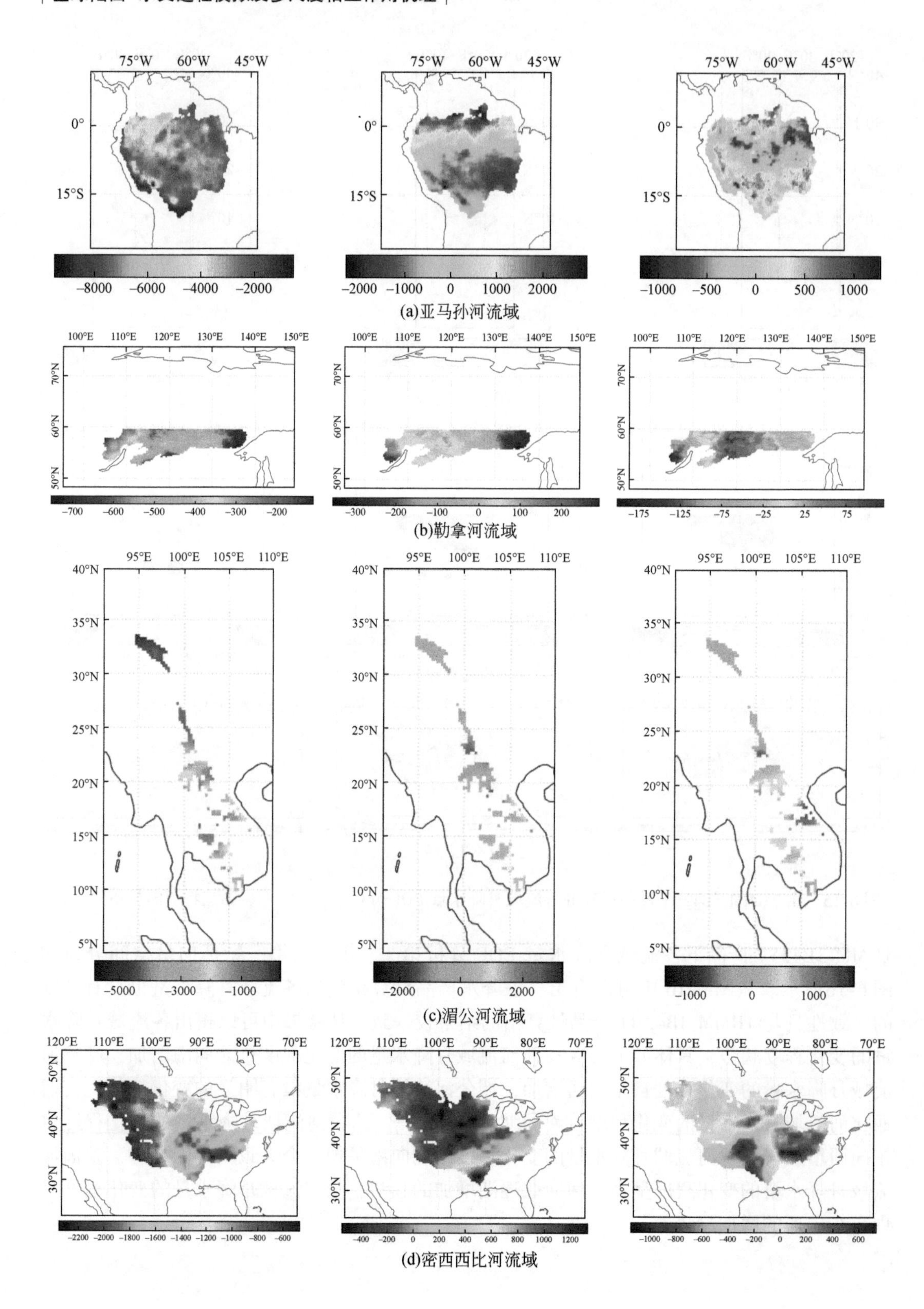

(a)亚马孙河流域

(b)勒拿河流域

(c)湄公河流域

(d)密西西比河流域

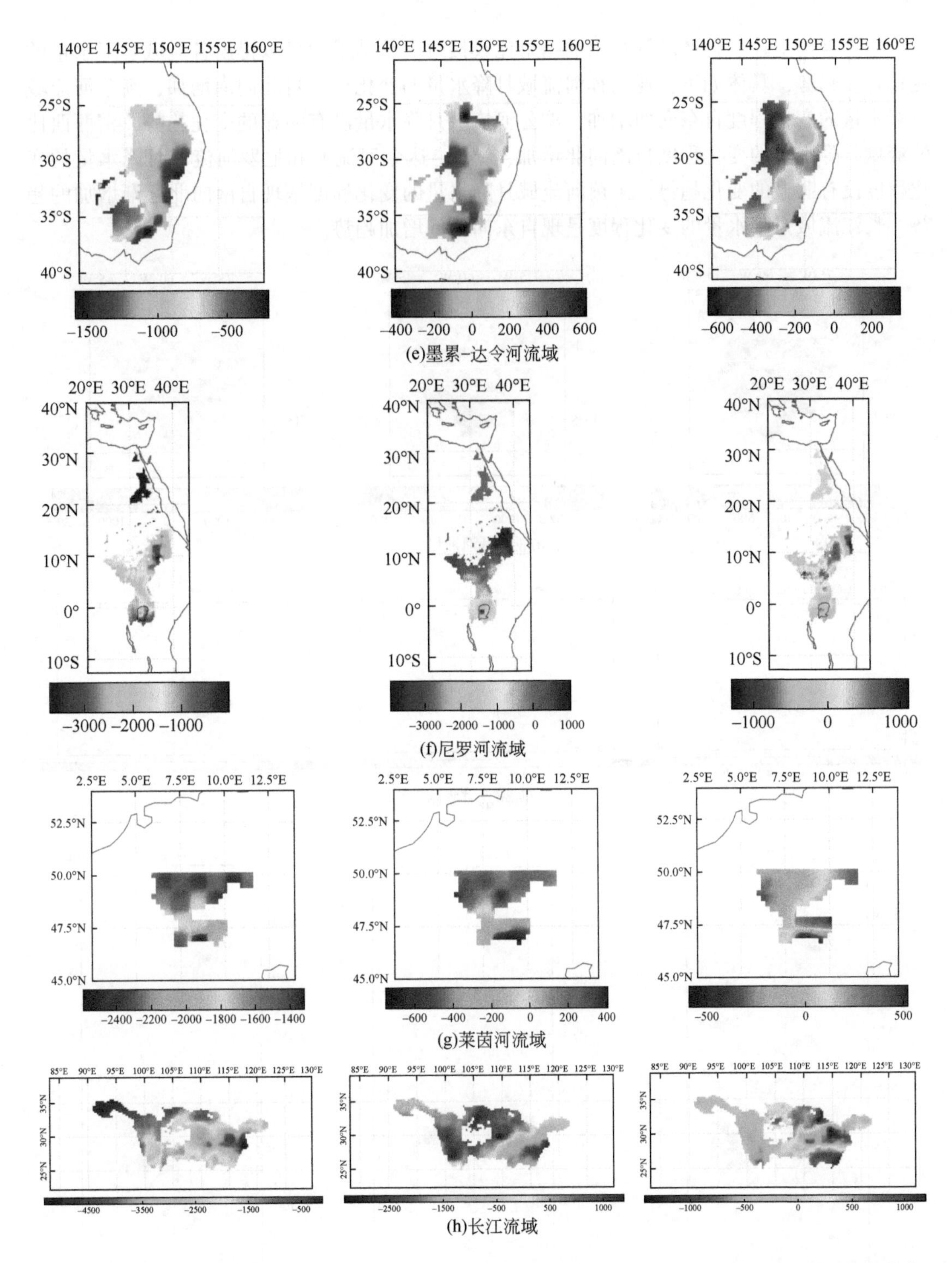

图 6-16 由 TRMM 3B42V7 产品得到的各流域月降水量 EOF 分析第一、第二、第三特征向量空间分布

PERSIANN 产品下各流域月降水量 EOF 分析第一、第二、第三特征向量空间分布如图 6-17所示。从图 6-17 中可以看出，该降水产品计算得到的各流域月降水量也具有高度

的一致性且与上述两种产品计算出的结果比较接近。从结果中可以得出各流域月降水量的变化程度趋势，具体如下：亚马孙河流域月降水量的变化程度自北向南增加，勒拿河流域月降水量的变化程度自东向西增加，湄公河流域月降水量没有明显的变化趋势，密西西比河流域月降水量的变化程度自南向北增加，墨累-达令河流域和尼罗河流域月降水量的变化程度没有明显的变化趋势，莱茵河流域月降水量的变化程度呈现自南向北逐渐增加的趋势，长江流域月降水量的变化程度呈现自东向西的增加趋势。

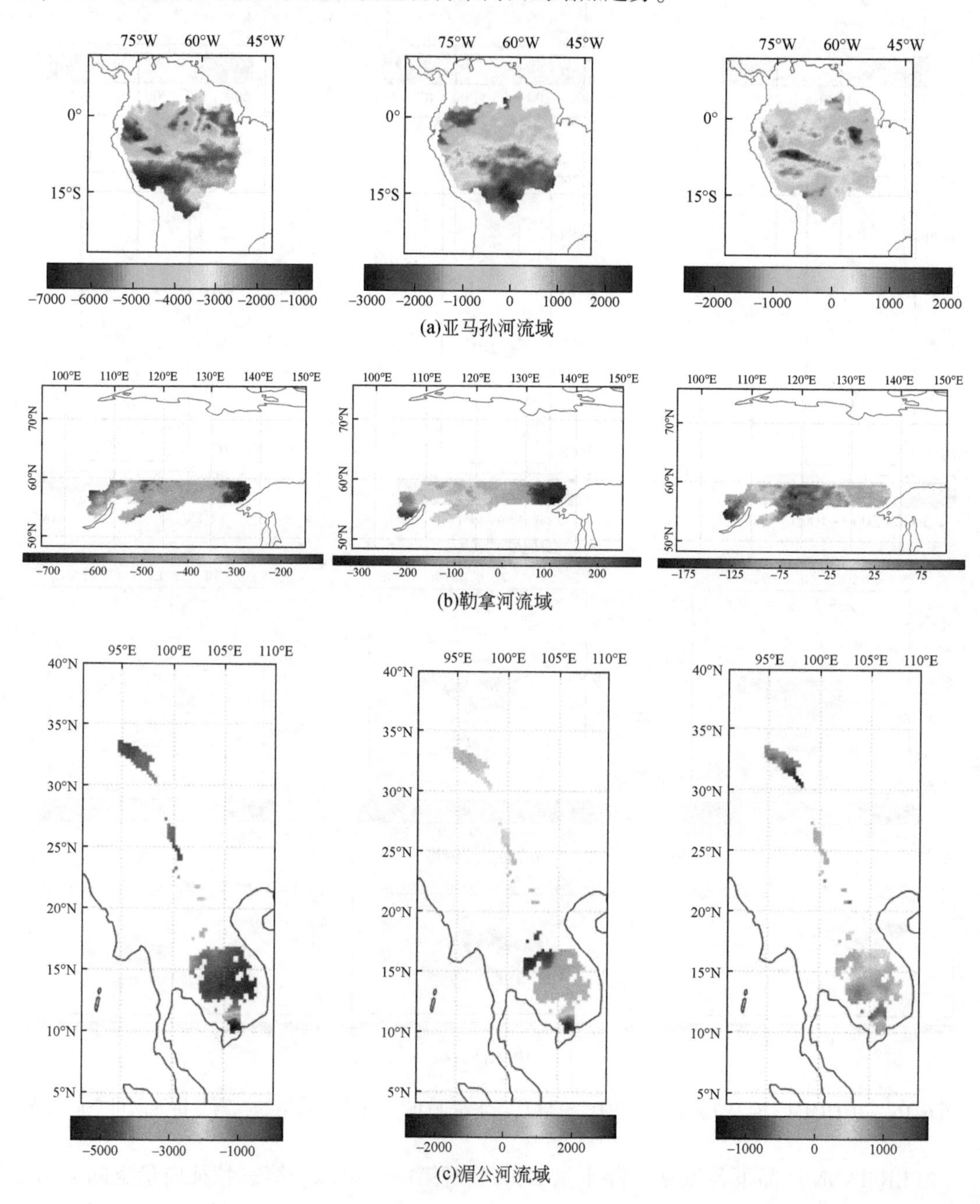

(a)亚马孙河流域

(b)勒拿河流域

(c)湄公河流域

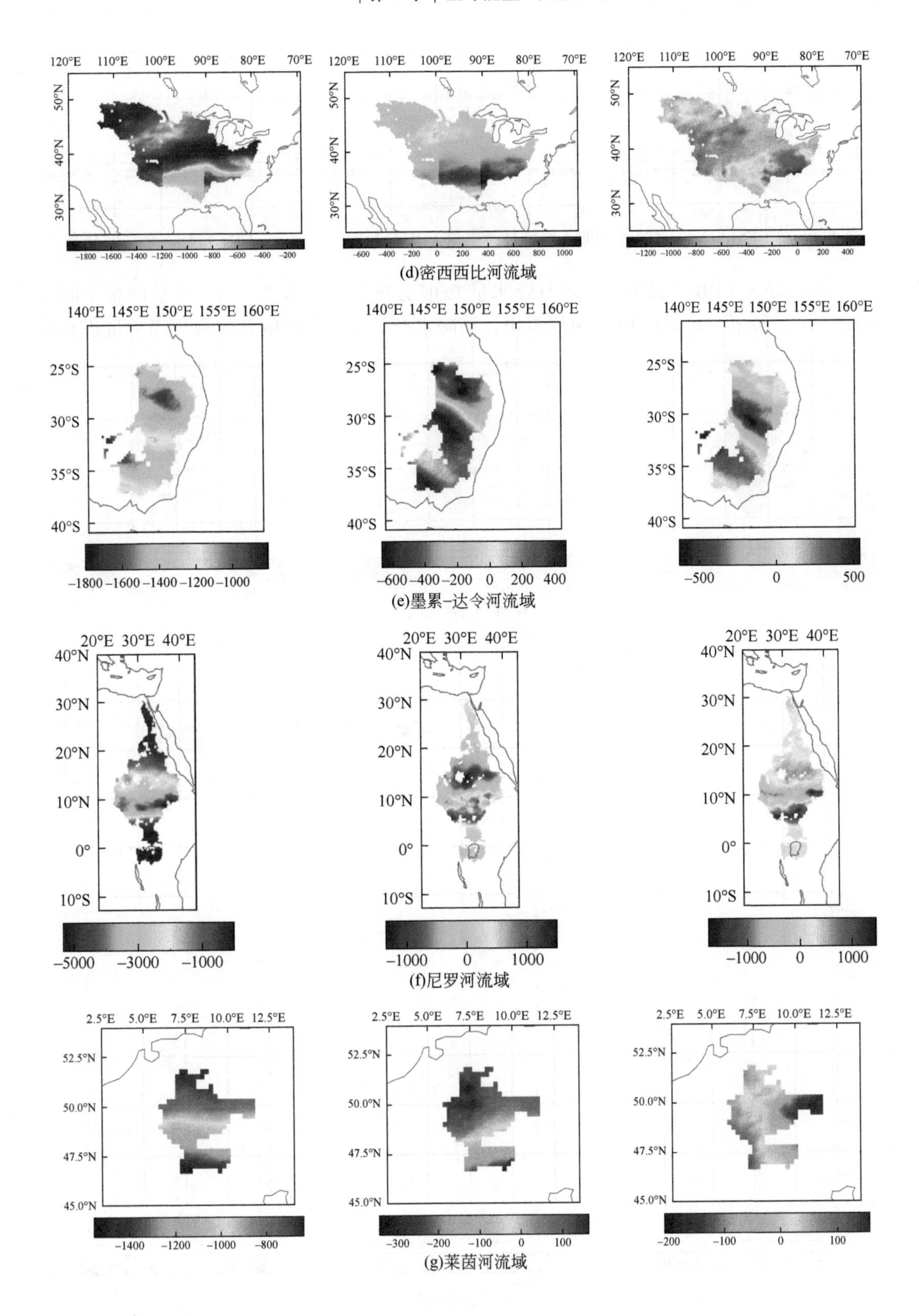

(d)密西西比河流域

(e)墨累-达令河流域

(f)尼罗河流域

(g)莱茵河流域

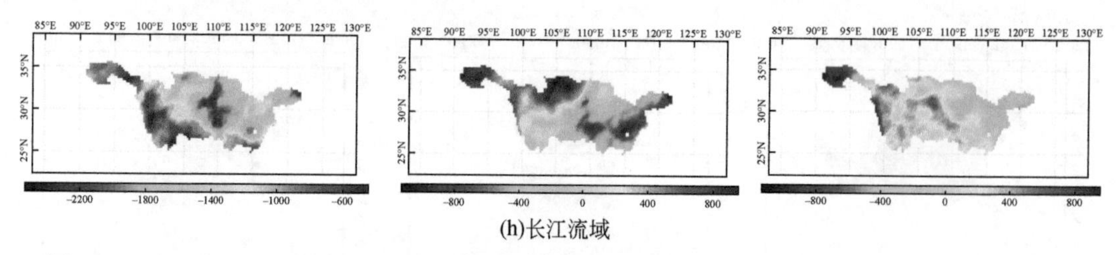

(h)长江流域

图 6-17　由 PERSIANN 产品得到的各流域月降水量 EOF 分析第一、第二、第三特征向量空间分布

PERSIANN_CDR 产品下各流域月降水量 EOF 分析第一、第二、第三特征向量空间分布如图 6-18 所示。从图 6-18 中可以看出，该降水产品计算得到的各流域月降水量也具有

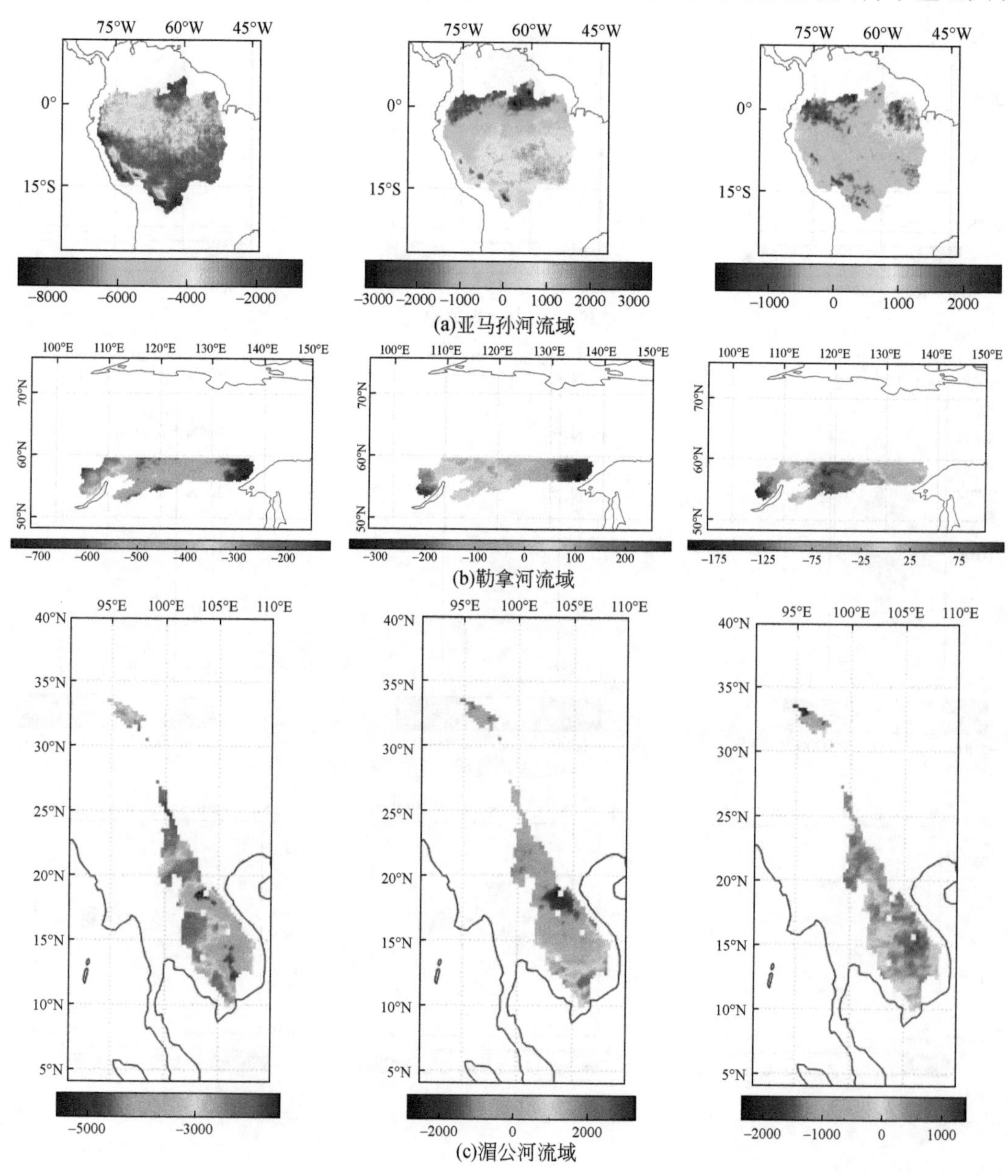

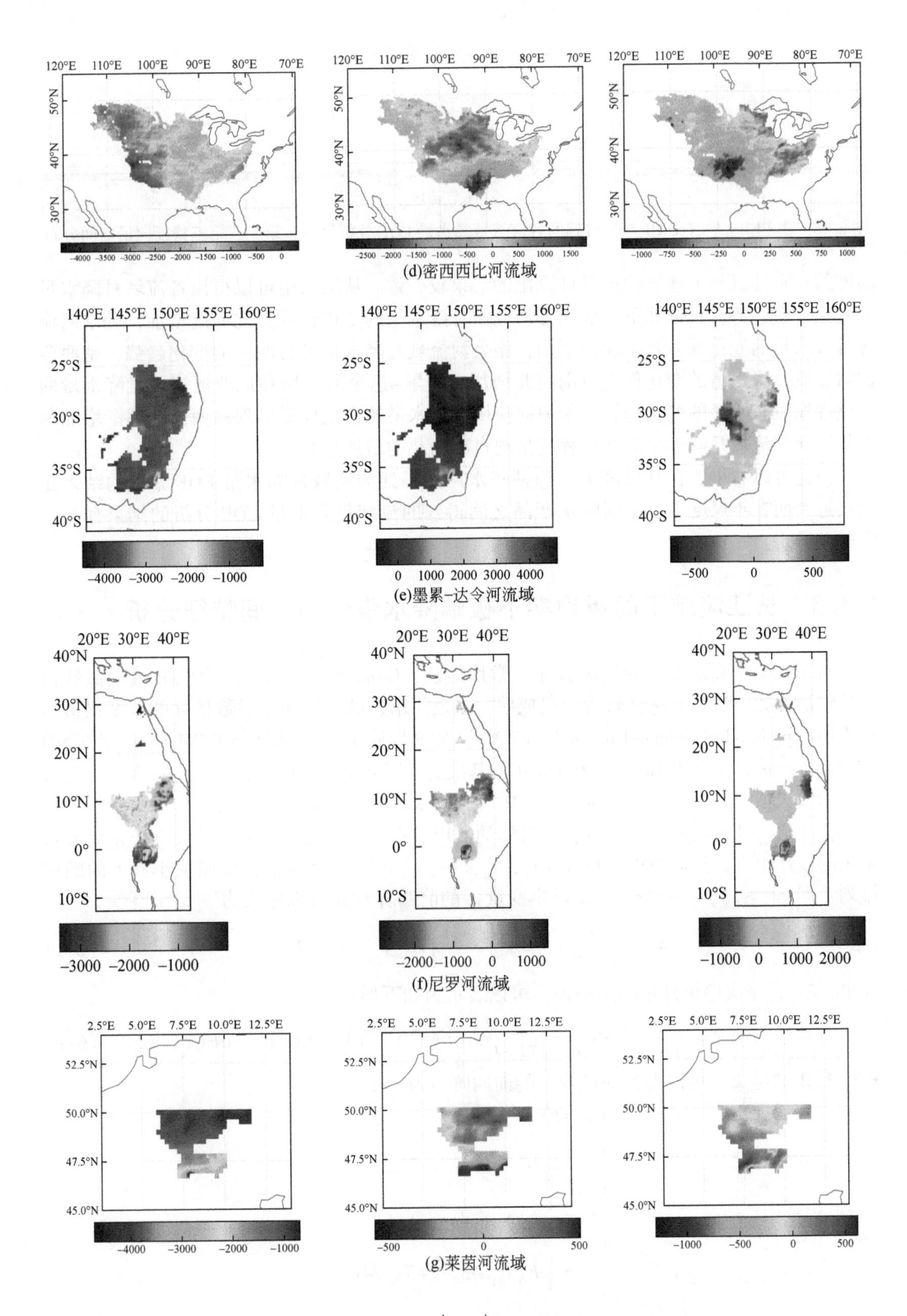

(d)密西西比河流域

(e)墨累–达令河流域

(f)尼罗河流域

(g)莱茵河流域

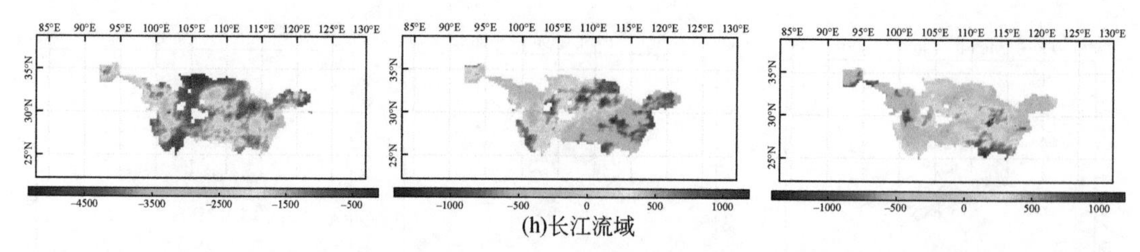

(h)长江流域

图 6-18 由 PERSIANN_CDR 产品得到的各流域月降水量 EOF 分析第一、第二、第三特征向量空间分布

高度的一致性且与上述三种产品计算出的结果较一致。从结果中可以得出各流域月降水量的变化程度趋势，具体如下：亚马孙河流域月降水量的变化程度自北向南增加，勒拿河流域月降水量的变化程度自东向西增加，湄公河流域月降水量没有明显的变化趋势，密西西比河流域月降水量的变化程度自南向北增加，墨累-达令河流域和尼罗河流域月降水量的变化程度没有明显的变化趋势，莱茵河流域月降水量的变化程度呈现自南向北逐渐增加的趋势，长江流域月降水量的变化程度呈现自南向北的增加趋势。

由此可以看出，在月尺度上，四种降水产品得到的流域月降水量 EOF 分析的结果比较接近，而在年尺度上，不同降水产品之间得到的流域年降水量 EOF 分析的结果存在一定的差异。

6.1.3 长江流域不同重现期下极端降水事件的空间特征分析

对于气象学和水文学的极值分布，常用矩法、Gumbel 法、最小二乘法和极大似然估计法估计参数。这些方法都较为经典成熟，但近年来，已经发展了参数估计的概率权重加权矩法（probability weighted method，PWM），后又发展了 *L*-矩估计与 PWM 估计相结合的方法。*L*-矩估计法是由 Hosking 在 PWM 的基础上发展起来的。*L*-矩估计法的最大特点是对序列的极大值和极小值没有常规矩那么敏感，其求得的参数估计值比较稳健。本研究拟用 *L*-矩估计法估计极值分布的参数，其具体的实现过程如下。随机变量 X 的线性矩是概率权重矩的线性组合，假设随机变量 X（x_1，x_2，…，x_n）有 n 个样本，按照从小到大的顺序排列，即 $x_{1,n} \leqslant x_{2,n} \leqslant \cdots \leqslant x_{n,n}$，则样本变量 X 的前四阶 *L*-矩可以定义为

$$\lambda_r = \frac{1}{r}\sum_{k=0}^{r-1}(-1)^k\binom{r-1}{k}Ex_{r-k:r}, r = 1,2,\cdots \tag{6-1}$$

式中，$Ex_{r-k:r}$是次序统计量的期望值，可以表示为如下形式：

$$Ex_{r:n} = \frac{n!}{(r-1)!\ (n-r)!}\int_0^1 x\left(F(x)\right)^{r-1}\left(1-F(x)\right)^{n-r}\mathrm{d}F(x) \tag{6-2}$$

根据 *L*-矩的定义，可以得到随机变量的前四阶矩为

$$\begin{cases}\lambda_1 = Ex \\ \lambda_2 = \dfrac{1}{2}E(x_{2:2}-x_{1:2}) \\ \lambda_3 = \dfrac{1}{3}E(x_{3:3}-2x_{2:3}+x_{1:3}) \\ \lambda_4 = \dfrac{1}{4}E(x_{4:4}-3x_{3:4}+3x_{2:4}-x_{1:4})\end{cases} \tag{6-3}$$

式中，λ_1 称为 L-期望值，衡量分布函数的位置；λ_2 称为 L-尺度，衡量分布函数的离散程度；λ_3 和 λ_4 分别衡量分布函数的偏度和峰度。因此 L-矩统计特征参数可以定义为

$$\tau_2=\lambda_2/\lambda_1,\tau_3=\lambda_3/\lambda_2,\tau_4=\lambda_4/\lambda_2 \tag{6-4}$$

式中，τ_2、τ_3 和 τ_4 分别为变差系数、偏态系数和峰度系数。对于给定的样本序列 x_1，x_2，…，x_n，将样本按照从小到大的顺序排列，即 $x_{1,n}\leqslant x_{2,n}\leqslant\cdots\leqslant x_{n,n}$，则样本的前四阶矩可以如下计算：

$$\begin{cases}l_1=b_0\\ l_2=2b_1-b_0\\ l_3=6b_2-6b_1+b_0\\ l_4=20b_3-30b_2+12b_1-b_0\end{cases} \tag{6-5}$$

式中，$b_0=\frac{1}{n}\sum_{j=1}^{n}x_{j,n}$，$b_1=\frac{1}{n}\sum_{j=2}^{n}\frac{j-1}{n-1}x_{j,n}$，$b_2=\frac{1}{n}\sum_{j=3}^{n}\frac{(j-1)(j-2)}{(n-1)(n-2)}x_{j,n}$，$b_3=\frac{1}{n}\sum_{j=4}^{n}\frac{(j-1)(j-2)(j-3)}{(n-1)(n-2)(n-3)}x_{j,n}$，则变差系数 τ_2、偏态系数 τ_3 和峰度系数 τ_4 的样本估计 t_2、t_3 和 t_4 可以分别定义如下：

$$t_2=l_2/l_1,t_3=l_3/l_2,t_4=l_4/l_2 \tag{6-6}$$

区域频率分析一般包括以下 3 个主要步骤：水文相似区分析以及区域分布函数的选择、区域频率计算。本研究将根据长江流域 185 个站点 1960～2017 年连续日降水量数据，提取年最大一日降水量序列用于长江流域极端降水事件的区域频率分析。

（1）均质区的划分与检验

本研究以长江流域 185 个站点的经纬度、高程和年平均降水量作为均质区划分的依据，采取模糊分类法对均质区进行划分，并通过扩展 Xie-Benn 指数确定长江流域最优子区域个数。扩展 Xie-Benn 指数是一项基于模糊分类法结果，进行计算不同聚类数对应的结果以确定最优聚类数的指标，其计算公式如下：

$$V_{\mathrm{XB},K}=\frac{\sum_{i=1}^{c}\sum_{k=1}^{K}(\mu_{ik})^r\ \|\boldsymbol{V}_i-\boldsymbol{W}_k\|^2}{K\min\limits_{i,i\neq k}\|\boldsymbol{V}_i-\boldsymbol{V}_k\|^2} \tag{6-7}$$

式中，μ_{ik}为模糊隶属度矩阵 $\boldsymbol{U}$ 中的元素；r 为模糊度；$\boldsymbol{W}_k$ 为输入矩阵；$\boldsymbol{V}_i$ 为模糊中心向量；c 为聚类数；$V_{\mathrm{XB},K}$最小值对应的 c 值即最优聚类数。长江流域扩展 Xie-Benn 指数的计算结果如图 6-19 所示。其结果表明长江流域的最优子区域个数是 6。基于模糊分类法的结果，长江流域子区域划分结果如图 6-20 所示。

在划分子区域后，需要对子区域进行水文相似区均质性检验。本研究采用 Hosking 和 Wallis（1997）给出的 H 值检验法进行水文相似区均质性检验。其基本思路为对划分的水文相似区的均质性进行多次模拟，假设每次模拟中每个水文相似区内的站点数不变，且各个站点的模拟资料长度与实际资料长度一致，计算每次模拟结果与实际结果之间的离散程度和均方差，以及所有模拟次数下模拟结果与实际结果的离散程度与均方差，用于水文相似区的均质性检验，检验统计量记为 H。当 H 值是一个较大的正数时，说明实际计算出来的值的离散程度超过了水文相似区该有的均质性，也就是说这个水文相似区不满足均质性

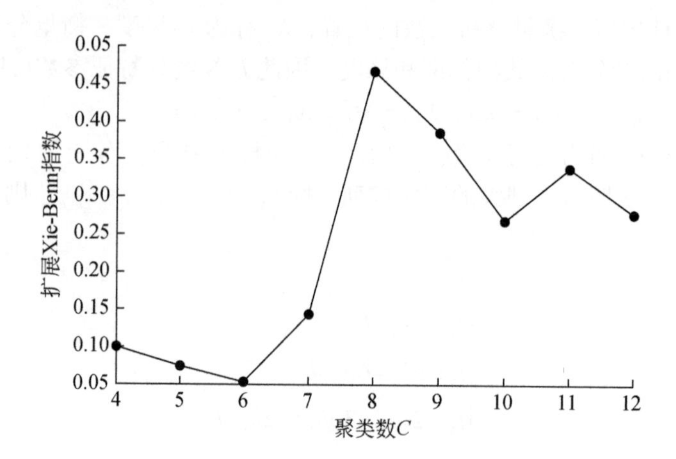

图 6-19　长江流域扩展 Xie-Benn 指数计算结果

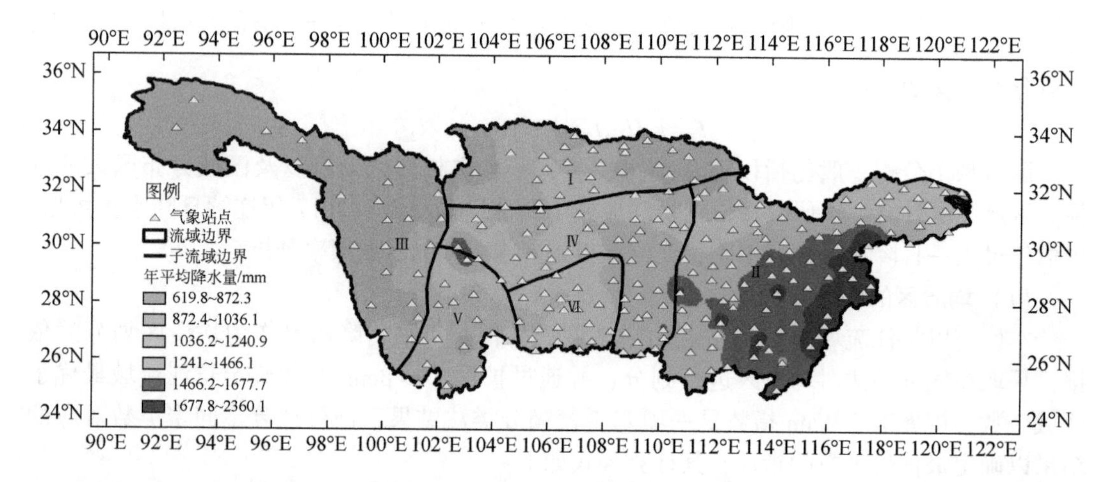

图 6-20　长江流域子区域划分结果

要求。该方法具体的计算过程如下：假定研究区域内有 N 个站点，第 i 个站点的样本长度为 n_i，则以样本长度为权重的区域线性矩系数 t 的标准差为

$$\begin{cases} V_1 = \left[\sum_{i=1}^{N} n_i \left(t^{(i)} - t^R \right)^2 \Big/ \sum_{i=1}^{N} n_i \right]^{1/2} \\ V_2 = \sum_{i=1}^{N} n_i \left[\left(t^{(i)} - t^R \right)^2 + \left(t_3^{(i)} - t_3^R \right)^2 \right]^{1/2} \Big/ \sum_{i=1}^{N} n_i \\ V_3 = \sum_{i=1}^{N} n_i \left[\left(t_3^{(i)} - t_3^R \right)^2 + \left(t_4^{(i)} - t_4^R \right)^2 \right]^{1/2} \Big/ \sum_{i=1}^{N} n_i \end{cases} \tag{6-8}$$

式中，t^R、t_3^R 和 t_4^R 分别为 L-CV、L-偏度和 L-峰度的区域加权平均值，可以通过式（6-9）计算得到：

$$t^R = \sum_{i=1}^{N} n_i t^{(i)} \Big/ \sum_{i=1}^{N} n_i, t_3^R = \sum_{i=1}^{N} n_i t_3^{(i)} \Big/ \sum_{i=1}^{N} n_i, t_4^R = \sum_{i=1}^{N} n_i t_4^{(i)} \Big/ \sum_{i=1}^{N} n_i \tag{6-9}$$

式中，$n_i \Big/ \sum_{i=1}^{N} n_i$ 表示站点 i 的权重。为了进一步判别由这些站点组成的区域是否为水文相似区，采用蒙特卡罗统计试验方法得到模拟值 V 序列，基于区域平均线性矩系数 1、t^R、t_3^R、t_4^R，选择一个稳健性较好的四参数 Kappa 分布作为总体分布进行模拟。假设区域内每个站点都符合 Kappa 分布，且与实际站点具有相同的样本长度，可计算所生成的模拟样本的 V 值。重复模拟 N_{sim} 次得到 N_{sim} 个 V_1、V_2 和 V_3，本研究选取的 $N_{\text{sim}}=500$。根据 N_{sim} 个 V 序列计算 V_1、V_2 和 V_3 序列的均值（μ_v、μ_{v2} 和 μ_{v3}）和方差（σ_v、σ_{v2} 和 σ_{v3}），并进一步得到水文相似区检验系数 H_1、H_2 和 H_3：

$$H_1=\frac{V_1-\mu_v}{\sigma_v},H_2=\frac{V_2-\mu_{v2}}{\sigma_{v2}},H_3=\frac{V_3-\mu_{v3}}{\sigma_{v3}} \tag{6-10}$$

如果 $H<1$（满足 H_1、H_2 和 H_3 中 2 个或 3 个小于 1，下同），则可以将该区域看成水文相似区；如果 $1\leqslant H\leqslant 2$，则可能为非水文相似区；如果 $H\geqslant 2$，则一般为非相似区。长江流域各个子区域的均质性检验结果如表 6-10 所示。从表 6-10 中可以看出，所有子区域的 H 均小于 1，因此，可以认为此 6 个子区域均为水文相似区。

表 6-10　长江流域 6 个子区域水文相似均质性检验

子区域	H_1	H_2	H_3
1	-5.655	-0.020	-0.322
2	0.893	-0.872	-1.367
3	-1.120	0.928	-3.153
4	0.884	0.943	-0.229
5	-1.975	0.715	0.573
6	-5.939	0.876	-1.292

（2）区域最优分布选择

在划分好水文相似均质区后，下一步就是为各个子区域选择最优分布。本研究采用的候选分布包含广义逻辑分布（GLO）、广义极值分布（GEV）、广义正态分布（GNO）、皮尔逊Ⅲ型分布（PE3）。本研究用于区域最优频率分布选择的方法有两种：一种是 Hosking 和 Wallis 给出的区域最优分布函数选择法（HWGOF），其原理主要是利用分布函数的检验系数 Z^{DIST} 加以判别，Z^{DIST} 的计算方法如下：

$$Z^{\text{DIST}}=(\tau_4^{\text{DIST}}-t_4^R+\beta_4)/\sigma_4 \tag{6-11}$$

式中，$\beta_4=\sum_{m=1}^{N_{\text{sim}}}(t_4^{(m)}-t_4^R)/N_{\text{sim}}$、$\sigma_4=\left\{\frac{1}{N_{\text{sim}}-1}\left[\sum_{m=1}^{N_{\text{sim}}}(t_4^{(m)}-t_4^R)^2-N_{\text{sim}}\beta_4^2\right]\right\}^{1/2}$ 分别为从 Kappa 分布模拟得到的 $t_4^{(m)}$ 的偏差和均方差；τ_4^{DIST} 为由 DIST 分布模拟得到的区域平均值；t_4^R 和 $t_4^{(m)}$ 的含义同前。一般来说，如果 $|Z^{\text{DIST}}|\leqslant 1.64$，则可以采用该分布作为统一的区域分布函数，如果满足该条件的分布不止一个，则通常取 $|Z^{\text{DIST}}|$ 最小时的分布函数作为区域最佳分布。

另一种区域最优分布选择的方法是由 Kjeldsen 和 Prosdocimi（2015）提出的区域最优分布选择法（KPGOF），该方法是在 HWGOF 的基础上，进一步考虑了偏态系数的变化特征，并通过先在 L-偏度和 L-峰度对应图上构建 95% 置信度的置信椭圆，随后根据置信椭圆的位置，从候选分布中筛选出可接受的区域分布，在进一步通过蒙特卡罗统计试验方法计算检验系数 D^{DIST}，D^{DIST}的计算方式如下：

$$D^{\mathrm{DIST}}=(\tau^{\mathrm{DIST}}-t^{R})^{T}\boldsymbol{\Omega}^{-1}(\tau^{\mathrm{DIST}}-t^{R}) \tag{6-12}$$

式中，$t^R=(t_3^R-\beta_3,\ t_4^R-\beta_4)$ 是区域偏态和峰度的无偏估计；$\boldsymbol{\Omega}$ 是协相关矩阵 $\begin{bmatrix}\sigma_3^2 & \sigma_{34}\\ \sigma_{43} & \sigma_4^2\end{bmatrix}$；$\sigma_{34}$是偏态系数和峰度系数的协方差，可由式（6-13）估计：

$$\sigma_{34}=(N_m-1)^{-1}\left\{\sum_{m=1}^{N_m}(t_3^{(m)}-t_3^R)(t_4^{(m)}-t_4^R)-N_m\beta_3\beta_4\right\} \tag{6-13}$$

式中，$t_3^{(m)}$ 的含义同 $t_4^{(m)}$ 类似，表示第 m 次蒙特卡罗实验的区域平均偏态系数。

首先采用 HWGOF 选取长江流域各个子区域的最优分布，其结果如表 6-11 所示。此外，子区域的 L-偏度和 L-峰度对应图也可验证 HWGOF 的结果，长江流域各个子区域的 L-偏度和 L-峰度对应图如图 6-21 所示。

表 6-11　HWGOF 最优区域频率分布选择结果

子区域	GLO	GEV	GNO	PE3	最优分布
1	3. 810	0. 978	0. 175	−1. 415	GNO
2	5. 530	0. 602	−1. 379	−5. 048	GEV
3	0. 933	−1. 453	−1. 740	−2. 520	GLO
4	3. 472	−0. 316	−1. 384	−3. 500	GEV
5	1. 688	−0. 480	−1. 152	−2. 455	GEV
6	3. 893	1. 007	0. 188	−1. 433	GNO

从表 6-11 和图 6-21 中均可看出，对于子区域 1，可被 HWGOF 接受的分布有 GEV、GNO 和 PE3，但是最优分布为 GNO；对于子区域 2，可被 HWGOF 接受的分布有 GEV 和 GNO，对应值最小的分布为 GEV；对于子区域 3，可被接受的频率分布有 GLO 和 GEV，其中 HWGOF 选择的最优分布为 GLO；对于子区域 4 和子区域 5，最优分布均为 GEV；对于子区域 6，区域可接受分布为 GEV、GNO 和 PE3，最优分布为 GNO。

随后，采用 KPGOF 选择各个子区域的最优分布，首先要在图 6-21 构建 95% 置信度的置信椭圆，包含 95% 置信椭圆长江流域 6 个子区域 L-偏度和 L-峰度对应图如图 6-22 所示。KPGOF 仅在置信椭圆内包含的频率分布曲线中选取最优区域频率分布。从图 6-22 中可以看出，子区域 1 的可接受分布为 GEV、GNO 和 PE3；子区域 2 的可接受分布为 GEV 和 GNO，子区域 3 的可接受分布为 GLO、GEV 和 GNO，子区域 4 的可接受分布为 GEV、GNO，子区域 5 的可接受分布为 GEV 和 GNO，子区域 6 的可接受分布为 GEV、GNO 和 PE3。同时，进一步从各个子区域的可接受频率分布中挑选最优频率分布，其结果如

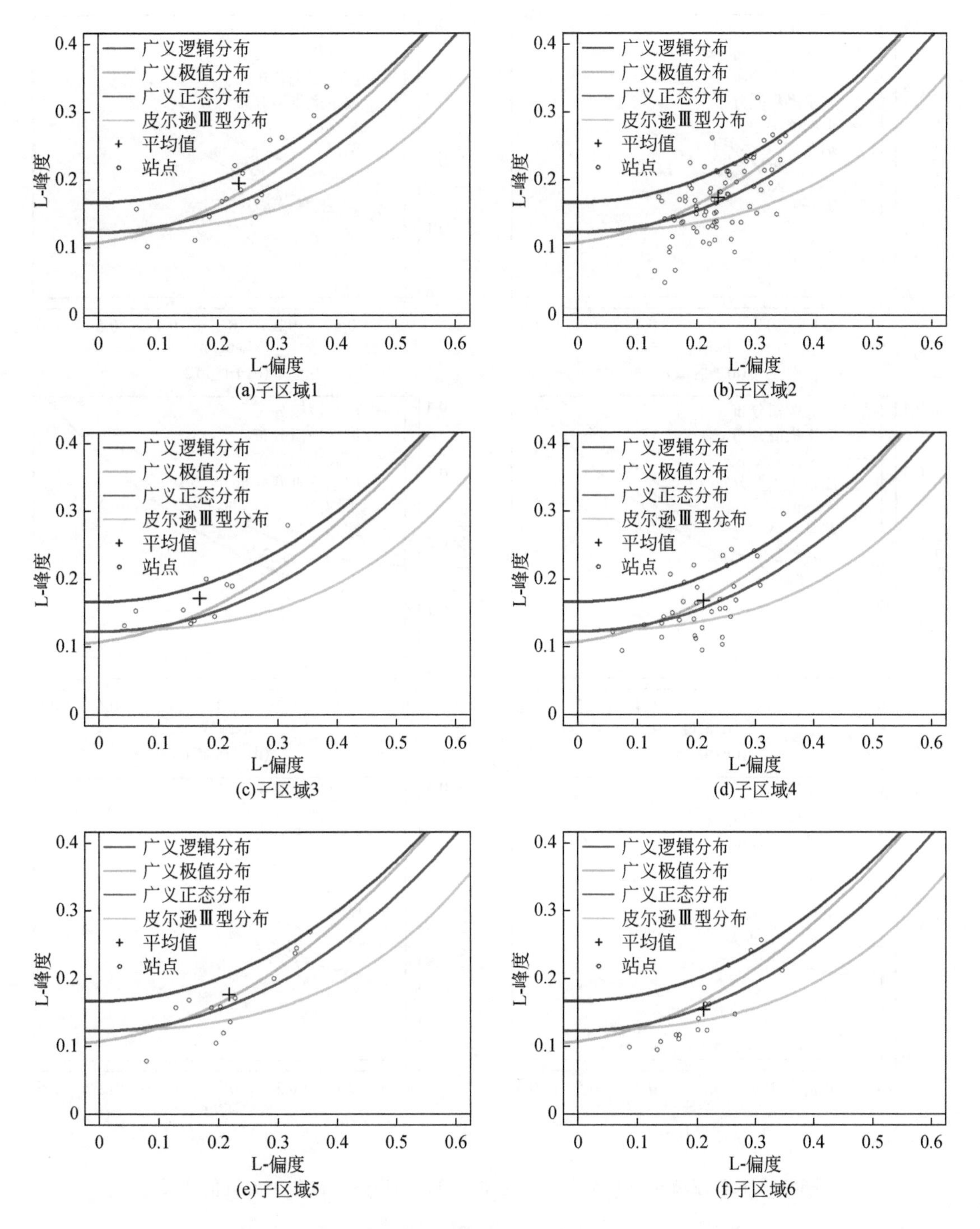

图 6-21 长江流域 6 个子区域 L-偏度和 L-峰度对应图

表 6-12所示。从表 6-12 中可以看出，KPGOF 在各个子流域的最优频率分布选择结果与 HWGOF 一致，由此也证实了 HWGOF 得到的各个子区域的最优频率分布结果。

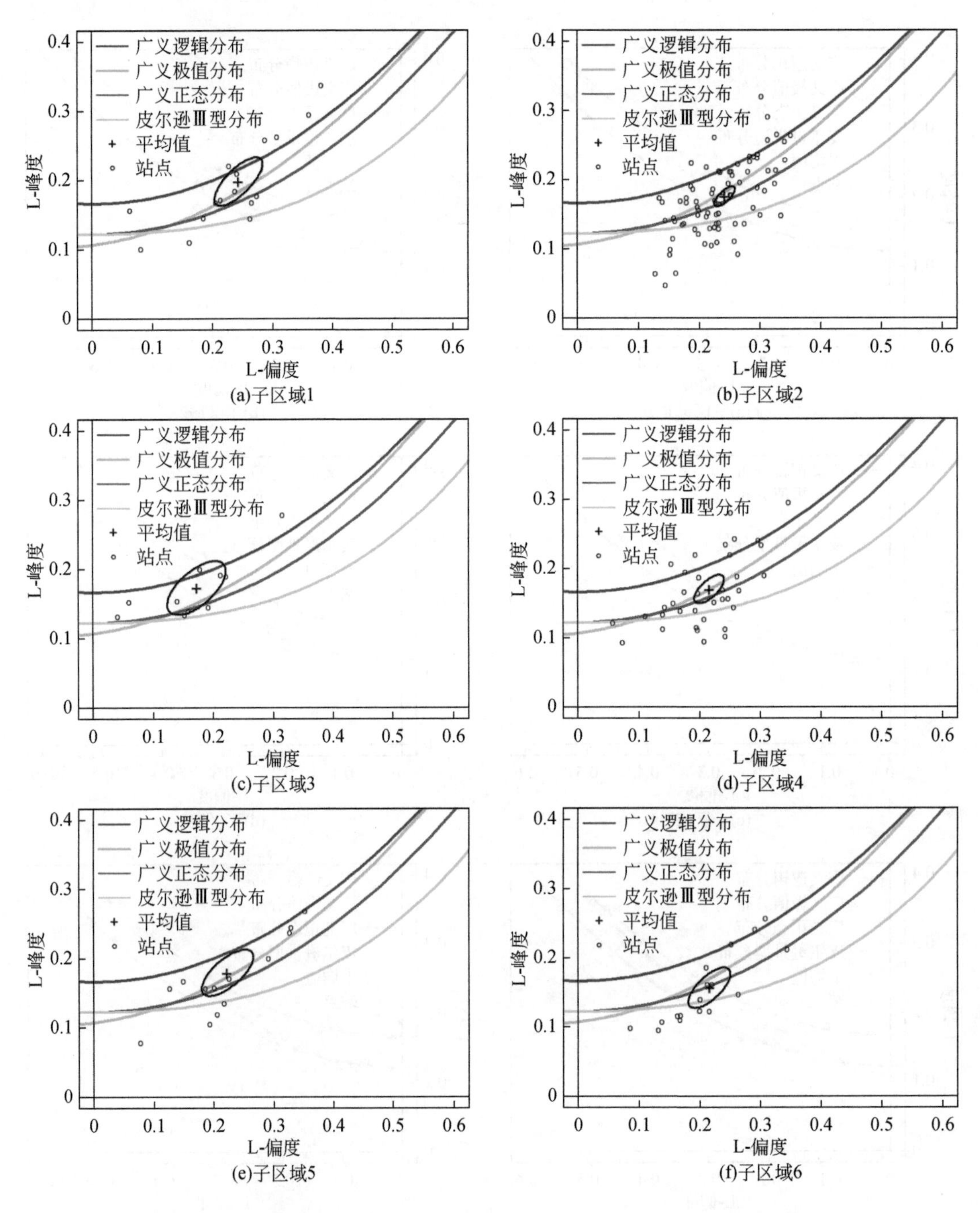

图 6-22 长江流域 6 个子区域 L-偏度和 L-峰度对应图（包含 95% 置信椭圆）

表 6-12 KPGOF 最优区域频率分布选择结果

子区域	GLO	GEV	GNO	PE3	最优分布
1	NA	2.128	0.111	2.391	GNO
2	NA	1.876	2.112	NA	GEV

续表

子区域	GLO	GEV	GNO	PE3	最优分布
3	1.493	2.767	3.844	NA	GLO
4	NA	0.013	2.394	NA	GEV
5	NA	0.253	1.862	NA	GEV
6	NA	2.230	0.146	2.336	GNO

(3) 不同重现期下的极端降水空间分布

在确定了各个子区域的最优频率分布之后，通过区域最优频率分布计算长江流域各个气象站点在重现期水平分别为 1 年、2 年、5 年、10 年、20 年、50 年、100 年、200 年和 1000 年的年最大一日降水值，并通过反距离加权法插值到整个长江流域。长江流域不同重现期水平下年最大一日降水空间分布图如图 6-23 所示，从图 6-23 中可以看出，不同重现期水平下，长江流域的年最大一日降水均呈现出类似的空间变化趋势，即自西向东逐渐增加，且南方沿海地区的估计值一般大于北部内陆地区。由此可认为，长江流域东南部沿海地区比西北内陆地区面临的极端降水事件的风险更高。

(a)1年

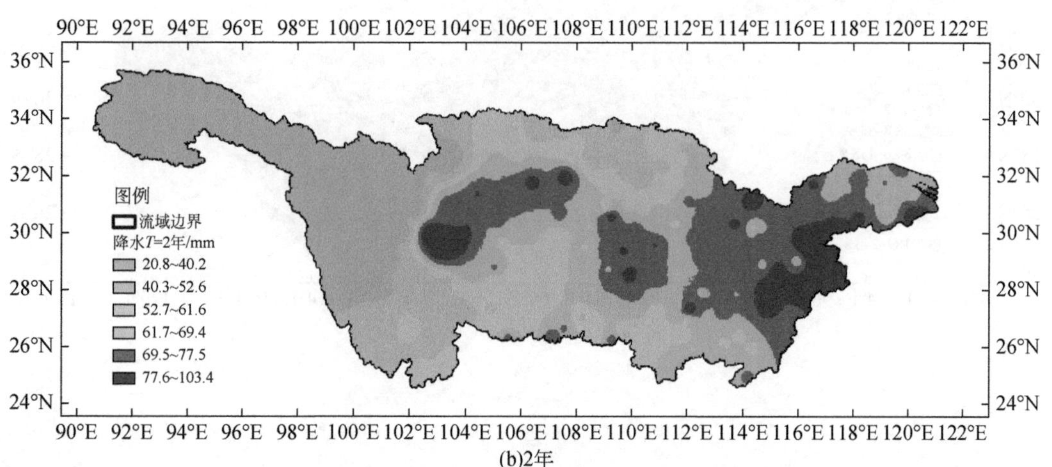

(b)2年

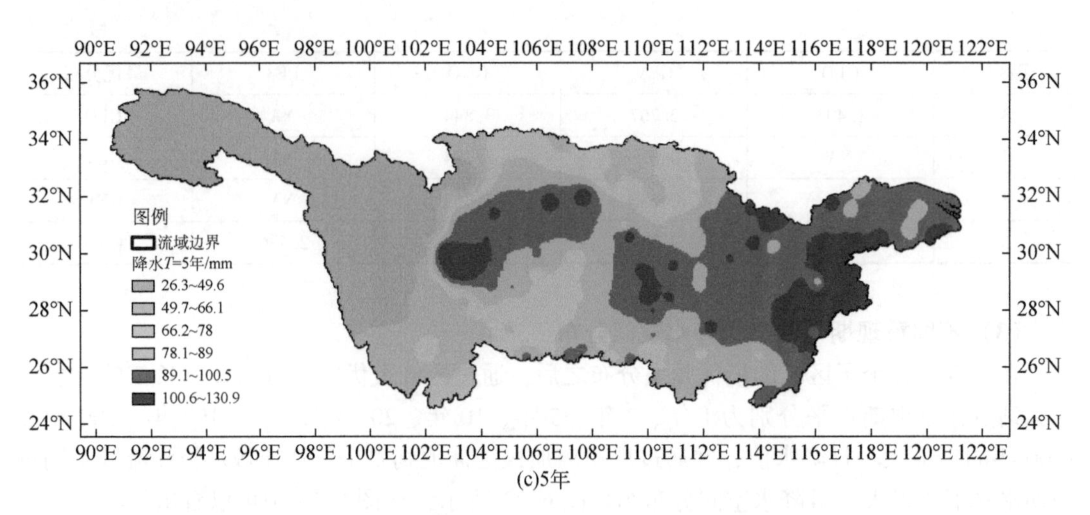

(c)5年

(d)10年

(e)20年

(f)50年

(g)100年

(h)200年

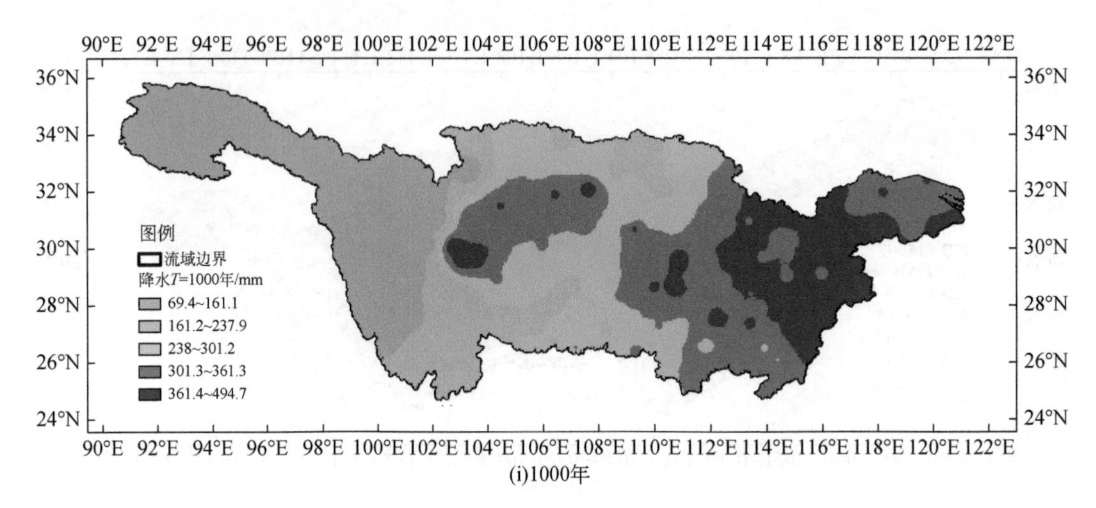

图 6-23　长江流域不同重现期水平（1 年、2 年、5 年、10 年、20 年、50 年、100 年、200 年、1000 年）下年最大一日降水空间分布

6.1.4　小结

本研究主要针对以下几方面内容进行了研究、分析，并得出了相应的结论。

对八大典型流域不同降水产品的多年平均降水量的空间分布结果进行了对比与分析，结果表明 TRMM 3B42RT、TRMM 3B42V7 和 PERSIANN_CDR 三种降水产品得到的各流域多年平均降水量的空间分布特征比较一致，也与实际情况较符合，而 PERSIANN 降水产品得到的多年平均降水量的空间分布特征与上述三种降水产品的空间分布特征存在一定的差异。

采用 EOF 分析法，对四种不同的降水产品下，八大典型流域上年降水量和月降水量进行了时空变化特征分析。结果表明，不论在年尺度下还是在月尺度下，各流域不同卫星降水产品 EOF 分析结果均表明模态第一特征向量为方差贡献度最大的特征向量。此外，不论在年尺度下还是在月尺度下，各流域不同卫星降水产品的模态第一特征向量的空间分布情况均表明各流域的年降水量以及月降水量的变化趋势具有高度的一致性，即同时呈现高值或低值的状况。在年尺度下，各个流域不同降水产品得到的降水量变化特征存在一定差异，但在月尺度下，各流域不同降水产品得到的降水量的变化特征比较一致。

采用长江流域 185 个气象站点的日降水数据，选用 6 种精度评定指标，对 4 种降水产品的精度进行比较、分析。结果表明，综合而言，TRMM 3B42V7 产品在长江流域上的精度要高于其他三种降水产品。

采用长江流域 185 个气象站点的年最大一日降水序列进行区域频率分析。通过模糊分类法以及扩展 Xie-Benn 指数确定最优子区域的个数以及对应的子区域。结果表明，长江流域最优的子区域个数为 6。采用均质性检验指标对模糊分类法划分的 6 个子区域进行水文相似性均质性检验，结果表明 6 个子区域均可通过均质性检验。随后，分别采用 HWGOF 和 KPGOF 选择各个子区域的最优分布，结果表明两种方法选出的各个子区域的最优分布结果相一致，子区域 1 和子区域 6 的最优分布是 GNO，子区域 2、子区域 4 和子区域 5 的最优分布是 GEV，子区域 3 的最优分布是 GLO。在确定了区域最优分布之后，计算了各个气象在重现期水平分别为 1 年、2 年、5 年、10 年、20 年、50 年、100 年、200 年和 1000 年的年最大一日降水值，并插值到整个长江流域。不同重现期下的年最大一日降水空间分布图表现出了相似的变化趋势，均为自西向东逐渐增大，由此可看出，长江流域东南部沿海地区面临更高的极端降水事件风险。

6.2 不同情景下全球及典型流域能量-水循环过程演变趋势及预测

6.2.1 基于 CMIP6 的长江流域未来径流量变化

观测数据使用的是澳大利亚新南威尔士大学的全球网格综合径流产品 LORA v1.0，1980～2012 年，0.5°×0.5°，月尺度，模式数据见表 6-13。

表 6-13 模式数据

序号	模式名称	水平网格数	研发机构
1	BCC-CSM2-MR	320×160	中国国家气候中心
2	CanESM5	128×64	加拿大环境署
3	CESM2	288×192	美国国家大气科学研究中心
4	CESM2-WACCM	288×192	美国国家大气科学研究中心
5	IPSL-CM6A-LR	144×143	皮埃尔-西蒙拉普拉斯研究所
6	MCM-UA-1-0	96×80	美国亚利桑那大学
7	MIROC6	256×128	日本气候系统研究中心
8	MPI-ESM1-2-HR	384×192	德国马普气象研究所
9	MRI-ESM2-0	320×160	日本气象局气象研究所

注：历史时期 1980～2012 年；未来 2015～2100 年，SSP1-RCP2.6，SSP2-RCP4.5，SSP5-RCP8.5。

(1) QM 校正方法

分位数映射法（QM）是一种非参数偏差校正方法，一般适用于所有可能的降水分布，不需要对降水分布做任何假设。该方法是基于经验累积分布函数对 GCMs 模拟降水进行修正（图 6-24）。

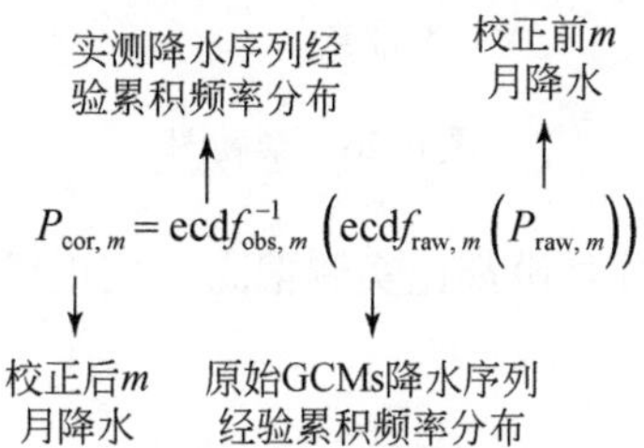

图 6-24 QM 校正方法

$P_{raw,m}$ 和 $P_{cor,m}$ 分别为校正前后的第 m 月的降水，$ecdf_{obs,m}$ 和 $ecdf_{raw,m}$ 分别为校正前后降水对应的频率分布函数

(2) 校正效果评估

偏差校正后的各 GCMs 与实测的 RMSE 均显著减小（图 6-25），标准差也更接近实测，相关系数变化不大（图 6-26）。VIC 模型输出的结果表现较好（图 6-27），相关系数为 0.9，RMSE 较小。

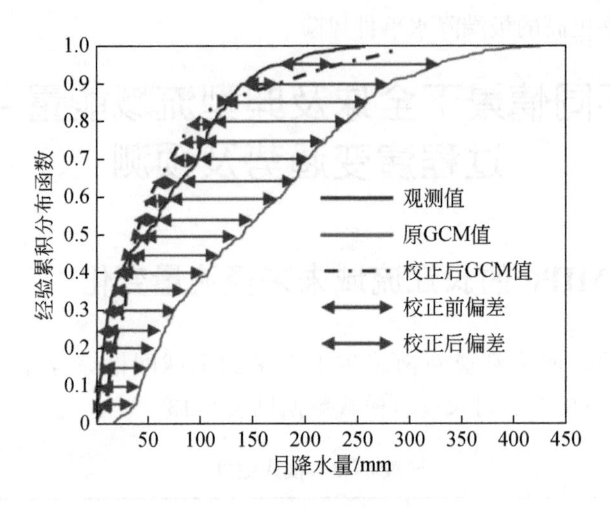

图 6-25　偏差校正前后比较

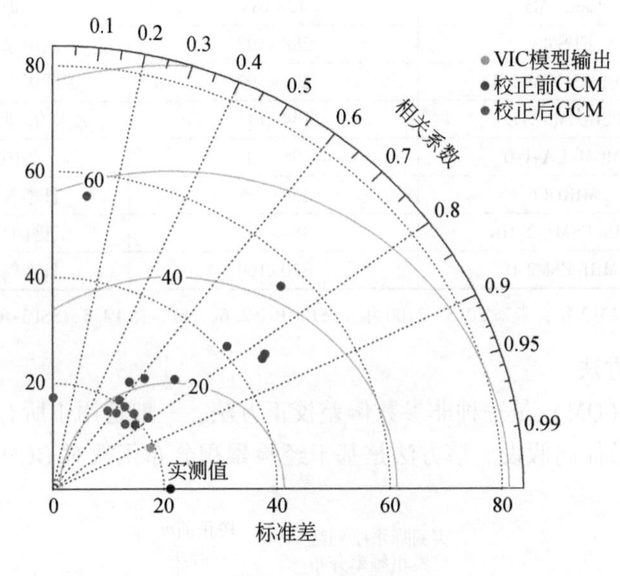

图 6-26　泰勒图

校正前的月平均降水大部分月份都比实测偏高，校正后更接近实测，且各模式之间差异变小。VIC 结果略有偏低。

(3) 多年平均径流量

从图 6-28 多年平均径流量空间分布来看，长江流域径流量呈现东多西少的空间分布趋势，与 LORA 径流数据相比，VIC 径流结果在整个空间上都要偏低。

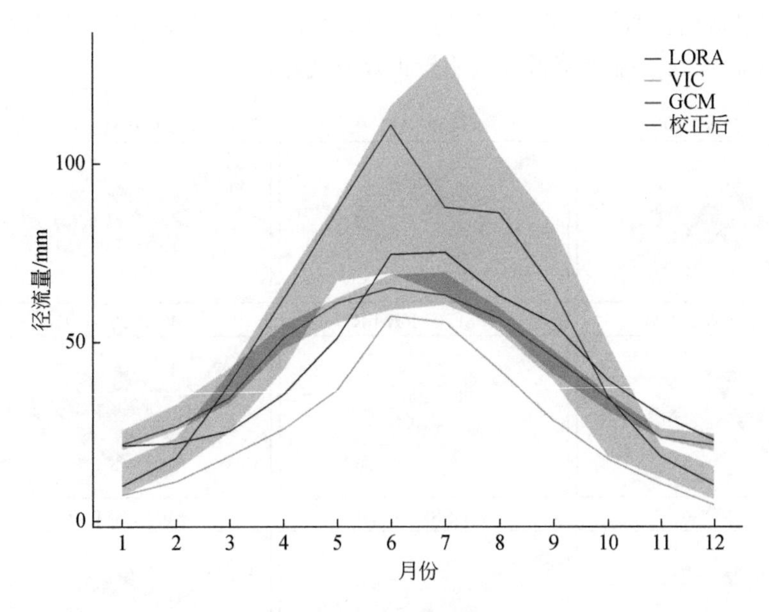

图 6-27　多年平均月径流量

实线及阴影分别为第 50、第 25、第 75 分位数

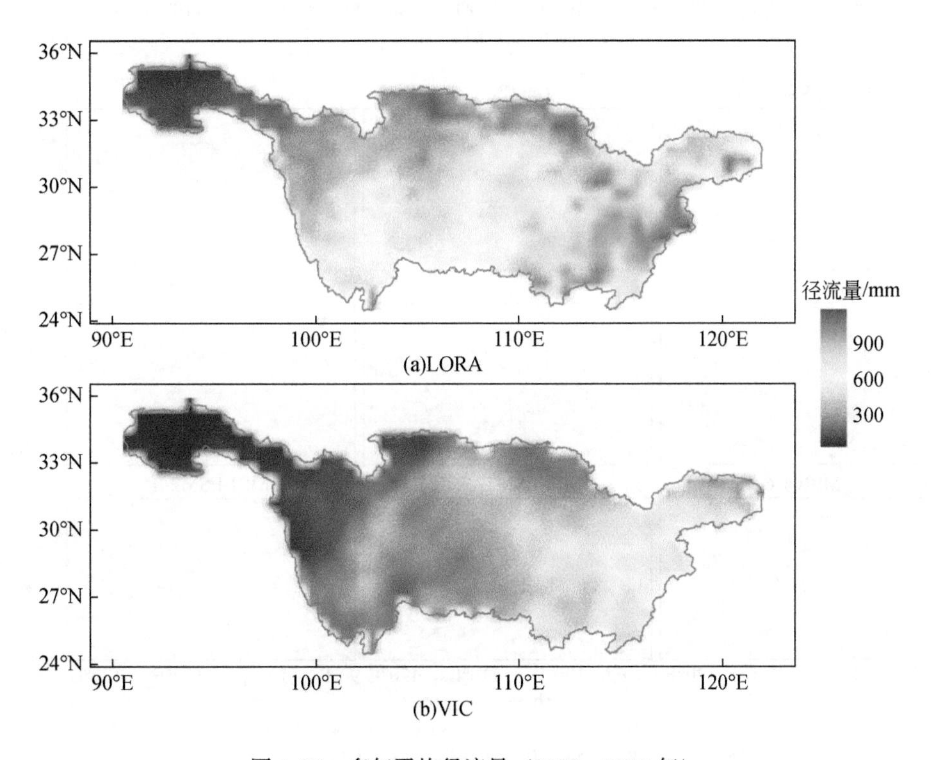

图 6-28　多年平均径流量（1980 ~ 2012 年）

（4）相对误差空间分布

图 6-29 可见校正前各模式多年平均径流量与实测的相对误差较大，超过 100%，且基

本呈现东部区域低估，西部区域高估的趋势，MCM-UA-1-0 几乎整个流域都高估。校正后相对误差在-1% ~2%，显著降低，表明校正效果良好。

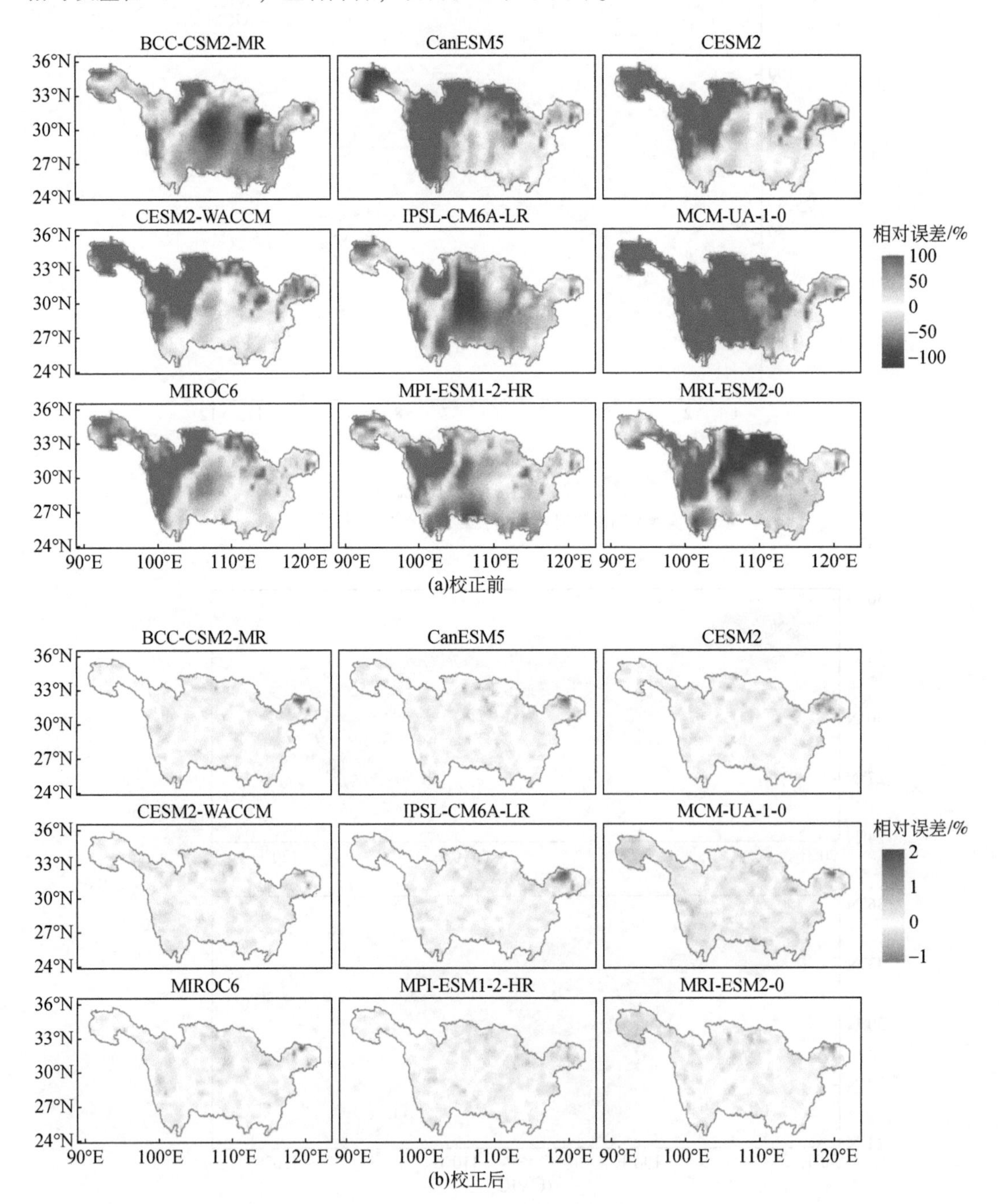

图 6-29　年平均径流量相对误差

(5) 年平均径流量序列

从图 6-30（10 年滑动平均）可以看出，未来三种情景（SSP1_2. 6、SSP2_4. 5、SSP5_

8.5）下，长江流域径流量在整体上呈现上升趋势，并有一定的周期变化，SSP5_8.5 情景下上升趋势更明显。

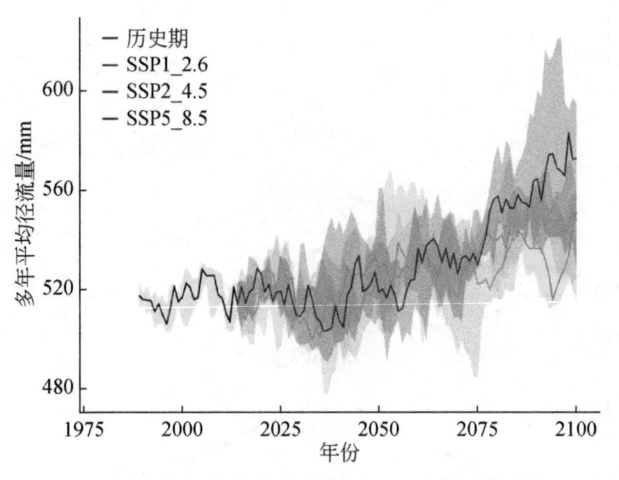

图6-30　多年平均径流量序列（10年滑动平均）

将未来分为2021～2040年、2041～2060年、2061～2080年、2081～2100年四个时期进行分析。

未来多年平均径流量相对变化箱线如图6-31所示，结果表明未来径流量在21世纪末会增加5%～10%，SSP5_8.5 情景下增加趋势更明显。但各个模式之间存在一定差异。

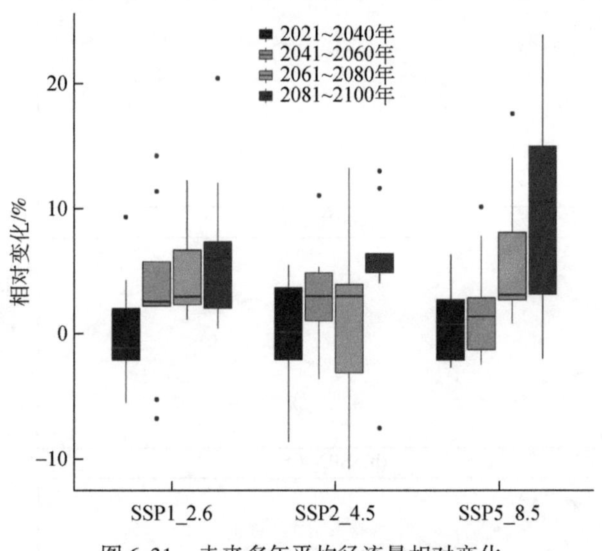

图6-31　未来多年平均径流量相对变化

未来多年平均月径流量在5～9月比历史期均值提高（图6-32），尤其是SSP5_8.5 情景下，汛期径流量都有增加，预示未来发生洪水概率也会有所增加。

从图6-33未来多年平均径流量相对变化空间分布来看，长江流域大部分区域径流量都相对于历史期增加，最高达50%，中部部分区域径流量减少，最高-10%。SSP5_8.5 情景下，长江流域径流量增加更显著，且西部地区相对变化较大，中部较小。

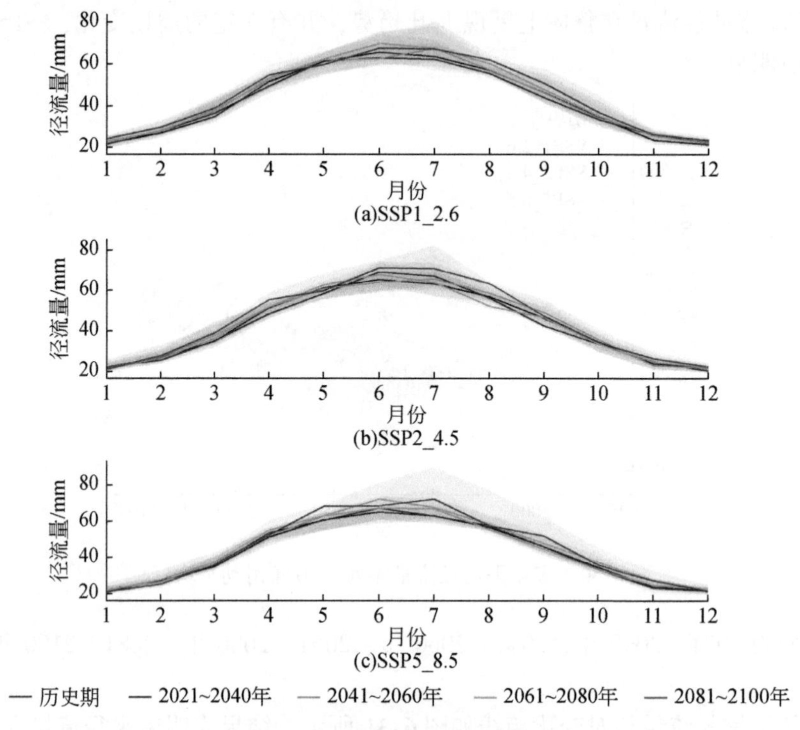

图 6-32 未来多年平均月径流量

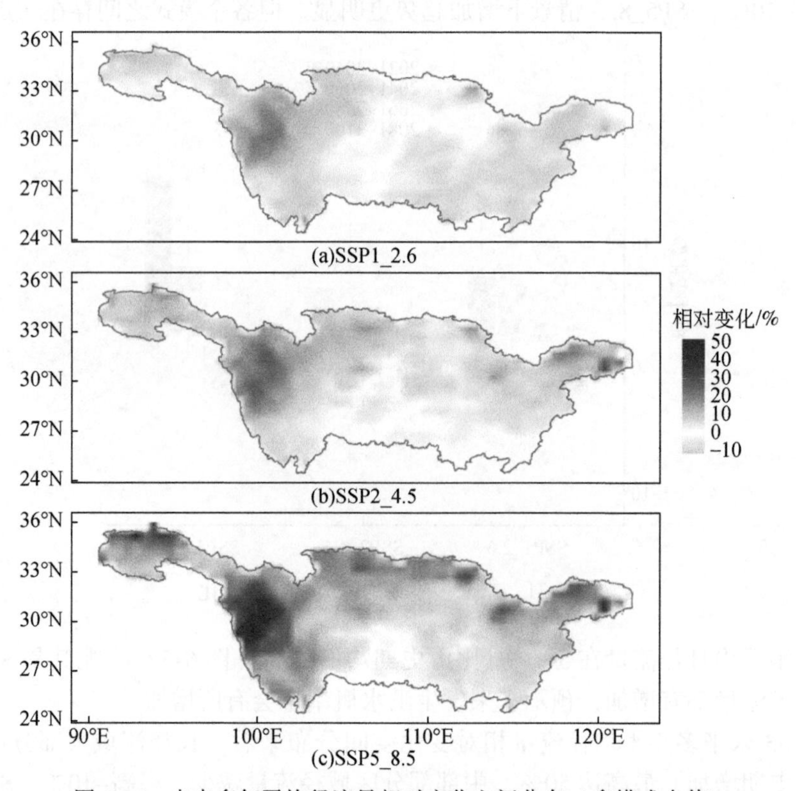

图 6-33 未来多年平均径流量相对变化空间分布（多模式中值）

6.2.2 CMIP6 和 CMIP5 对全球降水模拟能力的对比评估及未来预测

采用 GPCC 格点日径流数据作为观测数据（1982 ~ 2014 年），精度为 0.5°×0.5°。本研究共采取了 8 个参与 CMIP6 的 GCM 以及对应的 CMIP5 中的 8 个 GCM，具体信息见表 6-14。

表 6-14 GCM 信息

CMIP6		CMIP5		机构
模式名称	分辨率/（°）	模式名称	分辨率/（°）	
MRI-ESM2-0	1.12×1.13	MRI-ESM1	1.12×1.13	MRI
CESM2	0.94×1.25	CCSM4	0.94×1.25	NCAR
GFDL-CM4	1.00×1.25	GFDL-CM3	2.0×2.5	NOAA-GFDL
BCC-CESM2-MR	1.12×1.13	BCC-CSM1.1	2.79×2.81	BCC
FGOALS-g3	2.0×2.81	FGOALS-g2	2.78×2.81	CAS
INM-CM4-8	1.5×2.0	INM-CM4	1.5×2.0	INM
IPSL-CM6A-LR	1.27×2.5	IPSL-CM5A-LR	1.89×3.75	IPSL
GFDL-ESM4	1.00×1.25	GFDL-ESM-2G	2.02×2.0	NOAA-GFDL

对于 CMIP5 和 CMIP6，分别采用了三种对应的未来气候情景来探究温室气体排放和经济发展将如何影响降雨的时空分布格局。气候情景分别是 SSP1_2.6，2100 年辐射强迫稳定在 $-2.6\mathrm{W/m^2}$；SSP2_4.5，2100 年辐射强迫稳定在 $-4.5\mathrm{W/m^2}$；SSP5_8.5，2100 年辐射强迫稳定在 $-8.5\mathrm{W/m^2}$。将研究时段划分为历史时期（CMIP6：1982 ~ 2014 年，CMIP5：1982 ~ 2005 年）、近未来时期（2028 ~ 2060 年）和远未来时期（2068 ~ 2100 年）。

由于各 GCM 模型的分辨率不同，本研究采用双线性插值法将所有 GCM 数据以及观测数据均插值为 1°× 1° 格点数据集。

为评估全球降水总量和极端降水事件的时空发展趋势，本研究从世界气象组织（World Meteorological Organization，WMO）以及气候变化检测和指数专家组（Expert Team on Climate Change Detection Monitoring and Indices，ETCCDMI）推荐的 27 个气候变化指标中，选取了年总降水（PRCPTOT）、强降水（R95pTOT）、连续最大干旱天数（CDD）三个降水指数来描述降水特征。

本研究采用 RMSE 作为评估 GCM 模拟降水与实测降水吻合程度的标准。

全球各地气候及地理特征差异巨大，分区评估对实际指导意义更强。在划分区域时应考虑如下因素（Giorgi and Francisco，2000）：①形状较为简单；②将气候和地理因素相似的地区规划为一个分区；③覆盖除了南极洲以外的所有陆地。按照以上标准可以将全球分为 21 个分区（图 6-34），详细的分区信息见表 6-15。

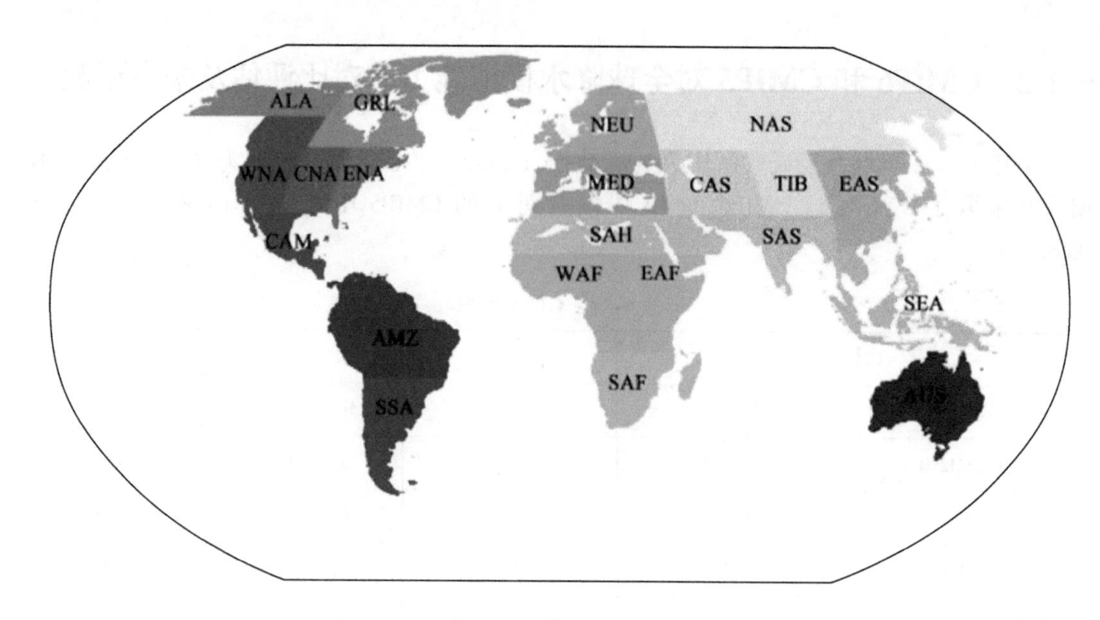

图 6-34　全球 21 个分区示意

表 6-15　21 个分区具体信息

分区	简写	纬度	经度
澳大利亚	AUS	45°S±11°S	110°E±155°E
亚马孙河流域	AMZ	20°S±12°N	82°W±34°W
南美洲南部	SSA	56°S±20°S	76°W±40°W
中美洲	CAM	10°N±30°N	116°W±83°W
北美西部	WNA	30°N±60°N	130°W±103°W
北美中部	CNA	30°N±50°N	103°W±85°W
北美东部	ENA	25°N±50°N	85°W±60°W
阿拉斯加州	ALA	60°N±72°N	170°W±103°W
格陵兰	GRL	50°N±85°N	103°W±10°W
地中海盆地	MED	30°N±48°N	10°W±40°E
北欧	NEU	48°N±75°N	10°W±40°E
西非	WAF	12°S±18°N	20°W±22°E
东非	EAF	12°S±18°N	22°E±52°E
非洲南部	SAF	35°S±12°S	10°W±52°E
撒哈拉	SAH	18°N±30°N	20°W±65°E

续表

分区	简写	纬度	经度
东南亚	SEA	11°S±20°N	95°E±155°E
东亚	EAS	20°N±50°N	100°E±145°E
南亚	SAS	5°N±30°N	65°E±100°E
中亚	CAS	30°N±50°N	40°E±75°E
西藏	TIB	30°N±50°N	75°E±100°E
北亚	NAS	50°N±70°N	40°E±180°E

(1) CMIP5 和 CMIP6 历史降水模拟能力评估

本研究选取 PRCPTOT、R95pTOT、CDD 三个指标评估本研究所使用的 GCM 模拟数据与实测数据之间的差距，并绘制多模型平均 RMSE 空间分布，如图 6-35 所示。表 6-16 给出了 16 个 GCM 模拟降水指标与实测降水指标的 RMSE 值。CMIP6 历史时期选取 1982～2014 年共 33 年，由于数据长度限制，CMIP5 选取 1982～2005 年共 24 年。

由图 6-35 可以看出，对于 PRCPTOT 指标，CMIP6 的总体模拟效果有所提升，主要体现在南非、北美洲西部和南美洲东海岸以及亚洲东部地区，沿海地区居多，而在东南亚地区和南美洲西海岸北部 CMIP6 的模拟效果略差。对于 R95pTOT 指标，CMIP6 整体效果弱于 CMIP5，非洲西部尤为明显。对于 CDD 指标，CMIP6 模拟效果整体有所提升，主要体

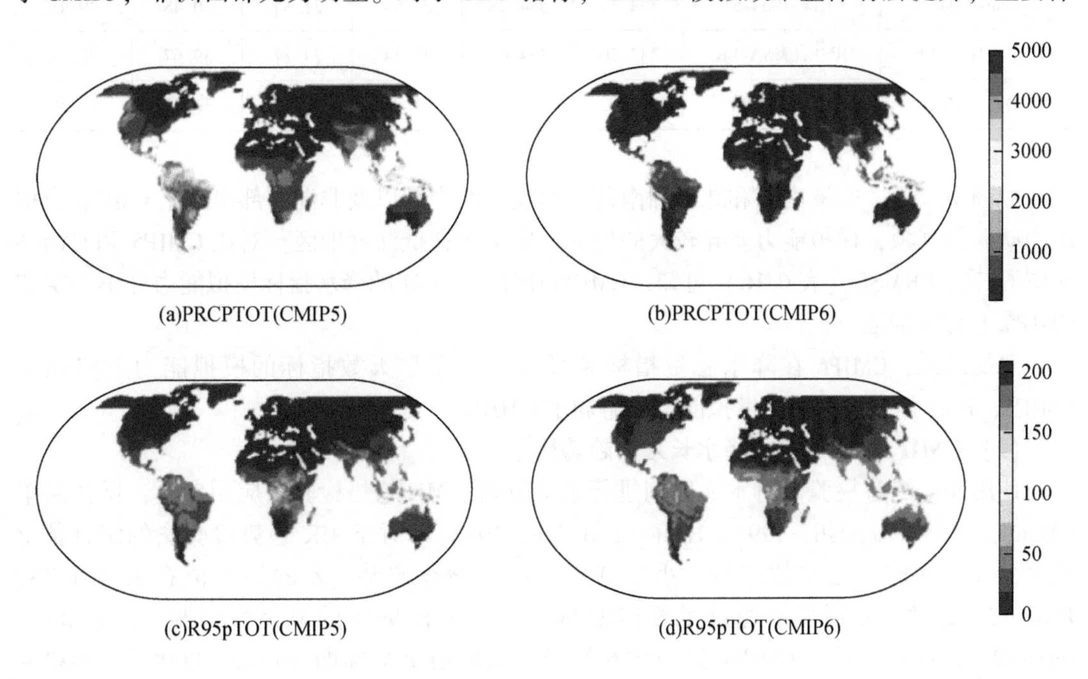

(a)PRCPTOT(CMIP5)　(b)PRCPTOT(CMIP6)

(c)R95pTOT(CMIP5)　(d)R95pTOT(CMIP6)

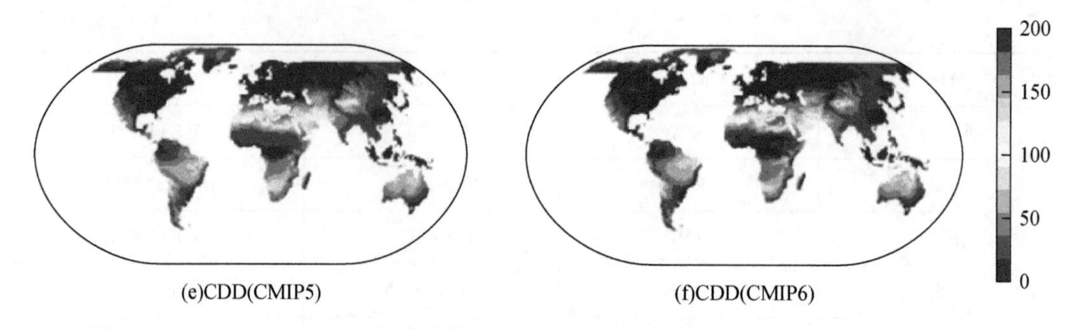

(e)CDD(CMIP5)　　(f)CDD(CMIP6)

图 6-35　CMIP5 与 CMIP6 在历史时期（1982～2005 年/1982～2014 年）多个 GCM 模拟的三种降水指标平均 RMSE 值的全球分布

表 6-16　RMSE 全球陆地均值

模型		PRCPTOT		R95pTOT		CDD	
CMIP5	CMIP6	CMIP5	CMIP6	CMIP5	CMIP6	CMIP5	CMIP6
MRI-ESM1	MRI-ESM2-0	337.93	340.91	23.56	20.83	31.75	31.14
CCSM4	CESM2	334.84	303.41	22.14	22.02	29.52	31.32
GFDL-CM3	GFDL-CM4	307.94	287.87	20.24	24.14	31.06	31.12
BCC-CSM1.1	BCC-CESM2-MR	334.11	367.24	20.73	35.69	30.66	34.06
FGOALS-g2	FGOALS-g3	321.02	384.69	18.31	19.56	32.63	30.42
INM-CM4	INM-CM4-8	353.17	354.28	21.94	21.85	30.48	30.48
IPSL-CM5A-LR	IPSL-CM6A-LR	343.10	374.06	21.14	24.17	39.67	30.49
GFDL-ESM-2G	GFDL-ESM4	365.99	320.99	21.20	25.11	36.22	31.50

现在亚洲中南部、非洲南部和北美洲南部，但在巴西中部以及非洲中部出现了 CMIP6 模拟能力减弱的现象，模拟能力差异较大的地区主要集中在低纬度地区。对比 CMIP5 和 CMIP6 对应 GCM 的 RMSE（表 6-16）可知，CMIP6 中单个 GCM 的降水指标模拟能力并不一定在 CMIP5 上有所增强。

总的来说，CMIP6 在降水总量指标和最大连续干旱天数指标的模拟能力上略强于 CMIP5，但在强降水指标的模拟能力上略弱于 CMIP5。

（2）CMIP5 和 CMIP6 降水长系列趋势比较

使用 MK 趋势检验法对水文序列进行趋势分析。MK 趋势检验法应用广泛，操作简单（Mann，1945；Kendall，1995；Hamed and Rao，1998）。对于 MK 趋势检验法的统计值 Z 来说，大于 0 时，是增加趋势；小于 0 时，则是减少趋势。Z 的绝对值在大于 1.28、1.64、2.32 时，分别表示通过了置信度 90%、95% 和 99% 的显著性检验。图 6-36～图 6-39分别展示了基于 CMIP5 和 CMIP6 气候模式的历史基准期（1982～2005 年/1982～2014 年）及未来三种气候情景（2005～2100 年/2014～2100 年）下 PRCPTOT、R95pTOT、CDD 的 MK 趋势检验空间分布图。

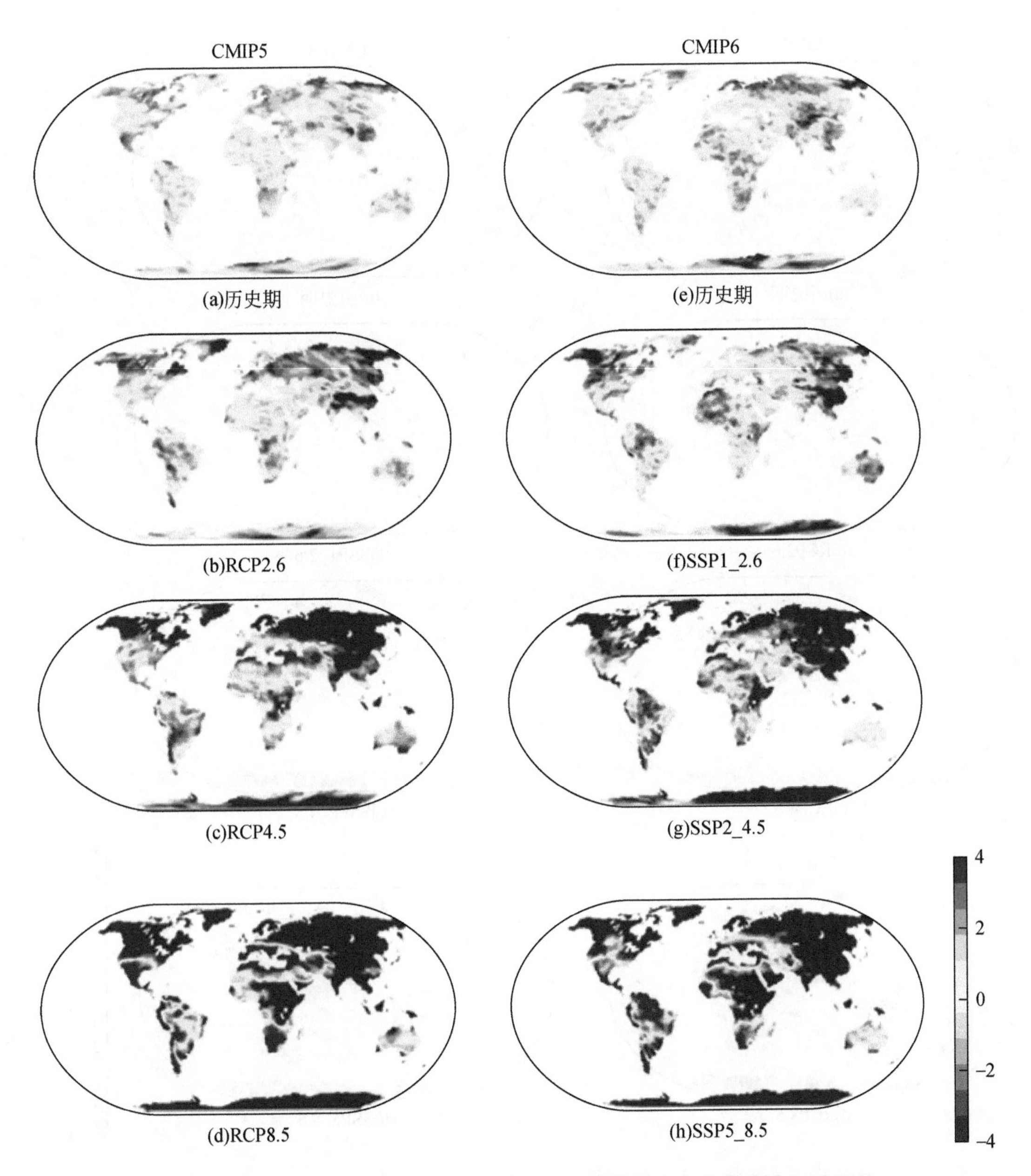

图 6-36 历史和未来不同情景下 PRCPTOT 指标的 MK 趋势检验空间分布

左边为 CMIP5；右边为 CMIP6。对于统计值 Z 来说，大于 0 时，是增加趋势；小于 0 时，则是减少趋势。Z 的绝对值在大于 1. 28、1. 64、2. 32 时，分别表示通过了置信度 90%、95% 和 99% 的显著性检验

从图 6-36 中可以看出，相对于历史基准期，在未来 PRCPTOT 在全球绝大部分地方呈现出区域显著性增加的趋势。其中，在北美洲大部分区域、非洲北部和中部、亚洲及南极洲地区 PRCPTOT 的 MK 检验 Z 值呈现显著的增加趋势；在南美洲的大部分地区、非洲南部、澳大利亚、欧洲地区则呈现显著减少趋势。随着未来情景随着辐射强度水平增加（RCP2. 6/SSP1_2. 6、RCP4. 5/SSP2_4. 5、RCP8. 5/SSP5_8. 5），地中海地区降水逐渐出现

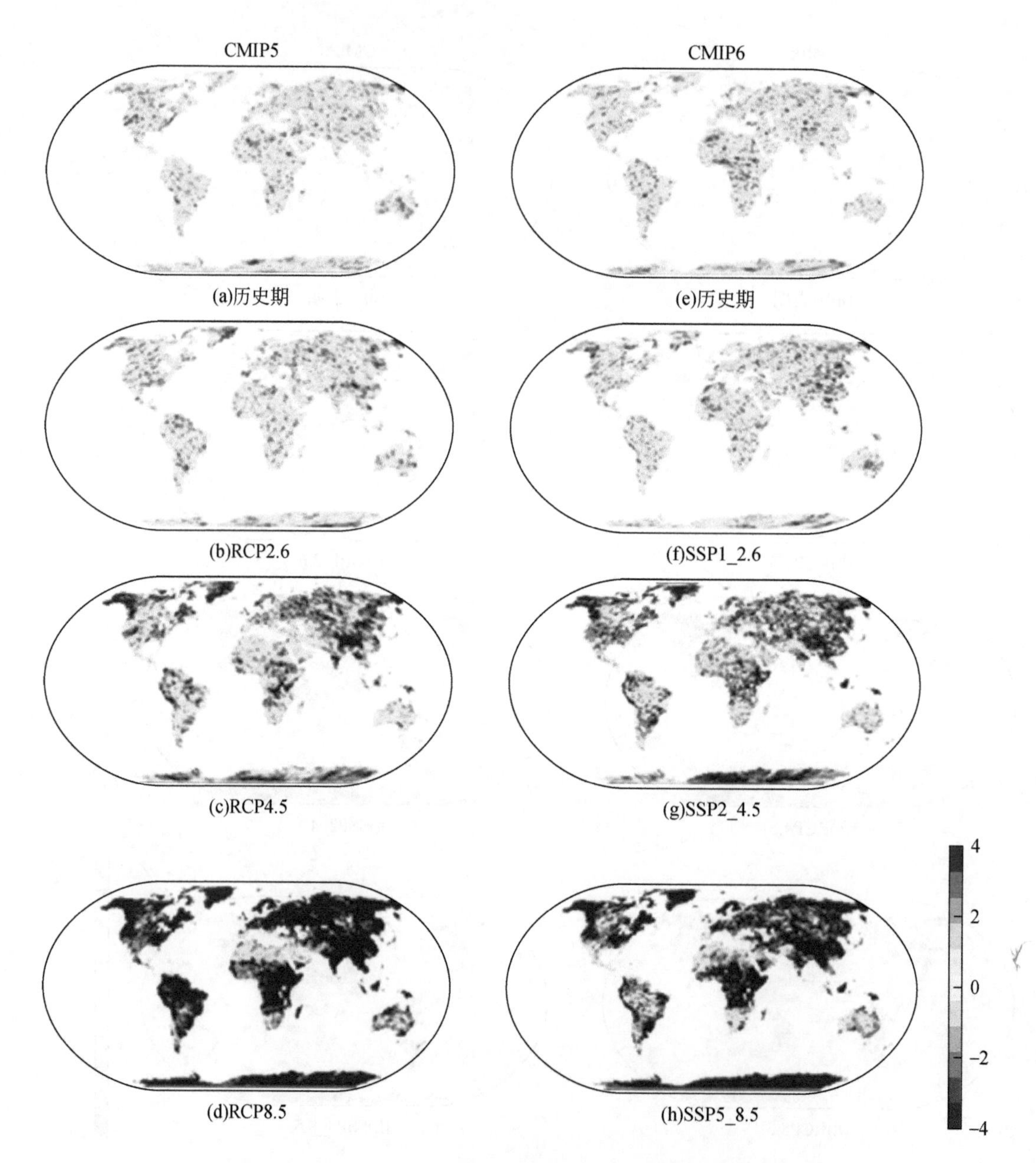

图 6-37　历史和未来不同情景下 R95pTOT 指标的 MK 趋势检验空间分布

左边为 CMIP5；右边为 CMIP6。对于统计值 Z 来说，大于 0 时，是增加趋势；小于 0 时，则是减少趋势。Z 的绝对值在大于 1.28、1.64、2.32 时，分别表示通过了置信度 90%、95% 和 99% 的显著性检验

下降趋势，东南亚逐渐从降水下降趋势转变为降水上升趋势。CMIP5 和 CMIP6 在大部分陆地地区呈现大致相似的空间分布，不同点在于区域的增加或减少的严重程度和覆盖面积有所不同。在北美洲南部西海岸和非洲南部，CMIP6 降水下降区域小于 CMIP5。在 SSP2_4.5 和 SSP5_8.5 情况下，CMIP6 在地中海附近区域降水下降范围更小，趋势比 CMIP5 更弱。CMIP6 与 CMIP5 在部分地方降水模拟结果不同：CMIP6 与 CMIP5 预测的南美洲降水下降

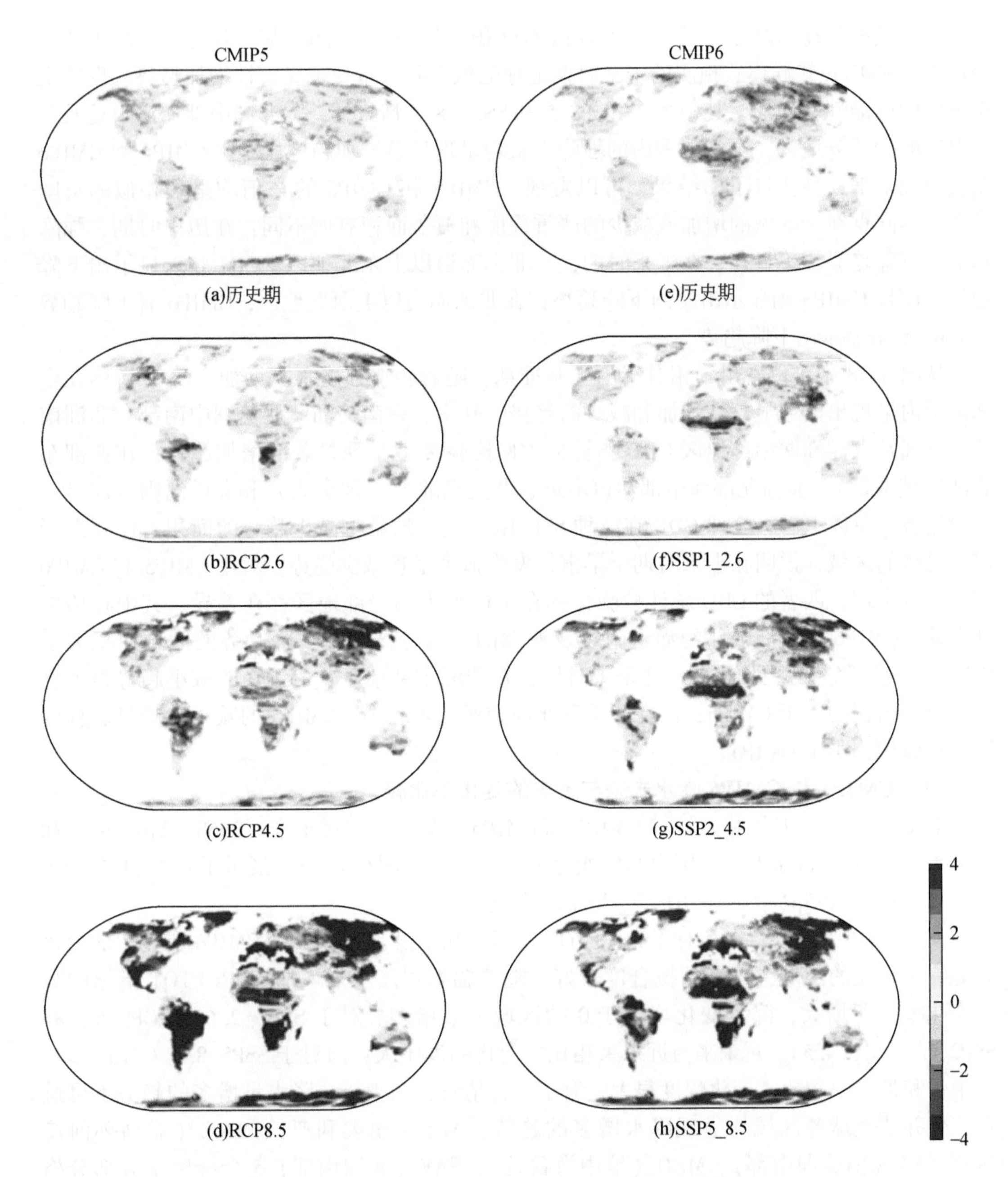

图 6-38　历史和未来不同情景下 CDD 指标的 MK 趋势检验空间分布

左边为 CMIP5；右边为 CMIP6。对于统计值 Z 来说，大于 0 时，是增加趋势；小于 0 时，则是减少趋势。Z 的绝对值在大于 1.28、1.64、2.32 时，分别表示通过了置信度 90%、95% 和 99% 的显著性检验

区域不同，CMIP6 主要集中在南美洲东北部，而 CMIP5 主要集中在西海岸，且 CMIP6 的下降趋势更明显；非洲最西部 CMIP6 呈现下降趋势，而 CMIP5 模拟无下降趋势。

图 6-37 中可以看出，不同于 PRCPTOT 指标和 CDD 指标，R95pTOT 指标在全球范围内没有大片集中的指标显著下降的区域。随着未来情景辐射强度水平增加，R95pTOT 指标

下降的区域面积逐渐减小。趋势增大地区的面积占比明显高于趋势减小地区，说明基于 CMIP5 和 CMIP6 气候模式预测的未来时期地球陆地强降水量呈现显著性增加趋势，发生洪涝事件的可能性会增加。其中，在 RCP8.5 和 SSP5_8.5 情景下，除非洲中部赤道附近及非洲南部的少部分地区，全球范围内的强降水量均呈现显著增加趋势。对比 CMIP5 和 CMIP6 在历史和未来三种情景下的结果，可以发现，CMIP5 和 CMIP6 的 *Z* 值均呈现相似的空间分布，不同点在于区域的增加或减少的严重程度和覆盖面积有所不同：在历史时期，强降水上升下降趋势均不显著。在未来时期，在非洲赤道以上东北地区，CIMP6 未显示出下降趋势，而且 CMIP5 则显示出暴雨下降趋势；在非洲赤道以上西北地区，CMIP6 有下降趋势而 CMIP5 未显示出下降趋势。

从图 6-38 中可以看出，相对于历史基准期，随着辐射强度水平增加，CDD 指标在全球范围内呈现出区域显著性增加和减少的趋势。其中，在南美洲、北美洲中南部、非洲南部、欧洲及大洋洲西南部地区 CDD 指标的 MK 检验 *Z* 值呈现显著的增加趋势；在亚洲东北部（俄罗斯）、非洲北部和中部赤道附近、北美洲北部（加拿大）和南极洲则呈现显著减少趋势。总体上看，全球 CDD 在三种 SSP-RCP 组合情景下减少趋势的面积占比要大于增加趋势的区域，说明在未来时期干旱事件发生概率呈现减少趋势。对比 CMIP5 和 CMIP6 结果可以发现，两者的 CDD 统计检验指标在全球范围的局部地区存在差异。其中在历史基准期，CMIP6 在非洲中部的赤道附近及亚洲的大部分区域呈下降趋势的区域面积大于 CMIP5，且下降趋势更加显著。在未来时期，在非洲中部地区，CMIP6 的减小趋势显著程度及分布面积均大于 CMIP5；而在北美洲北部和亚洲东北部，CMIP6 的减小趋势显著程度和分布面积均小于 CMIP5。

（3）CMIP5 和 CMIP6 降水未来与历史的变化率比较

对于每个 1°×1°网格，计算 CMIP5 和 CMIP6 气候模式的远未来（2068～2100 年）和近未来（2028～2060 年）与历史时期变化率。图 6-39～图 6-41 分别展示了基于 21 个分区的 PRCPTOT、R95pTOT 和 CDD 多模型平均变化率。

从图 6-39 中可以看出，对于 PRCPTOT 指标，几乎没有 CMIP5 和 CMIP6 所显示的变化趋势完全相反的区域，二者的拟合度较好。随着辐射强度水平增加，PRCPTOT 指标的整体变化率有所增大，降水变化率大于 0 的区域个数增多。对于 SSP1_2.6（RCP2.6）和 SSP2_4.5（RCP4.5），远未来与近未来相比，变化幅度不大；而对于 SSP5_8.5（RCP8.5），远未来和近未来相比，变化幅度很大。对于三种情景，未来年总降水量增多的趋势不可避免，但并非全球各区域均呈现降水增多的趋势。AUS（澳大利亚）、AMZ（亚马孙河流域）、SSA（南美洲南部）、MED（地中海盆地）、SAF（非洲南部）5 个分区中大部分格点的年总降水会降低，其余 15 个分区中的大部分格点的年总降水会增加。CMIP5 模拟变化率高于 CMIP6 的情况更多；在 WNA 和 SSA 区域，CMIP6 在各种未来情景下未来的变化率均大于 CMIP5；WAF 和 SAF 区域，CMIP6 在各种未来情景下未来与历史的变化率均小于 CMIP5。WAF（非洲西部）、EAF（非洲东部）、SAH（撒哈拉沙漠）三个区域中各格点的差距较大；在 SSP5_8.5 中，GRL 中各格点的差距也比较大。在 AUS、WNA、NEU 和 EAS 区域，CMIP6 中各格点间的变化率差距在各种未来情景下都显著小于 CMIP5。

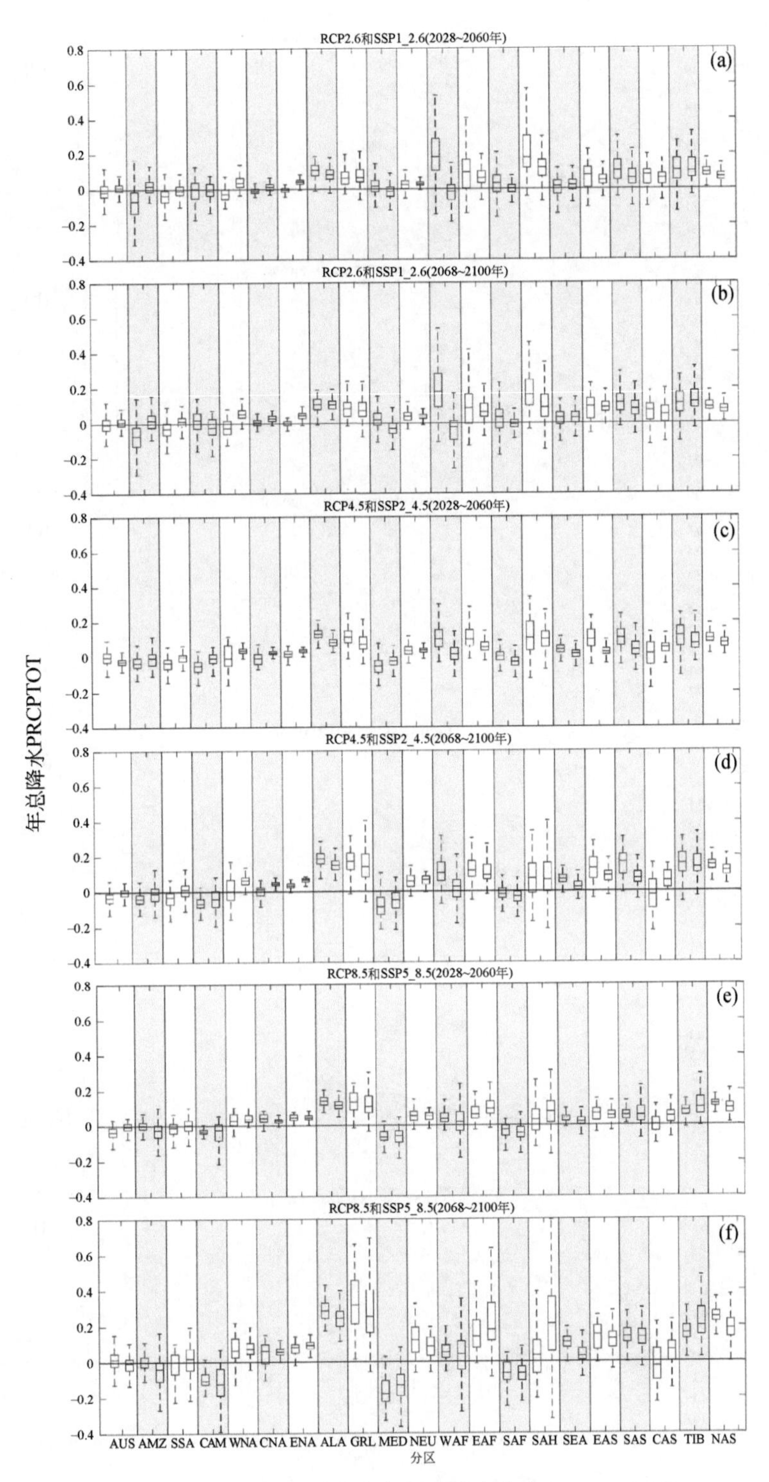

图 6-39　分区对比远近未来与历史的变化率——PRCPTOT

红色代表 CMIP5，蓝色代表 CMIP6

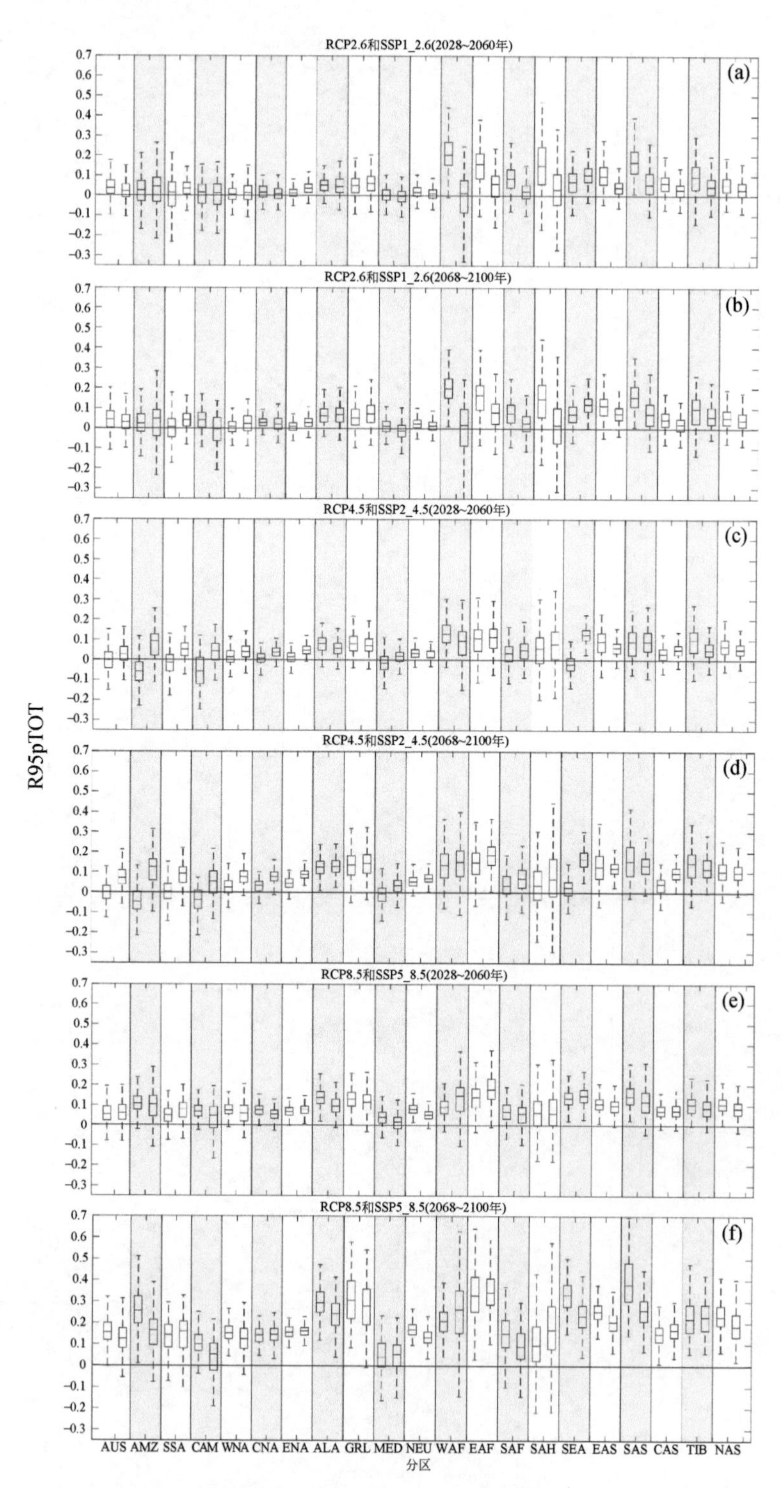

图 6-40　分区对比远近未来与历史的变化率——R95pTOT

红色代表 CMIP5，蓝色代表 CMIP6

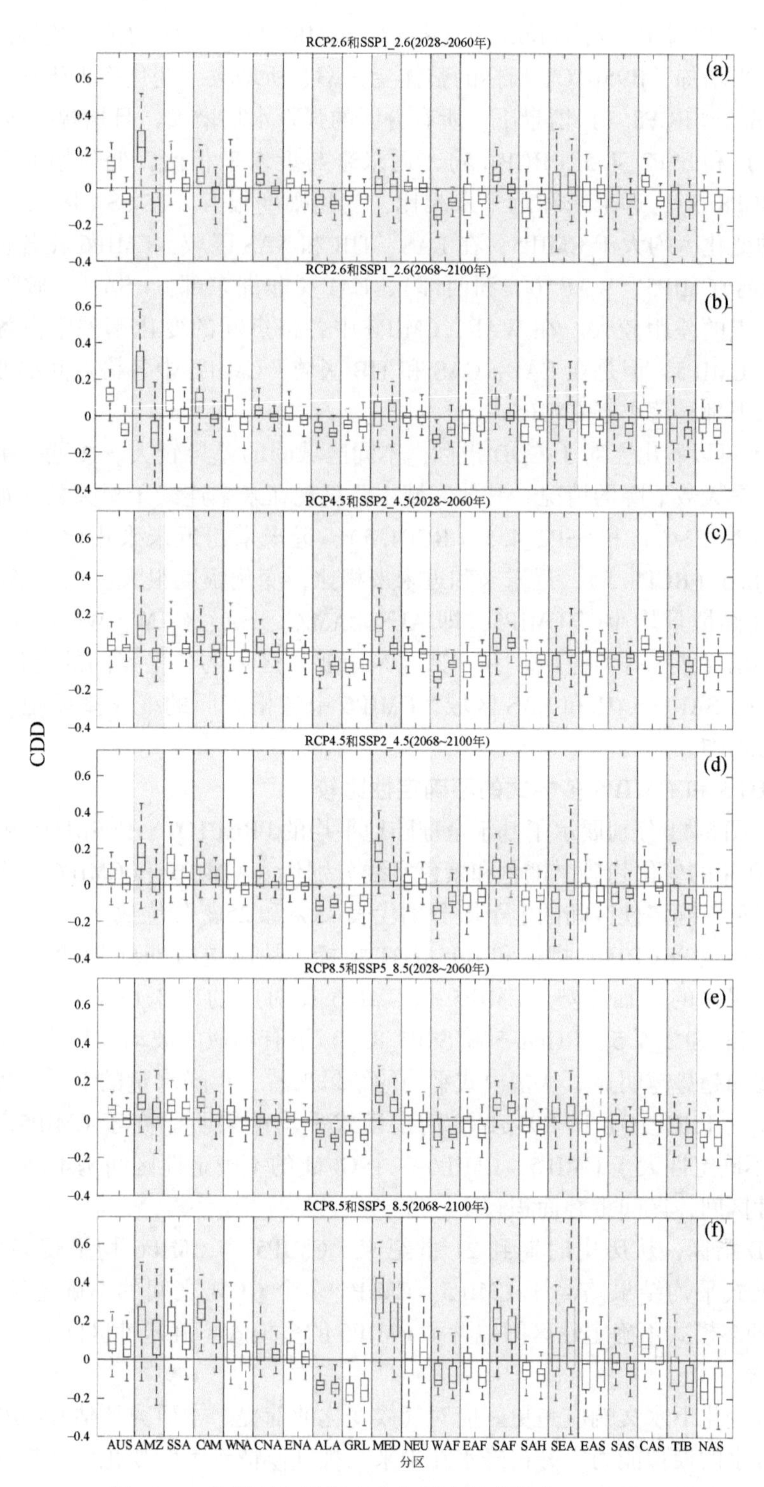

图 6-41　分区对比远近未来与历史的变化率——CDD

红色代表 CMIP5，蓝色代表 CMIP6

由图 6-40 可以看出，对于 R95pTOT 指标，CMIP6 与 CMIP5 的拟合趋势同样相近。随着辐射强度水平增加，R95pTOT 指标的整体变化率有所增大，变化率大于 0 的区域个数增多。在 SSP5_8.5（RCP8.5）情景下，所有分区的强降水均增大，且增幅明显。对于SSP1_2.6（RCP2.6）和 SSP2_4.5（RCP4.5），远未来与近未来相比，变化幅度不大；而对于 SSP5_8.5（RCP8.5），远未来和近未来相比，变化幅度很大。在 SSA 区域 CMIP6 在各种未来情景下的变化率均大于 CMIP5；在 EAS、TIB 和 NAS 区域，CMIP6 在各种未来情景下的变化率均小于 CMIP5。WAF（非洲西部）、EAF（非洲东部）、SAH（撒哈拉沙漠）三个区域中各格点的差距较大。在 WAF，CMIP6 中各格点间的变化率差距在各种未来情景下都显著大于 CMIP5；但是在 EAF、CAS 和 TIB 区域，CMIP6 中各格点间的变化率差距在各种未来情景下都显著小于 CMIP5。

由图 6-41 可以看出，对于 CDD 指标，不同区域间的差异较大。接近一半区域在未来会出现连续干旱天数下降的情况，其他区域主要呈现在未来连续干旱天数增加的趋势。对于 SSP1_2.6（RCP2.6）和 SSP2_4.5（RCP4.5），远未来与近未来相比，变化幅度不大；而对于 SSP5_8.5（RCP8.5），远未来和近未来相比，变化幅度很大。在一半区域，CMIP6 变化率在各气候情景均小于 CMIP5，即 AUS、AMZ、SSA、CAM、WNA、CAN、ENA 和 SAF 区域。AMZ（亚马孙河流域）和 SEA（东南亚）区域的各格点间的变化率差距较大。在 WNA、EAF、SAF、SAH 和 EAS 区域，CMIP6 中各格点间的变化率差距在各种未来情景下都小于 CMIP5。

（4）CMIP5 和 CMIP6 多模式的不确定性比较

图 6-42 ~ 图 6-44 分别展示了基于全球陆地平均的 PRCPTOT、R95pTOT 和 CDD 三个指标 1982 ~ 2100 年的变化趋势，橙色和紫色实线分别代表 CMIP5 和 CMIP6 的多模式平均结果，橙色和紫色不确定性区间的上下限分别代表 75% 和 25% 分位数。

对于全球陆地 PRCPTOT 指标和 R95pTOT 指标，从历史时期到 21 世纪末，CMIP5 和 CMIP6 均呈现明显的增加趋势。CMIP5 和 CMIP6 在对应的未来情景（RCP2.6 和 SSP1_2.6、RCP4.5 和 SSP2_4.5、RCP8.5 和 SSP5_8.5）下有相似的波动和趋势。随着辐射强度水平增加，增加趋势越明显。从多模式平均的结果来看，年降水量的上升幅度要大于强降水量。CMIP6 的 PRCPTOT 和 R95pTOT 的多模式平均结果明显高于 CMIP5。CMIP6 多个 GCM 之间的不确定性大于 CMIP5。CMIP6 多个 GCM 的不确定性区间基本高于 CMIP5 的多模式不确定性区间，区间重叠面积较小。

然而 CDD 指标，从历史时期到 21 世纪末，CMIP5 和 CMIP6 均呈现轻微减少趋势。CMIP6 的多模式平均结果略高于 CMIP5。CMIP5 多个 GCM 之间的不确定性大于 CMIP6。同时 CMIP5 的多模式不确定性区间包含了 CMIP6 的多模式不确定性区间。

（5）小结

研究气候变化下水文响应是更好应对气候变化的前提。本研究评估 CMIP6 数据对降水总量及极端降水的模拟能力，分析降水在未来三种气候情景下的变化，并将其与 CMIP5 的结果进行对比。结果表明：

1）CMIP5 和 CIMIP6 对全球降水形势的时空分布模拟大体规律相同。

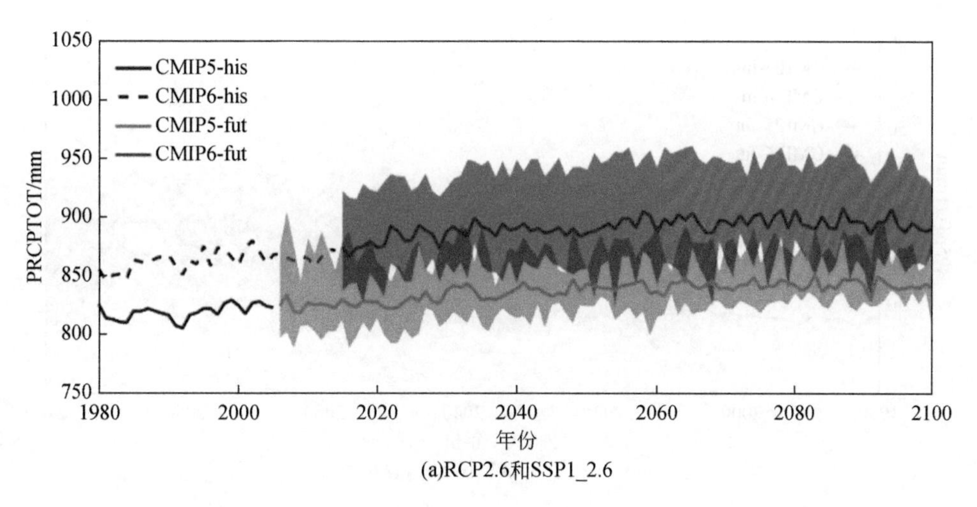

(a)RCP2.6和SSP1_2.6

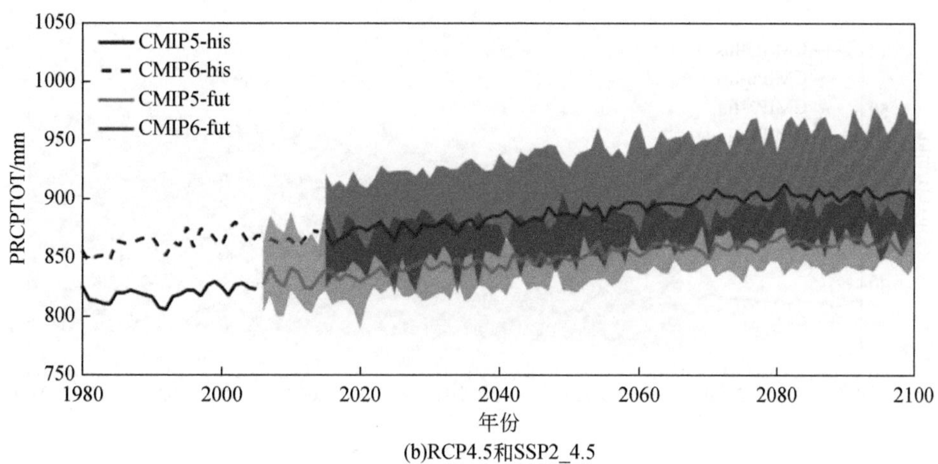

(b)RCP4.5和SSP2_4.5

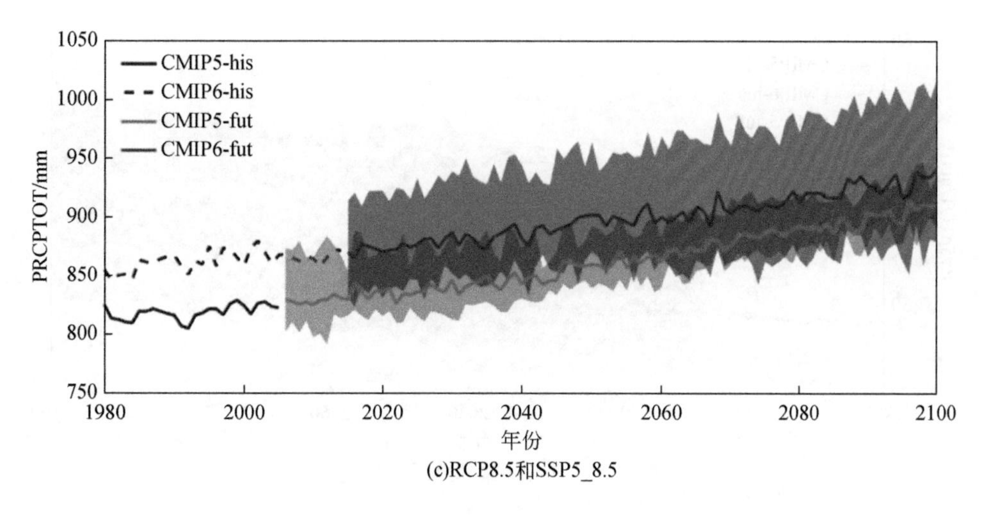

(c)RCP8.5和SSP5_8.5

图 6-42　不确定性对比——PRCPTOT

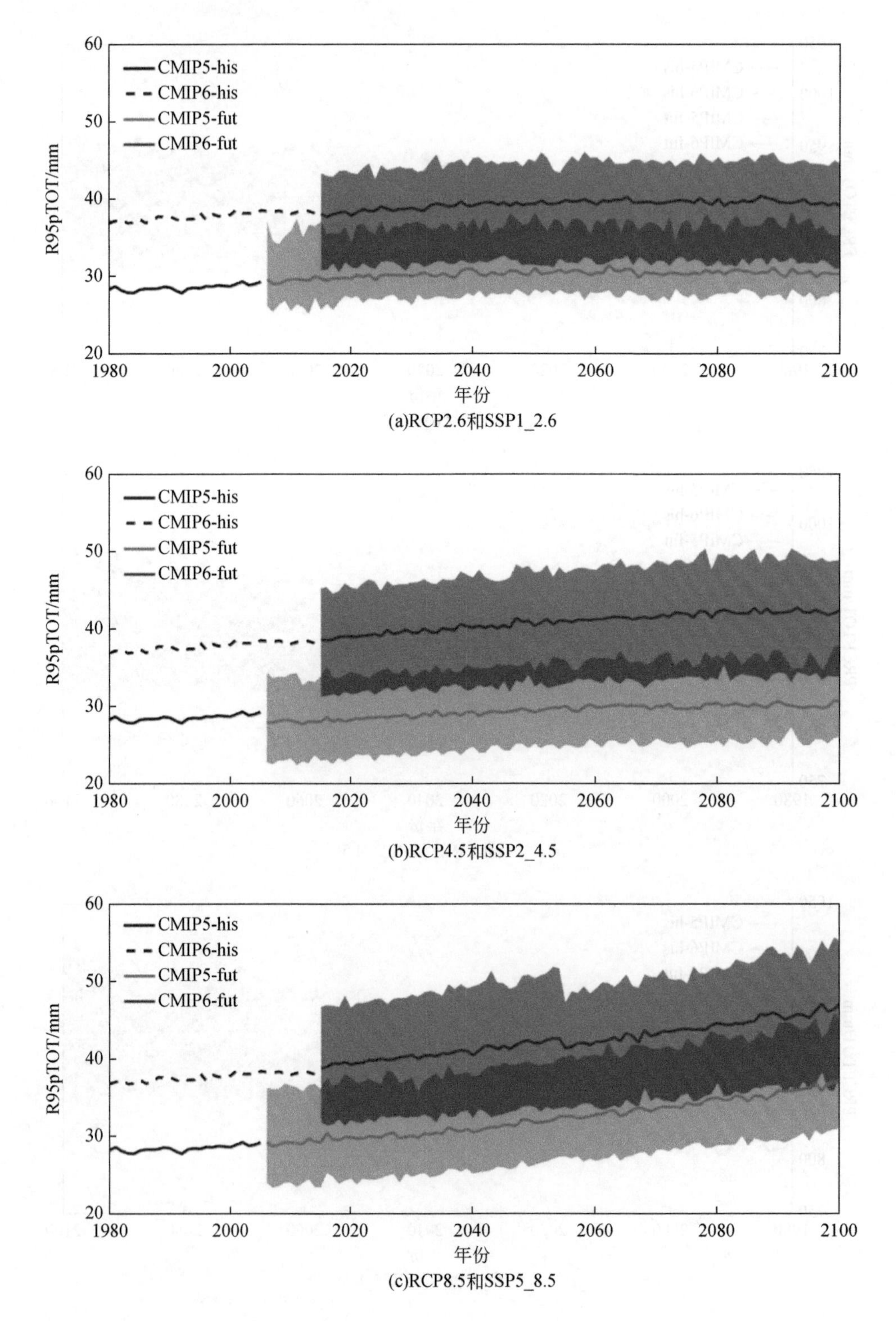

(a)RCP2.6和SSP1_2.6

(b)RCP4.5和SSP2_4.5

(c)RCP8.5和SSP5_8.5

图 6-43 不确定性对比——R95pTOT

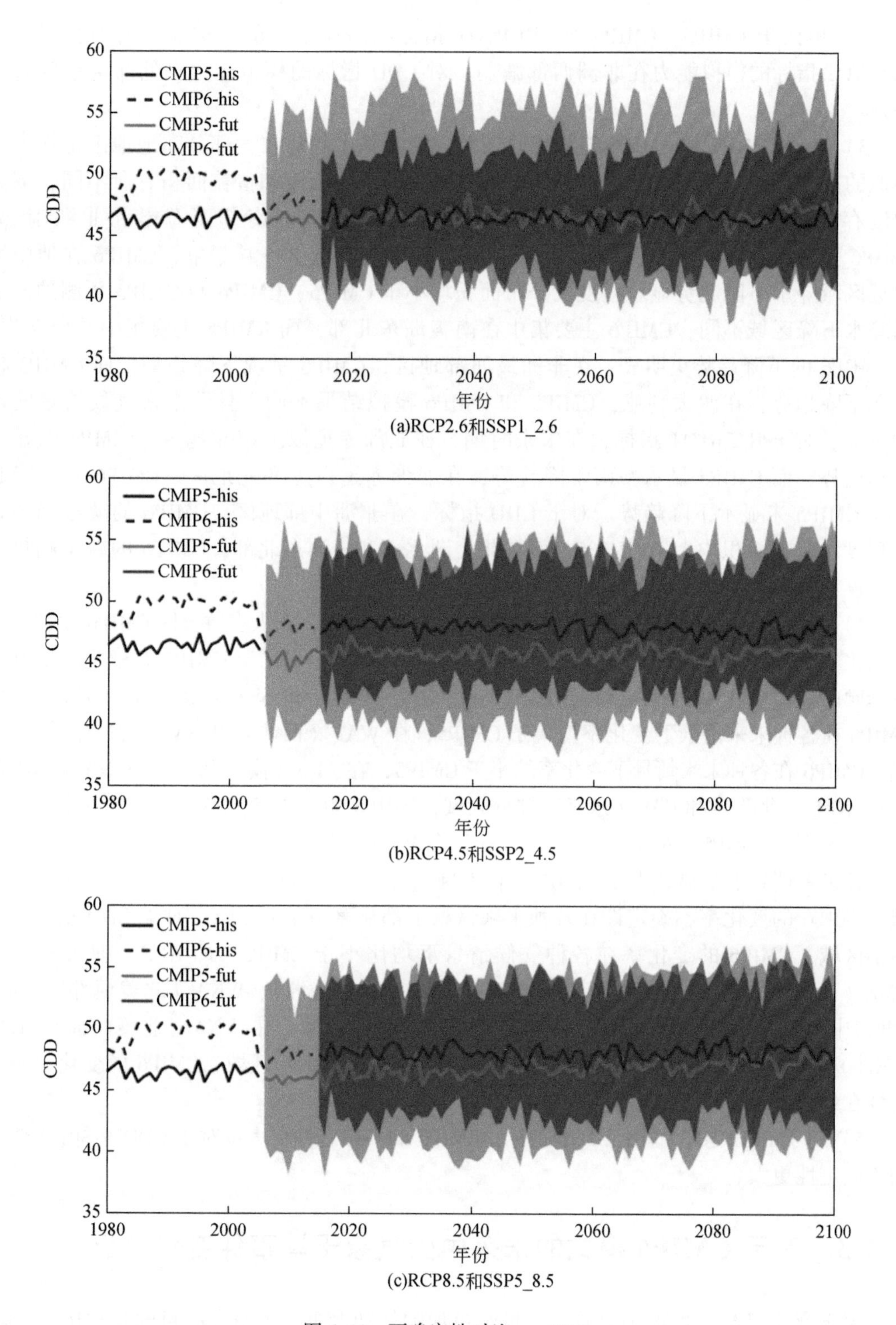

图 6-44　不确定性对比——CDD

2）相比于 CMIP5，CMIP6 对 PRCPTOT 指标在沿海地区的模拟能力有所提升；对 R95pTOT 指标的模拟能力在非洲西部减弱；对 CDD 指标的模拟能力在低纬度地区有所提升。

3）对比 CMIP5 和 CMIP6 趋势检验结果，二者降水趋势在大部分陆地地区呈现大致相似的空间分布，不同点在于区域的增加或减少的严重程度和覆盖面积有所不同，部分地区存在模拟结果不同。对于 PRCPTOT 指标，在北美洲南部西海岸和非洲南部，CMIP6 强降水下降区域小于 CMIP5；在 SSP2_4.5 和 SSP5_8.5 情景下，CMIP6 在地中海附近区域降水下降趋势显著程度及分布面积均小于 CMIP5；CMIP6 与 CMIP5 预测的南美洲降水下降区域不同，CMIP6 主要集中在南美洲东北部，而 CMIP5 主要集中在西海岸，且 CMIP6 的下降趋势更明显；在非洲最西部地区，CMIP6 呈现下降趋势，而 CMIP5 模拟无下降趋势；在澳大利亚，CMIP5 和 CMIP6 模拟结果不同，且受未来气候情景的影响较大。对于 R95pTOT 指标，在未来时期，在非洲赤道以上东北地区，CIMP6 未显示下降趋势，而 CMIP5 显示暴雨下降趋势；在非洲赤道以上西北地区，CMIP6 有下降趋势而 CMIP5 未显示下降趋势。对于 CDD 指标，在非洲中部地区，CMIP6 的减小趋势显著程度及覆盖面积均大于 CMIP5；而在北美洲北部和亚洲东北部，CMIP6 的减小趋势显著程度和分布面积均小于 CMIP5。

4）分析 21 个分区远近未来与历史的变化率可以发现，在大多数分区 CMIP6 模拟变化率相比于 CMIP5 无明显变化方向。但在有些地区，CMIP6 相比于 CMIP5 有稳定的上升或下降倾向。对于 PRCPTOT 指标，在 WNA（北美西部）和 SSA（南美洲南部）区域，CMIP6 在各种未来情景下变化率均大于 CMIP5；在 WAF（西非）和 SAF（非洲南部）区域，CMIP6 在各种未来情景下变化率均小于 CMIP5；在 AUS（澳大利亚）、WNA（北美西部）、NEU（北欧）和 EAS（东亚）部分区域，CMIP6 的变化率不确定性在各种未来情景下都显著小于 CMIP5。对于 R95pTOT 指标，在 WAF（西非），CMIP6 的变化率不确定性在各种未来情景下都显著大于 CMIP5；在 EAF（东非）、CAS（中亚）和 TIB（西藏）区域，CMIP6 的变化率不确定性在各种未来情景下都显著小于 CMIP5。对于 CDD 指标，在一半区域，CMIP6 的变化率在各种气候情景下均比小于 CMIP5，即 AUS（澳大利亚）、AMZ（亚马孙河流域）、SSA（南美洲南部）、CAM（中美洲）、WNA（北美西部）、CNA（北美中部）、ENA（北美东部）和 SAF（非洲南部）区域；在 WNA（北美西部）、EAF（东非）、SAF（非洲南部）、SAH（撒哈拉）和 EAS（东亚）区域，CMIP6 的变化率不确定性在各种未来情景下都小于 CMIP5。

5）对于 PRCPTOT 和 R95pTOT 指标，CMIP6 的不确定性更大；对于 CDD 指标，CMIP5 的不确定性更大。

6.2.3 基于 CMIP6 模式的未来中国气象干旱事件变化分析

由于全球变暖，干旱预计将在 21 世纪更加频繁和严重。本研究的目的是利用 2015 ~ 2100 年三种 SSP-RCP 排放情景（SSP1_2.5、SSP2_4.5 和 SSP5_8.5）下的 9 个 CMIP6 模式数据来研究中国气象干旱事件的未来变化。基于模式月降水数据计算 3 个月时间尺度的标准化降水指数 SPI，采用空间聚类算法得到具有时空连续性的干旱事件，分析未来中国气象干旱的面积、历时和强度变化，对未来干旱风险管理及决策提供技术支撑。

6.2.3.1 模式数据及偏差校正

研究使用了 9 个 CMIP6 模式月降水数据，基本信息如表 6-17 所示，首先对模式数据进行偏差校正，采用分布映射方法，将模式数据的经验累积分布函数与实测数据的经验累积分布函数进行匹配，修正模式月降水量与实测月降水量之间的偏差，如式（6-14）所示。采用交叉验证的方法，将数据周期分为校准（一半）和独立验证（一半），分别对整个周期的每一半进行独立校正，另一半用于模型验证。

表 6-17　CMIP6 模式数据信息　　（单位：km）

编号	模式名称	机构	分辨率
1	BCC-CSM2-MR	中国国家气候中心	100
2	CAMS-CSM1-0	中国气象科学研究院	100
3	CanESM5	加拿大环境署	500
4	CESM2-WACCM	美国国家大气科学研究中心	100
5	CESM2	美国国家大气科学研究中心	100
6	EC-Earth3-Veg	欧盟地球系统模式联盟	100
7	IPSL-CM6A-LR	皮埃尔–西蒙拉普拉斯研究所	250
8	MIROC6	日本气候系统研究中心	250
9	MRI-ESM2-0	日本气象局气象研究所	100

$$\hat{P}_{\mathrm{m}}(t)=F_{\mathrm{o}}^{-1}\{F_{\mathrm{m}}[P_{\mathrm{m}}(t)]\} \tag{6-14}$$

式中，$\hat{P}_{\mathrm{m}}$ 为校正后模式月降水（mm）；P_{m} 为校正前模式月降水（mm）；F_{o} 和 F_{m} 分别为实测降水和模式降水的经验累积分布函数；F^{-1}为经验累积分布函数的逆函数。

实测月降水数据使用的是国家气象科学数据中心提供的中国地面降水月值 0.5°×0.5°格点数据集（1980 ~ 2014 年），由于实测数据与模式数据分辨率不一致，首先将所有模式数据统一重采样至 0.5°×0.5°分辨率，在每个对应的格点上进行偏差校正。校正效果如图 6-45所示，泰勒图展示了校正前后与实测数据的相关系数（方位角）、均方根误差（到实测点距离）以及标准差（到原点的径向距离）对比，校正前后模式与实测数据相关系数均较高（0.95），校正前的标准差明显相对于实测数据偏高，校正后更接近实测，并且均方根误差也有一定程度降低。月均值降水量显示，校正前明显高估，且模式之间差异较大，经过校正后，模式降水有明显改善，更接近实测值。综合来看，校正效果较好，校正后的 CMIP6 模式降水数据能有效地模拟中国降水。

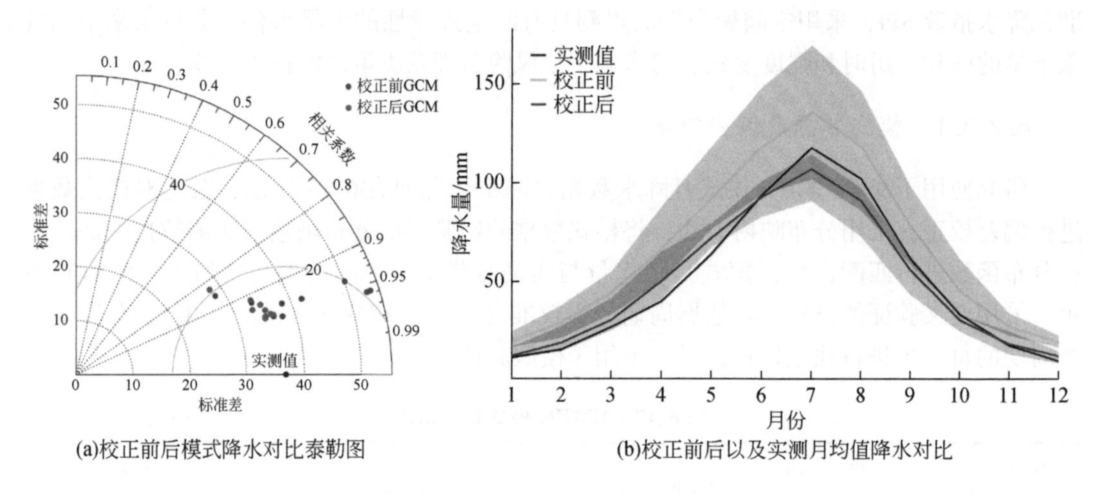

图 6-45　校正前后指标对比效果

阴影为 9 个模式月均值降水范围，实现为 9 个模式均值

6.2.3.2　未来干旱事件变化

(1) 降水未来变化

根据地理位置将中国区域划分为 6 个子区域，分别为西北、北部、东北、西南、中南和东部。未来三种情景下中国 6 个区域相对历史平均水平的年平均降水量异常如图 6-46 所示，CMIP6 模式在三种情景下均表现出 21 世纪中国不同区域降水显著增加的趋势。三种情景中，SSP5_8.5 在不同区域的年降水量呈现出最显著且持续增加的趋势。SSP1_2.6 和 SSP2_4.5 年降水量增加相对较小，2060 年后增加趋势更不明显。对未来三种情景下年平均降水量相对变化的空间分布进行分析，结果表明，21 世纪中国年降水量在整个区域都会增加，三种情景下未来降水变化的空间格局相似，温室气体排放最高的 SSP5_8.5 增长最为显著。在 SSP5_8.5 情景下，2015 ~ 2100 年中国西部年平均降水量相对 1980 ~ 2014 年的百分比变化超过 50%。

(2) 干旱事件变化

研究采用三个月尺度的 SPI 来描述干旱，当 SPI < -1 时，定义干旱发生。根据 Andreadis 等（2005）提出的三维（纬度、经度和时间）聚类算法识别出具有时空连续结构的独立干旱时间。该算法对空间上相邻、时间上连续的干旱格点（SPI<-1）进行合并，得到多个独立的干旱事件。为了更好地描述干旱事件，计算了每个干旱事件的几个特征指标，分别为历时 D、面积 A、干旱烈度 S、干旱强度 I、干旱中心 C。干旱历时为一场干旱事件的持续时间（月）。干旱面积，即干旱影响区域，为三维时空区域在二维（经度、纬度）表面上的投影面积。干旱烈度根据式（6-15）计算，表示在整个干旱历时和范围内的缺水程度。干旱强度是干旱烈度与干旱历时和干旱面积之间的比值（$I=S/(D\times A)$），代表干旱事件发展的剧烈程度。干旱中心为三维干旱体的重心。

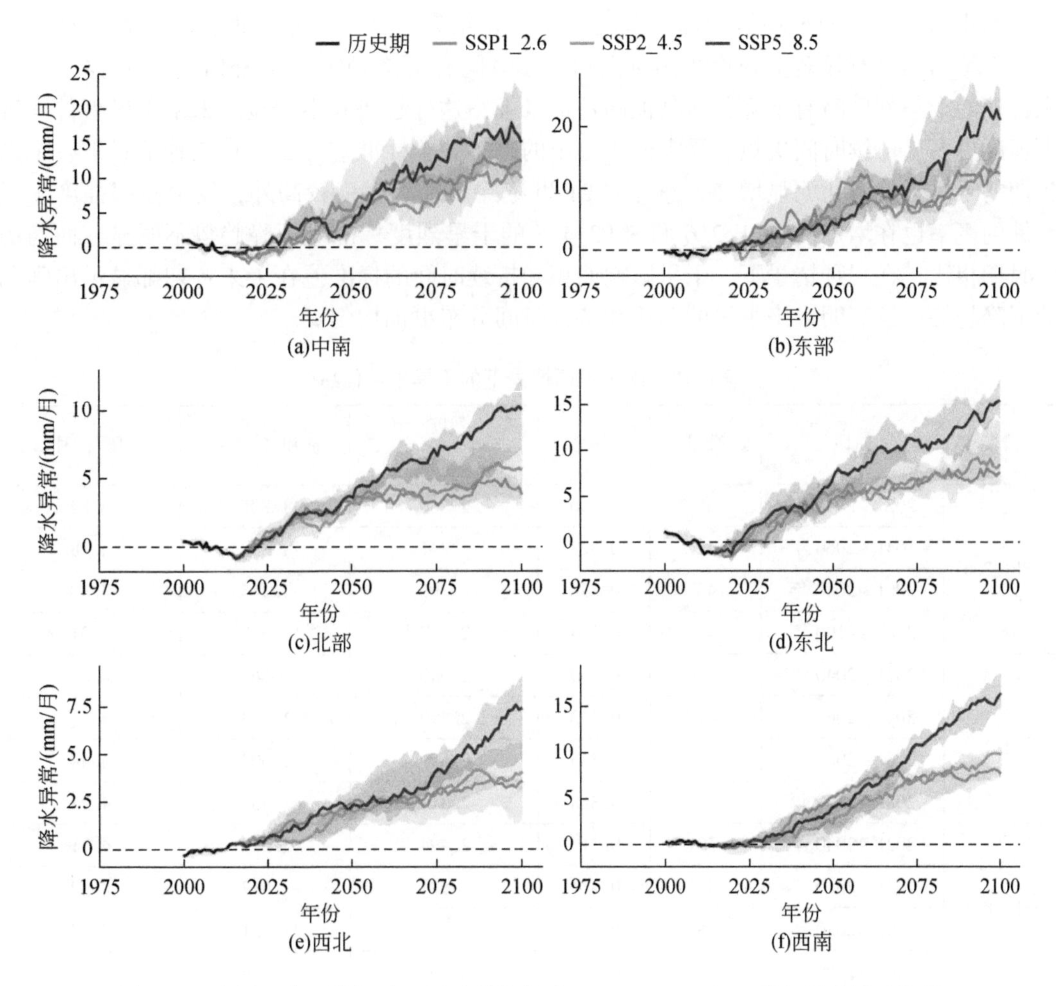

图 6-46　中国 6 个区域相对于历时平均水平（1980 ~ 2014 年）的年平均降水异常时间序列（20 年滑动平均）

实线表示 9 个模式第 50 分位数，阴影表示第 25 和第 75 分位数。

$$S_n = \sum_{i=1}^{n_{\text{lon}}} \sum_{j=1}^{n_{\text{lat}}} \sum_{k=1}^{n_t} s(i,j,k) \tag{6-15}$$

$$s(i,j,k) = -(\text{SPI}(i,j,k) - s_0) \cdot \text{area}(i,j,k) \cdot \text{time}(i,j,k)$$

式中，i 为经度方向的网格编号，$i=1 \sim n\text{lon}$；j 为维度方向的网格编号，$j=1 \sim n\text{lat}$；k 为时间序号，$k=1 \sim nt$。S_n为第 n 次干旱事件的干旱烈度；s 为单个格点的干旱烈度；s_0为干旱阈值，取-1；area 为格点面积（km^2）；time 为时间（1 月）。

基于未来不同情景多模式月降水数据，识别出未来干旱事件，并剔除干旱历时在 3 个月以下的干旱事件（表 6-18）。在不同情景下，未来时期干旱事件呈现轻微减少的趋势，但干旱事件的强度在未来呈现增强的趋势。SSP1_2.6 和 SSP2_4.5 的干旱烈度持续下降，而 SSP5_8.5 在 2080 年前出现干旱烈度上升趋势。在不同情景下，未来干旱事件的发生面积和持续时间均有轻微减少的趋势。分析三种情景下不同时期干旱特征指标（强度、烈度、面积和历时）的平均值和标准差的未来变化结果可知，就平均值而言，在三种情景下，干旱的强度有显著上升趋势，面积和持续时间有下降趋势。在 SSP1_2.6 情景下，未来各期的干旱烈度略有下降，而其他两种情景下，这种趋势并不明显。未来干旱事件表现出强度更高、持续时间更短、受灾面积更小的趋势。在标准差方面，在三种情景下，未来各期的干旱强度变化明显增加，意味着 21 世纪除了平均强度较高外，发生极端强度干旱事件的概率也在增加。SSP1_2.6 和 SSP2_4.5 的干旱烈度标准差下降趋势不明显。而与历史时期相比，在三种情景下，干旱影响面积和持续时间的标准差在未来各期都显示出强劲的下降趋势，这表明未来干旱的面积和持续时间分布更加均匀。

表 6-18　未来不同情景下的干旱事件信息

情景	时段	数量	强度	烈度/(10^6km^2·月)	面积/10^6km^2	历时/月
SSP1_2.6	2021～2040 年	45	0.296	2.760	1.805	4.84
	2041～2060 年	42	0.323	2.241	1.592	4.38
	2061～2080 年	43	0.338	2.106	1.465	4.30
	2081～2100 年	40	0.324	2.167	1.538	4.31
SSP2_4.5	2021～2040 年	47	0.319	2.940	1.861	4.84
	2041～2060 年	47	0.333	2.499	1.593	4.63
	2061～2080 年	42	0.335	2.559	1.602	4.44
	2081～2100 年	39	0.368	2.310	1.439	4.23
SSP5_8.5	2021～2040 年	52	0.313	2.494	1.639	4.71
	2041～2060 年	41	0.344	2.521	1.597	4.49
	2061～2080 年	38	0.355	2.873	1.651	4.57
	2081～2100 年	35	0.391	2.662	1.526	4.30

为了研究干旱事件频次的空间格局变化，计算了三种情景下不同时期中国 6 个区域发生干旱事件的频率，可以得出，相对于历史时期，中国中南部、西南和东南地区干旱事件发生频率呈上升趋势，而中国北方和东北地区的干旱事件有轻微减少的趋势。在高排放情景下，变化更为显著。结果表明，未来不同情景下干旱事件在中国范围内呈北方减少、南方增加的趋势。

第7章 总结与展望

7.1 总 结

全书针对“自然-社会经济”复合过程引起的全球（区域）气候变化对陆地水循环的影响日益明显、洪水干旱频率和历时发生变化的水文事件日益增多、人类各种用水（农业用水、工业用水、生活用水、生态用水和水电能源）的可用水资源量预估不确定性增大等全球陆面-水文过程及相互作用机理的关键科学问题，在国家重点研发课题“全球陆面-水文过程模拟及多尺度相互作用机理”的资助下，以如何研发“全球陆面-水文过程模拟”的新型大尺度陆地水循环模型为核心，在对全球陆面-水文过程相互作用机理的科学意义及研究进展进行深入剖析的基础上，以全球及全球八个典型流域的陆地水循环问题为切入点，从下垫面人类活动识别与 LUCC 模拟、大尺度水循环模型构建、模型验证与评估、影响与响应四个层面对全球陆面-水文过程及其主要相互作用机理进行了系统性论述。

首先，针对土地利用/覆盖是人类活动的主要载体，土地利用/覆盖的时空变化直接影响着陆面-水文过程的循环态势及反馈效应，如何定量模拟全球土地利用/覆盖的时空变化及未来情景科学问题，如何综合考虑平均生物温度、降水、潜在蒸散比率等自然气候要素和人口密度、人均 GDP 等人文要素，以及全球自然保护区保护规则，如何构建自然要素与人文要素耦合驱动的 GLUCC 模型进行了系统阐述，并对基于全球气候变化第六次评估报告（CMIP6）的 SSP1_2.6、SSP2_4.5 和 SSP5_8.5 三种情景数据的 2010～2050 年每 10 年间隔的全球土地利用/覆盖情景模拟进行了模拟分析和案例论证。

其次，针对如何研发能够适用于全球陆面-水文过程模拟的新型大尺度分布式陆地水循环模拟系统，以及如何将 LUCC 全球数据集嵌入 CIESM-GLM 进行耦合模拟的科学问题，如何利用自主产权的基于流域地形地貌的分布式水文模型 GBHM 和流域分布式水文模型 DTVGM 的产汇流机制，精细化改进陆面模式 CLM4.5 对水文过程的参数化描述，进一步考虑人类活动驱动机制和集成 GLUCC 模型，进而构建新型大尺度分布式陆地水循环模拟系统 GLM 方面进行了系统论述。同时从如何实现自然强迫和工业用水、生活用水及农业灌溉用水等人类活动对全球和流域尺度陆面-水文过程的影响及其气候效应，如何揭示多尺度陆面-水文过程相互作用机理，实现 GLM 与 CIESM_v1.1.0 耦合模拟，研发 LUCC 全球数据集嵌入的 CIESM-GLM 模式进行了模型耦合构建的理论解析和案例分析，并在全球尺度和典型流域尺度上揭示了土地利用/覆盖变化对陆面-水文过程、人类取用水对全球水文气候要素的影响机理，以及综合考虑人类取用水和土地利用/覆盖变化对全球地表温度影响的时空模拟分析。

最后，在新型全球陆面-水文过程（CIESM-GLM）模式进行论述的基础上，系统阐述了如何利用典型流域能量-水文-气象观测信息、全球长序列高分辨率土壤湿度数据、湖库等大型水体蓄水量变化的基础信息，结合 GRACE 卫星数据解析陆地水组分结构，基于全球通量观测网络（FLUXNET）和中国通量观测网络（ChinaFLUX）的水热通量观测数据，应用多数据源和多方法，对 GLM 的模拟效率评估和参数优化。对如何建立丰枯周期识别、趋势类型诊断与显著性评估、突变点识别等气象水文过程非平稳性识别与显著性定量评估的系列新方法，如何通过分析典型流域及全国尺度上的关键气象水文要素的复杂演变与变异规律，进而揭示水循环变异对全球变化的响应进行系统阐述。基于 IPCC CMIP6 SSP1_2. 6、SSP2_4. 5、SSP5_8. 5 不同组合情景的模拟数据，结合动态 GLUCC 数据，利用 GLM，在实现全球陆地及典型流域的降水、蒸发和径流等水文要素时空分布格局模拟的基础上，对不同情景下的全球及典型流域陆地水循环中的降水量、蒸发和径流量进行了预估分析，揭示了未来能量-水循环要素的演化趋势，并预测了未来 20 ~ 30 年人类活动对全球能量-水循环过程的影响，为应对全球能量-水循环演变的对策研究提供情景依据。

7. 2 展　　望

随着“空-天-地-海-网”一体化观测技术体系日趋发展，以及针对大数据、云计算等新一代人工智能技术的突飞猛进，为进一步研发具备长时序模拟、多尺度解析、高效率运算的新一代全球陆面-水文过程模式提供了海量精细数据支撑和技术支撑，同时也为模型重新打造升级带来了前所未有的挑战。因此，在未来全球能量-水循环过程的模拟过程中，需要从以下三方面进行思考和开展研究。

第一，在考虑人类活动下垫面变化对全球陆面-水循环过程的影响效应模拟的过程中，需要进一步考虑如何高时效高精度地实现各种人类活动用水的时空分布、强度及其潜力，在模拟全球土地利用/覆盖变化情景模拟过程中，需要进一步考虑如何利用新一代的人工智能技术，将全球陆地表面进行科学区划，对不同区域采用不同参数进行模拟，并实现高效集成，进而实现高时效高精度的全球土地利用/覆盖变化的时空过程模拟。

第二，在对研发的 CIESM-GLM 模式进行升级改造的过程中，需要进一步深入剖析自然与人为强迫引起的陆地水循环和水热通量过程变化机制，深入模拟和解析全球陆地水循环及水资源变化的空间分异性、区域-流域尺度特征和水循环变化的相互作用关系，运用大数据、云计算和数字孪生等新一代的人工智能技术，实现全球陆面-水文过程的长时序模拟、多尺度解析、高效率运算，进而为评估自然和下垫面人类活动对水循环影响的量级和机制提供高效率的科学评估工具。

第三，高效实现人类活动下垫面的动态变化与全球陆面-水文过程模式的实时关联和动态反馈，进而实现全球陆面-水文过程模式（CIESM-GLM）参数的动态优化，综合集成各种极端水文事件的归因模型与方法，高效模拟和解析各种极端水文事件的驱动要素、驱动机理、影响范围、影响强度和影响效应。

总之，陆地水循环是地球系统的重要组成部分，陆地水循环系统是各种自然与人文要素耦合驱动作用下的复杂巨系统，大数据、云计算、数字孪生等新一代的人工智能技术，为基于全球陆面-水文过程的现有系统模式（CIESM-GLM），研发新一代的全球陆地水循环智能模拟模式带来前所未有的机遇的同时，在如何为全球能量-水循环过程及其对气候变化和人类活动响应的高时效监测和动态评估的关键方法技术突破、数据挖掘和知识发现等方面仍然面临着巨大挑战。

参考文献

成爱芳，冯起，张健恺，等．2015．未来气候情景下气候变化响应过程研究综述．地理科学，35（1）：84-90.

丁晶，邓育仁．1988．随机水文学．成都：成都科技大学出版社．

范泽孟，岳天祥，刘纪远，等．2005．中国土地覆盖时空变化未来情景分析．地理学报，60（6）：941-952.

关颖慧．2015．长江流域极端气候变化及其未来趋势预测．杨凌：西北农林科技大学博士学位论文．

韩云环，马柱国，李明星，等．2021．2001～2010 年中国区域土地利用/覆盖变化对陆面过程影响的模拟研究．气候与环境研究，26（1）：16.

华文剑，刘殊瑜，陈海山．2021．土地利用模式比较计划（LUMIP）简评．大气科学学报，44（6）：7.

李建云，王汉杰．2009．南水北调大面积农业灌溉的区域气候效应研究．水科学进展，20（3）：343-349.

林岩銮，彭怡然，王兰宁，等．2019．清华大学 CIESM 模式及其参与 CMIP6 的方案．气候变化研究进展，15（5）：545-550.

刘昌明，李道峰，田英，等．2003．基于 DEM 的分布式水文模型在大尺度流域应用研究．地理科学进展，22（5）：437-445.

刘树华，刘振鑫，郑辉，等．2013．多尺度大气边界层与陆面物理过程模式的研究进展．中国科学，物理学力学天文学，43：1332-1355.

刘维成，张强，刘新伟．2021．陆-气相互作用对大气对流活动影响研究进展和展望．高原气象，40（6）：16.

陆懋祖．1999．高等时间序列经济计量学．上海：上海人民出版社．

陆云波，王伦澈，牛自耕，等．2022．2000-2017 年中国区域地表反照率变化及其影响因子．地理研究，41（2）：562-679.

毛慧琴，延晓冬，熊喆，等．2011．农田灌溉对印度区域气候的影响模拟．生态学报，31（4）：1038-1045.

毛瑞华，李竹渝．2006．随机单位根过程．四川大学学报（自然科学版），43（6）：1192-1196.

任国玉，战云健，任玉玉，等．2015．中国大陆降水时空变异规律——Ⅰ．气候学特征．水科学进展，26（3）：12.

孙云，于德永，曹茜，等．2015．土地利用/土地覆盖变化对区域气候影响的生物地球物理途径研究进展．北京师范大学学报（自然科学版），51（2）：189-196.

汤秋鸿，刘星才，李哲，等．2019．陆地水循环过程的综合集成与模拟．地球科学进展，34（2）：115-123.

陶长琪，江海峰．2013．单位根过程联合检验的 Bootstrap 研究．统计研究，30（4）：106-112.

田立法．2014．关于非平稳数据“伪回归”的解析．统计与决策，3：17-21.

谢平，陈广才，李德，等．2005．水文变异综合诊断方法及其应用研究．水电能源科学，23（2）：11-14.

谢正辉，陈思，秦佩华，等．2019．人类用水活动的气候反馈及其对陆地水循环的影响研究——进展与挑战．地球科学进展，34（8）：801-813.

徐崇育，夏军．2011．大尺度水文模型的发展现状以及与气候模型耦合的可能性、挑战和展望．中国自然资源学会年会2011年学术年会论文集，乌鲁木齐．

张洪波，王斌，辛琛，等．2016．去趋势预置白方法对径流序列趋势检验的影响．水力发电学报，35（12）：56-69.

张建云，王国庆．2007．气候变化对水文水资源影响研究．北京：科学出版社．

张学珍，李侠祥，徐新创，等．2017．基于模式优选的21世纪中国气候变化情景集合预估．地理学报，72（9）：1555-1568.

Agarwal A, Maheswaran R, Sehgal V, et al. 2016. Hydrologic regionalization using wavelet- based multiscale entropy method. Journal of Hydrology, 538: 22-32.

Alcamo J, Kreileman G J J, Krol M S, et al. 1994. Modeling the global society-biosphere-climate system, Part 1: Model description and testing. Water Air & Soil Pollution, 76 (1/2): 1-35.

Anderson R G, Canadell J G, Randerson J T, et al. 2011. Biophysical considerations in forestry for climate protection. Frontiersin Ecology and the Environment, 9 (3): 174-182.

Andreadis K M, Clark E A, et al. 2005. Twentieth-Century Drought in the Conterminous United States. Journal of Hydrometeorology, 6 (6): 985-1001.

Archer D M, Eby V, Brovkin A, et al. 2009. Atmospheric lifetime of fossil fuel carbon dioxide. Annual Review of Earth and Planetary Sciences, 37: 117-134.

Arnell N W. 1999. A simple water balance model for the simulation of streamflow over a large geophysical domain. Journal of Hydrology, 217: 314-355.

Avseth P, Mukerji T, Mavko G. 2005. Quantitative seismic interpretation. Episodes, 3: 236-237.

Azorin-Molina C, Vicente-Serrano S M, Sanchez-Lorenzo A, et al. 2015. Atmospheric evaporative demand observations, estimates and driving factors in Spain (1961-2011). Journal of Hydrology, 523: 262-277.

Bai M, Mo X G, Liu S X, et al. 2019. Contributions of climate change and vegetation greening to evapotranspiration trend in a typical hilly- gully basin on the Loess Plateau, China. Science of the Total Environment, 657: 325-339.

Bandt C, Pompe B. 2002. Permutation entropy, a natural complexity measure for time series. Physical Review Letters, 88 (17): 174102.

Barbosa S M. 2011. Testing for deterministic trends in global sea surface temperature. Journal of Climate, 24: 2516-2522.

Bates B C, Kundzewicz Z W, Wu S, et al. 2008. Climate Change and Water. Technical Paper of the Intergovernmental Panel on Climate Change. IPCC Secretariat, Geneva.

Becker M, Karpytchev M, Lennartz-Sassinek S. 2014. Long-term sea level trends, Natural or anthropogenic? Geophysical Research Letters, 41: 5571-5580.

Beenstock M, Reingewertz Y, Paldor N. 2012. Polynomial cointegration tests of anthropogenic impact on global warming. Earth System Dynamics, 3 (2): 173-188.

Belotelov N V, Bogatyrew B G, Kirilenko A P, et al. 1996. Modelling of time- dependent biomes shifts under global climate changes. Ecological Modelling, 87: 29-40.

Benedikt N, Lindsay M, Daniel V, et al. 2007. Impacts of environmental change on water resources in the Mt. Kenya region. Journal of Hydrology, 343: 266-278.

Berghuijs W R, Larsen J R, van Emmerik T H M, et al. 2017. A global assessment of runoff sensitivity to changes in precipitation, potential evaporation, and other factors. Water Resources. Research, 53: 8475-8486.

Betts R A. 2001. Biogeophysical impacts of land use on present-day climate, Near-surface temperature change and radiative forcing. Atmospheric Science Letters, 2: 39-51.

Bhowmik R D, Sharma A, Sankarasubramanian A. 2017. Reducing model structural uncertainty in climate model projections-a rank-based model combination approach. Journal of Climate, 30 (24): 10139-10154.

Bonan G B, Levis S, Kergoat L, et al. 2002. Landscapes as patches of plant functional types: An integrating concept for climate and ecosystem models. Global Biogeochemical Cycles, 16 (2): 5-1-5-23.

Brunsell N A. 2010. A multiscale information theory approach to assess spatial-temporal variability of daily precipitation. Journal of Hydrology, 385: 165-172.

Brunsell N A, Young C B. 2008. Land surface response to precipitation events using MODIS and NEXRAD data. International Journal of Remote Sensing, 29 (7): 1965-1982.

Bunde A, Büntgen U, Ludescher J, et al. 2013. Is there memory in precipitation? Nature Climate Change, 3 (3): 174-175.

Cai X T, Riley W J, Zhu Q, et al. 2019. Improving representation of deforestation effects on evapotranspiration in the E3SM land model. Journal of Advances in Modeling Earth Systems, 11 (8): 2412-2427.

Cannon A J, Sobie S R, Murdock T Q. 2015. Bias correction of GCM precipitation by quantile mapping, How well do methods preserve changes in quantiles and extremes? Journal of Climate, 28 (17): 6938-6959.

Casagrande E, Recanati F, Meliŭ P. 2018. Assessing the influence of vegetation on the water budget of tropical areas. IFAC-PapersOnLine, 51 (5): 1-6.

Casanueva A, Kotlarski S, Herrera S, et al. 2016. Daily precipitation statistics in a EURO-CORDEX RCM ensemble, Added value of raw and bias-corrected high-resolution simulations. Climate Dynamics, 47 (3-4): 719-737.

Chen B, Wu C, Liu X, et al. 2019. Seasonal climatic effects and feedbacks of anthropogenic heat release due to global energy consumption with CAM5. Climate Dynamics, 52 (11): 6377-6390.

Chen F, Xie Z. 2010. Effects of interbasin water transfer on regional climate, a case study of the Middle Route of the South-to-North Water Transfer Project in China. Journal of Geophysical Research, 115: D11112.

Chen F, Xie Z. 2011. Effects of crop growth and development on land surface fluxes. Advances in Atmospheric Sciences, 28: 927-944.

Chen J, Jonsson P, Tamura M, et al. 2004. A simple method for reconstructing a high-quality NDVI time-series data set based on the Savitzky-Golay filter. Remote Sensing Of Environment, 913: 332-344.

Chen J, Lam K, Liu Q. 2006. Effects of the on-going South to North water diversion project on evaporation over north China region. Civil Engineering Conference Paper, Chicago.

Chen X, Tung K. 2017. Global-mean surface temperature variability, space-time perspective from rotated EOFs. Climate Dynamics, 51: 1719-1732.

Chou C. 2011. Wavelet-based multi-scale entropy analysis of complex rainfall time series. Entropy, 13 (1): 241-253.

Clarke K, Hoppen S, Gaydos L. 1997. A self-modifying cellular automaton model of historical urbanization in the San Francisco Bay area. Environment & Planning B, 24 (2): 247-261.

Cochrane T A, Arias M E, Piman T. 2014. Historical impact of water infrastructure on water levels of the Mekong River and the Tonle Sap system. Hydrology and Earth System Sciences, 18: 4529-4541.

Coggin T D. 2012. Using econometric methods to test for trends in the HadCRUT3 global and hemispheric data. International Journal of Climatology, 32: 315-320.

Cooley D, Sain S R. 2010. Spatial hierarchical modeling of precipitation extremes from a regional climate model. Journal of Agricultural, Biological, and Environmental Statistics, 15 (3): 381-402.

Costa M, Goldberger A L, Peng C K. 2002. Multiscale entropy analysis of complex physiologic time series. Physical Review Letters, 89: 068102.

Costa M, Healey J A. 2003. Multiscale entropy analysis of complex heart rate dynamics: Discrimination of age and heart failure effects. Computers in Cardiology, 30 (30): 705-708.

Courtillot V, Mouël J L, Kossobokov V, et al. 2013. Multi-Decadal Trends of Global Surface Temperature, A Broken Line with Alternating ~30 yr Linear Segments? Atmospheric and Climate Sciences, 3: 364.

da Silva H J F, Gonçalves W A, Bezerra B G. 2019. Comparative analyzes and use of evapotranspiration obtained through remote sensing to identify deforested areas in the Amazon. International Journal of Applied Earth Observation and Geoinformation, 78: 163-174.

Dai A, Bloecker C E. 2019. Impacts of internal variability on temperature and precipitation trends in large ensemble simulations by two climate models. Climate dynamics, 52 (1): 289-306.

Dai Y, Zeng X, Dickinson R E, et al. 2003. The Common Land Model (CLM). Bulletin of the American Mathematical Society, 84: 1013-1023.

Decker M, Zeng X. 2009. Impact of modified Richards equation on global soil moisture simulation in the Community Land Model (CLM 3.5). Journal of Advances in Modeling Earth Systems, 1 (5): 22.

Delgado J, Merz B, Apel H. 2010. Flood trends and variability in the Mekong river. Hydrology And Earth System Sciences, 11: 407-418.

Delsole T, Tippett M K. 2007. Predictability, Recent insights from information theory. Reviews of Geophysics, 45 (4): 1-22.

Dickey D A, Fuller W A. 1979. Distributions of the estimators for autoregressive time series with a unit root. Journal of the American Statistical Association, 74 (366): 427-481.

Dickey D A, Hasza D P, Fuller W A. 1984. Testing for the unit roots in seasonal time serious. Journal of the American Statistical Association, 79: 335-367.

Dong L, Meng L. 2013. Application of sample entropy on measuring precipitation series complexity in Jiansanjiang Branch Bureau of China. Nature Environment and Pollution Technology, 12 (2): 249-254.

Douville H, Ribes A, Decharme B, et al. 2012. Anthropogenic influence on multidecadal changes in reconstructed global evapotranspiration. Nature Climate Change, 3: 59-62.

Emanuel R E, D'Odorico P, Epstein H E. 2007. Evidence of optimal water use by vegetation across a range of North American ecosystems. Geophysical Research Letters, 34 (7): L07401.

Enders W. 1995. Applied Econometric Time Series. New York: John Wiley.

Engle R F, Granger C W J. 1987. Cointegration and error-correction, representation, estimation, and testing. Econometrica, 55 (2): 251-276.

Faiz M A, Liu D, Fu Q, et al. 2018. Complexity and trends analysis of hydrometeorological time series for a river streamflow, A case study of Songhua River Basin, China. River Research and Applications, 34: 101-111.

Fan Z M, Li J, Yue T X. 2013. Land-cover changes of biome transition zones in Loess Plateau of China. Ecological Modelling, 252: 129-140.

Fan Z M, Li J Y, Yue T X, et al. 2015. Scenarios of land cover in karst area of southwestern China. Environmental Earth Sciences, 74 (8): 6407-6420.

Fan Z M, Bai R Y, Yue T X. 2020. Scenarios of land cover in Eurasia under climate change. Journal of Geographical Sciences, 30 (1): 3-17.

Fatichi S, Barbosa S M, Caporali E, et al. 2009. Deterministic versus stochastic trends, Detection and challenges. Journal of Geophysical Research-Atmospheres, 114: D18121.

Feng S, Liu J, Zhang Q, et al. 2020. A global quantitation of factors affecting evapotranspiration variability. Journal of Hydrology, 584: 124688.

Forzieri G, Miralles D G, Ciais P, et al. 2020. Increased control of vegetation on global terrestrial energy fluxes. Nature Climate Change, 10: 356.

Fraedrich K, Blender R. 2003. Scaling of atmosphere and ocean temperature correlations in observations and climate models. Physical Review Letters, 90 (10): 108501.

Gay-Garcia C, Estrada F, Sánchez A. 2009. Global and hemispheric temperatures revisited. Climate Change, 94: 333-349.

Gelfand A E, Diggle P J, Fuentes M, et al. 2010. Handbook of spatial statistics. New York: Taylor and Francis Group, CRC Press.

Georgescu M, Miguez-Macho G, Steyaert L T, et al. 2009. Climatic effects of 30 years of landscape change over the Greater Phoenix, Arizona, region, 1. Surface energy budget changes. Journal of Geophysical Research Atmospheres, 114: D05111.

Gil-Alana L A. 2006. Nonstationary, long memory and anti-persistence in several climatological time series data. Environmental Modeling & Assessment, 11 (1): 19-29.

Gil-Alana L A. 2015. Linear and segmented trends in sea surface temperature data. Journal of Applied Statistics, 42 (7): 1531-1546.

Gil-Alana L A. 2016. Alternative modelling approaches for the ENSO time series. Persistence and seasonality. International Journal of Climatology, 37 (5): 2354-2363.

Gil-Alana L A, Sauci L. 2019. US temperatures, Time trends and persistence. International Journal of Climatology, 39 (13): 5091-5103.

Giorgi F, Francisco R. 2000. Uncertainties in regional climate change prediction: A regional analysis of ensemble simulations with the HADCM2 coupled AOGCM. Climate Dynamics, 16: 169-182.

Goody R. 2010. Maximum entropy production in climate theory. Journal of the Atmospheric Sciences, 64 (7): 2735-2739.

Grohmann C H, Steiner S S. 2008. SRTM resample with short distance-low nugget kriging. International Journal of Geographical Information Science, 22 (8): 895-906.

Gudmundsson L, Greve P, Seneviratne S I. 2016. The sensitivity of water availability to changes in the aridity index and other factors-A probabilistic analysis in the Budyko space. Geophysical Research Letters, 43 (13): 6985-6994.

Gudmundsson L, Greve P, Seneviratne S I. 2017. Correspondence, Flawed assumptions compromise water yield assessment. Nature Communications, 8: 14795.

Guntu R K, Maheswaran R, Agarwal A, et al. 2020. Spatiotemporal variability of Indian rainfall using multiscale entropy. Journal of Hydrology, 587: 124916.

Hamed K H, Rao A R. 1998. A modified Mann Kendall Trend Test for auto correlated data. Journal of Hydrology, 204 (1-4): 182-196.

Hamilton J D. 1994. Time Series Analysis. Princeton: Princeton University Press.

Harding K J, Snyder P K. 2012. Modeling the atmospheric response to irrigation in the great plains. part Ⅱ, the precipitation of irrigated water and changes in precipitation recycling. Journal of Hydrometeorology, 13 (6): 1687-1703.

He C Y, Shi P J, Chen J, et al. 2005. Developing land use scenario dynamics model by the integration of system dynamics model and cellular automata model. Science in China-D Earth Sciences, 48 (11): 1979-1989.

Herbert J M, Dixon R W. 2002. Is the ENSO phenomenon changing as a result of global warming? Physical Geography, 23 (3): 196-211.

Hochstrasser T, Kröel-Dulay G, Peters D P C, et al. 2002. Vegetation and climate characteristics of arid and semi-arid grasslands in North America and their biome transition zone. Journal of Arid Environments, 51 (1): 55-78.

Hoffmann L, Günther G, Li D, et al. 2019. From ERA-Interim to ERA5, the considerable impact of ECMWF's next-generation reanalysis on Lagrangian transport simulations. Atmospheric Chemistry And Physics, 19: 3097-3124.

Hosking J R M, Wallis J R. 1997. Regional Frequency Analysis: An Approach Based on L-Moments. New York: Cambridge University Press.

Hu S, Mo X. 2021. Attribution of long-term evapotranspiration trends in the Mekong River Basin with a remote sensing-based process model. Remote Sensing, 13: 303.

Hurrell J W, Holland M M, Gent P R, et al. 2013. The community Earth system model, a framework for collaborative research. Bulletin of the American Meteorological Society, 94 (9): 1339-1360.

Hurst H E. 1951. Long-term storage capacity of reservoirs. Transactions of the American Society of Civil Engineers, 116 (1): 770-799.

Hwang S, Graham W D. 2013. Development and comparative evaluation of a stochastic analog method to downscale daily GCM precipitation. Hydrology and Earth System Sciences, 17 (11): 4481-4502.

Ichinose T, Otsubo K. 2003. Temporal structure of land use change in Asia. Journal of Global Environment Engineering, 9: 41-51.

Ines A V, Hansen J W. 2006. Bias correction of daily GCM rainfall for crop simulation studies. Agricultural and Forest Meteorology, 138 (1-4): 44-53.

IPCC. 2014. Climate Change 2014, Synthesis Report. Contribution of Working Group I, II and III to the Fifth Assessment Report of the Intergovernmental Panel on Climate Change.

Jeong J H, Kug J S, Linderholm H M, et al. 2014. Intensified Arctic warming under greenhouse warming by vegetation-atmosphere-sea ice interaction. Environmental Research Letters, 9 (9): 094007.

Ji F, Wu Z, Huang J, et al. 2014. Evolution of land surface air temperature trend. Nature Climate Change, 4 (6): 462-466.

Jiang L, Li N, Zhao X. 2017. Scaling behaviors of precipitation over China. Theoretical and Applied Climatology, 128 (1-2): 63-70.

Johansen S. 1988. Statistical analysis of cointegration vectors. Journal of Economic Dynamics and Control, 12: 231-254.

Johansen S, Juselius K. 1990. Maximum likelihood estimation and inference on cointegration with application to the demand for money. Oxford Bulletin of Economics and Statistics, 52: 169-209.

Jung M, Reichstein M, Ciais P, et al. 2010. Recent decline in the global land evapotranspiration trend due to limited moisture supply. Nature, 467: 951-954.

Jung M, Reichstein M, Margolis H A, et al. 2011. Global patterns of land-atmosphere fluxes of carbon dioxide, latent heat, and sensible heat derived from eddy covariance, satellite, and meteorological observations. Journal of Geophysical Research Biogeosciences, 116: G00J.

Karmakar S, Goswami S, Chattopadhyay S. 2019. Exploring the pre-and summer-monsoon surface air temperature over eastern India using Shannon entropy and temporal Hurst exponents through rescaled range analysis. Atmospheric Research, 217: 57-62.

Karnieli A, Qin Z, Wu B, et al. 2014. Spatio-Temporal Dynamics of Land-Use and Land-Cover in the Mu Us Sandy Land, China, Using the Change Vector Analysis Technique. Remote Sensing, 6 (10): 9316-9339.

Katerji N, Mastrorilli M, Rana G. 2008. Water use efficiency of crops cultivated in the Mediterranean region, Review and analysis. European Journal of Agronomy, 28 (4): 493-507.

Kaufmann R K, Stern D I. 2002. Cointegration analysis of hemispheric temperature relations. Journal of Geophysical Research, 107: 1-10.

Kaufmann R K, Kauppi H, Stock J H. 2006a. Emissions, concentrations and temperature, a time series analysis. Climate Change, 77: 249-278.

Kaufmann R K, Kauppi H, Stock J H. 2006b. The relationship between radiative forcing and temperature, what do statistical analyses of the instrumental temperature record measure? Climate Change, 77: 279-289.

Kaufmann R K, Kauppi H, Stock J H. 2010. Does temperature contain a stochastic trend? Evaluating conflicting statistical results. Climate Change, 101: 395-405.

Kaufmann R K, Kauppi H, Mann M L, et al. 2011. Reconciling anthropogenic climate change with observed temperature 1998-2008. Proceedings of the National Academy of Sciences, 108 (29): 11790-11793.

Kendall M G. 1995. Rank Correlation Methods. 2nd ed. London: Griffin.

Kharin V V, Zwiers F W. 2002. Climate predictions with multimodel ensembles. Journal of Climate, 15 (7): 793-799.

Kim K, Schmidt P. 1990. Some evidence on the accuracy of Phillips-Perron Tests using alternative estimates of nuisance parameters. Economics Letter, 34: 345-350.

Kjeldsen T R, Prosdocimi I. 2015. A bivariate extension of the Hosking and Wallis goodness of-fit measure for regional distributions. Water Resoures, 51: 896-907.

Kolmogorov A N. 1958. New metric invariant of transitive dynamical systems and endomorphisms of lebesgue spaces. Doklady of Russian Academy of Sciences, 119: N5.

Kostov Y, Ferreira D, Armour K C, et al. 2018. Contributions of greenhouse gas forcing and the southern annular mode to historical southern ocean surface temperature trends. Geophysical Research Letters, 45.

Koutsoyiannis D. 2005. Uncertainty, entropy, scaling and hydrological stochastics. 1. Marginal distributional properties of hydrological processes and state scaling. Hydrological Science Journal, 50: 381-404.

Kreyling J, Grant K, Hammerl V, et al. 2019. Winter warming is ecologically more relevant than summer warming in a cool-temperate grassland. Scientific Reports, 9: 14632.

Kueppers L M, Snyder M A. 2012. Influence of irrigated agricultural on diurnal surface energy and water fluxes, surface climate, and atmospheric circulation in California. Climate Dynamics, 38: 1017-1029.

Kustas W P, Daughtry C S. 1990. Estimation of the soil heat flux/net radiation ratio from spectral data. Agricultural and Forest Meteorology, 49: 205-223.

Lange S. 2019. Trend-preserving bias adjustment and statistical downscaling with ISIMIP3BASD (v1.0). Geoscientific Model Development, 12 (7): 3055-3070.

Latombe G, Burke A, Vrac M, et al. 2018. Comparison of spatial downscaling methods of general circulation model results to study climate variability during the Last Glacial Maximum. Geoscientific Model Development, 11: 2563-2579.

Lee X, Goulden M L, Hollinger D Y, et al. 2011. Observed increase in local cooling effect of deforestation at higher latitudes. Nature, 479: 384-387.

Lennartz S, Bunde A. 2009. Trend evaluation in records with long-term memory, Application to global warming. Geophysical Research Letters, 36 (16): 1-4.

Li C, Sinha E, Horton, D E, et al. 2014. Joint bias correction of temperature and precipitation in climate model simulations. Journal of Geophysical Research-Atmospheres, 119 (23): 13153-13162.

Li D, Long D, Zhao J, et al. 2017. Observed changes in flow regimes in the Mekong River basin. Journal of Hydrology, 551: 217-232.

Li F, Kustas W P, Prueger J H, et al. 2005. Utility of remote sensing-based two-source energy balance model under low- and high-vegetation cover conditions. Journal of Hydrometeorology, 6: 878-891.

Li H, Sheffield J, Wood E F. 2010. Bias correction of monthly precipitation and temperature fields from Intergovernmental Panel on Climate Change AR4 models using equidistant quantile matching. Journal of Geophysical Research-Atmospheres, 115: D10.

Li H, Du W, Fan K, et al. 2020. The effectiveness assessment of massage therapy using Entropy-based EEG Features among Lumbar Disc Herniation Patients comparing with healthy controls. IEEE Access, 8: 7758-7775.

Li M A, Liu H N, Wei Z, et al. 2017. Applying improved multiscale fuzzy entropy for feature extraction of MI-EEG. Applied Sciences, 7 (1): 92.

Liu D, Liu C, Fu Q, et al. 2017. ELM evaluation model of regional groundwater quality based on the crow search algorithm. Ecological Indicators, 81: 302-314.

Liu D, Cheng C, Fu Q, et al. 2018. Complexity measurement of precipitation series in urban areas based on particle swarm optimized multiscale entropy. Arabian Journal of Geosciences, 11 (5): 83.

Liu H, Chen J, Zhang X C, et al. 2020. A Markov Chain-based bias correction method for simulating the temporal sequence of daily precipitation. Atmosphere, 11 (1): 109.

Liu M, Adam J C, Richey A S, et al. 2018. Factors controlling changes in evapotranspiration, runoff, and soil moisture over the conterminous U. S. Accounting for vegetation dynamics. Journal of Hydrology, 565: 123-137.

Liu W, Wang L, Zhou J, et al. 2016. A worldwide evaluation of basin-scale evapotranspiration estimates against the water balance method. Journal of Hydrology, 538: 82-95.

Liu X, Liang X, Li X, et al. 2017. A future land use simulation model (FLUS) for simulating multiple land use scenarios by coupling human and natural effects. Landscape and Urban Planning, 168: 94-116.

Liu Z F, Wang R, Yao Z. 2018. Climate change and its impact on water availability of large international rivers over the main-land Southeast Asia. Hydrological Processes, 32: 3966-3977.

Livneh B, Xia Y, Mitchell K E, et al. 2010. Noah LSM snow model diagnostics and enhancements. Journal of Hydrometeorology, 11 (3): 721-738.

Lu X X, Siew R Y. 2006. Water discharge and sediment flux changes over the past decades in the Lower Mekong River, Possible impacts of the Chinese dams. Hydrology And Earth System Sciences, 10: 181-195.

Lu Y, Jin J, Kueppers L M. 2015. Crop growth and irrigation interact to influence surface fluxes in a regional climate-cropland model (WRF3. 3-CLM4crop). Climate Dynamics, 45: 3347-3363.

Luca A D, Termini S. 1972. A definition of a nonprobabilistic entropy in the setting of fuzzy sets theory. Information and Control, 20 (4): 301-312.

Lucas-Picher P, Caya D, de Elía R, et al. 2008. Investigation of regional climate models' internal variability with a ten-member ensemble of 10-year simulations over a large domain. Climate Dynamics, 31 (7-8): 927-940.

Ludescher J, Bunde A, Franzke C L E, et al. 2016. Long-term persistence enhances uncertainty about anthropogenic warming of Antarctica. Climate dynamics, 46 (1): 263-271.

Luo Y, Shi Z, Lu X, et al. 2017. Transient dynamics of terrestrial carbon storage, mathematical foundation and its applications. Biogeosciences, 14: 145-161.

Ma N, Niu G Y, Xia Y L. 2017. A systematic evaluation of Noah- MP in simulating land- atmosphere energy, water, and carbon exchanges over the continental United States. Journal of Geophysical Research- Atmospheres, 122 (22): 12245-12268.

Mahmood R, Jia S, Tripathi N, et al. 2018. Precipitation extended linear scaling method for correcting GCM precipitation and its evaluation and implication in the Transboundary Jhelum River Basin. Atmosphere, 9 (5): 160.

Mamalakis A, Langousis A, Deidda R, et al. 2017. A parametric approach for simultaneous bias correction and high- resolution downscaling of climate model rainfall. Water Resources Research, 53 (3): 2149-2170.

Mann H B. 1945. Nonparametric tests against trend. Econometrica: Journal of the Econometric Society, 13 (3): 245-259.

Mao J, Fu W, Shi X, et al. 2015. Disentangling climatic and anthropogenic controls on global terrestrial evapotranspiration trends. Environmental Research Letters, 10: 094008.

Markonis Y, Koutsoyiannis D. 2016. Scale- dependence of persistence in precipitation records. Nature Climate Change, 6 (4): 399-401.

Martens B, Miralles D G, Lievens H, et al. 2017. GLEAM v3, satellite-based land evaporation and root-zone soil moisture. Geoscientific Model Development, 10 (5): 1903-1925.

Maurer E P, Pierce D W. 2014. Bias correction can modify climate model simulated precipitation changes without adverse effect on the ensemble mean. Hydrology and Earth System Sciences, 18 (3): 915-925.

Maxwell R M, Kollet S J. 2008. Interdependence of groundwater dynamics and land- energy feedbacks under climate change. Nature Geosciences, 1 (10): 665-669.

McVicar T R, Roderick M L, Donohue R J, et al. 2012. Ecohydrology bearings- Invited commentary less bluster ahead? Ecohydrological implications of global trends of terrestrial near- surface wind speed. Ecohydrology, 5: 381-388.

Mekong River Commission (MRC). 2009. Regional Irrigation Sector Review for Joint Basin Planning Process. MRC, Vientiane, Laos.

Mianabadi A, Shirazi P, Ghahraman B, et al. 2019. Assessment of short- and long-term memory in trends of major climatic variables over Iran, 1966-2015. Theoretical & Applied Climatology, 135 (1): 677-691.

Michelangeli P A, Vrac M, Loukos H. 2009. Probabilistic downscaling approaches, Application to wind cumulative distribution functions. Geophysical Research Letters, 36: L11708.

Miralles D G, De Jeu R A M, Gash J H, et al. 2011a. Magnitude and variability of land evaporation and its components at the global scale. Hydrology and Earth System Sciences, 15: 967-981.

Miralles D G, Holmes T R H, De Jeu R A M, et al. 2011b. Global land- surface evaporation estimated from satellite- based observations. Hydrology and Earth System Sciences, 15: 453-469.

Mishra A K, Ozger M, Singh V P. 2009. An entropy- based investigation into the variability of precipitation. Journal of Hydrology, 70 (1-4): 139-154.

Mo X G, Liu S X, Lin Z H. 2012. Evaluation of an ecosystem model for a wheat- maize double cropping system over the North China Plain. Environmental Modelling and Software, 32: 61-73.

Mo X, Chen X, Hu S, et al. 2017a. Attributing regional trends of evapotranspiration and gross primary productivity with remote sensing, a case study in the North China Plain. Hydrology and Earth System Sciences, 21: 295-310.

Mo X, Liu S, Hu S, et al. 2017b. Sensitivity of terrestrial water and carbon fluxes to climate variabilityin semihumid basins of Haihe River, China. Ecological Modelling, 335: 117-128.

Mokany K, Raison R J, Prokushkin A S. 2006. Critical analysis of root: Shoot ratios in terrestrial biomes. Global Change Biology, 12 (1): 84-96.

Molina-Navarro E, Trolle D, Martínez-Pérez S, et al. 2014. Hydrological and water quality impact assessment of a Mediterranean limno-reservoir under climate change and land use management scenarios. Journal of hydrology, 509: 354-366.

Molini A, Barbera P L, Lanza L G. 2006. Correlation patterns and information flows in rainfall fields. Journal of Hydrology, 322 (1-4): 89-104.

Monteith J L, Reifsnyder W E. 1974. Principles of environmental physics. Physics Today, 27: 51-52.

Monteith J L, Unsworth M. 2009. Principles of Environmental Physics. London: Edward Asner Publishers.

Moura M M, Santos A R, Pezzopane J E M, et al. 2019. Relation of El Niño and La Niña phenomena to precipitation, evapotranspiration and temperature in the Amazon basin. Science of the Total Environment, 651: 1639-1651.

Mu Q, Zhao M, Running S W. 2011. Improvements to a MODIS global terrestrial evapotranspiration algorithm. Remote Sensing of Environment, 115 (8): 1781-1800.

Mueller B, Hirschi M, Jimenez C, et al. 2013. Benchmark products for land evapotranspiration, LandFlux-EVAL multi-dataset synthesis. Hydrology and Earth System Sciences, 17: 3707-3720.

Murphy J M, Sexton D M, Barnett D N, et al. 2004. Quantification of modelling uncertainties in a large ensemble of climate change simulations. Nature, 430: 768.

Naumann G, Vargas W M. 2009. Changes in the predictability of the daily thermal structure in southern South America using information theory. Geophysical Research Letters, 36 (9): 269-277.

Nesbitt H, Johnston R, Solieng M. 2004. Mekong river water, Will river flows meet future agriculture needs in the lower Mekong basin? Water Agric., 116: 86-104.

Newey W K, West K D. 1987. A simple, positive semi-definite heteroskedasticity and autocorrelation consistent covariance matrix. Econometrica, 55 (3): 703-708.

Ngan L T, Bregt A K, van Halsema G E, et al. 2018. Interplay between land-use dynamics and changes in hydrological regime in the Vietnamese Mekong Delta. Land Use Policy, 73: 269-280.

Ning L K, Zhan C S, Luo Y, et al. 2019. A review of fully coupled atmosphere-hydrology simulations. Journal of Geographical Sciences, 29 (3): 465-479.

Niu G Y, Yang Z L, Dickinson R E, et al. 2007. Development of a simple groundwater model for use in climate models and evaluation with Gravity Recovery and Climate Experiment data. Journal of Geophysical Research, 112: D07103.

Oki T, Kanae S. 2006. Global hydrological cycles and world water resources. Science, 313: 1068-1072.

Oleson K W, Lawrence D M, Gordon B, et al. 2008. Technical description of version 4.0 of the Community Land Model (CLM). Colorado, Boulder.

Oleson K W, Lawrence D M, Gordon B, et al. 2010. Technical Description of version 4.0 of the Community Land Model (CLM). NCAR Technical NoteNCAR/TN-503+STR, Boulder, Colorado.

Oleson K W, Lawrence D W, Bonan G B, et al. 2013. Technical Description of version 4.5 of the Community Land Model (CLM). NCAR/TN-503+STR. NCAR Technical Note, Climate and Global Dynamics Division, National Center for Atmospheric Research, Boulder, Colorado.

Olsson J, Berggren K, Olofsson M, et al. 2009. Applying climate model precipitation scenarios for urban hydrological assessment, A case study in Kalmar city, Sweden. Atmospheric Research, 92 (3): 364-375.

Ozdogan M, Rodell M, Beaudoing H K, et al. 2010. Simulating the effects of irrigation over the United Sates in a land surface model ased on satellite-derived agricultural data. Journal of Hydrometeorology, 11: 171-184.

Pan S, Tian H, Shree R S D, et al. 2015. Responses of global terrestrial evapo-transpiration to climate change and increasing atmospheric CO_2 in the 21st century. Earth's Future, 3: 15-35.

Pandey B K, Tiwari H, Khare D. 2017. Trend analysis using discrete wavelet transform (DWT) for long-term precipitation (1851-2006) over India. Hydrological Sciences Journal, 62 (13): 2187-2208.

Pechlivanidis I G, Arheimer B, Donnelly C, et al. 2017. Analysis of hydrological extremes at different hydro-climatic regimes under present and future conditions. Climatic Change, 141: 467-481.

Pendergrass A G, Hartmann D L. 2014. Changes in the distribution of rain frequency and intensity in response to global warming. Journal of Climate, 27 (22): 8372-8383.

Peng D, Zhou T. 2017. Why was the arid and semiarid Northwest China getting wetter in the recent decades? Journal of Geophysical Research, 122: 9060-9075.

Peng S, Ding Y, Liu W, et al. 2019. 1km monthly temperature and precipitation dataset for China from 1901 to 2017. Earth System Science Data, 11: 1931-1946.

Percival D B, Overland J E, Mofjeld H O. 2001. Interpretation of North Pacific variability as a short and long memory process. Journal of Climate, 14 (25): 4545-4559.

Phillips P C B. 1987. Time series regression with a unit root. Econometrica, 55: 277-301.

Phillips P C B, Perron P. 1988. Testing for a unit root in time series regression. Biometrika, 75 (2): 335-346.

Piao S, Friedlingstein P, Ciais P, et al. 2007. Changes in climate and land use have a larger direct impact than rising CO_2 on global river runoff trends. Proceedings of the National Academy of Sciences of the United States of America, 104: 15242-15247.

Piao S, Nan H, Huntingford C, et al. 2014. Evidence for a weakening relationship between interannual temperature variability and northern vegetation activity. Nature Communications, 5 (1): 5018.

Pierce D W, Cayan D R, Maurer E P, et al. 2015. Improved bias correction techniques for hydrological simulations of climate change. Journal of Hydrometeorology, 16 (6): 2421-2442.

Pincus S M. 1991. Approximate entropy as a measure of system complexity. Proceedings of the National Academy of Sciences, 88 (6): 2297-2301.

Pokhrel Y, Hanasaki N, Koirala S, et al. 2012. Incorporating anthropogenic water reg-ulation modules into a land surface model. Journal of Hydrometeorology, 13: 255-269.

Polade S D, Pierce D W, Cayan D R, et al. 2014. The key role of dry days in changing regional climate and precipitation regimes. Scientific Reports, 4: 4364.

Qian Y, Kaiser D P, Leung L R, et al. 2006. More frequent cloud-free sky and less surface solar radiation in China from 1955 to 2000. Geophysical Research Letters, 33 (1): L01812.

Qian Y, Huang M, Yang B, et al. 2013. A modeling study of irrigation effects on surface fluxes and land-air-cloud interactions in the Southern Great Plains. Journal of Hydrometeorology, 14: 700-712.

Raftery A E, Gneiting T, Balabdaoui F, et al. 2005. Using Bayesian model averaging to calibrate forecast ensembles. Monthly Weather Review, 133 (5): 1155-1174.

Rahman A U, Dawood M. 2017. Spatio-statistical analysis of temperature fluctuation using Mann-Kendall and Sen's Slope approach. Climate Dynamics, 48 (3): 783-797.

Ray D K, Ramankutty N, Mueller N D, et al. 2012. Recent patterns of crop yield growth and stagnation. Nature Communications, 3: 1293.

Richman J S, Moorman J R. 2000. Physiological time-series analysis using approximate entropy and sample entropy. American Journal of Physiology. Heart and Circulatory Physiology, 278 (6): 39-49.

Rosso O A, Blanco S, Yordanova J, et al. 2001. Wavelet entropy, a new tool for analysis of short duration brain electrical signals. Journal of Neuroscience Methods, 105 (1): 65-75.

Roushangar K, Alizadeh F. 2018. Entropy-based analysis and regionalization of annual precipitation variability in Iran during 1960-2010 using ensemble empirical mode decomposition. Journal of Hydroinformatics, 20 (1-2): 468-485.

Rue H, Held L. 2005. Gaussian Markov Random Fields, Theory and Applications. Monographs on Statistics and Applied Probability, Boca Raton, Chapman and Hall.

Rybski D, Bunde A, Storch H V. 2008. Long-term memory in 1000-year simulated temperature records. Journal of Geophysical Research Atmospheres, 113 (D2): D02106-1-D02106-9.

Said S E, Dickey D A. 1984. Testing for unit roots in autoregressive-moving average models of unknown order. Biometrika, 71 (3): 599-607.

Samaniego L, Kumar R, Breuer L, et al. 2016. Propagation of forcing and model uncertainties on to hydrological drought characteristics in a multi-model century-long experiment in large river basins. Climatic Change, 141 (3): 435-449.

Sang Y F, Singh V P, Wen J, et al. 2015. Gradation of complexity and predictability of hydrological processes. Journal of Geophysical Research-Atmospheres, 120 (11): 5334-5343.

Sellers P J, Los S O, Tucker C J, et al. 1996. A revised land surface parame-terization (SiB_2) for atmospheric GCMs. Part II. The generation of global fields of terrestrial biophysical parameters from sat-ellite data. Journal of Climate, 9: 706-737.

Shang H, Xu Ming, Zhao F, et al. 2019. Spatial and temporal variations in precipitation amount, frequency, intensity, and persistence in China, 1973-2016. Journal of Hydrometeorology, 20 (11): 2215-2227.

Shangguan W, Dai Y, Duan Q, et al. 2014. A global soil data set for earth system modeling. Journal of Advances in Modeling Earth Systems, 6 (1): 249-263.

Shannon C E. 1948. A mathematical theory of communication. Bell System Technical Journal, 27 (3): 379-423.

Sheffield J, Wood E F, Roderick M L. 2012. Little change in global drought over the past 60 years. Nature, 491 (7424): 435.

Sherwood S, Fu Q. 2014. A drier future? Science, 343 (6172): 737-739.

Shi X, Mao J, Thornton P E, et al. 2013. Spatiotemporal patterns of evapotranspiration in response to multiple environmental factors simulated by the Community Land Model. Environmental Research Letters, 8: 024012.

Silva M E S, Carvalho L M V, Dias M A, et al. 2006. Complexity and predictability of daily precipitation in a semi-arid region, an application to Ceará, Brazil. Nonlinear Processes in Geophysics, 13 (6): 651-659.

Singh V P. 1997. The use of entropy in hydrology and water resources. Hydrological Processes, 11 (6): 587-626.

Solomon A M. 1986. Transient response of forests to CO_2 induced climate change, Simulation modeling experiments in eastern North America. Oecologia, 68 (4): 567-579.

Sonnenborg T O, Seifert D, Refsgaard J C. 2015. Climate model uncertainty versus conceptual geological uncertainty in hydrological modeling. Hydrology and Earth System Sciences, 19 (9): 3891-3901.

Soofi E. 1997. Information theoretic regression methods//Fomby T, Carter Hill R. Advances in econometrics-applying maximum entropy to econometrics problems, vol 12. London: Jai Press Inc.

Sorg A, Bolch T, Stoffel M, et al. 2012. Climate change impacts on glaciers and runoff in Tien Shan (Central Asia). Nature Climate Change, 2 (10): 725-731.

Sorribas M V, Paiva R C D, Melack J M, et al. 2016. Projections of climate change effects on discharge and inundation in the Amazon basin. Climatic Change, 136 (3): 555-570.

Stephenson D B, Pavan V, Bojariu R. 2000. Is the North Atlantic oscillation a random walk? International Journal of Climatology, 20 (1): 1-18.

Stern D I, Kaufmann R K. 2000. Detecting a global warming signal in hemispheric temperature series, a structural time series analysis. Climatic Change, 47 (4): 411-438.

Stock J H, Watson M W. 1993. A simple estimator of cointegrating vectors in higher order integrated systems. Econometrica, 61 (4): 783-820.

Stojković M, Kostić S, Prohaska S, et al. 2017. A new approach for trend assessment of annual streamflows, A case study of hydropower plants in Serbia. Water Resources Management, 31 (4): 1089-1103.

Su C. 2010. The simulation of hydrological processes and runoff regime assessment in Alpine region. Doctor thesis.

Sun Q, Miao C, Duan Q. 2015. Projected changes in temperature and precipitation in ten river basins over China in 21st century. International Journal of Climatology, 35 (6): 1125-1141.

Sunde M G, He H S, Hubbart J A, et al. 2017. Integrating downscaled CMIP5 data with a physically based hydrologic model to estimate potential climate change impacts on streamflow processes in a mixed-use watershed. Hydrological Processes, 31 (9): 1790-1803.

Teklay A, Dile Y T, Asfaw D H, et al. 2021. Impacts of climate and land use change on hydrological response in Gumara Watershed, Ethiopia . Ecohydrology & Hydrobiology, 21 (2): 315-332.

Teoh K K, Ibrahim H, Bejo S K. 2008. Investigation on several basic interpolation methods for the use in remote sensing application. 2008 IEEE Conference on Innovative Technologies in Intelligent System and Industrial Applications, 10179766.

Thrasher B, Maurer E P, McKellar C, et al. 2012. Technical note, Bias correcting climate model simulated daily temperature extremes with quantile mapping. Hydrology and Earth System Sciences, 16 (9): 3309-3314.

Tian P, Zhang C, Chen Y, et al. 2017. Simulation analysis of jiujiang river basin runoff based on swat model//IOP Conference Series: Earth and Environmental Science. IOP Publishing, 64 (1): 012005.

Tong Y, Gao X, Han Z, et al. 2020. Bias correction of temperature and precipitation over China for RCM simulations using the QM and QDM methods. Climate Dynamics: observational, theoretical and computational research on the climate system, 57 (5/6): 1425-1443.

Trenberth K E, Fasullo J T. 2014. An apparent hiatus in global warming? Earth's Future, 1 (1): 19-32.

Turner B L I, Skole D L, Sanderson S et al. 1995. Land-use and land-cover change, Science/research plan. Global Change Report, 43: 669-679.

Tyralis H, Dimitriadis P, Koutsoyiannis D, et al. 2018. On the long-range dependence properties of annual precipitation using a global network of instrumental measurements. Advances in Water Resources, 111: 301-318.

van Luijk G, Cowling R M, Riksen M, et al. 2013. Hydrological implications of desertification: Degradation of South African semi-arid subtropical thicket. Journal of Arid Environments, 91: 14-21.

Varotsos C A, Efstathiou M N, Cracknell A P. 2013. On the scaling effect in global surface air temperature anomalies. Atmospheric Chemistry and Physics, 13 (10): 5243-5253.

Verburg P H, Veldkamp A, Fresco L O. 1999. Simulation of changes in the spatial pattern of land use in China. Applied Geography, 19 (3): 211-233.

Verburg P H, Soepboer W, Veldkamp A, et al. 2002. Modeling the spatial dynamics of regional land use, The

CLUE-S Model. Environmental Management, 30 (3): 391-405.

Vitousek P M, Mooney H A, Lubchenco J, et al. 1997. Human domination of earth's ecosystems. Science, 277 (5325): 494-499.

Volk C M, Elkins J W, Fahey D W, et al. 1997. Evaluation of source gas lifetimes from stratospheric observations. Journal of Geophysical Research, Atmospheres, 102 (D21): 25543-25564.

Wada Y, Wisser D, Bierkens M F P. 2014. Global modeling of withdrawal, allocation and consumptive use of surface water and groundwater resources. Earth System Dynamics, 5 (1): 15-40.

Wang C, Wang Y Y, Wang P F. 2006. Water quality modeling and pollution control for the eastern route of South to North Water Transfer Project in China. Journal of Hydrodynamics, 18 (3): 253-261.

Wang K C, Dickinson R E, Liang S L. 2009. Clear sky visibility has decreased over land globally from 1973 to 2007. Science, 323 (5920): 1468-1470.

Wang K C, Dickinson R E. 2012. A review of global terrestrial evapotranspiration, observation, modeling, climatology, and climatic variability. Reviews of Geophysics, 50: RG2005.

Wang L, Chen W. 2014. Equiratio cumulative distribution function matching as an improvement to the equidistant approach in bias correction of precipitation. Atmospheric Science Letters, 15 (1): 1-6.

Wang L, Henderson M, Liu B, et al. 2018. Maximum and minimum soil surface temperature trends over China. Journal of Geophysical Research Atmospheres, 123 (4): 1965-2014.

Wang L, Jia B, Xie Z, et al. 2022. Impact of groundwater extraction on hydrological process over the Beijing-Tianjin-Hebei region, China. Journal of Hydrology, 609: 127689.

Wang Y J, Jiang T, Liu B. 2010. Trends of estimated and simulated actual evapotranspiration in the Yangtze River basin. Acta Geographica Sinica, 9: 1079-1088.

Weedon G P, Gomes S S, Viterbo P P, et al. 2011. Creation of the WATCH forcing data and its use to assess global and regional reference crop evaporation over land during the Twentieth Century. Journal of Hydrometeorology, 12: 823-848.

Weedon G P, Balsamo G, Bellouin N, et al. 2014. The WFDEI meteorological forcing data set, WATCH Forcing Data methodology applied to ERA-Interim reanalysis data. Water Resources Research, 50: 7505-7514.

Wen L, Jin J. 2012. Modeling and analysis of the impact of irrigation on local arid climate over northwest China. Hydrological Processes, 26 (3): 445-453.

Whittaker R H. 1972. Evolution and measurement of species diversity. Taxon, 21 (2/3): 213-251.

Xavier S F A, Jale D S J, Stosic T, et al. 2019. An application of sample entropy to precipitation in Paraíba State, Brazil. Theoretical and Applied Climatology, 136 (1): 429-440.

Xiao J, Moody A. 2005. Geographical distribution of global greening trends and their climatic correlates: 1982-1998. International Journal of Remote Sensing, 26 (11): 2371-2390.

Xiao Z, Liang S, Wang J, et al. 2014. Use of general regression neural networks for generating the GLASS leaf area index product from time-series MODIS surface reflectance. IEEE Transactions on Geoscience and Remote Sensing, 52: 209-223.

Yan X H, Boyer T, Trenberth K, et al. 2016. The global warming hiatus, slowdown or redistribution? Earth's Future, 4 (11): 1-11.

Yang J, Zhang Q, Lu G, et al. 2021. Climate transition from warm-dry to warm-wet in Eastern Northwest China. Atmosphere, 12: 548.

Yang K, Koike T, Ishikawa H, et al. 2008. Turbulent flux transfer over baresoil surfaces, characteristics and parameterization. Journal of Applied Meteorology and Climatology, 47 (1): 276-290.

Yang L C, Fu Z T. 2019. Process-dependent persistence in precipitation records. Physica A, Statistical Mechanics and its Applications, 527: 121459.

Yuan N M, Ding M H, Huang Y, et al. 2015. On the long-term climate memory in the surface air temperature records over Antarctica, a nonnegligible factor for trend evaluation. Journal of Climate, 28 (15): 5922-5934.

Yue T X, Fan Z M, Liu J Y. 2007. Scenarios of land cover in China. Global Planetary Change, 55 (4): 317-342.

Zeng R, Cai X. 2015. Assessing the temporal variance of evapotranspiration considering climate and catchment storage factors. Advances in Water Resources, 79: 51-60.

Zeng R, Cai X. 2016. Climatic and terrestrial storage control on evapotranspiration temporal variability, analysis of river basins around the world. Geophysical Research Letters, 43: 185-195.

Zeng Y, Xie Z, Zou J. 2017. Hydrologic and climatic responses to global anthropogenic groundwater extraction. Journal of Climate, 30 (1): 71-90.

Zeng Z, Piao S, Lin X, et al. 2012. Global evapotranspiration over the past three decades, estimation based on the water balance equation combined with empirical models. Environmental Research Letter, 7: 14026.

Zeng Z , Wang T, Zhou F, et al. 2014. A worldwide analysis of spatiotemporal changes in water balance-based evapotranspiration from 1982-2009. Journal of Geophysical Research Atmospheres, 119: 1186-1202.

Zeng Z, Zhu Z, Lian X, et al. 2016. Responses of land evapotranspiration to Earth's greening in CMIP5 Earth System Models. Environmental Research Letters, 11: 104006.

Zeng Z, Peng L, Piao S. 2018. Response of terrestrial evapotranspiration to Earth's greening. Current Opinion in Environmental Sustainability, 33: 9-25.

Zhai J, Liu R, Liu J, et al. 2015. Human-induced landcover changes drive a diminution of land surface Albedo in the Loess Plateau (China). Remote Sensing, 7 (3): 2926-2941.

Zhang K, Kimball J S, Nemani R R, et al. 2010. A continuous satellite-derived global record of land surface evapotranspiration from 1983-2006. Water Resources Research, 46: W09522.

Zhang K, Kimball J S, Nemani R R, et al. 2015. Vegetation greening and climate change promote multidecadal rises of global land evapotranspiration. Scientific Reports, 5: 15956.

Zhang K, Kimball J S, Running S W. 2016. A review of remote sensing based actual evapotranspiration estimation. Wiley Interdisciplinary Reviews Water, 3: 834-853.

Zhang L L, Li H, Liu D, et al. 2019. Identification and application of the most suitable entropy model for precipitation complexity measurement. Atmospheric Research, 221: 88-97.

Zhang L P, Zhang Y L, Wang Y A. 2007. Computer programs of automatic classification for soil texture. Chinese Journal of Soil Science, 38 (5): 989-992.

Zhang Q, Li J, Singh VP, et al. 2013. Copula-based spatio-temporal patterns of precipitation extremes in China. International Journal of Climatology, 33 (5): 1140-1152.

Zhang Q, Zhu B, Yang J, et al. 2021. New characteristics about the climate humidification trend in Northwest China. Chinese Science Bulletin, 66: 3757-3771.

Zhang Y, Pena-Arancibia J L, McVicar T R, et al. 2016. Multi-decadal trends in global terrestrial evapotranspiration and its components. Scientific Reports, 6: 19124.

Zhang Z, Xiang Z, Chen Y, et al. 2020. Fuzzy permutation entropy derived from a novel distance between segments of time series. AIMS Mathematics, 5 (6): 6244-6260.

Zhao J Y, Xie P, Zhang M, et al. 2018. Nonstationary statistical approach for designing LNWLs in inland waterways, a case study in the downstream of the Lancang River. Stochastic Environmental Research and Risk

Assessment, 32 (11): 3273-3286.

Zhao L, Dai A, Dong B. 2018. Changes in global vegetation activity and its driving factors during 1982-2013. Agricultural and Forest Meteorology, 249 : 198-209.

Zhao Y, Fang Y, Cui C, et al. 2012. Effects of irrigation on precipitation in the arid regions of Xinjiang, China. Journal of Arid Land, 4 (2): 132-139.

Zheng H, Yang Z L, Lin R R. 2019. On the sensitivity of the precipitation partitioning into evapotranspiration and runoff in land surface parameterizations. Water Resources Research, 55 (1): 95-111.

Zhou G, Wei X, Chen X, et al. 2015. Global pattern for the effect of climate and land cover on water yield. Nature Communications, 6: 1-9.

Zhou X Y, Lei W J. 2020. Spatial patterns of sample entropy based on daily precipitation time series in China and their implications for land surface hydrological interactions. International Journal of Climatology, 40: 1669-1685.

Zhu Z, Piao S, Myneni R B, et al. 2016. Greening of the earth and its drivers. Nature Climate Change, 6: 791-795.

Zivot E, Andrews D W K. 1992. Further evidence on the great crash, the oil-price shock, and the unit-root hypothesis. Journal of Business & Economic Statistic, 10 (3): 251-270.

Zou J, Xie Z, Zhan C, et al. 2015. Effects of anthropogenic groundwater exploitation on land surface processes: A case study of the Haihe River Basin, northern China. Journal of Hydrology, 524: 625-641.

Zuo D D, Hou W, Hu J G. 2017. An entropy-based investigation into bivariate drought analysis in China. Water, 9 (9): 632.